烟草农药残留快速检测技术

张　燕
陈　丹　主编
李　苓

中国轻工业出版社

图书在版编目（CIP）数据

烟草农药残留快速检测技术/张燕，陈丹，李苓主编. —北京：
中国轻工业出版社，2020. 12
ISBN 978-7-5184-3239-4

Ⅰ.①烟…　Ⅱ.①张…②陈…③李…　Ⅲ.①烟草—农药残留
量分析　Ⅳ.①S481

中国版本图书馆 CIP 数据核字（2020）第 203017 号

责任编辑：张　靓　王宝瑶
策划编辑：张　靓　　　　责任终审：李建华　　　封面设计：锋尚设计
版式设计：砚祥志远　　　责任校对：晋　洁　　　责任监印：张　可

出版发行：中国轻工业出版社（北京东长安街 6 号，邮编：100740）
印　　刷：三河市国英印务有限公司
经　　销：各地新华书店
版　　次：2020 年 12 月第 1 版第 1 次印刷
开　　本：720×1000　1/16　印张：21.25
字　　数：400 千字
书　　号：ISBN 978-7-5184-3239-4　定价：88.00 元
邮购电话：010-65241695
发行电话：010-85119835　传真：85113293
网　　址：http://www.chlip.com.cn
Email：club@ chlip.com.cn
如发现图书残缺请与我社邮购联系调换
191149K1X101ZBW

编委会名单

序言一
PREFACE

为获得预期质量和可接受产量，农产品生产和贮存过程中需要使用农药，烟草也是如此。农药含义较广，包括了预防、消灭或者控制危害农业、林业的病、虫、草害以及有目的地调节植物、昆虫生长的药剂。世界各国通行农药登记制度，严格控制农药及其残留对人、畜和生物链的危害。负责任地、适当地使用农药，既能有效消除病虫害的影响，又把农药残留控制在政府和监管机构许可的限度内，是相关各方的共同责任。

农药残留检测是烟草及烟草制品质量安全的重要内容，受到烟草行业高度重视。烟叶生产环节是农药残留管理和控制的关键环节，狠抓源头、严管过程，督促烟农科学、合理、安全使用农药显得尤为重要。农药残留分析技术，包括实验室多靶标、高通量、高灵敏分析技术和现场定性、半定量快速分析技术，是支撑农药残留管理措施有效贯彻落实的必备手段，受到烟叶生产者和管理机构的欢迎。经过多年发展，我国烟草行业已经形成了一整套农药残留分析技术标准体系，实验室检测能力建设取得显著成绩，在历次国际烟草农药残留水平测试中表现优异。

农药残留分析包括样本采集、样品预处理、分析测定等主要过程，涉及电化学分析法、光学分析法、色谱分析法、质谱分析法等多种仪器分析方法。随着科技的发展，农药残留检测方法不断创新，逐渐向更加简便、快捷、灵敏的方向发展，一些快速检测技术，如免疫分析技术、光谱分析技术、生物传感器等逐渐成为农产品监管的有效手段。农药残留分析覆盖的农药种类多、化学结构和性质各异、含量水平低、成分未知，且烟草样品基质复杂，分析难度大。本书的编者长期从事烟草农药残留方向的研究，本书内容丰富、翔实，可以作为新技术研发的指导书、技术人员培训的教科书和日常业务的工具书。希望本书的出版能为广大烟草行业的科技工作者提供最新、最实用的烟草农药残留检测信息，为烟草及烟草制品质量安全做出积极的贡献。

刘惠民

2020 年 9 月

序言二
PREFACE

随着卷烟消费者对吸烟与健康的日益关注，烟草及烟草制品中农药残留问题受到高度重视，国际卷烟制造商和国内工业企业对烟叶质量安全性提出了更高要求。许多发达国家和地区对烟草农药残留均有限量要求，烟草科学研究合作中心（CORESTA）的农用化学品咨询委员会（ACAC）规定了烟草中上百种农药的最高指导性残留限量（GRLs），我国烟草行业参照 ACAC 的规定制定了烟草农药残留限量标准。

烟草产品质量安全水平的高低，直接影响烟草行业的可持续健康发展。随着烟草农药残留控制指标日趋严苛，农药残留量已成为世界烟草贸易中影响烟叶评价和选购的重要因素。农药残留检测是烟草质量安全的一项重要内容，建立烟草农药残留监测数据库是实施烟草质量安全的有力保障。以色谱为基础的质谱联用技术已成为烟草农药残留检测的有力的工具和分析方法，使烟草农药残留检测覆盖范围和检测水平有了全面提升。近年来，免疫分析法、酶抑制法等农药残留快速检测方法在烤烟生产中得到应用和推广，这使及时监控烟草农药残留水平和快速应对可能发生的农药残留超标问题提高了时效性。

云南省烟草质量监督检测站承担着对烟草及烟草制品中农药残留监督检测的任务，本书编著人员一直从事烟草及烟草制品农药残留检测和研究工作，积累了丰富的工作经验。本书由云南省烟草质量监督检测站组织编著，从理论基础和分析技术两方面阐述了烟草农药残留检测关键技术和研究进展，对农药结构特点、提取纯化预处理技术、农药残留检测方法的原理和应用成果做了综合评述，在烟草产品质量安全检测中具有重要意义。本书内容系统、覆盖面大、深入浅出，为烟草科研院所、检测检验机构等技术人员提供了一本科学、实用和可操作性强的工具书，读者可从中了解和学习当前烟草农药残留分析技术理论、研究现状及技术应用。希望这本书的出版能够为广大烟草科技工作者进一步提升烟草农药残留检测技术水平，促进烟草产品质量安全领域的技术研究，对出口贸易健康发展起到积极的作用。

张庆刚

2020 年 10 月

前言

PREFACE

  农药的使用是烟草种植过程中不可避免的，对烟草及烟草制品中存在的农药残留进行筛查和检测，是合理使用农药、保障烟草产品质量安全的重要措施，对于生态环境保护、人体健康以及国际贸易都具有重要意义。

  农药残留分析是对复杂基质样品中痕量组分进行定性定量的分析技术，具有样品基质种类繁多；农药品种种类繁多；农药残留量极低等特点。农药残留检测方法必须能够满足多种农药残留同时检测、回收率高、检出限低、稳定性好等要求，目前尚没有一种农药残留分析方法能够覆盖所有的农药品种。

  本书主要对农药残留分析检测方法和研究进展进行了综述。全书分为基础理论和检测方法两大部分。基础理论部分介绍了农药的基本概念，农药残留的危害、降解和风险评估，烟草农药残留及其分析过程的质量控制。检测方法部分介绍了样品预处理方法和农药残留检测技术。提取和净化是样品预处理的重要步骤，对检测结果的准确性、精确度有重要影响。由于农药残留量极低，必须采用高灵敏度的检测仪器才能实现。色谱及质谱联用技术的应用，解决了过去许多难以检测的农药残留问题。近年来，免疫分析技术、光谱分析技术、生物传感器等快速检测技术也成为农药残留检测的重要手段，与成熟的色谱法相比更加快速、便捷，在快筛、快检和及时发现问题以及锁定超标农药方面具有不可替代的作用。

  本书由张燕、陈丹、李苓主编，郑州烟草研究院刘惠民研究员、云南省烟草质量监督检测站张庆刚博士主审。全书共十章，第一章至第六章由张燕编写，第七章由王春琼编写，第八章由李苓和王春琼编写，第九章由陈丹编写，第十章由陈丹和王春琼编写。在本书编著过程中，郑州烟草研究院、国家烟草质量监督检验中心和其他有关单位的科技人员为文献的收集、整理做了大量的工作，在此表示真诚的感谢。

  本书内容丰富，具有较强的科学性和实用性，可供广大农药残留分析工作者参考使用。作者在编著过程中查阅了国内外相关领域的论文、专著和研究成果报告，尽可能引用和归纳新技术和新进展，但因时间仓促和水平有限，本书难免有遗漏和不足，敬请专家和读者批评指正。

编　者

2020 年 7 月

目 录

CONTENTS

第二篇　烟草农药残留检测方法

第一篇
烟草农药残留检测基础理论

第一章
农药概述

第一节　农药及农药使用现状

一、农药的定义

农药（Pesticide）是指用于防治危害农林作物及农林产品的害虫、螨类、病原物、线虫、杂草、鼠类等的化学物质和微生物及其衍生物以及调节或抑制昆虫鼠类生长、发育的药剂（如保幼激素、抗保幼激素、昆虫生长调节剂），或影响昆虫生殖及生物学特性的药剂（如不育剂），驱避或减少任何有害生物的有毒物以及用于控制或调节植物生长发育使其抗逆性增强的物质或混合制品，即农业生产使用药剂的总称。对于农药的含义和涵盖范围，在不同时代、不同国家和地区有所差异，20 世纪 80 年代以后，农药的定义和范围更偏重于"调节"。

二、农药使用现状

农药的主要作用在于保证农作物产量、品质和安全。在农作物生产中，合理、安全地使用农药，可有效防治病虫杂草危害，对确保农产品质量和产量具有重要意义。

农药的使用有着非常悠久的历史，我国是世界上最早使用农药的国家之一，农药的使用可以追溯到公元前，在公元前 7 世纪就用芥草、蜃炭灰、牡鞠等灭杀害虫，用含砷矿物杀鼠。据调查，全世界危害农作物的昆虫有 100000 多种，病原菌有 8000 多种，线虫有 1500 多种，杂草有 2000 多种，由此给农作物造成了巨大的损失，全世界每年因病虫害造成粮食收成减产 20%~40%，发展中国家的损失率更是高达 40%~50%，由此造成的经济损失为 1200 亿美元。农药的使用，可挽回的损失相当于农业总产值的 15%~30%。我国是农业大国，每年农药使用量大约为 130 万 t，每年可减少经济损失 300亿元左右。因此，农药促进了农业的发展，也为人类带来了巨大的经济效益。

第二节　农药的主要种类

农药种类繁多，用途多样。按照防治对象不同，农药可以分为四大种类：杀虫剂、杀菌剂、除草剂和植物生长调节剂，每一类农药又可以按照其原料来源、作用方式和分子结构等再分类。

一、杀虫剂

杀虫剂（Insecticides）是指用于防治和杀死农业害虫和城市卫生害虫的药剂，许多杀虫剂兼具杀螨作用。最早使用的杀虫剂是天然杀虫剂及无机化合物，作用单一、用量大、持效期短，随着有机氯、有机磷和氨基甲酸酯等有机合成杀虫剂的应用，农业产量大增。杀虫剂的分类如下。

（一）按照原料来源分类

杀虫剂按原料来源分为无机杀虫剂和有机杀虫剂两类，有机杀虫剂又分为有机合成杀虫剂和生物源天然杀虫剂。

1. 无机杀虫剂

无机杀虫剂是指以天然矿物质为原料的无机化合物杀虫剂，也称为矿物性杀虫剂。主要含砷、氟、硫和磷等元素，药效较低，对作物易引起药害，无机砷剂对人畜的毒性较大，大部分无机杀虫剂品种已被淘汰。

2. 有机合成杀虫剂

有机合成杀虫剂是指化学成分中含有结合碳元素的杀虫剂，是通过人工合成的方法制成的有机化合物，包括：有机磷类杀虫剂、有机氯类杀虫剂、氨基甲酸酯类杀虫剂、拟除虫菊酯类杀虫剂和昆虫生长调节剂类等主要类别。

（1）有机磷杀虫剂　有机磷杀虫剂含有磷元素，具有触杀、胃毒和熏蒸等广谱杀虫作用，多数属高毒农药，毒性较大。作用机理是抑制胆碱酯酶活性，即与昆虫体内的胆碱酯酶反应，使之发生氨基甲酰化，从而阻碍其分解乙酰胆碱的功能。

（2）有机氯杀虫剂　有机氯杀虫剂是以碳氢化合物为基本框架，并且有氯原子连接在碳原子上的有机杀虫剂，主要有滴滴涕（已禁用）、硫丹、林丹、毒杀芬等品种。杀虫效果好，但在动植物体内及环境中能长期残留，属于高残留农药。

（3）氨基甲酸酯类杀虫剂　氨基甲酸酯类杀虫剂是氨基甲酸的衍生物，具有胃毒、触杀作用，也有熏蒸和内吸作用。杀虫活性高、在环境中较易分解，残效期短，对昆虫选择性强。杀虫原理与有机磷杀虫剂相似。

（4）拟除虫菊酯类杀虫剂　拟除虫菊酯类杀虫剂是人工合成的类似天然除虫菊酯化合物的广谱性杀虫剂，对昆虫有触杀作用，有些兼具胃毒或熏蒸作用，为非内吸性杀虫剂。通过对昆虫神经系统产生中毒作用，扰乱昆虫神经传导的正常生理，使昆虫从兴奋、痉挛到麻痹而死亡。使用浓度低，对人畜较安全，环境污染小，但长期使用会导致害虫产生抗药性。

（5）昆虫生长调节剂类杀虫剂　昆虫生长调节剂类杀虫剂是一类阻碍或干扰昆虫个体正常发育的特异性杀虫剂，通过抑制昆虫生理发育，如抑制蜕皮、抑制新表皮形成、抑制取食等行为使昆虫生活能力降低、死亡的一类药剂。包括保幼激素、抗保幼激素、蜕皮激素及其类似物、几丁质合成抑制剂、植物源次生物的拒食剂、昆虫源信息素、引用剂等，毒性低，对昆虫天敌和有益生物影响小，环境污染小。

3. 生物源天然杀虫剂

生物源天然杀虫剂主要是指以植物、动物、微生物等产生的具有农用生物活性的次生代谢产物开发的农药，主要包括微生物源杀虫剂和植物源杀虫剂。

（1）微生物源杀虫剂　微生物源杀虫剂是利用微生物本身及其代谢产物制成的杀虫剂。自然界存在许多对害虫有致病作用的微生物，从这些病原微生物中筛选出药效稳定、对人畜和环境安全的菌种，制成微生物杀虫剂用来防治害虫，防治对象专一，选择性高，不易使害虫产生抗药性，对人畜和环境友好。

微生物杀虫剂又可分为真菌杀虫剂、细菌杀虫剂和病毒杀虫剂三类。以苏云金芽孢杆菌类为代表的细菌杀虫剂已实现工业化生产，其芽孢内含毒蛋白晶体，通称 δ-内毒素，是杀虫的主要成分。苏云金芽孢杆菌有很多变种，所含蛋白质晶体的结构不同，其毒力和适用的害虫对象也不同。真菌杀虫剂也有一定规模的应用，如利用白僵菌防治马铃薯甲虫、绿僵菌防治金龟子等。病毒杀虫剂大多数属于杆状病毒的核型多角体病毒，主要用于防治鳞翅目害虫。

（2）植物源杀虫剂　植物源杀虫剂是从植物中提取具有杀虫生物活性的

次生代谢产物制成植物性杀虫剂。植物在与昆虫长期协同进化的过程中，产生了防御昆虫取食的次生代谢物质，植物体内的化学成分复杂，其体内的杀虫生物活性成分有多种，各种活性成分之间以及活性成分与有机体之间往往呈现十分复杂的相互作用。从楝科、菊科、麻黄科、红豆杉科、樟科等植物中提取的有效化学成分都可以制成杀虫剂，对人畜和非靶标生物比较安全，环境污染小，但防治谱较窄，有明显的选择性。

植物性杀虫剂的作用方式主要是麻痹中枢神经系统的神经细胞，干扰昆虫中枢神经系统的"信息编码"，破坏昆虫的生理生化状态，从而影响昆虫取食行为。如印楝素可直接或间接地通过破坏昆虫口器的化学感受器产生拒食作用，茄碱和番茄素能引起马铃薯甲虫外颚叶和附节感受细胞的活性，对感受细胞造成不可逆转的破坏。

（二）按照作用方式分类

1. 胃毒剂

胃毒剂是指药剂通过害虫的口器和消化道进入虫体内，使害虫中毒死亡的药剂。主要用于防治咀嚼式口器和舐吸式口器的昆虫，如黏虫、蝼蛄、蝗虫等。胃毒剂对害虫天敌的直接伤害作用很大，不利于维护生态平衡。

2. 触杀剂

触杀剂指药剂接触害虫的表皮或气孔渗入体内，使害虫中毒或死亡的药剂。这类杀虫剂必须直接接触昆虫，进入体内，使昆虫中毒死亡，对防治刺吸口器害虫或咀嚼口器害虫都有效。对表面有很多蜡质的蚧壳虫、木虱、粉虱等，由于药剂不易渗入昆虫体内，防效差，可在药剂中加入增强渗透力的粘着剂，提高防治效果，或者使用内吸型杀虫剂防治这类害虫。

3. 内吸杀虫剂

内吸杀虫剂具有内吸传导性能，易被植物组织吸收，并通过传导作用运输到植物体的各个部分，或经植物代谢作用产生更毒的代谢物，在害虫取食时，药液随植物汁液进入害虫体内杀死害虫。

内吸杀虫剂可作种子处理或土壤处理，药效持久，也可叶面喷施，能迅速被植物吸收到体内，药剂几乎不受雨水淋涮的影响，对藏在荫蔽处为害的害虫，如在叶背面的蚜虫、红蜘蛛等也有防效。选择性较强，对刺吸式口器害虫特别有效。大多数内吸性杀虫剂对人畜毒性大，残效期长，必须考虑施药后的安全间隔期和农药残毒等问题。

4. 熏蒸剂

熏蒸剂是利用药剂挥发时产生的有毒蒸气，通过气门进入害虫的呼吸系统，使害虫中毒或死亡的药剂。使用剂量根据熏蒸场所空间体积、密闭程度、熏蒸时间、被熏蒸物的量和对熏蒸剂蒸气的吸附能力等确定。熏蒸效果与温度成正相关，温度越高，效果越好，如果延长熏蒸时间，较低的浓度也可能获得较好的防治效果。

熏蒸剂的杀虫机理一般认为在于对酶的化学作用，如溴甲烷能同硫氢基结合，使害虫体内的多种酶类产生渐逆和不可逆的抑制作用。磷化氢主要是抑制虫体内的细胞色素 C 氧化酶和过氧化氢酶的活性，使昆虫的呼吸链阻断窒息死亡及导致虫体内过氧化物等细胞毒素的积累死亡。

5. 驱避剂

驱避剂是由植物产生或人工合成的具有驱避昆虫作用的活性化学物质。驱避剂本身没有杀虫活性，依靠挥发出的气味驱散或使害虫忌避、远离施药地点。如天然香茅油和人工合成的避蚊胺能驱避蚊类叮咬，环己胺可驱避白蚁，樟脑能驱避衣蛾。使用驱避剂是一种消极的防治方法，主要是造成暂时性气味污染，不会长期危害环境。

6. 引诱剂

对动物能起到引诱作用的物质称为引诱剂。这类药剂有某种特殊气味，由昆虫体内产生、排出体外后引起同种其他个体发生特异行为。昆虫一般都会排出同种异性间相互吸引的性信息素和召集同类的集合信息素，这两种信息素都是引诱剂。如利用性引诱剂打乱昆虫交配，改变种群性别比例，降低出生率，达到杀虫目的。

7. 昆虫拒食剂

昆虫拒食剂是一种非杀生性农药，其作用是抑制昆虫味觉化学感受器，导致昆虫拒食。对昆虫有拒食作用的植物次生代谢物质包括萜烯类、生物碱和酚类化合物，其他化合物如一些醌类、鞣酸、氨基酸也具有拒食活性，楝树的叶、果、核等可加工或经抽提后制成拒食剂。

8. 化学不育剂

化学不育剂是使害虫正常的生殖功能受到干扰或破坏，不能繁殖后代，间接地控制了虫口密度，达到防治目的。不育作用可分为雄性不育、雌性不育、两性不育三种。新型植物性不育剂在棉酚、天花粉混合药剂的基础上添加了莪术粉，抗生育效果明显提高，可显著控制地害鼠种群密度，为无公害生物制剂。

9. 激素干扰剂

激素干扰剂是由人工合成的拟昆虫激素，用于干扰、控制和调节昆虫的正常代谢、生长和繁殖，改变昆虫体内正常的生理过程，使之不能正常生长发育，从而达到消灭害虫的目的。

10. 粘捕剂

粘捕剂是用于粘捕害虫并使其致死的药剂，可用树脂，包括天然树脂和人工合成树脂与棕榈油、蓖麻油等不干性油，加上一定量的杀虫剂混合配制而成。

生产中使用较多的是胃毒剂、触杀剂、内吸性杀虫剂和熏蒸剂这四种杀虫剂。绝大多数有机合成杀虫剂具有多种杀虫作用，如毒死蜱同时具有触杀、胃毒、熏蒸和渗透作用，可杀死多种害虫；乐果具有较强的内吸及触杀作用；杀虫脒（禁用）具有胃毒和触杀作用外，还有拒食作用。

二、杀菌剂

杀菌剂（Fungicides）是一类能有效地控制或杀死病毒微生物、细菌、真菌和藻类的化学制剂，可防治由各种病原微生物引起的植物病害。杀菌剂的作用机理一是干扰病菌的呼吸过程，抑制能量的产生；二是干扰蛋白质、核酸、脂肪的生物合成。杀菌剂通常可根据其作用方式、原料来源及在植物体内传导特性进行分类。

（一）按照原料来源分类

1. 无机杀菌剂

早期的杀菌剂都是无机化合物，如硫黄粉、石硫合剂、硫酸铜、升汞、石灰波尔多液、氢氧化铜、氧化亚铜等。

2. 有机杀菌剂

1914 年德国的 I. 里姆首先利用有机汞化合物防治小麦黑穗病，标志着有机杀菌剂发展的开端，到 1934 年美国的 W. H. 蒂斯代尔等发现了二甲基二硫代氨基甲酸盐的杀菌性质，有机杀菌剂得到迅速发展。

有机杀菌剂主要有：有机硫类（福美类、代森类、三氯甲硫基二甲羧酰亚系列）、有机磷和砷类、取代苯类、唑类、抗生素类、复配类和其他类杀菌剂。代表品种有：代森铵、代森锰锌、福美锌、稻瘟净、百菌清、克瘟散、多菌灵、多抗霉素、甲霜灵·锰锌、烯酰吗啉等。

（二）按作用方式分类

1. 保护性杀菌剂

保护性杀菌剂是在病原微生物没有接触植物或没有侵入植物体之前使用，杀死或抑制病原菌，使之无法进入植物体内，保护其不受侵染。主要有无机硫、有机硫化合物、铜制剂、酞酰亚铵类、抗生素等几类。

2. 治疗性杀菌剂

治疗性杀菌剂是在病原微生物已经侵入植物体内，植物体表现出轻度病症或病状，使用药剂渗入到植物组织内部，经输导、扩散或产生代谢物来杀死或抑制病原菌，从而消除病症。

3. 铲除性杀菌剂

铲除性杀菌剂对病原菌有强烈的直接杀伤作用，可通过熏蒸、内渗或直接触杀消除病原体。

（三）按传导特性分类

1. 内吸性杀菌剂

内吸性杀菌剂能通过植物的根、茎、叶吸收进入植物体，并在植物体内传导、扩散或产生代谢物，杀死病原菌。药剂在植物体内的传导既可以向顶端，也可以向基部进行，在植物发病后可直接喷施、拌种、灌浇或沟施等。

内吸性杀菌剂杀菌力较强，但杀菌谱较窄，有些品种对病原菌有专一的选择毒性，作用点单一，易使病原菌产生抗药性。因此，常与其他多作用点的非内吸性杀菌剂混用，可延缓抗药性的产生，取得较好的防治效果。

2. 非内吸性杀菌剂

大多数杀菌剂都是非内吸性杀菌剂，药剂不能被植物内吸和传导，而是在植物体表形成一层药膜，保护其不受病菌侵染。具有广谱杀菌作用，一种药剂能防治多种病害，但必须在病原菌侵入前使用，因此多作为预防性施药。

三、除草剂

除草剂（Herbicide）是指用以消灭田间杂草或选择性地抑制植物生长的一类药剂，又称除莠剂。除草剂的主要作用是干扰或破坏植物正常的生理代谢过程，如抑制或干扰光合作用、呼吸作用、能量代谢和核酸代谢，抑制蛋白质和脂肪的生物合成，干扰植物激素的作用，抑制植物细胞分裂、伸长和分化，或阻碍植物营养物质的运输等。除草剂可按作用方式、化学结构、药剂在植物体内的传导特性和除草剂使用方法分类。

（一）按照作用方式分类

1. 选择性除草剂

选择性除草剂针对不同植物具有选择性，此药剂可以毒害或杀死杂草，而对作物无害。有些选择性除草剂对双子叶植物敏感，对单子叶植物安全；有些对禾本科植物敏感，对其他作物不敏感；有些专一性很强的除草剂只毒杀某种杂草，对其他杂草和田间作物没有损害。选择性除草剂在使用时对用量有一定的要求，例如莠去津可用于玉米田防除阔叶杂草和部分禾本科杂草，使用量提高到一定程度不仅能杀死杂草，也能杀死玉米作物，甚至可以杀死大片的灌木林。

2. 灭生性除草剂

灭生性除草剂能杀死所有植物，几乎没有选择性，只要接触绿色部分，不区分作物和杂草，也不区分杂草所属种类，都会受害或被杀死，如百草枯、草甘膦都是"见绿即杀"。一般是在播种前、播种后出苗前或苗圃的主副道路上使用，使用时必须采用保护性措施定向喷雾。

（二）按照传导特性分类

1. 触杀型除草剂

当触杀型除草剂与杂草接触时，能杀死与药剂接触的部分，但只能杀死杂草的地上部分，对地下繁殖体或有地下茎的多年生深根性杂草，没有杀伤能力。

2. 内吸传导型除草剂

内吸传导型除草剂能被吸收，在植物体内传导到达整株植物，杀死杂草，可用于多年生杂草的防除。

3. 综合型除草剂

综合型除草剂具有内吸传导和触杀型双重功能，可以触杀叶片，也可以被根茎叶吸收。

（三）按使用方式分类

1. 茎叶处理剂

茎叶处理剂的使用方式是将除草剂以细小的雾滴均匀地喷洒在杂草的茎叶上，防除杂草。

2. 土壤处理剂

土壤处理剂的使用方式是将除草剂均匀地施于土壤中，并形成一定厚度的药层，通过杂草的根系或杂草的幼芽、幼苗接触吸收而起到杀死杂草的作用。对未出土的杂草防效好，一般于播种前和移栽前施用。

（四）按照原料来源分类

1. 无机除草剂

无机除草剂是由天然矿物原料组成，不含有碳素的化合物，如氯酸钾、硫酸铜等品种。

2. 有机除草剂

有机除草剂主要是由苯、醇、脂肪酸、有机胺等有机合成的除草剂，种类多，选择性强，毒性小，适用范围广，是目前主要施用的除草剂，主要有以下几类。

（1）乙酰乳酸合成酶（ALS）抑制剂类　其作用机理是抑制乙酰乳酸合成酶（ALS），通过抑制植物体内的 ALS，阻碍侧链氨基酸的合成，进而抑制和阻碍蛋白质的生物合成。主要有：①咪唑啉酮类：对一年生禾本科杂草和阔叶杂草有很好的防除效果，但残留期较长，在偏碱性土壤中降解较慢，易造成土壤和后茬敏感作物农药残留。②磺酰脲类：活性高，使用剂量低，对作物安全，对后茬作物无影响。③磺酰胺类：为旱田阔叶杂草除草剂使用，对禾本科杂草防效差。不同植物对磺酰胺类除草剂的敏感性差异较大，如阔草清在玉米植株内能迅速代谢，半衰期仅 2h，而在杂草反枝苋体内半衰期长达 104h，主要通过微生物降解而消失，对大多数后茬作物安全。④嘧啶水杨酸类：可以防除水田和旱田作物地一年生和多年生禾本科杂草及大多数阔叶杂草，对作物高度安全。

（2）乙酰辅酶羧化酶（ACC）抑制剂类　此类除草剂的阻止脂肪酸的生物合成，抑制细胞分裂，破坏植物细胞膜的系统结构，高效低毒，广谱性好，对作物安全。主要有：①芳氧苯氧丙酸类：为内吸传导型抑制剂，能有效防除禾本科杂草。一般作苗后茎叶处理，能迅速被杂草茎叶吸收，并传导到植物顶端及整株植物。②环己二酮类：为旱田杂草除草剂，用于阔叶作物中一年生或多年生禾本科杂草的防除。

（3）原卟啉原氧化酶（PPO）抑制剂类　此类除草剂能阻止叶绿素的生物合成，抑制光合作用和细胞生长，并导致膜脂质过氧化作用，膜降解产生短链碳氢化合物，致杂草叶片枯萎死亡。对动物、环境安全，对后茬作物无影响。主要有：①二苯醚类：用于旱田和水田杂草防除。②四取代苯类：为五元含氮杂环化合物，活性高、对环境友好、对作物安全和对后茬作物无影响。③脲嘧啶类。

（4）羟基丙酮酸酯双氧化酶（HPPD）抑制剂类　此类抑制剂能阻止植物体中的 4-羟基丙酮酸向尿黑酸的转变，导致无法合成质体醌和生育酚，间接抑制类胡萝卜素的合成，使植物产生白化症状而死亡。主要有：①吡唑类。②三酮类：为弱酸性除草剂，可防除多种阔叶杂草和禾本科杂草，对磺酰脲除草剂已产生抗性的杂草防效好，物理相容性好，便于植物吸收，但稳定性强，不易挥发与降解。③异噁唑类：为内吸型苗前除草剂，对一年生阔叶杂草和禾本科杂草都有较好的防效。

（5）激素类除草剂　其作用机理是促进植物体内核酸和蛋白质的合成，使细胞过度分裂和伸长，造成植物组织过度生长而畸形，从而阻断物质运输，导致植物死亡。主要有苯氧乙酸类和羧酸类除草剂，在高浓度下主要能杀死双子叶植物，对单子叶植物影响很小。

（6）其他类　①脂类物质合成抑制剂：作用机理是抑制细胞分裂与生长。主要有酰胺类、硫代氨基甲酸酯类、有机磷类除草剂，选择性较差，可作为灭生性除草剂使用。②脲类和均三嗪类：作用机理是抑制光合作用光反应系统Ⅱ的电子传递，干扰植物的光合作用，可用于防除阔叶杂草。③吡啶类：主要用于阔叶杂草和一年生杂草的防除。不同的化合物表现出的作用机理不同，吡啶羧酸类为典型的激素类除草剂，二氢吡啶酮类可抑制类叶红素的生物合成，吡啶羧酸酯类属于细胞分裂抑制剂，氨基脲类可抑制生长素的极性传输。

四、植物生长调节剂

植物生长调节剂（Plant growth regulators）是人们在了解天然植物激素的结构和作用机理后，人工合成的与植物激素具有类似生理和生物学效应的一类有机化合物，对作物生长发育具有调节作用。对作物而言，植物生长调节剂是外源的非营养性化学物质，可在作物体内传导至作用部位，通过调控作物的光合、呼吸、物质吸收与运转、信号传导、气孔开闭等生理过程而控制作物的生长和发育，改善作物与环境的互作关系，增强作物抗逆性，提高产量，改进品质。植物生长调节剂主要可以分为三类：植物生长促进剂、植物生长延缓剂和植物生长抑制剂

（一）植物生长促进剂

1. 生长素类

人工合成的生长素类物质包括三类：一是与生长素（IAA）结构相似的

吲哚衍生物，如吲哚丙酸等；二是萘的衍生物，如 α-萘乙酸等；三是卤代苯的衍生物，如对氯苯氧乙酸等。

2. 赤霉素类

赤霉素类主要用于促进果实结果、破除休眠、保花保果、促进营养生长等方面。

3. 细胞分裂素类

人工合成的细胞分裂素类物质主要有激动素等。

（二）植物生长延缓剂

植物生长延缓剂主要是延缓细胞的分裂与扩大，减慢细胞分裂速度，促进茎部短粗，减弱植物根系的分化与生长。

（三）植物生长抑制剂

植物生长抑制剂对植物顶芽和腋芽的分生组织有强烈的抑制作用，常用于烟草打顶后抑制腋芽生长，如马来酰肼、仲丁灵等。

植物生长调节剂一般在低浓度时表现的是促进生长的作用，高浓度时则是抑制作用。因此，使用时应注意：①施用方法得当，用量适宜，随意加大用量或使用浓度，反而会抑制生长，严重时导致叶片畸形、干枯脱落、整株死亡。②不能随意与化肥、农药混用，以防混合不当出现药害。③植物生长调节剂不是植物营养物质，不能代替肥料使用。

第三节　农药的安全使用

农药使用目的是杀灭或抑制施药对象对农作物的危害，良好的施药质量应是在良好的防治效果基础上，最大限度地减少农药对农业生态环境和有益生物的危害。因此，施药质量是农产品生产过程的一个重要环节。

一、农药使用的靶标和靶区

（一）农药使用的靶标

农药是一类具有特定生物活性的化学物质，每一类农药又包含了多个品种，其作用方式和防治对象各不相同，使用农药时好比射击打靶，靶标（Target）是指被农药有目的击中的目标物。农田环境结构复杂，喷洒农药必须有的放矢、明确农药使用的目标物——靶标。通常把农药使用时的靶标分为直接靶标和间接靶标两大类。

1. 直接靶标

在少数情况下，如杂草、飞蝗本身就是目标物，农药可以直接施用在防治对象上，此时的防治对象即成为直接靶标。如集群飞行的害虫、病原菌和杂草等，这些有害生物也被称为靶标生物。

对于害虫靶标，在防治过程中，最好的防治效果就是让害虫形成直接靶标，可被农药直接喷施到害虫躯体上将其杀死。如具有集群飞行习性的飞蝗、稻飞虱、棉铃虫等，成虫群体比较密集，飞翔时容易形成密集飞行，经喷洒可以使农药有效地击中虫体靶标。利用害虫有趋向诱饵的特性，把害虫引诱到集中施药的条带区中杀死，可视为把害虫当作直接靶标进行防治，避免在作物上喷洒农药。

杂草防治是最典型的农药直接靶标用药方式，将药剂直接喷洒在杂草上，达到防除目的。对于直接靶标，在农药剂型和施药方法的选择上，需要考虑药剂在靶标上的黏附效率或靶标对药剂的捕获能力，无需考虑药剂在地面或地面植被上的黏附效率。

2. 间接靶标

农田害虫和病原菌在绝大多数情况下是在作物上栖息寄生、取食和生长繁殖，不能成为直接靶标，施用的农药需喷洒在作物上或病虫害活动范围内，这些就是间接靶标，农药通过间接靶标转移到害虫和病原菌上，取得防治效果。间接靶标有生物性间接靶标和非生物性间接靶标。

（1）生物性间接靶标　生物性间接靶标是指寄主植物的整体，包括农作物、林木、果树以及害虫和病原菌中间寄主的杂草或其他植物。通常飞行中的害虫一旦降落在作物上或其他物体上，就不再成为直接靶标。病原菌以寄生方式紧密结合在植物体上，通常采用将杀菌剂沉积在间接靶标上，即病原菌的寄主，使药剂同病原菌接触产生触杀作用。若病原菌附着在种子或种苗的表面上，则成为直接靶标，选用的消毒剂只要对病原菌有触杀作用即可。

（2）非生物性间接靶标　农田中的非生物性间接靶标主要是土壤和田水。土壤是一个复杂的环境系统和生态系统，与地面上的作物生态环境完全不同，土壤中有许多有害于作物生长的病、虫、杂草及害鼠等，但也有许多有益生物以及其他非有害生物，有些是形成土壤肥力的重要因素。这些有害生物和有益生物组成了非常复杂的土壤生物群落，使土壤成为农药使用中最重要的靶标。

（二）农药使用的靶区

病虫草害所在的目标区称为靶区（Target area），也是农药喷洒的主要目标区。选定靶区的意义是可以向靶区集中施药而无需对作物整株施药，这样可以大幅度提高农药有效利用率。

但是农业害虫和病原菌在作物和田间的分布是不均匀的，各种害虫和致病菌都分别有各自特定的生态位，呈现出各种不同状态的种群分布型。如蚜虫，呈典型的密集分布型害虫，主要密集于作物的嫩鞘部为害，而病害的分布大多比较分散。因此，了解病虫的分布状态、选定有效靶区，可集中对病虫害密集的部位施药，提高防治效果。

二、农药安全使用中存在的问题

（一）农药使用安全意识薄弱

农民在使用农药时常缺乏安全用药知识，或安全意识薄弱。一是过分注重速效，不考虑毒性而施用一些高毒、高残留农药，忽视了农药使用安全性；二是对自身安全保护意识差，不重视农药使用注意事项，施药过程中忽视安全防护措施，导致农药中毒事件也时有发生；三是对人畜健康和环境保护意识差，对施药田块不做标识和告示，废弃农药包装物以及剩余药液随处丢弃、乱倒现象普遍。

（二）农药科学使用技术薄弱

1. 不能对症用药和适时用药

由于缺乏一定的病虫害防治知识，对病虫害识别能力较差，加之农药品种较多，实际生产中很多农民做不到正确选择药剂，防治上很难做到对症用药、适时施药，经常是当病虫已经发生危害时才开始用药因此很难奏效。

2. 盲目加大施药量和施药次数

为了增加防治效果，农民会有意识地擅自增加施药量，若发现短期内不见药效或药效不明显时，就会加大剂量再次喷施，使农作物产生药害，也对环境造成了严重污染，使抗药性问题更加突出。

3. 农药使用品种结构不合理

长期使用单一品种农药防治同种病害的现象较为普遍，由此产生"交互抗药性"，使有害生物产生抗药性，对未使用过的某种药剂也产生抗性，农民在看不到预期防效后又会加大农药施用剂量。

（三）农药有效利用率低

长期以来人们认为农药使用就是简单的称量和配制，施药技术多停留在大容量、大雾滴喷雾技术上，施药器械不适应要求，施药方式单一，造成农药喷洒到靶标作物上的有效利用率只有10%～35%，远低于发达国家平均50%的水平，造成大部分农药流失到非靶标作物、土壤或水域中。

（四）农药使用靶标针对性差

农药应施于害虫、病原菌和杂草等靶标上，但更多情况下，农药使用的目标物与非目标物之间往往是交互存在的，药剂不能直接施用到防治对象上，必须通过间接靶标将农药再转移到防治靶标上。喷洒到作物上药液也会以水滴的形式从叶片上滚落，造成药剂在靶标上的持留量降低，使农药有效成分流失。加之不同靶标表面结构差异很大，以及药液的表面张力有很大区别，导致药液与靶标不匹配，农药使用靶标针对性差。

三、农药安全使用技术

农药的安全使用是在保证对人、畜和环境安全的前提下，以最少量的农药用量达到最好的防治效果，提高农药利用率，减少农药的危害和农产品农药残留超标问题。

（一）遵守农药安全使用准则

农药的安全使用包括施用者、农产品和环境的安全，农药使用要严格执行《农药合理使用准则》。《农药合理使用准则》是国家颁布的农药使用技术规范，目的在于指导科学、合理、安全使用农药，达到既能有效地防治农作物有害生物，又能保证农产品的质量安全，减少农药的污染。

（二）准确用药、适时施药

科学合理地控制农药使用剂量十分关键，用量过多造成农药浪费、成本增加和环境污染等问题，用量少则达不到最佳防治效果。因此要按照农药使用说明书推荐的剂量，确定用药量和施药浓度。配制药液时采取"二次稀释法"，即先用少量的溶剂溶解原药，再稀释到所需要的浓度，不得随意地加大和减少药量。在施药过程中，选择合适的施药器械，达到要求的药剂覆盖密度和分布均匀度，确保有效发挥药效，防止药害和避免农药残留。

适时施药是提高病虫防治效果的关键，药剂在病虫害发病初期施用防效好。幼龄期害虫对杀虫剂敏感，一般应在初龄幼虫盛发期使用，保护性杀菌剂应适当提前使用，除草剂宜在播种后、杂草出苗前使用。

（三）严格遵守农药安全间隔期

安全间隔期是指农产品在最后一次使用农药到收获上市之间的最短时间。

在安全间隔期内，多数农药的有毒物质在植物体内因光合作用等生理代谢逐渐降解，农药残留达到安全水平。不同品种的农药有不同的安全间隔期，农药种类、使用浓度、施药方式以及气候条件等对农药安全间隔期的长短有一定的影响。

（四）合理混用与交替施用农药

长期重复使用同一种农药或一类农药，易产生耐药性和抗药性，降低防治效果，导致农药过量施用，加剧农药残留风险。科学混用和交替使用农药，能扩大防治范围，提高防治效果。

参考文献

［1］陈晓明，王程龙，薄瑞，等．中国农药使用现状及对策建议［J］．农药科学与管理，2016，37（2）：7-8.

［2］李金金．浅谈农药使用中存在的问题及对策［J］．农技服务，2017，34（3）：68.

［3］柳琪，滕蔚．农药使用技术与残留危害风险评估［M］．北京：化学工业出版社，2009.

［4］邵振润，郭永旺．我国施药机械与施药技术现状及对策［J］．植物保护，2006，32（2）：5-8.

［5］束放，熊延伸，韩梅．2015年我国农药生产与使用概况［J］．农药科学与管理，2016，37（7）：1-6.

［6］谭成侠，潘丽艳，傅寅翼．具有除草活性的吡唑类化合物的研究进展［J］．现代农药，2009，8（2）：6-12.

［7］王穿才．农药概论［M］．北京：中国农业大学出版社，2009.

［8］叶贵标．除草剂作用机理分类法及其应用［J］．农药科学与管理，1999，20（1）：32-35.

［9］张立志．农药安全使用过程中存在的问题及对策［J］．现代农业科技，2016，（11）：184-185.

［10］周宇涵，苗蔚荣，程侣柏．原卟啉原氧化酶抑制剂类除草剂研究进展［J］．农药学学报，2002，4（1）：1-8.

第二章
农药在环境中的残留和降解

第一节 农药残留和残留毒性

一、农药残留

农药残留（Pesticide residues）是指农药使用后残存于生物体、农产品、土壤、水体和大气中的农药原体、有毒代谢物及其在毒理学上有重要意义的农药原体、有毒代谢物、杂质、降解物和反应物等所有衍生物的总称。凡具有毒理学意义的农药杂质、降解产物和代谢产物不仅包含在农药残留的定义中，也包含在农药残留分析和管理范畴中。农药残存的数量称为残留量，主要是指农药原体的残留量和具有比原体毒性更高或相当毒性的降解物的残留量，单位为 mg/kg。

二、农药残留毒性

因摄入或长时间重复暴露农药残留而对人、畜以及有益生物产生急性中毒或慢性毒害，称为农药残留物毒性。农药残留毒性的大小受农药性质、毒性和残留量多少等因素影响而存在极大的差异。不同的农药由于化学结构、组成成分不同，其毒性大小、药性强弱和残效期各不相同。

（一）农药毒性分级标准

衡量农药毒性的高低通常用大白鼠 1 次受药的致死中量，即半数致死量（LD_{50}）表达。LD_{50}是指杀死供试生物一半（50%）时，每千克供试生物体重所需药物的质量（mg/kg）。数值越小表示引发毒性作用所需剂量越少，即毒性水平越高。各种农用化学品毒性水平差别极大，所以并非任何农药都是有毒危险品。

世界卫生组织主要根据农药的急性经口和经皮 LD_{50}值，分固体和液体两种存在形态对农药产品的危害进行分级（表2-1）。世界各国的农药毒性分级通常是以世界卫生组织推荐的农药危害等级为模板，结合本国实际情况制定。

因此，各国对农药的毒性分级及标识的管理不完全相同。

参考国际上的做法，我国的农药毒性分级也是以世界卫生组织推荐的农药危害分级标准为模板，并考虑以往毒性分级的有关规定，结合我国农药生产、使用和管理的实际情况制定（表2-2）。

表2-1   世界卫生组织农药危害分级标准

毒性分级	级别符号语	经口半数致死量 LD_{50}/（mg/kg）		经皮半数致死量 LD_{50}/（mg/kg）	
		固体	液体	固体	液体
I_a级	剧毒	≤5	≤20	≤10	≤40
I_b级	高毒	6~50	21~200	11~100	41~400
Ⅱ级	中等毒	51~500	201~2000	101~1000	401~4000
Ⅲ级	低毒	>500	>2000	>1000	>4000

表2-2   我国农药毒性分级标准

毒性分级	级别符号语	经口半数致死量/（mg/kg）	经皮半数致死量/（mg/kg）	吸入半数致死浓度/（mg/m³）
I_a级	剧毒	≤5	≤20	≤20
I_b级	高毒	6~50	21~200	21~200
Ⅱ级	中等毒	51~500	201~2000	201~2000
Ⅲ级	低毒	501~5000	2001~5000	2001~5000
Ⅳ级	微毒	>5000	>5000	>5000

（二）农药毒性作用类型

化学农药本身或代谢产物在动物机体内达到一定数量并与生物大分子相互作用后可引起动物机体不良或有害的生物学效应，表现出各种生理生化功能障碍、应急能力下降、维持机体稳态的能力降低以及对环境的各种有害因素易感性增高等特点。农药可以通过呼吸吸入、皮肤吸附和消化道吸收等途径进入高等动物体内而引致中毒，农药对人、畜的毒性可分为急性毒性、亚急性毒性和慢性毒性。

1. 急性毒性

急性毒性指动物一次性口服、皮肤接触或呼吸道吸入一定剂量的农药，在短时间内引起急性病理反应的中毒或死亡的现象。急性中毒的现象一般是高毒、剧毒农药违规施用造成的，如甲胺磷、氧化乐果等禁用农药均可引起急性毒性。很多国家已陆续做出禁用或限制使用高毒或剧毒农药的规定。

2. 亚急性毒性

亚急性毒性指机体在较长时间内服用或接触一定剂量农药而发生的中毒现象。中毒症状的表现往往需要一定的时间，最后表现出的症状与急性中毒类似，有时也可引起局部病理变化。

3. 慢性毒性

慢性毒性指低于急性中毒剂量的农药被长期连续使用，通过接触或吸入进入人畜体内或者积蓄、损害体内重要脏器的慢性病理反应，包括神经、生理、生化、血液、免疫和病理等方面。世界卫生组织公布的调查报告表明，残留农药在人体内长期蓄积滞留引发的慢性中毒给人体健康带来潜在危险，以致诱发多种慢性病症，在慢性毒性中，农药的致癌性、致畸性、致突变（三致）问题特别引人重视。

三、农药残留的危害与污染

农药污染是指农药或其有害代谢物、降解产物对环境和生物产生的污染。农药是人工合成的有机物，与天然有机物相比，稳定性较强，不易被化学作用和生物化学作用分解，能在环境中较长期存在。农药在施用中，只有一小部分被植物吸收，大部分的农药散落在环境中，对土壤、水体和大气环境造成污染，并可以通过生物富集和食物链，危害人体健康。

（一）农药残留对人体健康的危害

农药主要通过三条途径进入人体：一是偶然大量接触，如误食；二是长期接触一定量的农药；三是日常生活环境和食品中的残留农药。农药急性中毒较少发生，导致的后果及影响有限。长期食用农药残留超标的农副产品，虽然不会导致急性中毒，但农药通过富集在人体的肝脏、肠道和脂肪层中可产生慢性危害，引起组织病变，诱发癌症、不孕症、内分泌紊乱等多种疾病与抑制人体免疫功能导致疾病的发生。农药对人体健康的危害主要有以下几方面。

1. 引发中老年群体各种疾病

残留农药进入人体，主要依靠肝脏解毒，加重了肝脏负担，引发肝硬化、肝积水等肝脏病变。胃肠道褶皱较多，易存毒素，可引起慢性腹泻、恶心、肠炎等症状。农药慢性毒性可致身体免疫力下降，引发经常性感冒、头晕、心悸，导致老年人帕金森病、早老性痴呆、心脑血管病、糖尿病、癌症等病症高发。

2. 引发青少年各种疾病

农药残留毒性对新生儿及幼儿大脑发育、智商发育有严重影响，并危害青少年的生长发育，导致儿童性早熟、消化功能紊乱、脑发育障碍、智力低下。长期接触有机磷农药会损伤儿童的视功能，表现出近视、水肿症状。医学研究证实，几乎所有的农药都会对儿童免疫系统造成伤害，对疾病的抵抗力下降，免疫缺陷症、脑膜炎、白血病等疾病发病率不断上升。

3. 引发女性乳腺疾病

农药残留毒性是造成不孕不育的主要原因之一，使受孕率下降。六六六、滴滴涕（DDT）等高残留农药可导致神经系统失调，破坏人体器官生理功能，内分泌紊乱，引起妇女经血失调、面生斑痕和乳腺病，已禁止使用。

4. 引起癌变、致畸和突变作用

低剂量农药对人体致癌、致畸、致突变的危害是不容置疑的。国际癌症研究机构根据动物实验证明，18 种曾广泛使用的农药，如滴滴涕，具有明显致癌性，有 16 种农药具有潜在的致癌危险性。除莠剂具有遗传毒性，能干扰遗传信息传递，引起子细胞突变。越南战争期间，美军在越南喷洒了大量植物脱叶剂，导致癌症、遗传缺陷等疾病的发生。多种慢性疾病，还可以通过乳汁遗传到下一代，导致胎儿畸形、基因突变。

（二）农药残留对生态环境的污染

农药在使用时，有 10% ~ 20% 作用在靶标上；80% 以上或直接散落在土壤、水体或大气中，或通过农作物落叶、降雨而进入土壤。有些农药性质稳定，不易分解，能长期残留在土壤和植物体内。虽然农药可以经迁移转化、吸附和降解，使残留量逐步降低，但因农药性质、分解难易程度及环境条件的不同，农药在环境中的半衰期存在很大的差异。如滴滴涕在土壤中分解95% 所需时间长达 4 ~ 30 年，六六六为 3 ~ 20 年，狄氏剂为 5 ~ 25 年，以上三种农药均已禁止使用。

1. 农药残留对土壤的污染

土壤是农药在环境中的贮藏库与集散地，农药污染土壤的主要途径，一是通过土壤和种子消毒及农用浸种、拌种等施药方式直接进入土壤；二是喷洒在作物上农药大部分落入土壤；三是植物表面的农药和悬浮在大气中的农药颗粒经雨水淋洗进入土壤，从而对土壤生物、农作物及土壤生态系统带来危害。

（1）对土壤生物种群的影响　土壤微生物和土壤动物是调节土壤肥力的重要因素，杀虫剂对土壤中蚯蚓的毒性很高，而蚯蚓有改善土壤结构和提高肥力的作用。一些杀菌剂对硝化菌、固氮菌和根瘤菌等产生杀灭或抑制作用。

（2）对土壤微生物种群和数量的影响　在生态系统中，微生物、植物、昆虫和其天敌之间以及它们与周围环境的相互作用，形成了复杂的统一整体，农药在防治靶标生物的同时，也会误杀其天敌，同时害虫种群也会发生变化，产生抗药性，从而影响生态系统的物质循环，严重时可破坏生态平衡。

（3）对农作物的影响　农作物中的残留农药一方面是来自农药的直接施用，另一方面是作物从土壤等环境中吸收的残留农药。不同作物对农药吸收能力不同，以根为主要生长体的作物对土壤和水体环境中农药的吸收能力较强。从农药种类看，水溶性农药易被作物吸收，而脂溶性农药和被土壤强烈吸附的农药不易被吸收。进入作物体内的农药经过代谢、运输与分配在作物体内达到一种平衡分布，能否成为作物体的残留农药，主要取决于作物对农药的降解能力。降解能力强的作物，残留农药少；容易被代谢降解的农药在作物体内的残留也少。

（4）对土壤酶活性和生化过程的影响　土壤酶是土壤中具有催化能力的一些特殊蛋白质类化合物的总称。已知土壤中有40余种酶，主要来自微生物的生命活动。作物根系也分泌少数酶，动植物残体也会带入某些酶类，土壤酶同土壤中的微生物一起推动着物质转化，在碳、氮、硫、磷等各元素的生物循环中都有土壤酶的作用。农药进入土壤后，也会对土壤中的一些生化过程产生影响，主要是对有机残体降解、土壤呼吸作用、土壤氨化作用、土壤硝化作用、土壤固氮作用的影响。因此，土壤中酶的活性可以作为判断土壤生化过程的强度及评价土壤肥力的指标。

2. 农药残留对大气的污染

进入大气的农药主要来源：一是施药过程的散逸。农药在喷洒时，部分农药弥散于大气中，并随气流或沿风向迁移至非施药区。二是农药的挥发。存在于植物体表面、土壤环境和水体中的农药分子可以以气态形式挥发进入大气；三是农药生产过程中含农药废气的直接排放。

进入大气的农药以气溶胶的形式悬浮于空气中，或与大气中的微尘、水分子结合，随气流运动而漂移，进行大范围、远距离扩散，尤其是化学结构稳定性高的农药，能在大气中进行长距离的扩散而不降解，其污染危害是长久性的，往往容易被人们忽略，以为农药随风飘走了就没有危害了。农药对大气的污染与农药品种、剂型和气象条件等因素有关。易挥发农药、气雾剂和粉剂污染相对严重，风速能增加农药扩散带的距离和进入大气中的农药量。

3. 农药残留对水体的污染

农药进入水体的途径：一是大气漂移和大气降水，施用的农药随雨水淋洗或灌溉排水向水体迁移，农药雾滴或粉尘微粒也会随风漂移沉降进入水体；二是水体直接施药，这是水中农药的重要来源，施药最初是集中于水膜和表层水中，随后向下层水、水生生物和底泥中迁移，成为农药的间接受体；三是农田农药流失，通常水溶性农药、砂质土壤、水田栽培和病虫害发生期降雨量较大的地区，容易发生农药的流失；四是农药生产、加工企业的废水排放，施药工具和器械的清洗等，都会使农药进入水体，造成污染。有资料报道，全世界生产约 150 万 t 滴滴涕，就有约 100 万 t 残留在海水中。美国在地下水中检测到 130 多种农药的残留物或代谢降解产物。水体中残留的农药可通过复杂的食物链循环在鸟类、鱼类和其他水生动物体内积累。用农药污染的水源灌溉时，又可被作物根部吸收，或渗入植物表皮的蜡质层，极易造成农产品污染，最终随食物进入人体对健康造成危害。

第二节　农药在环境中的迁移和降解

一、农药在土壤中的迁移和转化

残留于土壤中的农药在生物作用和化学作用下，经历迁移与转化行为，形成具有不同稳定性的中间代谢产物。

（一）土壤对农药的吸附

化学农药进入土壤后，以物理吸附、物理化学吸附、氢键结合和配价键结合等形式吸附在土壤颗粒表面，使一部分农药滞留在土壤中，被吸附的农药的迁移性、生理毒性和生物活性随之减弱。吸附作用是农药与土壤固相之间相互作用的主要过程，是影响农药在土壤中动态行为的重要因素之一，对农药具有净化、解毒的作用，但这种净化作用是不稳定的和有限的，当吸附的农药被土壤溶液中的其他物质置换出来时，就会恢复原来的毒性。所以土壤对化学农药的吸附，只是在一定条件下的净化和缓冲解毒作用，并没有把农药降解掉。

土壤对农药的吸附机理非常复杂，传统的吸附理论认为，土壤对农药的吸附是基于土壤颗粒表面存在的许多吸附位点，农药通过范德华力、疏水作用力、氢键力、离子交换及离子键力、电子迁移等分子间作用力与吸附位点相互作用，从而吸附在土壤表面。分配吸附理论则认为是农药在土壤有机质和土壤水溶液之间进行的分配。实际环境中土壤对农药的吸附过程，往往是多种作用力共同作用的结果。

农药被吸附的能力与农药的分子结构、理化性质及土壤类型等因素有关。农药的分子结构、溶解能力是影响吸附的主要因素，农药分子越大，越容易被土壤吸附，农药的溶解度小，吸附力强。土壤是非常复杂的体系，影响农药吸附的因素也非常复杂。有研究表明，农药的吸附与土壤有机质含量呈较好的相关性，土壤对农药的吸附能力随土壤有机质含量的增加和含水量的减少而增大，这是因为有机质含量增加时，增加了土壤颗粒表面的吸附位点。黏土矿物表面也有大量的吸附位点，因而黏土对农药的吸附能力强。

（二）农药在土壤中的蒸发迁移

化学农药由液态或固态转变为气态的现象称为农药的挥发。易挥发的农药可以从土壤表面蒸发，对于低水溶性和持留性的化学农药来说，蒸发是它们向大气迁移的重要途径，通过蒸发作用而迁移的农药量比通过径流迁移和作物吸收都要大。

农药在土壤中的蒸发取决于农药的蒸气压和接近地表空气层的扩散速度以及土壤温度、湿度和质地。蒸气压越大，环境温度增高，农药容易挥发，蒸发较快。农药被土壤颗粒吸附上后会降低自身活性，影响农药在土壤气相中的蒸气密度和挥发速率。因此，砂土吸附能力小，农药蒸发大。干燥的土壤不利于农药的扩散，随着土壤水分的增加，极性水分子占据了土壤矿物质表面，农药的挥发性增大。但溶解于有机质中的农药不受土壤含水量的影响，因此，含水量增加时，土壤中残留的农药主要溶解在有机质中。

（三）农药在土壤中的淋溶迁移

土壤中的农药可随水淋溶而在土体中扩散，化学农药的淋溶迁移方式有两种：一是直接溶于水，二是吸附于土壤固体颗粒表面的农药随水分移动而进行机械迁移。农药的淋溶受农药本身的溶解度和土壤吸附性能的限制，被有机质和黏土矿物紧紧吸附的农药，特别是难溶性农药，一般不易在土体中随水向下淋移，在吸附性能小的有机质和黏土矿物含量较少的砂质土壤中易发生农药淋移。

除草剂比杀虫剂或杀菌剂更易移动。在移动性最大的 61 种农药中有 58 种是除草剂，而移动性最小的 29 种农药中有 19 种是杀虫剂或杀菌剂。如除草剂 2，4-二氯苯氧乙酸（2，4-D）可直接随土壤水分流入水体，六六六、DDT 则不易发生淋溶迁移。

（四）农药在土壤中的生物迁移

土壤中农药的生物迁移主要是指具有特定功能的植物可以有效地吸收、运转、贮存及分配农药等污染物。农药在植物体内能被代谢或矿化，从而转化为无毒或毒性较弱的化合物。这是植物对土壤农药的一种修复作用，通过植物、微生物与环境之间的相互作用清除环境中的农药污染。

农药的生物迁移有三种方式。一是直接吸收。植物能直接从土壤或经植物叶片吸收农药并进行分解，由木质化作用使其成为植物的组成部分，再通过代谢或矿化作用转化为二氧化碳和水等无植物毒性的物质。二是根际酶促反应。植物产生并释放出具有降解作用或促进环境中生物化学反应的酶等根系分泌物，可直接降解农药。三是根际与微生物联合代谢作用。植物根系、根际微生物和土壤组成的根际微生态系统是土壤中最活跃的区域，由于根系的存在，增加了微生物的活动和生物量，一般可达 5~20 倍，有的高达 100 倍，在植物根际与微生物的联合代谢作用下，促进了农药的代谢和降解。

二、农药在水体中的迁移与转化

施于作物上的农药有部分进入水体中，在水体环境和土壤环境之间，农药可以相互转移，水体环境中的农药与大气环境也会发生交换，即挥发与沉降。挥发是水体环境中农药发生迁移的主要途径之一，挥发过程一般发生在浓度较高时。由于阳光的照射或者紫外线的作用，地表水中的农药可以发生分子结构或者化学性质的改变而发生光解作用。水解也是水体农药迁移的重要途径，包括化学水解和生物水解两种方式。化学水解是农药分子与水分子之间发生离子交换，即水分子中的氢离子和氢氧根离子分别与农药分子的阴阳离子结合，形成两个新的分子。生物水解是在水解酶的作用下，将大多数非水溶性的农药转变为亲水性的化合物，在生物体内降解、同化、吸收、排泄和富集等，使生物体更容易吸收或排除水体沉积物。吸附和解吸附也是水体农药迁移降解的一个途径。当水体环境处于相对稳定的状态时，一定浓度的农药会使水体沉积物之间的吸附与解吸附达到平衡。当环境条件发生改变时，这种平衡会被打破，使水体中的农药达到一种新的吸附与解吸附。

三、农药在环境中的降解

农药降解（Degradation pesticide）是指农药在环境中通过物理因素、化学因素或生物作用逐渐分解转化为无机物，降低或失去毒性的过程。农药降解有两个方面：一方面是由农药挥发、扩散、生物稀释和各种化学反应等作用引起的；另一方面是农药原体代谢，表现为农药原体的数量不断减少。人们普遍关心的是农药进入环境后农药原体数量和其代谢产物毒性的变化。一般来说，农药降解主要表现为农药原体及其代谢产物数量的减少和毒性的下降，但有些农药降解或代谢产物的毒性却很大，存在着潜在毒性和危害。

（一）生物降解

农药在环境中的生物降解包括靶标生物、非靶标生物和微生物群体的降解行为。农药被施用后作用于靶标生物上，通过渗透方式进入生物体内，经过一系列的酶促反应和代谢过程，转化成为生物体生理代谢过程的中间产物，农药的毒性被降低，最终可被彻底降解为 CO_2 和 H_2O 及其他无机物。

农田施用的农药大部分被非靶标生物——作物群体所截获，非靶标生物可以通过分泌体外酶降解吸附于作物体表的农药分子。渗入到作物体内农药，则通过生物水解和生物氧化等代谢过程而降解。农药也可被植物直接吸收后，通过木质化作用将其贮藏于新的植物结构中，或通过代谢、矿化、挥发将其无毒化。在各种生物降解中，微生物所引起的作用最大，环境中的农药主要靠微生物对其进行降解。环境中有真菌、藻类和细菌等大量微生物，它们以农药作为碳源和能源，在进行自我生长的同时，促进农药降解。任何一种化学农药，不管是持久的、短期的、活性的还是非活性的，即使是难降解的有机氯农药，最终也要被微生物所降解。但是微生物群系并不是万能的，当土壤中农药浓度过高，超过土壤的自净能力，就会引起土壤组成、结构和功能变化，微生物活动受到抑制，有害物质或其分解产物在土壤中逐渐积累，有些代谢产物甚至可能比农药原体的毒性更大。

微生物对农药降解的作用较为复杂，包含多种不同类型的生物化学反应，其作用方式可分为酶促反应方式和非酶促反应方式两种（表 2-3）。降解过程包括初级降解、环境容许的生物降解和最终降解三个阶段。初级降解是农药等有机污染物在微生物作用下母体化学结构发生变化，从而失去原污染物分子结构的完整性，并进一步降解，使农药的毒性丧失，达到环境容许的生物降解，最终被完全降解为 CO_2 和 H_2O 及其他无机物，并被微生物同化。

表 2-3　　　　　　　　　微生物代谢农药的方式

酶促反应	1. 不以农药为能源的代谢 　（1）通过广谱的酶（水解酶、氧化酶等）进行作用：①农药作为底物；②农药作为电子受体或供体 　（2）共代谢 2. 分解代谢 以农药为能源的代谢，发生在农药浓度较高且农药的化学结构适合于微生物降解及作为微生物的碳源被利用的情况下 3. 解毒代谢 微生物抵御外界不良环境的一种抗性机制
非酶方式	1. 以两种方式促进光化学反应的进行 　（1）微生物的代谢物作为光敏物质吸收光能并传递给农药分子 　（2）微生物的代谢物作为电子的受体或供体 2. 通过改变 pH 而发生作用 3. 通过产生辅助因子促进其他反应进行

（二）化学降解

化学降解可分为催化反应和非催化反应两种。催化反应主要是由于土壤硅酸盐黏土矿物表面的化学活性而引起的化学变化，特别是土壤为酸性土时作用更强烈。如马拉硫磷和莠去净等农药的降解就属于催化反应降解。非催化反应包括水解、氧化、轭合、异构化和离子化等作用，其中以水解和氧化反应较为重要，氨基甲酸酯类、磷酸酯类、苯氧羧酸类、酰胺类、醚类和酚类农药等大部分农药都可以发生水解反应。

光化学降解也是化学降解的重要途径之一。主要是在地表、水体上层、植物表面及分散在大气中的农药，在阳光照射下而产生的光化学降解现象。化学农药中含有 C—C、C—H、C—O 和 C—N 等化学键，其离解正好在太阳光的波长范围内，能吸收一定的光能或光量子，变为激发态分子而产生光化学反应，导致化学键断裂，发生光解反应。对于地表、水体上层和植物表面的农药，光化学降解极为重要，大部分除草剂和有机磷农药都能发生光解反应，一些光敏农药的光降解速度是非常迅速的。

四、影响农药残留降解的因素

（一）农药性质对农药降解速率的影响

1. 农药稳定性

农药化学结构的稳定性是残留期长短的根本原因。农药稳定性是指农药在环境中和各种生物体中经受化学、物理和生物作用攻击的能力。为了保持一定时间的药效，农药都有一定的稳定性，以达到其防治病虫害、保护植物的使用目的。

农药的稳定性包括以下三个方面。

（1）光稳定性　光稳定性指农药在光能作用下发生光化学反应的性能。农药在阳光照射下，可通过农药分子的异构化、分子重排或分子间反应，发生光化学反应生成新的化合物。如滴滴涕（DDT）经过辐照后产生滴滴异（DDE），对硫磷经光氧化后可产生毒性更大的对氧磷降解产物。

（2）化学稳定性　因化学结构的关系，一些农药如有机氯杀虫剂、均三氯苯类除草剂的化学性质相当稳定，在环境中的残留期长，而有机磷农药、氨基甲酸酯类农药和拟除虫菊酯类农药的化学稳定性较差，容易发生水解、氧化还原等化学反应，降解快，残留期短。

（3）微生物降解稳定性　资料显示，六六六和滴滴涕在土壤中的降解主要依靠微生物降解，降解速率较快，在85d内降解率达到97%以上，经灭菌排除微生物的土壤中六六六的浓度基本没有变化，降解很慢，仅为7.54%。

2. 农药的挥发性

农药的挥发性是指气温在20℃时，单位体积空气中的饱和蒸气量，单位为 mg/m^3，此时称为挥发度，也可用蒸气压（Pa）表示。农药蒸气损失不仅关系到减弱的农药化学效力会妨碍有害生物的防治，而且也会污染与害虫防治无关的地区，给环境带来污染。有机磷农药中敌敌畏（已禁用）在农作物上的降解是最快的，这与敌敌畏的高挥发性有关。

农药在水体中的挥发不仅与其蒸气压有关，而且与农药在水中的溶解度有更加密切的关系，同一水体中不同农药的挥发速率是大不相同的。土壤中农药的挥发速率也受到多重因素的制约，土壤对农药不仅有吸附作用，农药分子也会与土壤中的有机化合物或无机化合物结合，这些都直接影响农药的挥发速率。在同一种土壤中，不同的农药具有不同的吸附能，使农药的挥发速率相差很大。

3. 农药溶解性

农药的溶解性与农药分子的基团有关，带有苯环和烷基的农药具有疏水性，使农药具有亲脂性，脂溶性高的农药容易被土壤颗粒吸附，在土壤中很难移动，一般不会污染地下水，作物根系的吸收量较少。溶解度高的农药易被微生物降解，残留期短。水体生物对残留农药的生物富集作用较小，土壤和沉积物对农药的吸附系数也较小，易被作物根系吸收并在植物体内转移。

4. 农药制剂

同一种农药的不同制剂在环境中的降解速度是不一致的。一般来说，农药的残留性顺序为粉剂>乳剂>可湿性制剂。化学结构相似的同类农药具有类似的农药降解性质，在其他降解条件相同时，杀虫剂的降解速率是：有机磷农药和氨基甲酸酯类农药>拟除虫菊酯类农药>有机氯农药。同类农药不同品种之间降解半衰期也存在很大差异，有机磷农药中敌敌畏的降解速度最快，磺酰脲类除草剂中氯磺隆、甲磺隆和苄黄隆等在土壤中的残留期较长，其降解半衰期在 30d 左右，同属该类的阔叶净和阔叶散残留期短，降解半衰期为 7d 左右。

(二) 环境条件对农药降解的影响

1. 土壤因素

土壤是一个组成复杂的非匀质相体系，农药在质地较粗的砂姜土和黄潮土中降解较快，在质地黏重的红壤和砖红壤中降解较慢。土壤粒径不仅影响土壤通气性和透水性，也影响农药降解。研究发现氯氰菊酯在 0.5~1.0mm 粒径的土壤中光解速率最快，在 0.10~0.25mm 粒径的土壤中光解速率最慢，在砂质和黏质两种土壤中降解趋势表现一致。

土壤湿度通过影响农药光解和微生物降解过程影响农药降解。潮湿的表层土壤在阳光照射下易产生大量的自由基，可以加速农药的光解，水分也能增加农药的移动性。岳永德等研究发现，土壤湿度对甲基对硫磷、氟乐灵和三唑酮均有加速光解速率的作用，对氟乐灵光解表现的最为明显。李彦文研究发现，在一定的土壤持水量范围内，随着水分含量的增高，噁唑菌酮的降解速度加快。

土壤有机质增加，有利于提高微生物种群的数量和生物活性，增强农药的生物降解作用。不同来源的土壤腐殖酸均使毒死蜱水解速度增大，半衰期缩短。腐殖酸和富里酸对苄嘧磺隆的光分解有淬灭作用，且随着腐殖酸和富里酸浓度升高而增加。也有研究表明，有机肥可以增强土壤对农药的吸附，降低农药活性，从而减轻对环境的危害。

2. 介质 pH

农药的稳定性受 pH 影响，在 pH 8~9 时农药可以迅速水解，溶液 pH 每增加一个单位，水解反应速率可能增加 10 倍左右。丁草胺光解速率和光解深度随 pH 的升高而加快加深，莠去津在酸性水体中稳定，在中性和碱性水体中易于光解。甲霜灵在 pH 3~7 的水环境中 12 周的降解只有 16%；在 pH10 时，相同时间内降解可达 95% 以上。磺酰脲类除草剂在酸性条件下易发生水解反应，三唑酮随介质 pH 的升高，水解速度加快。

3. 光源和水体

光源是农药光解中必不可少的，不同光源对农药光解产物没有影响，但影响其形成的动力学速率。百菌清以高压汞灯为光源时降解最快，紫外灯次之，太阳光下较慢。这是因为高压汞灯和紫外灯发射光谱的短光部分能被百菌清吸收，使其容易光解，但紫外灯的光强度比高压汞灯弱，而太阳光是可见光，短波部分少，降解慢。农药在天然水体中的光解速度与水体的理化性质有关，不同类型水质含有的溶解物质对光的吸收与传导，以及对水中其他物质的光化学反应有不同的影响。百菌清在海水中 4 周完全降解，在地面水中阳光辐射下，降解半衰期不超过 1h。水体中有机质含量不同，农药光解速率不同，氟乐灵光解速率为去离子水>海水>河水>湖水。有研究指出，在氙灯和高压汞灯下，各种天然水体中苯噻草胺的光解半衰期为稻田水>江水>河水>重蒸水。

（三）农药受体对农药降解速度的影响

农药受体对农药降解的影响有两方面。一是不同农药受体的影响。农药在不同受体中降解速率差异较大，呈现的规律明显。农药降解速率一般为：动物>植物>土壤，这种降解差异主要与生物降解效率有关。动物体中存在各种酶系统，在对农药进行生物降解时，主要与葡萄糖衍生物、氨基酸等化学物质发生共轭反应，使原来不溶于水的农药转化为易溶于水的共轭物而随尿液或粪便排泄到体外。如六六六在动物中降解半衰期不到 1d，在植物中为 4~5d 或更长，在土壤中则为几十天，甚至几个月。二是同一类受体的影响。由于受体的某些性质，使农药在同一类受体中的降解速度也有差异。农药在果树上的降解半衰期比大多数大田作物长，是因为果树生长速度较慢，生物稀释作用不明显，未成熟的果实多为酸性，而大多数农药在酸性介质中比较稳定。

第三节　农药残留危害风险评估

农药在使用后一般会有农药残留在目标作物及环境中。农药对人体的危害不仅表现有急性中毒作用，还会导致慢性中毒，可能诱发癌症、不孕症、内分泌紊乱等多种疾病与抑制人体免疫功能。随着人们对食品安全意识越来越强，也为了确保化学物质对人类和环境的安全，需要对农药残留毒性和危险性做全面和准确的风险评估，以提高公众对农药残留安全性问题的认识，增强自我保护能力，促进相关管理部门制定相应的安全标准及质量控制措施。

一、风险评估的概念

（一）风险概念

风险（Risk）也称危险度，是化学物质在特定的接触条件下，对机体产生损害作用可能性的定量估计。1971年联合国环境大会提出危险度是接触某种污染物时发生不良效应的预期频率。一般是根据化学物对机体造成损害的能力、与机体接触的可能性和接触程度，采用统计学方法定量评价。当人、畜接触某种有毒物质发生某种损害的频率接近或略高于非接触人、畜，那么这一频率可作为该化学毒物对人、畜健康产生危害的可接受风险。化学物质的毒性与其引起机体损害的风险并不完全一致，因为引起损害作用的风险不仅与化学毒物的理化性质和化学结构有关，更多的是取决于接触的机会、接触的剂量和吸收速度与程度等多种因素。有些物质毒性很高，极少量便可致死，但接触的机会很少，风险就小。相反，毒性较小的物质因接触机会多，风险反而较大。

（二）风险类型

在风险评估中，一般把风险分为健康风险与生态风险两类。

1. 健康风险（Human health risk）

健康风险指人体暴露于自然环境、生态环境、生活环境、职业环境和由此产生的心理环境造成的健康损伤、疾病或者死亡的风险。

2. 生态风险（Ecological risk）

生态风险指生态环境系统及其组分所承受的风险。在一定环境区域内，不确定的事故或灾害对生态系统及其组分可能产生不利作用，包括生态系统结构和功能的损害，从而危及生态效益的安全和健康。

风险具有客观性和不确定性等特点，而生态风险还具有以下特点：①复杂性。生态风险的最终受体组成复杂，包括个体、种群、群落、生态系统等生命系统的各个组建水平，生物之间的相互作用以及不同组建水平的风险级联，使生态风险的复杂性相对于健康风险显著提高。②内在价值性。经济学上的风险和自然灾害风险常用经济损失来表示风险，而生态风险应体现和表征生态系统自身的结构和功能，以生态系统的内在价值为依据，不能用简单的物质或经济损失来表示。③动态性。任何生态系统都不是静止不变和封闭的，而是处于一种动态变化之中，影响生态风险的各个随机因素也呈现动态变化。

二、农药风险评估

农药风险是指在一定场景下，农药暴露对人体健康和生态环境产生某种不良影响的概率及严重程度。农药风险评估，是对人体或环境暴露于某种农药后诱发的潜在不良效应的可能性和严重性进行系统及科学评定，在评估过程中通过测定特定农药的生物效应、毒理学特征、残留量、应用特点、市场反应等一系列资料和数据，定性或定量分析描述相关风险特征，并以此为基础提出安全建议。因此，农药风险评估对正确评价、合理使用和科学管理农药有重要意义。农药风险评估是一个复杂的技术体系，按照保护目标的不同分为农药健康风险评估和农药生态风险评估两大类。

（一）农药健康风险评估

农药健康风险评估是对农药使用者和进入施药区域劳动者的农药接触风险进行评价。农药残留对人体健康的风险评估主要是关注农药对人类健康的直接影响，是农药安全性评价的重要内容。农药健康风险评估包括危害识别、剂量-反应评定、暴露特性评估和风险描述四个方面。

1. 危害识别

危害识别是风险评估的定性阶段，主要是确定待评农药接触能否对人体健康产生危害，接触与不良健康效应是否存在因果关系，对所产生的不良健康效应予以分类，并估计危害的强度，从而确定对具体农药污染物风险评估的必要性和可行性。农药残留对人体健康产生毒性危害的认定方法，主要是在流行病学、动物毒性分析、分子生物学信息、离体试验等研究成果的基础上，对环境暴露与人群效应的因果关系做出科学的定性评价。确定某种农药可能对人体健康产生危害主要是依据动物毒性试验（急性毒性、慢性毒性试验），根据试验结果和收集的资料，进行综合分析。按照机体对待评农药产生效应部位的不同，健康效应可分为以下四类。

（1）致癌、体细胞突变　对可能引起机体致癌或致突变效应的农药，可查阅国际癌症研究中心（IARC）公布的《化学物质对人类致癌危险度总评价》的分类表，确定物质的类别。如果属于2B组以上，即可定为致癌物，可按无阈毒物的程序进行健康危险度评价；属于2B组，则按照有阈毒物评价程序进行。

（2）生殖细胞突变　生殖细胞突变是遗传疾病的重要来源。美国国家环境保护局（US EPA）已为人类生殖细胞致突变证据权重分类颁布了建议准则。将生殖细胞致突变物分为三类：对人类生殖细胞致突变性有充分的证据、有明显证据、有局限性证据。US EPA假定，引起点突变和染色体结构重排的致生殖细胞突变物都是零阈值，并提出可用短期致突变性测定的结果来估计人类的危险性。

（3）发育效应　发育毒性是指产前或产后待评化学农药对子代诱发的任何有害作用，如在子宫内死亡、畸形、胎儿（新生儿）器官的改变以及出生后发育异常。

（4）器官和组织效应　在成人机体内，几个细胞的抑制或者死亡，一般不会有可观察到的效应。只有在大量细胞死亡后，才会引起中毒效应，可按有阈毒物进行评价。

2. 剂量-反应评定

在农药风险评估过程中，经危害识别一旦发现特定农药可能引起接触人群的不良反应，就需要根据农药毒理学资料研究其剂量水平所对应的健康影响，并确定有毒农药接触量与毒性反应的定量关系。利用人体与农药的接触量和发生率或毒性效应的严重性来判定农药剂量与反应的关系，是毒性评价最重要的方面。

与危害识别一样，评定剂量-反应关系的资料也来源于群体流行病学研究和动物试验、构效关系和体外测试系统。根据剂量-反应关系可将化学农药分为两大类：有阈化学毒物和无阈化学毒物。阈剂量是指诱发机体某种生物效应显现的最低剂量，即引起机体超过机体自稳适应极限的最低剂量。

（1）有阈剂量-反应评定　对于非遗传毒性的农药，只有当给药量达到某一特定水平时才会出现某些毒理学效应，在阈值以下不致产生有害效应或不能测得有害效应，剂量-反应评定需要找到出现这些效应的关键剂量。

对有阈农药危险度评定采用的是"安全剂量"概念，各国不同机构对"安全"或阈下剂量赋予的名称不同。世界卫生组织采用每日可接受摄入量，国际化学品安全规划署采用的是允许摄入量，加拿大卫生部采用的是每日允许摄入量。这些阈下剂量的估计基于相似的假设、关键健康效应的判断以及不确定系数（或安全系数）的选择。

对农药残留摄入的风险是通过分析农药的毒理学和残留化学试验结果，评估农药的危害，对摄入农药残留产生风险的可能性及程度进行评价。传统的评定方法是根据毒代动力学和毒理学危害认定过程中确定的关键健康效应的"无可见有害水平（NOAEL）"或"最低可见有害水平（LOAEL）"，再给予一定的不确定系数（安全系数）确定阈值，推导出每日允许摄入量或急性参考剂量，以此作为人体终生或单次允许摄入农药的安全阈值。现在普遍认为 NOAEL 具有局限性，逐渐用综合效应无作用剂量范围（BMD）代替"无可见有害水平"。

（2）无阈剂量-反应评定 无阈剂量-反应评定是指在任何低剂量暴露水平下，都存在一定的有害效应发生的概率，即不存在阈值。国际上风险管理领域的共识是具有遗传毒性的致癌物和性细胞致突变物是无阈值的。

无阈化学农药的关键效应（致突变、致癌）的剂量-反应关系已知或假设是无阈值的，即大于零的所有剂量在某种程度上都有可能导致该有害效应的发生。大多数致癌物是无阈值的，除非是零接触，否则在任何剂量下都可能产生风险。US EPA 现行致癌危险度评价中剂量-反应关系评定的核心内容是确定致癌物的致癌强度系数，即终生持续暴露于一个单位浓度的化学致癌物时，所导致的终生超额致癌危险度。US EPA 将致癌性的可接受风险限定为接触某化学物质所导致的风险在百万分之一或以下（表2-4）。

有多种模型来评价遗传致癌物毒性的剂量-反应特征，每个模型设计时都需要有假设，这些假设以管理政策和生物学两方面为依据。无阈化学物质低剂量评定的外推方法包括完全禁止法、不确定系数法和数学模型法。

①完全禁止法：以零水平暴露作为评价暴露量的依据，要求完全禁止该物质的生产和向环境中释放，是最早用来评价致癌物的方法，对致癌物必须假设剂量-反应关系曲线经过原点，即零剂量，以使受试生物无风险性。该方

法高度安全可靠，可用于部分人造化学致癌物的风险管理，但不适用于天然环境中存在的一些致癌物。

②不确定系数法：即用最大未观察到致癌效应的剂量和不确定系数求出用以评价危险人群危险度的参考剂量。针对致癌效应，不确定系数可放大到5000。这是早期采用的方法，由于确定 NOAEL 方法自身的缺陷，目前认为只有在下述条件下才用该法，即：该化学物质无人类致癌证据，对 DNA 无直接遗传毒作用，有某些可能的机制或理由说明其剂量-反应关系是非线性的。

③数学模型外推法：是在真实剂量-反应关系难以从实验资料中确定时，靠假设来确定在所要推测的低剂量范围内剂量-反应关系的曲线特征，并用数学模型表示。一般认为，致癌物低剂量范围内的剂量-反应关系曲线特征可能有3种：线性关系、超线性和次线性关系。

目前尚无一个公认的最合适的外推模型，必须在对所获得的全部相关资料进行认真评审的前提下，正确选用合适的外推模型。在评价结果报告中，应对所选模型的合理性加以说明。

表 2-4　　　有阈化学物质与无阈化学物质评估程序的主要区别

项目	化学物质类型	
	无阈化学物质	有阈化学物质
计量反应关系特点	低剂量时剂量效应存在线性关系	计量反应关系特点
人敏感性判断	动物与人敏感性不同	人敏感性判断
接触计量评定	以单位体表面积接触计量计算	接触计量评定

3. 暴露特性评估

（1）接触评定　接触评定指可能的接触暴露途径、类型、接触程度、持续时间和频率以及不同人群的接触暴露概率，包括饮食接触评定、职业接触评定、居住环境接触评定、综合与累积暴露评定等多种评定模型。

接触是通过呼吸空气、饮用水、饮食或与各种包含某种化学农药的产品相接触等途径而发生的，农药的浓度和与农药接触的程度是接触评定的两个重要组成部分。在接触评定中首先要确定与风险有关的所有接触途径，然后把每一途径的接触都定量化，最后把各个途径的接触相加，计算得出总接触量。

（2）暴露评估　食物中的农药残留是膳食暴露的主要来源，与摄取食物的种类、数量及农药在该食物中的残留量相关，膳食中农药残留总摄入量，即：摄入的农药＝∑（农药残留浓度×摄入食物量）。

准确可靠的食品摄入量是农药残留暴露评估必不可少的。膳食摄入量的测定可以采用相对直接的方法，即直接测定食品中农药残留的浓度和其消费量。在膳食摄入量的测定中，总膳食研究法在提供膳食摄入各种化学农药的整体评估方面是最准确的。但有时某种化学农药可能仅仅来自某一种食品，食品加工过程中某些农药有可能损失，也可能经浓缩后含量提高，因此在进行化学农药残留危害暴露评估时，还应综合应用双份膳食研究法和单一食品选择研究法的数据。

1996 年美国《食品质量保护法》（FQ·PA）对农药的风险评估提出了新的要求：一是评估人体不同途径接触同一农药的总风险，即综合暴露评估；二是评估人体接触同一作用机制的一类农药的总风险，即累积暴露评估，使农药残留危害评估从单一药种、单方面的评价拓展到对某一农药或一类农药的全部可能接触评估，并加强对婴儿、老人等特殊敏感人群的保护。

（3）暴露途径　农药的暴露途径有多个方面：农药生产过程的暴露、农药使用过程的暴露、农药通过动物富集再到人体的暴露、人类直接食用施药后的食品造成的暴露，以及人类通过土壤、空气、水体等途径造成的暴露。在农药的暴露途径风险中，需要从农药最初使用、监控、稀释、分解到各种暴露途径及暴露量、检测、监控方法等方面对农药残留量进行估计。

农药残留量应当依据农药最大残留限量（MRL）标准来评判。农药残留最高残留限量标准在制定时，必须考虑到食品在进入市场和在一定条件下使用时残留的变化情况，也要适当考虑安全良好的农业生产规范下实际的农药残留状况。如果监控样品的过程可以与农作物的生长相结合，研究农药最初在农作物上的残留情况、传播和覆盖率及作物生长的稀释作用使农药消失的过程，可以获得更为全面的监督试验数据。

4. 风险描述

（1）风险描述内容　风险描述是农药健康风险评估的最后阶段，其结果就是给出一个对人体暴露结果的负面影响的可能性估计。风险描述综合了危险识别、剂量–反应评定和接触评定的结果，对农药可能对健康产生的不良影响进行计算和描述，对化学农药接触人群可能存在的风险做出定量估测，对风险评估依据资料的质量做出评价，同时进行不确定水平分析，分析评价过程中各种不确定因素、不确定度，协助风险评估结果的使用者做出正确决定。

（2）质量评价　由于风险评估常常是在资料不足的情况下就必须做出结论，研究过程中也存在很多不确定因素，因此，必须对评估过程中所采用的资料做质量评价，对风险评估中的危害识别、剂量-反应评定、接触评定的研究过程与研究结果都需要做出质量评价，即检验、审核评定中发现的有关危害的证据是否一致，是否足以说明问题或下结论。

质量评价有两方面。一是试验设计的科学性评价。包括不同种属和不同靶器官的毒理学研究结果是否一致，重复试验的各种试验条件是否相同或接近，有关的试验方法及设计能否足以检出所观察毒性终点的有害效应等。二是试验证据力度和权重评价。证据力度是指某种试验结果的说服力或者说可信程度。证据权重是根据试验和统计学处理结果，来说明和解释有关的证据资料。包括全面考虑动物和人类研究结果、动力学和代谢研究、结构活性关系、遗传毒性等各方面的资料。风险描述的结果可以对农药登记及使用进行科学的管理与调整，为安全施药提供建议，指导施药者规范操作。

（二）农药生态风险评估

农药生态风险评估又称为环境风险评估，关注的是农药对整个生态系统直接或间接的影响。生态风险评估内容包括：问题描述、危害分析、暴露分析和风险表征 4 个方面。

1. 问题描述

问题描述作为生态风险评估正式开始前的准备阶段，目的是明确具有代表性的环境保护目标，估计风险发生的范围、程度，确定可行的评估方法、研究范围和时限，评估研究观察终点，建立概念模型、拟定分析计划等，为危害分析和暴露分析提供支撑和依据。

（1）搜集已有资料　既往资料的搜集和评价是问题描述阶段的一项重要工作。收集、整理和评价已有的各种资料，如接触源和接触特征、生态系统和社区的有关特征以及生态效应等资料，能够减少不必要的重复。通过数据调研和分析，确定风险评估的目标农药，进行风险识别。

（2）建立概念模型　完成资料搜集、整理和评价之后，便是建立概念模型，即以图、文形式来表达潜在的生态风险，表达何种生态受体处于受危害状态、生态压力因素的来源及其与受体的联系途径等。

在生态风险评估中，环境中各种可能危害生态系统的物理的、化学的、生物的因素，统称为生态压力因素。概念模型建立的关键是确定生态压力因素及受影响的生态受体、在众多生态终点中选择适当的评价终点及测量终点。生态受体指暴露于压力之下的生态实体，包括生物体的组织、器官、种群、群落、生态系统等各个层次。生态终点为某种化学农药或其他环境胁迫因子对某一受体的特殊典型危害或潜在危害表现。

（3）评估研究观察终点　在众多生态终点中选择要保护的对象及生态风险评价的目标。评估研究观察终点的样本包括濒危物种的保护、有经济价值的资源保护或水质，特别是饮用水水源的保护等。测量终点是生态学效应的表征过程中实际用到的终点，要选用那些与评估研究观察终点有直接联系、便于测定、其结果可以用来说明解释压力因素对生态受体潜在影响的指标和参数。

（4）制订风险分析计划　问题描述阶段的最后一步，就是制订一个详细的风险分析计划。这个计划应该具体说明所有的测量终点及其意义、整个生态风险评定过程中所产生的各种资料和数据，并列出这些数据和资料的搜集方法、途径及具体过程。

2. 危害分析

根据危害识别确定的主要生态压力因素、评价受体、评价终点，研究不同暴露水平下，受体响应或暴露的危害响应，评定有害物质的生态效应。

农药危害分析主要是分析农药及其主要降解产物对不同代表性生物的危害，明确农药对代表性生物产生急性毒性、短期毒性、慢性毒性和生殖毒性等不良效应及主要度量终点。急性毒性和短期毒性主要度量终点包括死亡和生长发育影响等指标，主要用半数致死浓度 LC_{50} 和半数致死剂量 LD_{50} 表示。慢性毒性和生殖毒性主要度量终点包括生长、发育、繁殖等指标，主要用无可见效应浓度（NOEC）或无可见效应剂量（NOEL）表示。

危害分析程序包括：资料调研、方案设计、开展试验、结果分析、外推分析五个方面。评定人员要明确认识数据、资料的质量目标和要求，根据评定终点设计试验方案，开展试验，试验结果要求提供与某种可接受的生态效应相应的有害物质的剂量或浓度阈值，或剂量-效应、浓度-效应、时间-剂量-效应等关系，根据同类有害物质已有的试验资料和已建立的外推关系进行外推分析，也可以把实验室分析建立的关系外推到自然环境或生态系统中，或者由一类终点的分析结果外推到另一类终点，如用生物个体水平的毒性试验结果外推到种群水平的变化。

3. 暴露分析

暴露分析是将农药环境行为数据、气候、土壤、水文数据、农业及农药使用数据，通过暴露模型或监测试验估算环境生物可能接触的农药量。暴露分析包括两方面：一方面是分析进入环境的有害物质的迁移转化过程，以及在不同环境介质中的分布和归趋；另一方面是受体的暴露途径、暴露方式和暴露量。对于还没有释放到环境中的农药，用模型模拟方法预测。对环境中已存在的农药，用环境分析方法进行监测。理想的方法是采用模型模拟和监测数据相结合的方法进行分析。暴露分析包括以下几个步骤。

(1) 有害物质生态过程分析　了解化学农药在环境中的迁移、转化和归趋的主要过程和机制，包括分析有害物质可能进入的环境介质，在环境介质之间的分配机制、迁移路线和方式以及伴随迁移发生的转化作用等。

(2) 建立模型　建立模拟有害物质在环境中转归过程的数学模型，并确定模型参数的种类和估算方法，如经验公式法、野外现场法、实验室实验法、系统分析法等，借助计算机研究模型方程的计算方法，校验模型，选择模型参数估算未使用过的资料和其他实例资料进行验证，对模型参数进行调整和修正。

(3) 转归分析　利用计算机数学模型和污染源强度资料，分析有害物质在环境中的转归过程和时空分布结果。

(4) 暴露分析　暴露分析包括暴露途径分析、暴露方式分析和暴露量计算。暴露途径分为直接暴露与间接暴露两种。直接暴露是指生态受体直接暴露于农药压力因素下，如蚯蚓在其土壤环境中接触毒物。间接暴露是指生态受体通过接触另一种生物而暴露于农药压力因素，如食鱼的鸟类通过食用体内含有有毒物质的鱼类而接触有毒物质。生态风险是由生态受体接触暴露于压力因素所致，两者缺一不可，没有压力因素或生态受体没有接触暴露，生态风险就不存在。如果风险评估发现接触暴露途径不能完全确定，就不必做生态风险评估。

暴露方式即有害物质可能的暴露方式，如呼吸吸入、皮肤接触、经口摄入等。暴露量是进入受体的有害物质的数量。在暴露量估算中需要考虑三点，即：生物利用度；接触压力因素的频率、程度和持续时间；生态系统及受体的特征。生物利用度是指生态受体实际接触暴露于压力因素的浓度（或剂量），是接触评定的重要概念。土壤、水或沉渣等周围媒介中的农药含量，并不是生态受体实际接触暴露的浓度或剂量。在生态风险评估中，如果只有周围媒介的测定分析资料，而没有生物利用度方面的信息，则可能导致过高估计生态受体的接触暴露。

为了取得生物利用度方面的资料，常常需要两种试验研究或现场调查方法：一是用化学分析方法直接测定食物中的农药含量；二是直接测定所评定的生态受体（如食鱼的鸟类）组织中的农药含量。用这两种方法取得的生物利用度数据和资料，对风险评估，尤其是暴露分析都有直接意义。接触压力因素的频率、程度和持续时间，是进一步确定压力因素与接触途径之间的联系是否完全确立的重要依据。

4. 风险表征

风险表征是根据危害分析和暴露分析结果，综合评估农药对环境可能造成的危害。风险表征可用风险程度的"高/中/低"或"有/无风险"等语言进行定性描述，也可通过生态效应分析与暴露分析结果相比较量化风险。

（1）风险表征内容　一是根据评价项目的性质、目的和要求，确定风险表征方法；二是比较暴露与剂量-效应、浓度-效应关系，分析暴露量的生态效应，即风险的大小，进行综合分析；三是分析整个评价过程中的不确定性环节，不确定性的性质及其在评价过程中的传播，对不确定性的大小进行定量评价；四是用文字和图表的形式描述风险评估结果。

（2）风险表征方法　依据评价对象、目标和性质不同，分为定性风险表征和定量风险表征两种。

定性风险表征是定性地描述风险，用"高/中/低/无"等描述性语言表达，或者说明有无不可接受的风险。主要方法有：①专家判断法：由不同行业、不同层次的专家对所讨论的问题从不同的角度进行分析，做出风险大小或者能否被接受的判断，再做出综合判断结论。②风险分级法：按照欧洲共同体（EC）提出的关于有毒有害物质生态风险评估的表征方法，制定风险分级标准。依据该标准对农药的潜在生态风险做出比较完整和直观的评价。③敏感环境距离法：是 US EPA（美国国家环境保护局）推荐的一种定性生态风险评估方法，适于风险评估的初步分析。一种污染源的风险可以用受体与"敏感环境"之间的空间距离来定性地评价，对环境危害的潜在影响或风险度随其与"敏感环境"距离的减少而增加。④比较评价：由 US EPA 提出，目的是比较一系列有环境问题的风险的相对大小，由专家完成判断，最后做出总的排序结论。

定量风险表征不但要确定有无不可接受的风险及风险的性质，而且要从定量角度给出风险值的大小，它是受体暴露于有害环境，造成不利后果的可能性的度量。在实际评价时，由于研究对象的不同、问题的性质不同、定量的内容和量化的程度不同，表征方法也有很大区别。目前应用最广泛的是危害系数法。

危害系数法源于"阈值"这一毒理学基本概念，危害系数法实际上是一种半定量的风险表征方法，基本方法是把实际监测或由模型估算出的环境暴露浓度（EEC）与其毒理学的终点浓度（TOX_h）相比较，风险指数 $Q = EEC/TOX_h$。当 $Q < 1.0$ 时，为无风险；$Q > 1.0$ 时，为有风险。此时 Q 值只能判断风险的有无。

毒理学的终点浓度为根据毒理试验或现场研究结果获得的未观察到有害作用剂量（NOAEL）、观察到有害作用的最低剂量（LOAEL）等指标。由于数据的来源不同，或者为保护一些特定的或未知的受体，往往需要引进一个安全系数（Safety factor，SF），如果毒性值是 LD_{50}、LC_{50} 也需要另外除以安全系数。经过调整和修正的这些毒性指标，称为毒性参考值。此时风险指数 $Q = EEC/（LC_{50}/SF）$。根据 Q 值的大小，可把风险表征进一步分为"无风险（$Q < 0.1$）""潜在风险（$0.1 \leqslant Q \leqslant 1.0$）"和"可能有风险（$Q > 1.0$）"。如果生态受体是接触暴露于多种压力因素（混合压力因素），可以分别计算危害系数，然后把这些危害系数相加，相加所得的危害系数之和，称为危害指数。

（3）风险表征的步骤　风险表征包括风险描述、风险估计、不确定性分析 3 个步骤。

①风险描述：用文字详细说明生态压力因素具有的危害类型、受到压力因素危害的生态受体，以及可能影响压力因素危害作用的因素等。压力因素危害的类型包括受到危害的生态受体繁殖能力丧失、发育和行为异常、生长或增长迟缓等。在风险描述中应尽可能详细地描述压力因素对生态受体引起的有害效应，以及生态受体在接触暴露条件下引起受体的有害影响等。

②风险估计：对危害采用危害系数法等手段进一步定量描述说明，评估这种危害程度的大小，或有多少出现的机会。用统计模型方法来计算风险的估计值，提高评定的科学性和可行程度。

③不确定性分析：生态风险评估中的不确定性，特指评定中那些尚不知道或没有把握的影响危害作用的因素。不确定性分析是评定者用文字描述记

录风险评估的各种不确定性，以及这些不确定性可能对评估结果造成的影响。常用的分析方法是分类分析，即把各个环节或过程分门别类地具体分析，目的是说明和分析不确定性，而不是一定要提出解决不确定性的办法。当不确定性大到足以影响评估结果的可靠性时，则应考虑再从问题形成阶段重新开始进行风险评估，这时资料的收集和解释已更容易，不需要再重新经过每一个步骤和细节。

参考文献

[1] 卜元卿，孔源，智勇，等．化学农药对环境的污染及其防控对策建议 [J]．中国农业科技导报，2014，16（2）：19-25.

[2] 陈飞霞．土壤腐殖酸对毒死蜱农药环境行为影响的研究 [J]．重庆：西南大学，2007.

[3] 陈宗懋．农药的残留毒性和危害性分析．第七届中国农药发展年会农药质量与安全论文集 [C]，2005：6-11.

[4] 褚明杰，岳永德，花日茂，等．苯噻草胺在不同水质中的光化学降解研究 [J]．环境科学学报，2005，25（12）：1647-1651.

[5] 邓嘉莉．磺酰脲类除草剂谱学性质及水解反应机理的理论研究 [D]．成都：四川师范大学，2007.

[6] 高海英．三唑酮在土壤环境中的吸附和降解行为研究 [D]．长沙：湖南农业大学，2007.

[7] 顾晓军，张志勇，田素芬．农药风险评估原理与方法 [M]．北京：中国农业科学技术出版社，2008.

[8] 海力帕木．吾麦尔．如何减少蔬菜农药残留对健康的危害 [J]．江西农业，2016，（2）：54.

[9] 胡娟．甲霜灵的光化学降解研究 [D]．合肥：安徽农业大学，2009.

[10] 花日茂，汤桂兰，李学德，等．几种农药在烟草上的消解动态与复合效应 [J]．中国环境科学，2003，23（4）：440-443.

[11] 李彦文，杨仁斌，郭正元．恶唑菌酮土壤降解影响因子研究 [J]．土壤，2007，39（3）：474-478.

[12] 刘静．辣椒红（黄）色素对水溶液中百菌清的光化学降解研究 [D]．合肥：安徽农业大学，2012.

[13] 刘秀云，宋金洪．丁草胺在水环境中降解规律的研究 [J]．中国资源综合利用，2013，（10）：48-51.

[14] 刘毅华，郭正元，杨仁斌，等．三唑酮的酸性、中性和碱性水解动力学研究［J］．农村生态环境，2005，21（1）：67-68，71.

[15] 柳琪，滕蔚．农药使用技术与残留危害风险评估［M］．北京：化学工业出版社，2009.

[16] 马君贤．化学农药在土壤中的迁移与转化［J］．黑龙江环境通报，2007，31（1）：79-80，58.

[17] 牛佳钰，肖纯凌．有机磷农药的残留危害及检测方法研究［J］．安徽农业科学，2016，44（16）：87-89.

[18] 钱传范．农药残留分析原理与方法［M］．北京：化学工业出版社，2011.

[19] 谭头云，郑欢图，陈兴隆，等．莠去津在水体中的光化学降解研究［J］．浙江化工，2017，48（11）：52-54.

[20] 谭亚军，李少南，孙利．农药对水生态环境的影响［J］．农药，2003，42（12）：12-14，18.

[21] 田芹，周志强，江树人，等．丁草胺在环境中降解行为的研究进展［J］．农药，2004，43（5）：205-208.

[22] 万雷，张琼．化学农药在土壤中的迁移转化与防治措施［J］．现代农业，2012，（5）：51-52.

[23] 王俊伟，周春江，杨建国，等．农药残留在环境中的行为过程、危害及治理措施［J］．农业科学与管理，2018，39（2）：30-34.

[24] 王守英，孔聪，陈清平，等．农产品和水体中农药残留检测技术研究进展［J］．食品安全质量检测学报，2019，10（1）：173-180.

[25] 杨智华．浅谈蔬菜农药超标对人体健康的危害及对策［J］．农业开发与装备，2015，（6）：83-83，84.

[26] 姚安庆，杨建．农药在植物体内的传导方式和农药传导生物学［J］．中国植保导刊，2012，32（10）：14-18，22.

[27] 岳永德，汤锋．土壤质地和湿度对农药在土壤中光解的影响［J］．安徽农业大学学报，1995，（4）：351-351.

[28] 赵书言．化学农药的土壤污染与治理［J］．化学工程与装备，2011，（8）：179-180，183.

[29] 朱春雨，杨峻，刘西莉．蔬菜安全生产过程中农药污染危害与控制途径分析［J］．农药科学与管理，2014，35（2）：12-18.

第三章
烟草农药残留概况

第一节　烟草中的农药残留

　　烟草是我国重要的经济作物，而病虫害是影响烟草产品质量的重要因素。据全国烟草侵染性病害调查和全国烟草昆虫调查发现，我国烟草侵染性病害有 68 种，害虫 200 多种。化学农药是防治烟草病虫草害的主要措施之一。农药在实现其效用的同时也会在生态系统中产生很大的移动，理想的状态是施用的农药在其对病虫害产生作用后立即分解，而未被有效利用的农药以及难分解的稳定性农药会残留在烟草和环境中。

一、烟草农药残留的形成

　　农药施于烟草上，直接附着在烟草上的药剂量只占一小部分，大部分农药进入空气、水和土壤中，成为环境污染物。这些环境中残存的农药又可以通过烟草根系和叶片的吸收、传导以及降雨等途径富集到烟草体内。烟草农药残留主要有三个来源：一是农药的直接残存；二是烟草从环境中的吸收；三是来自烟叶烘烤过程和存贮过程。

（一）农药的直接残存

　　农药的直接残存是指直接施用农药造成的农药残留。烟草施药后，部分农药残存在烟草上，附着在烟草叶面的绒毛上，或渗透到烟叶蜡质层，通过器官和组织的吸收传导进入烟株体内。附着在烟株表面和进入烟草体内的农药，在外界环境的物理因素、化学因素影响下，以及烟草体内酶的氧化还原作用和烟株光合作用下，逐渐分解消失。由于降解速度比较缓慢，烟叶在收获时尚有微量的农药及有毒代谢产物的残留。如果农药使用量过多、过频，超过烟草本身和环境的降解能力，或药剂性能稳定，烟叶在收获时尚未分解的农药及有毒代谢产物就会大量残留在烟草中。

(二) 烟草从环境中吸收的农药

土壤和灌溉水中的农药残留，可通过烟株根系的吸收和传导等途径，随水分进入烟草体内增加烟叶中的农药残留量。漂浮于大气中的农药微粒，随着空气漂移、降水和地表径流也会造成烟草农药的二次污染。性质较稳定的农药，会长期残留在环境中。研究表明 DDT 和六六六在土壤中被分解 95% 所需的时间分别为 30 年和 20 年。

(三) 来自烟叶烘烤和存贮过程

烘烤作为烟叶生产技术中的关键环节，是烟叶失水、品质固定和改善以及烟草特有成分转化的过程。烟叶烘烤期间，在高温高湿的环境中，随着其理化性质的变化，其残留农药也会发生变化。一方面，烘烤过程的失水干燥会导致烟叶中农药残留量升高 6~7 倍；另一方面，烟叶中的农药在高温作用下也会加速生成衍生物或分解为其他有毒代谢产物，使烟叶中农药残留降低。而烘烤过程中没有降解的农药原体和农药代谢物就构成了烘烤后烟叶农药残留的主要成分。烟叶在存贮醇化期间部分农药可自行降解，存贮一定时间后烟叶农药残留量会有所降低，但为了防治烟叶霉变和虫害使用的杀虫剂等药剂，会造成烟叶中新的农药残留。理论上讲，非常负责地使用，严格地按照良好农业实践生产模式（GAP），农药的活性成分及其降解产物仍会在烟草上有残留，这种残留被认为是合理的水平。然而实际生产中不按农药合理使用准则，超剂量、超频次、盲目施用的现象也极为普遍，由此造成烟叶农药残留，甚至农药残留量超标问题。

二、影响烟草农药残留的因素

影响烟草农药残留的因素很多，农药自身的理化性质、农药剂型、环境条件和农药施用技术、施用剂量、施用时期是主要因素。在相同的环境条件下，农药种类不同，其理化性质就不同，残留期有很大差异。有机磷农药性质不稳定，易降解消失，有机氯农药在土壤中不易分解，残效期长，易造成烟草污染。

在农药的物理性质中，蒸气压、挥发性、溶解度对农药残留的影响最为重要，蒸气压高的农药易挥发消失快，水溶性大的农药容易被烟草根系吸收传导至烟株的各个部位，脂溶性强的农药容易积累在烟草的蜡质层中。不同剂型中，粉剂和可湿性粉剂容易分解消失，乳油、悬浮剂等用于直接喷洒的剂型对烟草的农药残留影响较大。

超剂量施用农药与烟草农药残留量有直接关系，施药量和施药次数增加，烟叶农药残留量就会增加。文礼章等指出溴氰菊酯在烟叶上的残留量受施药剂量的影响，同样在施药 8d 后取样，每亩*施药 51.2mL 的样品，其农药残留量为 0.581mg/kg，而每亩施药 8.8mL 的样品，其农药残留量仅为 0.183mg/kg。内吸性强的农药宜在较早时期使用，使用时间过迟，烟叶残留量高。施药时期尤其是安全间隔天数对农药残留量的影响很大。环境中的农药可通过各种途径降解消失，但其降解速率与环境因素有很大关系。通常是土壤潮湿、有机质含量高、偏碱性的土壤中农药降解速度快。

第二节　烟草农药残留现状

一、烟草农药残留现状

牛柱峰采用定点调查方法研究了山东省五莲烟区烟叶农药残留状况，结果表明，烟叶中有机氯和拟除虫菊酯杀虫剂残留量较低，有机磷杀虫剂残留量较高，其中速灭磷检出率 100%，平均含量为 0.19mg/kg，甲胺磷检出率 71.4%，平均值为 0.09mg/kg，磷胺和久效磷检出率分别为 42.9% 和 28.6%，平均含量分别为 0.13mg/kg 和 0.67mg/kg。

李剑馨对云南省 5 个地区 15 个采样点共 150 份样品中 15 种农药的残留量进行了检测，平均检出率为 77.78%，有 11 种农药残留检出率为 100%，其中抑芽敏、甲霜灵和七氟菊酯三种农药存在超标情况，平均超标率为 11.11%。

李义强等对 10 个省份烟叶主产区 141 个样品中 21 种农药进行残留分析，结果显示，氟氯氰菊酯、噁霜灵、都尔、甲胺磷、克百威 5 种农药存在严重问题、涕灭威、甲萘威、灭多威、溴氰菊酯、菌核净、代森锰锌、氟节胺、除芽通、马来酰肼 9 种农药存在一定问题。有 41 个样品检出氟氯氰菊酯残留，残留量 0.04~1.48mg/kg，平均值为 0.46mg/kg，其中 18 个样品残留量超出 ACAC（国际农用化学品咨询委员会）指导性残留限量。27 个样品检出克百威，残留量为 0.03~1.34mg/kg，平均值为 0.38mg/kg。21 个样品检出涕灭威，检出率为 14.5%，残留量为 0.07~0.7mg/kg，平均值为 0.30mg/kg，按照 ACAC 指导性残留限量标准 0.5mg/kg，有 3 个样品超标。有 31 个样品检出灭多威，检出率为

---

*　1 亩 = 666.67 平方米。

27.7%，残留量为 0.04~1.37mg/kg，平均值为 0.38mg/kg，1 个样品超标。禁用农药检测结果显示，27.7%的样品检出六六六（0.02~0.54mg/kg），平均值为 0.09mg/kg，12%的样品检出滴滴涕（0.03~0.19mg/kg），平均值为 0.09mg/kg。

李薇和袁雪婵等对玉溪地区 12 个烤烟样品中拟除虫菊酯类农药残留量和不同品种烤烟中菌核净残留量进行测定，溴氰菊酯残留量为 0.03~0.06mg/kg，高效氯氟氰菊酯为 0.03~0.2mg/kg，氟氯氰菊酯为 0.01~0.02mg/kg，氯氰菊酯为 0.01~0.23 mg/kg，氰戊菊酯为 0.03~0.12mg/kg。菌核净检出率 100%，残留量为 0.078~0.194mg/kg。

边照阳等测定了 65 个烤烟样品中有机氯农药残留量，检出率 73.73%，其中滴滴涕检出率最高为 43.1%。喻学文对湘西北 4 个地区 22 个种植点烟草中 20 种农药残留进行检测，有 18 种农药被检出，检出率达到 90%以上，其中氯丹、γ-HCH、氰戊菊酯和七氟菊酯 4 种农药残留量均超 ACAC 指导性限量值。

二、烟草农药残留消解动态

农药残留消解动态（Pesticide dissipation dynamics），也称消解动态，指施药后残留农药逐步降解和消失的过程，是评价农药在农作物和环境中稳定性和持久性的重要指标。农药残留消解动态是多方面因素综合作用的表现，农药本身的理化性质、使用方法、施药时期、土壤类型及环境条件都会影响农药在烟草和环境中的消解趋势。

农药残留量消解一半时所需的时间，即"半衰期"，可以农药原体及其代谢物、降解物残留量总和为纵坐标，以时间（T）为横坐标，采用指数方程拟合试验数据，计算出半衰期，得到该农药在烟草上的消解动态。

半衰期也可以通过计算得出。农药在烟草和环境中的残留量（C）随施药后的时间变化以近似负指数函数递减的规律变化，可用一级反应动力学方程公式计算，见式（3-1）。

$$C = C_0 e^{-Kt} \tag{3-1}$$

式中　C——时间 T 时的农药残留量，mg/kg

C_0——施药后原始沉积量，mg/kg

K——消解系数

t——施药后时间，d

当 $C = 0.5C_0$ 时，可计算半衰期，$DT_{50} = \ln2/K$。

农药消解速率有两个阶段：迅速消解阶段和缓慢消解阶段。在计算消解动态指数方程的相关性时，一般用相关系数（Correlation coefficient，r）进行评价。

李义强连续两年研究了山东、湖南两地自然生长条件下烟叶中三唑酮消解动态，其半衰期为 3.8~5.6d，在贮存条件下半衰期为 157~315d，末次施药后 7，14，21d，烤后烟叶中三唑酮及代谢物的残留量分别为 0.33~6.44mg/kg、0.15~2.77mg/kg、0.18~2.53mg/kg，建议三唑酮及代谢产物在烟叶中的安全间隔期为 14d。

抑芽丹为烟株打顶后一次性杯淋施药，药液沿烟株主茎向下流至各节叶腋处，起抑制腋芽的作用。郑晓等进行了两年两地消解动态和最终残留量试验研究，在鲜烟叶中，抑芽丹施药后 3d，消解率超过 70%，施药后 21d，消解率超过 90%，理论半衰期为 7.9~9.6d，平均 9.1d。在干烟叶中，施药后 7d 残留量为 5.33~32.07mg/kg，14d 为 3.95~9.26mg/kg，21d 时为 1.27~3.57 mg/kg，其消解趋势符合一级动力学方程。

溴菌腈为低毒内吸性杀菌剂，对烟草青枯病具有较好的防治效果。周杨全等研究了烟草中溴菌腈残留消解动态，施药后 1d 和 3d 的消解率超过 50%，28d 和 35d 时超过 90%。消解趋势符合一级动力学特征，烟叶中的半衰期为 7.8~14.9d。王秀国等认为，烟草本身的生长发育及生理生化特性，及生长期间的温度、降雨和光照等因素会影响烟株对内吸性杀菌剂的吸收和传导，生长期的烟草质量和体积均迅速增长，对降低烟叶农药残留量有一定的作用。

冯涛等研究了施药后 10d 和 20d 时，25% 氟节胺乳油在烟草和土壤中的消解动态，其残留量均低于 10mg/kg，30d 后其残留量均低于 3mg/kg。曹爱华等发现赛丹在烟草中的降解规律为前期较快，后期相对较慢，对土壤不会造成环境影响。刘宝安等研究莫比朗 3% 乳油在烟叶及土壤中消解率均较快。徐金丽等研究认为，吡蚜酮在烟叶中理论半衰期为 4.2~8.8d，按照推荐使用量，使用 2 次，每次间隔 7~10d，末次施药后 7d，吡蚜酮残留量低于 ACAC 指导性残留限量值，砜嘧磺隆在土壤中理论半衰期为 1.4~2.9d，施药后 70d，烤后烟叶中农药残留量低于定量限。

曹爱华等研究表明，精甲霜灵在烟叶中半衰期为 1.2~1.5d，土壤中为 6.39~12.77d。简秋等研究表明，霜霉威在烟草中半衰期为 6.5~7.8 d，施药

30 d 后，消解率可达到 90% 以上。孙惠青等研究了三乙膦酸铝在烟叶中半衰期为 2.44~3.14d，土壤中为 6.20~8.98d。龙胜基等研究了 3% 噻霉酮水分散粒剂在烟草上的半衰期为 2.8~3.1d。李小芳研究了嘧肽霉素在鲜烟叶和土壤中的半衰期分别为 3.4~5.1d 和 1.3~3.1d，于烟草现蕾−成熟期，以 2% 嘧肽霉素水剂按有效成分 28.2~42.3g/hm^2 的剂量施药 2~3 次，施药后 7，14，21d，其在烟叶及土壤中的残留量均低于检出限（LOD＝0.05mg/kg）。

相振波进行了两年两地二甲戊灵田间消解动态试验，二甲戊灵在烟叶和土壤中的半衰期分别为 2.56~5.97d 和 7.53~10.34 d，施药后 35d，烟叶和土壤中的消解率均达 90% 以上。李义强针对 5 种农药进行了鲜烟叶和烤后干烟叶的残留量对比，烤后干烟叶中烯酰吗啉、甲霜灵、代森锰锌、三乙膦酸铝、霜霉威的残留量分别为鲜烟叶残留量的 34.3%，38.6%，24.6%，64.4%，47.8%，说明烘烤过程中农药残留存在着一定的降解。并对烟叶存贮期间农药残留降解进行了分析和比对，指出烟叶存贮期间，5 种农药都有一定程度的降解，降解速率表现出一定的差异。

陈黎等系统研究了山东临沂和云南曲靖烟叶中拟除虫菊酯类农药残留在大田生长期及烘烤过程中的降解规律。结果表明，高效氯氟氰菊酯和氰戊菊酯两种农药在南北两地的降解速率不同，施药 1d 后两种农药残留量显著降低，降解率分别为 34.9%，27.6% 和 41.3%，33.0%；施药 3d 后高效氯氟氰菊酯降解率均达 50% 以上，氰戊菊酯在施药 5d 后达到 50% 以上。并比较了两种农药在临沂和曲靖两地的半衰期，高效氯氟氰菊酯为 16.7d 和 8.1d，氰戊菊酯为 17.0d 和 8.3d。该研究认为烘烤过程中农药的降解主要是由高温引起的农药挥发和分解造成的，两种农药的降解率分别为 17.2%~22.1% 和 13.5%~18.6%，平均降解率分别为 18.9% 和 15.8%。

第三节　烟草农药残留与烟叶安全性

一、烟草农药残留与烟叶质量安全

烟叶安全性是指烟叶燃吸时对人体健康的危害程度，它直接影响烟草制品的安全性，关系到吸烟者的身体健康。作为烟草中存在的非烟有害物质，农药残留是影响烟叶安全性的重要因素。虽然烟草不被直接食用，但很多国家依然把烟草划为食品类，烟叶中的农药残留会影响烟叶的质量安全，降低烟叶的使用价值。

（一）烟草残留农药在燃吸过程中的转化

烟草作为吸食品，与全量进入人体的普通食品不同，烟草制品在燃吸过程中，靠近火中心的温度可高达 800~900℃，由于燃烧而发生干馏作用和氧化分解等化学作用，使烟草中的各种化学成分都发生了不同程度的变化，烟叶中的农药残留也会参与其中。有些农药在燃烧过程中可能转化为其他有害成分，如西维因易发生亚硝基化反应形成具有致癌性的亚硝基西维因，涕灭威的降解产物涕灭威砜和涕灭威亚砜的毒性也很大。有的农药代谢产物比其自身的毒性还要大，如杀虫脒的代谢产物 4-氯邻甲基苯胺的毒性比母体化合物高 10 倍。化学抑芽剂马来酰肼较稳定，在高温燃烧时不易分解，可随烟气气溶胶迁移到主流烟气中，降低烟叶的填充力，从而对烟气的组成产生不良影响。

（二）烟草残留农药在燃吸过程中的迁移行为

烟草制品靠燃烧使吸烟者吸食卷烟主流烟气而达到生理满足。烟叶农药残留是卷烟烟气安全性评估的重要组成部分，烟叶燃烧时，残留农药可通过迁移行为转移到烟气中，成为卷烟烟气气溶胶的组成部分进入人体。单纯以烟叶中的农药残留限量来衡量卷烟烟气的安全性是不全面的，必须明确烟叶中农药残留向主流烟气中的迁移行为，迁移率较高的农药，其安全风险较大。

农药在卷烟燃烧过程中的迁移行为，与其化学结构密切相关，而化学结构决定了该成分的沸点、热稳定性和分解转化等物理化学特性。一些除草剂、抑芽剂及有机氯农药因含有卤素，易与苯环形成共轭体系，较为稳定，在高温燃烧时不易分解。有机磷和氨基甲酸酯类农药因含易分解的磷酸酯或甲酸酯，遇热易分解，在燃烧时分解较快，迁移率较低。菊酯类、杂环类及杀菌剂介于上述两类之间。

罗华元等研究表明，施用康福多、赤斑特、爱诺链宝、科生、宝成、除草通和甲胺磷 7 种农药，在所分析烟叶和相应的烟气总粒相物中均未检测到残留量。病毒特、抑芽敏、莫比朗 3 种农药在烟叶样品中有残留，但在烟气总粒相物中未被检出。甲霜灵和芽畏在烟叶样品和烟气总粒相物中均被检出，但均不超国际农药残留限量标准。

万毅伦向 3R4F 标准卷烟中添加 8 类 126 种农药混合标准溶液，采用色谱串联质谱联用法测定了 126 种农药在卷烟燃吸后在主流烟气、侧流烟气、烟灰和烟蒂中的迁移量。结果表明，126种农药在烟灰中均无迁移，在主流烟气、侧流烟气和烟蒂中的平均迁移率为：侧流烟气（10.81%）>主流烟气（7.11%）>烟蒂（5.04%），平均总迁移率为22.96%。126种农药中，异狄氏剂的平均迁移率最高，在主流烟气、侧流烟气和烟蒂中的迁移率分别为31.67%，48.97%，17.32%。溴氰菊酯最低，分别为 0.04%，0.09%，0.03%。8类农药在主流烟气、侧流烟气和烟蒂中的平均迁移率为：抑芽剂类分别为13.16%，21.74%，10.27%；有机氯杀虫剂、除草剂及拟除虫菊酯类杀虫剂分别为8.67%~10.11%，15.72%~17.28%，5.65%~6.74%；有机磷杀虫剂和杀菌剂、杂环类杀虫剂、氨基甲酸酯类杀虫剂分别为1.70%~5.26%，1.90%~6.11%，1.22%~4.55%。

126种农药迁移率结果显示，抑芽剂向主流烟气、侧流烟气的迁移率最高，除草剂及有机氯、拟除虫菊酯类杀虫剂次之，有机磷杀虫剂、杀菌剂、杂环类杀虫剂、氨基甲酸酯类杀虫剂较低。各类农药中抑芽剂向烟蒂中的迁移率较高为10.27%，其余农药均在6%以下。可见不同类别的农药或同一类别的不同农药其迁移率存在较大差异。

二、烟草农药最大残留限量

烟草中的农药经过田间自然降解、烘烤降解、贮存降解、燃吸迁移等多个环节后，其残留量可大幅降低。烟草中存在微量的农药残留是允许的，但应不超过农药残留最大限量。农药最大残留限量（MRL）是指在食品或农产品内部或表面农药残留法定允许的最高浓度，以每千克食品或农产品中农药残留的质量表示（mg/kg）。

（一）各国烟草农药最大残留限量

为了保障农产品安全及控制不必要的农药使用，联合国粮农组织（FAO）和世界卫生组织（WHO）的国际食品法典农药残留委员会（CCPR）、农药残留联席会议（JMPR）、食品法典委员会（CAC），国际烟草科学研究合作中心（CORESTA）的农用化学品咨询委员会（ACAC）等国际组织对农药残留及其管理进行了研究，对农产品及食品中的农药残留做了法定容许残留浓度限量规定，即农药残留限量标准。很多发达国家也设有专门机构负责制定和发布有关法规，组织开展农药残留研究和调查，宣传、指导科学合理使用农药，以有效防止和控制农药污染。

近年来，世界各国在制定食品安全标准体系时，都会设置一些对人体没有危害、对环境友好、无需制定食品残留限量的农用化学品作为豁免物质对待。这些豁免物质对保护消费者的利益、指导各国食品的安全生产和开展食品的公平贸易有非常重要的意义。同时这些豁免物质大多是有机农业允许和提倡使用的物质，所以它又和有机农业的关系十分密切。但鉴于各国的国情不一，产地环境、生产方式、饮食习惯等方面存在差异，最终制定的豁免物质名单的依据和内容在各国之间也存在较大区别。

随着烟草和烟草制品的国家间贸易日益增加，烟草及其制品的农药残留已成为国际市场烟叶评价和选购的主要因素，也是国际烟草贸易中商品检验的主要内容。对于烟草农药残留限量，很多国家和地区都提出了最大残留限量要求。美国烟草农药残留最高限量标准由美国农业部（USDA）的市场服务司（AMS）负责制定，对美国烟草不能使用但其他烟草生产国可能在使用的46种农药建立最大残留限量标准，对进口的烟叶进行检验，以保证其农药残留不超过这一最高限量。其他许多国家和地区也制定了自己的烟草农药最大残留限量，各国家和地区提出限量要求的农药品种和限量值各不相同，差异较大，经常出现同一种农药的残留限量值相差几倍甚至更多，甚至对低毒农药制定严格的限量要求。

（二）CORESTA 烟草农药指导性残留限量

国际烟草科学研究合作中心（CORESTA）农用化学品咨询委员会（ACAC）大力支持烟草生产使用良好农业规范，并分析了烟叶农药残留情况，得出了在遵守良好农业规范的基础上烟草农药残留量数据，结合相关的法律法规之后，于2003年首次提出了包含99种农药在内的烟草农药残留最高指导性残留限量，并定期进行更新，在2013年第三版中将限量农药名单扩展至120种，在2018年第四版中将限量农药名单更新为107种，在2019年第五版中将限量农药名单更新为116种。

ACAC 仔细研究了历年来收集到的测试数据、大多数国家农用化学品使用和残留限量方面的法律法规，提出了烟草农药指导性残留限量，主要包括以下农药：①登记使用的大多数农用化学品。②已经废止，但在一些国家可能仍在使用的农用化学品。③已经废止，但在环境中仍有残留的农用化学品。④部分有最大残留限量法规规定的农用化学品。对每个农用化学品提出的具体限量值取决于其所归属的类别。

ACAC 指出：所有指导性残留量均基于良好农业规范，因此各个农用化学品的指导性残留量均与世界卫生组织规定、美国国家环境保护局（US EPA）规定进行了仔细的分析和比较，并进行了安全性评价。评价是根据充分的现有安全性资料系统地进行的，没有安全性资料的活性成分，其指导性残留量是 ACAC 全体会议的专家意见。ACAC 将定期对指导性残留量限量表进行更新，以反映农用化学品登记、法律法规、农业方法方面的变化，以及残留量分析方法、毒物学以及其他科学研究方面的信息资料的变化。

（三）我国烟草农药推荐使用意见

为规范烟草农药科学合理使用，保障烟叶生产安全、烟草产品质量安全和生态环境安全，控制烟叶农药残留在合理范围内，提高烟叶品质和烟草病虫害综合防治水平，根据国家有关法律法规、政策要求和全国烟草农药药效对比试验结果，中国烟叶公司自 1999 年开始每年发布年度《烟草农药使用推荐意见》，要求各产区烟草公司要认真贯彻《农药管理条例》《农药管理条例实施办法》等法规规章，高度重视烟叶质量安全，严控源头，选择安全、经济、有效的农药品种，严管过程，严格执行《烟草农药使用推荐意见》，科学合理、安全使用农药，最大限度地减少烟草农药残留。在《烟草农药使用推荐意见》中，将已在烟草上登记的高效低毒、活性高、药效和安全性好的农药品种作为推荐使用，同时公布了 46 种禁止在烟草上使用的农药品种和化合物名单。

（四）烟草生产中高风险农药

2016 年，世界卫生组织及联合国粮农组织联合颁布了《高风险农药指南（*Guidance on Highly Hazardous Pesticides*，HHP）》，指出如果某农药对人类健康及环境表现为极高的急性或慢性毒性，该农药就考虑为高危险农药，要求这些农药在 2020 年以后，逐步实现不得检出。该指南中并没有给出具体的农药名单，而是给出了界定高风险农药指标的 8 项标准（表 3-1），鼓励各国、各组织或行业确定自己正在使用的高危险农药，并采取适当措施减轻这些风险。

2020 年 1 月，CORESTA 发布了第 27 号指南《*CORESTA Guide N° 27 Identification and Elimination of Highly Hazardous Pesticides（HHPs）in Leaf Tobacco Production*》，这是国际烟草组织针对高风险农药的行业指南。该指南面向烟叶生产和供应商的所有利益相关者，包括决策者、管理层、农艺师、害虫控制、推广和培训专家、技术员和农户，并以公开发布的文件为基础。目的是方便获取关于高度危险农药（HHP）的关键基本信息，例如如何识别高风险农药、如何进行风险评估和风险缓解，以及如何消除高风险农药的使用。

该指南所依据的关键文件是世界卫生组织（WHO）和联合国粮食及农业组织于 2016 年发布的《国际农药管理行为守则　高风险农药指南》。高风险农药被定义为满足世界卫生组织和联合国粮食及农业组织联合发布的《高风险农药指南》中所述的以下八项标准中的一项或多项的农药，建议各国、各组织或行业确定自己的高风险农药名单，并采取适当措施减轻这些风险。

2018 年，菲利普莫里斯国际集团公司率先筛选出该公司的高风险农药名单，并承诺在 2020 年不得检测出这些农药。日本烟草产业股份公司 2018 年也提出自己的高风险农药清单，主要是世界卫生组织（WHO）规定的毒理性 I 级农药，要求 2021 年开始不得检出（表3-2）。

表 3-1　　　　　WHO 界定高风险农药指标的 8 项标准

标准	要　求
标准 1	农药制剂符合《世界卫生组织（WHO）推荐的农药危害分级标准》中的 1A 或 1B 标准
标准 2	农药有效成分和制剂符合《全球统一化学品分类和标签系统（GHS）》中致癌性类别 1A 或 1B 标准
标准 3	农药有效成分和制剂符合《全球统一化学品分类和标签系统（GHS）》中致突变性类别 1A 或 1B 标准
标准 4	农药有效成分和制剂符合《全球统一化学品分类和标签系统（GHS）》中生殖毒性类别 1A 或 1B 标准
标准 5	《斯德哥尔摩公约》附件 A 和附件 B 中所列农药有效成分，或者农药有效成分符合其附件 D 第一款的所有标准。
标准 6	《鹿特丹公约》附件 III 所列的农药有效成分和制剂
标准 7	《蒙特利尔议定书》所列的农药
标准 8	农药有效成分和制剂已经显示出对人类健康或环境具有严重的或不可逆转的负面影响

表 3-2　　　　　WHO 规定的毒理性 I 级农药

毒理性 1A 级	毒理性 1B 级	
Aldicarb 涕灭威	Acrolein 内烯醛	Furathiocarb 呋线威
Brodifacoum 溴鼠灵	Allyl alcohol 烯丙醇	Heptenophos 庚烯磷
Bromadiolone 溴敌隆	Azinphos-ethyl 益棉磷	Isoxathion 噁唑磷
Bromethalin 溴鼠胺	Azinphos-methyl 保棉磷	Lead arsenate 砷酸铅

续表

毒理性 1A 级	毒理性 1B 级	
Calcium cyanide 氰化钙	Blasticidin-S 灭瘟素	Mecarbam 灭蚜蜱
Captafol 敌菌丹	Butocarboxim 丁酮威	Mercuric oxide 氧化汞
Chlorethoxy fos 氯氧磷	Butoxycarboxim 丁酮砜威	Methamidophos 甲胺磷
Chlormephos 氯甲磷	Cadusafos 硫线磷	Methidathion 杀扑磷
Chlorophacinone 氯鼠酮	Calcium arsenate 砷酸钙	Methiocarb 灭虫威
Difenacoum 联苯杀鼠萘	Carbofuran 虫螨威	Methomyl 灭多威
Difethialone 噻鼠灵	Chlorfenvinphos 毒虫畏	Monocrotophos 久效磷
Diphacinone 敌鼠	3-Chloro-1, 2-propanediol 3-氯-1, 2-丙二醇	Nicotine 尼古丁
Disulfoton 乙拌磷	Coumaphos 蝇毒磷	Omethoate 氧乐果
EPN 苯硫磷	Coumatetralyl 杀鼠迷	Oxamyl 杀线威
Ethoprophos 灭线磷	Cyfluthrin 氟氯氰菊酯	Oxydemeton-methyl 砜吸磷
Floumafen	Beta-cyfluthrin 高效氟氯氰菊酯	Parisgreen 巴黎绿
Hexachlorobenzene 六氯苯	Zeta-cypermethrin zeta 氯氰菊酯	Pentachlorophenol 五氯酚
Mercuric chloride 氯化高汞	Demeton-S-methyl 甲基内吸磷	Propetamphos 胺丙畏
Mevinphos 速灭磷	Dichlorvos 敌敌畏	Sodium arsenite 亚砷酸钠
Parathion 巴拉松	Dicrotophos 百治磷	Sodium cyanide 氰化钠
Parathion-methyl 甲基对硫磷	Dinoterb 特乐酚	Strychnine 上的宁
Phenylmercury acetate 乙酸苯汞	DNOC 二硝基-邻-甲酚	Tefluthrin 七氟苯菊酯
Phorate 福美特	Edifenphos 克瘟散	Thallium sulfate 硫酸铊
Phosphamidon 磷胺	Ethiofencarb 乙硫苯威	Thiofanox 肟吸威
Sodium fluoroacetate 氟乙酸钠	Famphur 伐灭磷	Thiometon 甲基乙拌磷
Sulfotep 治螟磷	Fenamiphos 克线磷	Triazophos 三唑磷
Tebupirimfos 丁嘧硫磷	Flucythrinate 氟氰菊酯	Vamidothion 蚜灭多
Terbufos 托福松	Fluoroacetamide 氟乙酰胺	Warfarin 华法林
	Formetanate 伐虫脒	Zinc phosphide 磷化锌

第四节　烟草农药残留监控策略

一、降低烟草农药残留的技术措施

农药仍然是当前病虫害防治中最有效的措施，农药使用的突出问题是农药用量偏高、利用率偏低。据统计，近 5 年全国农药用量都在 31 万 t 左右（折百量），农药制剂 100 多万 t，农药利用率为 35% 左右。为了大力推进化肥减量提效、农药减量控害，2015 年原中华人民共和国农业部提出了"2020 年实现农药用量零增长"目标，并通过了实现这一目标的行动方案。烟草生产中科学用药、精准施药，提高农药利用率，可从根源上杜绝农药残留污染，解决烟叶农药残留问题。

（一）农艺生产措施

1. 抗病虫品种的利用

选育抗性品种是控制烟草病虫草害最经济的途径，既降低生产成本，又减少因施药带来的农药残留和环境污染等问题。在烟叶生产中，可根据品种间抗性差异和当地病虫害发生特点，筛选适合的抗病抗虫品种进行科学布局，达到防治目的。目前主栽品种中云烟 85、云烟 87 以及 K326 对烟草青枯病抗性较好，NC297 品种具有抗黑胫病、青枯病、烟草花叶病毒和根结线虫的特点，而云烟 97 系在综合抗病性方面表现较好。国内培育（引进）了 NC102、KRK26 等品种，其中 NC102 抗花叶病、烟青虫、蚜虫等；KRK26 抗白粉病、野火病、角斑病、根结线虫病和青枯病。

2. 栽培措施的利用

病虫害可通过栽培管理和生产技术措施得到很好的控制，美国、日本、津巴布韦等国家十分重视农业耕作栽培措施在防治病虫害中的研究与应用。美国烟叶种植实行 4 年一轮作，3 年一休耕，用地与养地相结合，在病虫害的防治中提倡采用轮作、休闲及间作，耕翻晒垡，及适时播种、移栽、打顶与抹杈、收获，合理密植，科学施肥等措施。

我国烟草种植也提倡合理轮作、间作、清洁田园、加强田间管理等措施来减少病虫害的侵染源，控制传播途径，提高烟株自身的抗性。小麦和烟草套种，可以提高烟芽在烟蚜茧蜂上的寄生率，显著降低烟草病毒病的发生和危害。高黎贡山绿色生态烟叶示范区 100% 实现了 2 年轮作，形成了"以烟为主、用养结合"的轮作模式。楚雄烟区烟田轮作率达到91.9%，并采取大麦、芹菜、甘薯、韭菜、早稻等几种作物与烤烟间作，利用生物多样性使间作烟田黑胫病的病株率较未间作烟田的病株率降低 42.47 个百分点，不但对防控黑胫病效果良好，而且提高了种植烤烟的综合经济效益。加强烟田苗床管理，培育健壮无病的烟苗，及时清除带病烟苗，从源头上控制病虫害的传播和危害，减少病虫害的发生和流行。加强植烟土壤保育，能有效激活土壤中微生物和酶的活性，促进农药降解，降低农药残留量。

（二）科学合理用药

推进科学用药、精准施药能有效减少农药用量和使用次数，提高农药利用率。烟草大田生产中，同一植烟地区，甚至同一烟田，很多种病虫害是混合发生的，准确识别病虫害，研发精准施药技术，如对靶施药、静电喷雾、循环喷雾等技术，以及数字化对靶技术、基于靶标生物光谱特色的农药最低量使用技术十分必要。引导农民使用高效、低毒、低残留、环境友好型的农药新产品，帮助农民提高对农药残毒的认识，加强安全科学用药培训，避免只考虑防治效果、不考虑毒性，过量用药，甚至使用高毒、高残留农药现象的发生。

（三）做好统防统治

统防统治即防治时间、防治用药和防治技术的统一。统防统治是针对某种或多种病虫草害在农技人员指导下的规模性、规范性活动，是根据病虫害发生规律选择作业时间、科学配置农药和用量、大范围集中喷施的精准防治。通过统防统治，可大幅降低农药使用量、提高防治效果，特别是对一些迁移性虫害、气传性病害等大面积突发性病虫害，统防统治具有不可替代的防治效果。

统防统治需要高效新型的施药器械和专业化技术服务组织，在病虫害防治中，严格按照安全操作规程等规定施药，把好农药使用的各个关卡，避免分散农户乱用药误用药、药剂配比浓度过高、漏防或重施药等情况的出现，保证了农药的使用安全，同时，统防统治拥有新型植保机械、专业化技术，做到短时期内集中、快速精准施药，有效提高防效，降低了农药残留量，保障安全生产，改善生态环境。

（四）利用综合防治技术

推广综合防治技术，采用物理防治、生物防治等绿色防控技术，改变过分依赖化学农药的防治方式。

1. 物理防治

烟田病虫害物理防治应用较为广泛的技术包括杀虫灯诱杀、黄板色诱、昆虫信息素诱杀等。黄板色诱技术对烟田蚜虫、粉虱等小型昆虫有很好的诱杀效果。利用黄板诱杀烟芽，杀虫效果高达89.2%，使用太阳能杀虫灯在高压电网的作用下，可以减少烟青虫、斜纹夜蛾等鳞翅目害虫30%~40%的田间落卵量。

电消毒是消除土壤连作障碍的有效方法，在电极板上施加脉冲电压，使其发生电化学反应和电击杀效应，能有效灭杀土壤中根结线虫，灭杀效果随通电时间的延长而提高，土壤和烟株根际残留的根结线虫数量逐渐减少，通电时间至6min，根结线虫数量趋近于零。烟草漂浮育苗大棚内温湿度高，雾气大，白粉病等空气传播病害容易发生，在大棚内安装3DFC-450型温室电除雾防病促生机，能有效降低苗棚各区域内虫口数量，降低烟苗病虫害发生率。

2. 生物防治

利用生态系统中各种生物物种间的相互关系，用一种或一类有益生物来抑制或消灭有害生物的一种防治方法，成本低、防效好，是烟草病虫害防治策略中的重要方法。生物防治主要包括害虫天敌的保护利用、拮抗或病原微生物的利用、昆虫信息素与不育性的利用、烟草抗虫抗病性的诱导和利用等基本途径。

保护烟田烟蚜茧蜂、草蛉、瓢虫、食蚜蝇等自然天敌，维持烟田天敌的种群数量在较高水平，可有效地抑制多种害虫发生危害。通过人工大量饲养和繁殖烟蚜茧蜂和赤眼蜂等烟草害虫天敌，在害虫发生的关键时期释放到烟田后，可有效抑制多种害虫的发生和危害，烟芽数量呈减少趋势。云南每年利用烟蚜茧蜂防治烟芽危害面积可达100多万亩，杀虫剂使用量减少了50%，并在烟蚜茧蜂的繁殖和释放上形成了一套成熟技术。

烟草是最早应用于分子生物学和基因工程研究的植物之一，通过各种分子生物技术获得了一批抗病、抗虫烟草品系。拮抗微生物可在植物体内定植或根际土壤中存活，通过多种机制调节植物代谢，控制植物病害。假单胞菌对TMV和PVY具有显著的抑制活性，钝化病毒效果可高达95%以上，芽孢杆菌等细菌可通过抑制黑胫病、赤星病、猝倒病等烟草真菌病害病原菌菌丝生长及其游动孢子侵染起到拮抗作用。

3. 生物农药

应用活体微生物制剂和生物代谢产物制成的生物农药被广泛应用在烟草病虫害生物防治中。苏云金杆菌、阿维菌素、白僵菌等微生物制剂农药可有效防治烟青虫、小地老虎和烟芽。0.3%苦参碱水剂防治烟青虫，用药后1，3，7d 的防效分别是 72.09%，93.55%，100%。球孢白僵菌对烟草蚜虫的校正死亡率最高可达 95%以上，不同菌株之间的杀虫效果存在一定的差异。多抗霉素能防治赤星病，农用链霉素可防治野火病，生防制剂木霉菌株能有效防治烟草真菌性病害，灭线灵对烟草根结线虫病有较好的防治效果。

植物源农药是利用某些植物中天然活性物质抑制植物病虫害的一类药剂，具有高效、低毒、无残留等优点。研究发现商路可有效抑制烟草普通花叶病，藜芦、博落回和苦参不同部位粗提物对烟蚜有较强的杀灭作用，苦皮藤和博落回提取物防治烟青虫效果明显。除虫菊素乳油对烟蚜和斜纹夜蛾有很好的防治效果，苦参对烟草赤星病有较好的防治效果。1%印楝素能防治烟草码绢金龟成虫，12%复方生物碱微乳剂对烟田无翅烟蚜具有较好的防治效果。

二、烟草农药残留监控体系

面对烟叶农药残留控制指标日趋苛刻的严峻形势，加强烟草农药残留监控工作，完善烟叶质量安全监管体系，加大烟叶质量安全监管力度，推行烟叶清洁、绿色、安全生产，最大限度地限制外源污染物进入烟草生产过程，是保证烟叶质量安全性的重要举措。

（一）建立烟草农药残留监控体系

各国政府为了控制农产品中农药残留量，都制定并实施了农药残留监控计划。其中欧盟、美国和日本均建立了较完善的法律法规和监管机构，制定了农药最大残留限量，严格控制农药使用量，不断加强农药残留的监控和监测，并形成了非常完善的监控体系。

美国是世界上最早启动农产品残留监测的国家，由美国国家环境保护局（US EPA）、美国食品与药物管理局（FDA）、美国农业部（USDA）三个部门共同负责，自20世纪70年代起，陆续建立了三大农药残留监控体系，包括美国国家残留监控计划（NRP）、美国农药残留监测计划（PPRM）和美国农药残留数据计划（PDP），监控农药品种达 500 多种，并建成农药化学污染物残留数据库，农药监测体系完善。1996 年，欧盟启动了农药残留监控计划，包括欧盟和欧盟成员国两大残留监控体系，监控的农药品种达到 839 种。日本政府先后颁布了几部与食品安全相关的法律，以加强对国内和进口食品的监管，2003 年依据日本《食品卫生法》提出"肯定列表"制度，并于 2006 年 5 月 29 日正式实施。"肯定列表"制度表明日本政府在食品安全管理上风险评估与预警机制并重，"肯定列表"监控农药有 542 种。

我国农药残留监控体系和国外相比起步较晚，监控的农药与先进国家相比差距甚远。我国烟草农药残留限量参照 ACAC 制定，与世界发达国家和地区间的限量要求存在一定的差距，也尚未形成有严格系统法律法规作保障的农药残留监控体系。各烟叶种植产区虽然也开展了农药残留监控计划，并取得了一定的成效，但在烟草产品质量安全监控中发挥的作用未能充分显现，烟草残留农药风险隐患依然不容忽视。因此建立有效的烟草农药残留监控体系，对保证烟草制品的吸食安全、监督和控制农药污染、保障烟草产品质量十分必要。

（二）建立烟草农药残留检测监控系统

农药残留检测是烟草质量安全的一项重要内容，建立烟叶农药残留监督检测数据库和烟叶质量安全监测、预报和预警系统，利用监测数据，实施烟草质量安全监管成效。作为农药残留检测监控系统的重要技术支撑手段，农药残留检测方法的科学性和可操作性是确保烟草农药残留监测监控系统有效运转的基石和保障。烟草农药残留检测主要采用以色谱技术为基础的质谱联用技术，方法灵敏度高、精确度和重现性好，提高了烟草农药残留检测覆盖范围和监测水平。科学统计和分析农药残留检测大数据，及时掌握和准确监测烟叶中农药残留状况和规律，及时评价和监控烟叶质量安全，用科学的数据和结果引导烟草科学种植。

农药残留速测法具有检测样本量大、检测结果时效性好、对检测人员技术水平要求低、易在基层推广等特点，如免疫层析试纸法，可在烟田、烤房和收购现场实现实时快速检测，及时监控农药的合理使用，防范烟农滥用农药，从源头上快速应对可能发生的农药残留超标问题。

（三）建立烟叶生产质量安全监控标准体系

烟叶质量形成于烟叶生产的全过程，随着《烟草控制框架公约》的实施，对烟叶安全性和产品完整性要求也越来越高。加强烟叶标准化生产技术建设，制定烟叶质量安全技术标准、植烟土壤和灌溉水等植烟环境质量保护技术标准、农药等烟用生产物资质量安全技术标准、烟草农药合理使用技术规程和病虫害综合防治等技术标准，建立烟叶生产全过程的质量安全监控体系，是烟草生产过程中质量安全监管的重要内容。

烟叶安全生产监控标准体系是按照运作方式，依据标准和程序规范，实行预先安排，对烟叶种植、收获、加工等生产过程进行综合管理和监督，建立规范化的烟草标准化生产管理机制。依据标准化生产操作规程，建立烟草生产管理操作规程数据库，制订规范化的生产档案采集表，如确定重点监控的农药种类和区域，记录包括栽种管理、施肥管理、病虫害防治管理、灌溉管理、采收管理等烟草生产技术措施和质量安全等信息，并将信息数据录入系统，建立电子化生产数据库，实现对烟草生产过程信息的全面管理，为烟草质量安全溯源提供依据，保障烟叶质量安全，提升烟叶生产整体水平。

（四）建立烟用农药管理和使用监控体系

我国农药和世界上已经注册的农药化合物相比，数量少，剂型少，高毒农药品种占有一定的比重，产品结构也存在不合理状况。农药经营者中大多数对销售的农药性质不明确，不能正确指导生产者安全用药，甚至销售一些劣质、冒牌农药。为防范农药使用中的风险，建立烟用农药管理和使用监控体系十分必要。对农药市场监管和农药产品质量应实行监督抽查制度，制定烟用农药采购、使用及管理的相关规定和要求，对烟用农药的安全性和有效性进行监测评价，特别是影响烟叶质量安全的农药，应重点监测、科学评估，确保烟用农药质量。烟草生产中严禁使用国家规定中的高毒和高残留禁限用农药，推行"统一供药、统一浓度、统一施药"的专业化运作模式，引导农民选择安全、高效、低毒、低残留农药，提高农民正确施药、精准施药技能。

（五）建立烟草病虫害绿色防控综合体系

绿色防控是从农田生态系统整体出发，以农业防治为基础，应用生态调控、生物防治、物理防治、科学用药等绿色防控技术，提高农作物抗病虫能力，将病虫危害损失降到最低限度。虽然烟草在选育抗病虫品种、调整品种布局、烟田土壤保育、改善植烟土壤环境、打破烟草连作障碍、利用多种生物药剂与昆虫天敌等绿色防控技术方面都取得了良好的成效，但是，烟草生长过程中通常多种病、虫害连发、重发，加之各植烟区生态环境差异较大，主要病虫害种类及其发生的时间和空间也存在差异，单一的绿色防控技术难以从整体上达到有效防控目的。因此，集成生态安全，从烟田整体生态系统出发，根据有害生物和环境之间的相互关系，全面调查和分析不同生态类型烟区主要病虫种类，优化以绿色防治措施为主的综合防控策略，建立全方位、多角度的烟草病虫害绿色防控综合技术体系，达到有效控制病虫害发生和减少农药使用的目的。

（六）建立现代化的烟草病虫害预测预报技术体系

植物病虫害预测预报是根据植物病虫害流行规律分析、推测未来一段时间内病虫分布扩散和危害趋势的综合性科学技术，应用有关的生物学、生态学知识和数理统计、系统分析等方法预测结果，并以最快的方式发出通报，以便及时做好各项防治准备工作。烟草生产中及时准确的病虫预测预报技术有效控制了病虫害的发生，减少了烟叶损失、防治成本和农药使用量，降低了农药残留污染。近年来，随着烟草种植结构的调整，烟田生态环境变化较大，病虫草害的新情况不断出现，传统的病虫预测预报手段已不能适应病虫害急速性、多样性的发展趋势。

近年来信息技术、生物技术等高新技术被应用在烟草病虫测报的调查、预测、服务等预报决策技术中，提高了病虫信息诊断处理水平、病虫害发生情况的调查质量，改进和加快了烟草病虫测报信息传递手段和速度，引导烟草病虫测报技术逐步实现监测工具标准化、调查统计规范化、预测方法科学化、预报内容数量化、发布预报制度化、信息服务现代化的烟草病虫预测预报技术体系，使病虫害预测预报成为指导烟草生产管理和决策的一个重要环节。

（七）建立烟草农药残留风险评估技术体系

我国农药风险评估体系整体上与国际水平相差悬殊，以风险评估为核心的风险评估结果发布机制、风险监测机制以及风险预警通报机制等环节的建设并不完善，特别是我国农药风险评估的原理与方法仍需进一步探索。为了推动我国农药风险评估技术体系的建立，中华人民共和国科学技术部在科技支撑计划中设置了农药残留风险评估相关课题。"农药安全性监测与评价项目"于2009年正式启动，"农药风险评估配合技术体系研究"首次加入公益性行业科技计划，并实地开展了氟虫腈环境风险评估工作，充分掌握了氟虫腈对甲壳类水生生物和蜜蜂的高风险性。据此，限制氟虫腈登记使用的措施于 2009 年 2 月由原中华人民共和国农业部会同原中华人民共和国工业和信息化部、原中华人民共和国环境保护部联合发布的 1157 号公告中正式实行。

　　世界各国在制定各种决策、限量标准和应对措施时，都强调农药残留风险评估的重要性。掌握大量的基础数据是开展农药残留风险评估的基础，加强烟草农药残留试验数据、基础性的土壤、气候、农业等环境风险数据库的建设，引入风险评估理念，结合烟草生产实际，有效开展烟草农药残留风险评估原理及方法的基础研究，初步建立烟草农药残留健康风险和环境风险评估方法和程序。

参考文献

[1] 边照阳. 烟草农药残留分析技术 [M]. 北京：中国轻工业出版社，2015.

[2] 蔡文，蔡夫业，王小平，等. 农用诱虫灯田间应用现状与展望 [J]. 中国植保导刊，2018，38（10）：26-30，68.

[3] 曹爱华，徐光军，李莹. 赛丹在烟草的土壤中的残留研究 [J]. 中国烟草科学，1999，（3）：40-44.

[4] 曹爱华，李义强，孙惠青，等. 烟草及土壤中精甲霜灵残留分析方法和降解规律研究 [J]. 中国烟草科学，2007，28（3）：35-37，42.

[5] 陈飞飞，张翔，周为华，等. 漂浮育苗病虫害物理防治集成技术及应用 [J]. 农业工程，2014，4（1）：114-116.

[6] 陈黎，胡斌，潘立宁，等. 拟除虫菊酯类农药在烟草种植及加工过程中降解规律的研究 [A]. 北京：中国烟草学会 2016 年学术年会. 2016：1-11.

[7] 陈庆园，黄刚，商胜华. 烟草农药残留研究进展 [J]. 安徽农业科学，2008，36（11）：4575-4576.

[8] 陈曦. 土壤电处理技术防治黄瓜土壤根结线虫试验 [J]. 农业工程，2019，9（3）：104-106.

[9] 程谦，邓懿，周治宝. 烟叶农药残留原因分析及解决措施 [J]. 现代农业科技，2013，（22）：114-115.

[10] 董宁禹，刘占卿，赵世民，等. 太阳能杀虫灯和诱虫黄板绿色防控技术在烟草生产上的应用效果 [J]. 河南农业科学，2015，44（8）：83-86.

[11] 董志坚，郑新章，刘立金. 烟草病虫无公害防治技术研究进展 [J]. 烟草科技，2002，（12）：38-45.

[12] 冯云利，奚家勤，马莉，等. 烤烟品种 NC297 内生细菌中拮抗烟草黑胫病的生防菌筛选及种群组成分析 [J]. 云南大学学报：自然科学报，2011，33（4）：488-496.

[13] 高强, 刘勇, 朱先志, 等. 烟蚜茧蜂对烟芽的控制作用研究 [J]. 安徽农学通报, 2015, 21 (17): 71-72.

[14] 谷星慧, 杨硕媛, 余砚彼, 等. 云南省烟蚜茧蜂防治桃蚜技术应用 [J]. 中国生物防治学报, 2015, 31 (1): 1-7.

[15] 顾晓军, 张志勇, 田素芬. 农药风险评估原理与方法 [M]. 北京: 中国农业科学技术出版社, 2008.

[16] 黄刚, 徐明勇, 钱凤英, 等. 白僵菌对烟蚜的致病性研究 [J]. 安徽农业科学, 2011, 39 (33): 20528-20529.

[17] 简秋, 朱光艳, 郑尊涛. 霜霉威在烟草中的残留分析方法及消解动态 [J]. 农药, 2015, 54 (2): 112-114.

[18] 江汉美, 阮小云, 许家琦, 等. 12%复方生物碱微乳剂防治烟蚜室内生测及田间药效试验 [J]. 现代农药, 2010, 9 (6): 53-56.

[19] 李剑馨. 云南烟草农药施用与残留现状调查研究 [D]. 长沙: 湖南农业大学, 2013.

[20] 李娟, 安德荣. 捕杀特黄板对烟芽及烟田蚜传病毒病防治效果的研究 [J]. 中国烟草学报, 2010, 16 (2): 70-72.

[21] 李薇, 雷丽萍, 徐照丽, 等. 玉溪烟叶有机氯、拟除虫菊酯类杀虫剂农药残留分析 [J]. 西南农业学报, 2015, 25 (1): 173-178.

[22] 李小芳, 孙惠青, 徐光军, 等. 嘧肽霉素在烟叶及土壤中的残留分析及消解动态 [J]. 农药学学报, 2013, 15 (2): 211-216.

[23] 李义强. 防治烟草黑胫病常用农药残留量与降解的研究 [J]. 植物保护, 2010, (4): 67-73.

[24] 李义强, 曹爱华, 徐光军, 等. 中国烟叶学术论文集 [M]. 北京: 科学技术文献出版社, 2004: 550-553.

[25] 李义强, 杨立强, 刘万锋, 等. 三唑酮及其代谢物在烟叶中的降解规律 [J]. 中国烟草学报, 2015, 21 (5): 62-67.

[26] 李义强. 影响烟叶质量安全的外源因素及防控对策 [J]. 中国烟草学报, 2013, 19 (2): 85-89.

[27] 李永平, 肖炳光, 焦芳婵, 等. 烤烟新品种云烟97的选育及其特征特性 [J]. 中国烟草科学, 2012, (4): 28-31.

[28] 刘宝安, 徐光军, 曹爱华, 等. 莫比朗3%乳油在烟草及土壤中残留试验研究 [J]. 中国烟草科学, 2002, (2): 45-48.

[29] 刘园, 冯莹, 程玉源. 标准化生产——烟叶质量安全提升之路 [J]. 农业开发与装备, 2018, (10): 63-67.

[30] 龙胜基，吴义，张楠，等．噻霉酮在烟草上的残留与消解动态［J］．贵州农业科学，2019，47（5）：120-123.

[31] 陆萍．浅谈农药残留监测对农产品安全监管的重要性［J］．上海农业科技，2009，（4）：38.

[32] 罗华元，王绍坤，常寿荣，等．12种农药在烟叶中残留及烟气中转移试验初报［J］．云南农业大学学报，2010，25（5）：634-641.

[33] 牛柱峰，杜永利，崔丙慧，等．五莲植烟土壤及烟叶中重金属、农药残留状况研究［J］．中国烟草科学，2006，27（1）：26-28.

[34] 潘义宏，周丽娟、王娟，等．烟叶安全性影响因素及其关键农业控制技术研究进展［J］．河南农业科学，2013，42（5）：5-11.

[35] 庞国芳，常巧英，樊春林．农药残留监测技术研究与监控体系构建展望［J］．中国科学院院刊，2017，32（10）：1083-1090.

[36] 裴洲洋，朱启法，张业辉，等．皖南烟区烟草病虫害绿色防控体系的探索［J］．安徽农学通报，2015，21（18）：73-74，142.

[37] 彭曙光．我国烟草病毒病的发生及综合防治研究进展［J］．江西农业学报：自然科学报，2011，23（1）：115-117.

[38] 平新亮，何念杰，林媚，等．烟草青枯病影响因素的研究及其防治探讨［J］．江西植保，2009，32（1）：32-35，38.

[39] 钱传范．农药残留分析原理与方法［M］．北京：化学工业出版社，2011.

[40] 史长生．农药残留危害以及检测技术分析［J］．食品研究与开发，2010，31（9）：218-221.

[41] 宋瑞芳，夏阳，韦凤杰，等．绿色防控技术在我国烟叶生产中的应用［J］．江西农业学报，2017，29（5）：66-77.

[42] 孙惠青，杨云高，徐广军，等．三乙膦酸铝在烟叶及土壤中的降解规律研究［J］．中国烟草科学，2010，31（2）：59-62.

[43] 万毅伦，张洪非，高川川，等．卷烟中126种农药在燃吸过程中的迁移行为［J］．贵州农业科学，2015，43（5）：101-106.

[44] 王大宁，董益阳，邹明强．农药残留检测与监控技术［M］．北京：化学工业出版社，2006.

[45] 王津军，文国松，金玲，等．烟草农药残留研究进展及降低烟叶农药残留的探讨［J］．云南农业大学学报，2006，21（3）：229-332.

[46] 王丽珍．烟草根围土壤拮抗细菌的筛选及控病研究［D］．重庆：西南大学，2007.

[47] 王树会，魏佳宁．烟蚜茧蜂规模化繁殖和释放技术研究［J］．云南大学学报，2006，28（S1）：377-382.

[48] 王秀国，张倩，徐金丽，等．噻菌茂在烟叶和土壤中的残留消解动态及安全性评价
[J]．农业环境科学学报，2012, 31 (11)：2180-2185.

[49] 王玉洁，苗圃，宋正熊，等．烟草农药残留的原因及管控措施 [J]．现代农业科
技，2019, (8)：107-108.

[50] 吴哲宽，覃光炯，余镇，等．我国烟草农药残留现状及解决措施 [J]．广州化工，
2017, 45 (20)：27-28.

[51] 夏振远，祝明亮，杨树军，等．烟草生物农药的研制及应用进展 [J]．云南农业大
学学报，2004, 19 (1)：110-115.

[52] 相振波，孙惠青，王秀国，等．二甲戊灵在烟草和土壤中的残留消解动态和残留量
[J]．农药，2013, 52 (1)：45-47, 62.

[53] 徐金丽，徐真真，徐光军，等．吡蚜酮在烟草中的残留降解及风险评估 [J]．中国
烟草科学，2015, 36 (5)：69-73.

[54] 旭日干，庞国芳．中国食品安全现状、问题及对策战略研究 [M]．北京：科学出版
社，2016.

[55] 扬光，崔路，王力舟．日本食品安全管理的法律依据和机构 [J]．中国标准化，
2006, (8)：25-28.

[56] 杨秀兰．温室土壤消毒新装备——土壤连作障碍电处理机 [J]．农业工程技术，
2010, (6)：44-45, 36.

[57] 殷耀兵，高会东，陈清平，等．农药安全使用监控体系现状及对策研究 [J]．中国
植保导刊，2007, 27 (4)：40-42.

[58] 喻学文．湘西北烟草农药残留现状分析与对策 [J]．安徽农业科学，2013, 41
(6)：2387-2390.

[59] 张翠萍，杨硕媛，杨璧愫，等．性诱剂对烟田 3 种主要鳞翅目害虫诱杀效果的初步
研究 [J]．西南农业学报，2010, 23 (3)：744-746.

[60] 张永春，周杜浪，杨晓刚，等．烟青虫生物防治药剂的筛选 [J]．贵州农业科学，
2012, 40 (6)：124-127.

[61] 章新军，杨峰钢，高致明，等．植物源农药防治烟草病虫害 [J]．烟草科技，2006,
(6)：58-60.

[62] 郑晓，徐金丽，徐光军．抑芽丹在烟草上的消解趋势及安全性评价 [J]．中国烟草
科学，2017, 38 (3)：51-55.

[63] 周扬全，徐光军，徐金丽，等．烟草中溴菌腈农药残留检测方法及消解动态 [J]．
中国烟草科学，2016, 37 (1)：62-67.

[64] 朱大恒．跨世纪烟草农业科技展望和持续发展战略研讨会论文集 [M]．北京：中国
商业出版社，1999：90-109.

［65］朱国念. 农药残留快速检测技术［M］. 北京：化学工业出版社，2008.

［66］FAO-WHO-International Code of Conduct on Pesticide Management，Guidelines on Highly Hazardous Pesticides-2016

［67］Gupta M.，Sharma A.，Shanker A.. Dissipation ofimidacloprid in orthodox tea and its transfer from madetea to infusion［J］. Food Chemistry，2008，106（1）：158-164.

［68］IARC monographs On the evaluation of the carcinogenic risk of chemicals to humans. Tobacco Smoking IARC［J］. Lyon，France. 1886，38.

第四章
农药残留分析基础

第一节 农药残留样品

一、样本采集

样本采集又称取样或抽样（Sampling），是从原料或产品的总体中抽取一部分样品，通过分析一个或数个样品，对整批样品的质量进行评估。样本采集的标准化是获得准确分析数据和进行残留评价的基础，样本采集必须是随机的、有代表性和充足的。一般情况下，农产品中农药不是均匀分布的，作物不同部位上农药分布差异很大，环境样本——如土壤不同层次中农药的残留量——也不同，因此采集能代表试验群体的样本是非常重要的。采样时应遵循的原则：①代表性原则，采集的样本应该能真实地反映样品的总体水平，即通过对具代表性样品的检测能客观推测总体样品的质量。②典型性原则，采集能充分说明达到检测目的的典型样品。③适量性原则，采集的样品量应视试验目的和试验检测量而定。

为了获得代表原样的分样品，国际食品法典委员会（CAC）和美国、德国等对于农药残留分析样品的采样原则、采样方法、采样量、重复样品、空白样品、样品预处理、样品的包装、运输、贮存以及样品的标签和记载内容等都有明确规定。CORESTA 推荐方法 24、方法 43 和方法 47 分别对卷烟、细切烟丝和雪茄烟的抽样提出了指导原则，ISO 4874—2000 规定了烟草成批原料的抽样方法。

二、样本贮存

为了获得正确有效的分析结果，样品贮存和运输过程中的处置不当，可能直接影响检测数据的可靠性。采集的样本应装在洁净透明的塑料自封袋中，附上标签，再装入另一自封袋中，以防污染。液体样品一般贮存在洁净的塑料瓶或玻璃瓶中，必要时要用有机溶剂漂洗，瓶盖材料也可能吸附农药，最好使用聚四氟乙烯瓶垫。采集的样本应尽快送达实验室，核对样品信息，进行检查并记录样品状态是否与样品信息相符，赋予每个样品唯一编号。

送达实验室的样品一般应立即进行分析测定，不能马上测定时，必须贮存在−20℃的低温冰箱内，贮存期间保证被分析农药的完整性，防止农药在样品中代谢降解是非常必要的。一般来说，实验室样品贮存有三种形式。

（1）原状态贮存　尽可能少地改变样品的原状态。

（2）捣碎匀浆后贮存　适用于果蔬、鲜烟叶等不宜原状态保存的样品。捣碎后的样品由于细胞的破坏，酶被释放出来，可能会导致样品中农药残留的不稳定。

（3）提取液贮存　样品经过预处理后以提取液的形式保存。

样品贮存时间较长时，有必要进行农药贮存稳定性试验，目的是为了测定样品中残留农药是否稳定，测定农药在样品中的损失和降解，保证样品中农药残留的完全性。方法是在实验室样品刚采集回来时测定其农药残留量，贮存一定时间以后再次对残留量进行测定，比较两次测定数据，得出农药贮存期间农药稳定性变化。也可以采用添加农药标准品作为贮存稳定性试验，即称取一定量样品后添加固定浓度的农药标准品，贮存一定时间进行检测，判断样品中农药的稳定性，对样品的贮存时间和贮存稳定性进行评价。一般认为样品中农药降解率在30%以下时为可接受。

三、样品预处理

样品预处理是对送达实验室的样品进行杂质剔除、缩分、匀浆或粉碎等处理，使其成为适于分析检测的样品。

样品预处理从样本采集时就开始了，例如烟叶样品，应去除泥土及其他黏附物、明显腐烂和萎蔫的茎叶等；对于土壤样品，应去除植物残渣、石块等；水样品应去除漂浮物、沉淀物和泥土等。为了得到合适质量的代表性样品，通常需要采集足够数量的个体，进行缩分处理。一般来说，样本采集不少于1~2kg，而用于实验分析的试样量通常为20~50g。由于农药残留在样品中分布不均匀，当试样量减少时缩分误差会加大，检测数据的不确定度也会增大。因此制备均匀的分析试样，取出有代表性的缩分试样是十分必要的。

农药在样品预处理过程中的稳定性问题，一直以来都很容易被忽略。样品含水量、样品基质种类、酶的活性以及农药本身的性质都会影响农药在预处理过程中的稳定性。样品在匀浆处理中，由于植物组织的破坏释放出的酶和一些化学物质，都有可能和残留农药发生化学反应，引起农药降解。对于烟草来说，鲜烟叶样品一般要进行低温匀浆研磨处理，烤后的烟草样品通常需要将烟叶或烟丝放入烘箱中，在40℃条件下烘干至能够粉碎的程度，对样品进行研磨，用一定孔径的样品筛使烟草样品成为一定粒度的烟末。使用粉碎机在研磨过程中会有明显发热现象，研磨温度升高，对热不稳定或挥发性农药会产生不利影响，应予避免。

第二节　农药残留分析概述

农药残留是农药使用后残存于生物体、农副产品和环境中的微量农药原体、有毒代谢物、在毒理学上有重要意义的降解产物和反应杂质的总称。农药残留定义包含了三个层次：①农药残留研究的主体：农药原体及其代谢物、降解物和杂质。②农药残留研究的基质：生物体、农副产品和环境。③农药残留是有毒理学意义的微量物质。

农药残留分析的目的：①研究农药施用后在农作物或环境介质中的代谢、降解和归趋，为新农药开发登记提供其在作物上的残留动态和最终残留资料，用于制定农药最大残留限量（MRL）标准进行规范残留实验，以满足政府管理机构制定农药安全使用标准、农药注册以及农药安全、合理使用准则。②检测农产品中农药残留种类和水平，判定农药残留量是否超过MRL，评估农药对农畜产品的污染程度，评估膳食摄入的风险和国际贸易中产品的质量和安全性，为政府机构管理食品质量和安全、制定防治措施提供依据。③检测环境介质（水、空气、土壤）和生态系生物构成的农药残留种类和水平，以了解环境质量和评价生态系统的安全性，满足环境监测与保护的管理。

一、农药残留分析特点

农药残留分析是应用现代分析技术对残存于农产品、食品和环境介质中微量、痕量以至超痕量水平的农药进行的定性和定量分析，包含已知农药残留分析和未知农药残留分析两方面。其主要特点有以下几个方面。

1. 样品中农药的含量很少

农药残留分析需分离和测定的每千克样品中仅有毫克（mg/kg）、微克（μg/kg）、纳克（ng/kg）量级的农药，在大气和地表水中农药含量更少，每千克仅有皮克（pg/kg）、飞克（fg/kg）量级。而样品中的干扰物质脂肪、糖、淀粉、蛋白质、各种色素和无机盐等含量都远远大于农药，需要残留分析人员对农药提取和净化方法、检测方法的正确选择和理解，农药残留分析方法对准确度和精密度要求不高，但对灵敏度要求很高，即能检出样本中的微量农药。

2. 使用的农药品种繁多

我国已登记的农药有效成分超过 600 多种，其生物活性各异，理化性质差异很大，农药残留分析有时还包括有毒代谢物、降解产物或者杂质，这对农药多残留分析提出了越来越高的技术适应性和要求。

3. 样品种类的多样性

农药残留分析样品包含各类农产品、土壤、大气、水样等，各类样品中含水量、脂肪、色素、蛋白质、碳水化合物等成分含量差异较大，而样品中残留的痕量农药及其有毒代谢物存在于这些复杂的样品基质中，造成了分析过程的复杂性（表 4-1）。

表 4-1　　　　　　　　农药分析与农药残留分析方法对比

项目	农药分析	农药残留分析
研究内容	农药产品/制剂有效成分、中间体、杂质的定性定量分析	生物体、农副产品、环境中农药残留的母体、有毒降解物、代谢物、杂质的定性定量分析
应用范围	生产单位控制合成步骤、改进合成方法（药检部门、农资部门保证产品质量及贮存稳定性。科研部门改进制剂性能、改进施用技术）	残留试验及残留分析，为合格农药登记提供依据，制定合理的使用准则；评价农药残留的危害性，保障人民身体健康；检测和监测环境中农药污染，为治理污染提供依据等
要求	特异性、准确度、精密度、线性要求高，灵敏度要求不高	特异性、准确度、精密度、线性要求不高，但灵敏度要求很高

二、农药残留分析步骤

农药残留分析包括样本采集、样品预处理、分析测定及对残留农药的确证等主要过程。对于农药残留分析，每一个过程都非常重要。

样本采集是进行农药残留准确分析的前提。

样品预处理包括提取、净化和浓缩三个步骤：①提取（Extraction）：使用适当的有机溶剂将目标农药从待测样品中转移至易于净化和分析的液态的过程。常用的有振荡法、超声波提取等方法，从试样中分离提取农药的同时，基质共提物也随农药一起存在于提取液中。②净化（Clean up）：是将提取物中的农药与共提物质（或干扰物质）分离的过程。通常采用液液分配、柱层析净化、凝胶渗透色谱、固相萃取等方法去除共提物中部分色素、糖类、蛋白质、油脂以及干扰测定的其他杂质。③浓缩（Concentrate）：由于农药残留多是微量或痕量水平，通过浓缩，可以提高检测响应值。

在农药残留分析中，由于样品组成复杂，干扰成分多，样品的预处理十分关键。有时，为增强残留农药的可提取性，提高分辨率和测定的灵敏度，对样品中的待测农药常进行衍生化（Derivatization）处理，衍生化反应改变了农药的性质，为净化方法的优化提供了更多选择。农药残留分析预处理方法和不同分析测定方法详见本书"第二篇烟草农药残留检测方法"。

三、农药残留分析方法分类

根据农药残留的种类多寡，农药残留分析方法可分为：单残留分析方法（Single residue method，SRM）和多残留分析方法（Multi‐residue methods，MRM）两类。根据农药残留检测方法，可分为仪器分析法和快速检测法两类。

（一）农药单残留分析方法

定量测定样品中一种农药，包括其具有毒理学意义的杂质或降解产物残留的方法。这类方法在农药登记注册的残留试验、制定最大残留限量或其他特定目的的农药管理和研究中经常应用。对于检测结构尚不明确的目标农药、不稳定易挥发的农药、两性离子或几乎不溶于任何溶剂的农药，只能进行单残留分析方法，测定比较费时，成本高。

（二）农药多残留分析方法

在一次分析中能够同时测定样品中一种以上农药残留的方法。根据分析农药残留的种类不同，一般分为两种类型：一种多残留分析方法仅分析同一类的多种农药残留，如有机磷农药多残留、有机氯农药多残留、氨基甲酸酯类农药多残留分析方法等，这种多残留方法称为选择性多残留分析方法（Selective MRM），另一种多残留方法一次分析多类多种农药残留，称为多类多残留方法（Multi‐classmulti‐residue methods）。多残留方法经常用于管理和研究机构对未知用药历史的样品进行农药残留的检测分析，以对农产品或环境介质的质量进行监督、评价和判断。

（三）仪器分析方法

由于农药品种多、化学结构和性质各异、待测组分复杂，有的还要检测其有毒代谢物、降解物、转化物等，尤其是高效农药品种的不断出现，在农产品和环境中的残留量很低，给农药残留检测技术提出了更高的要求，必须采用高灵敏度的检测仪器才能实现。仪器分析方法是运用先进的高精密仪器，对物质的一些理化性质进行检测，从而分析出物质的化学成分、含量和结构等，具有灵敏、准确和快速等特点，适用于微量或痕量组分的测定，被广泛应用到农药残留检测领域，成为农药残留检测分析中最常用、效果最好的方法。

当前农药检测中运用的分析仪器种类很多，根据仪器的工作原理和应用范围，有电化学分析法、光学分析法、色谱分析法、质谱分析法等几种仪器分析方法。现代仪器和分析技术的应用，推动了农药残留检测技术的提升，加快了农产品安全检测分析技术发展，在保障食品安全方面发挥着越来越重要的作用。

（四）快速检测法

仪器分析法检测结果可靠，方法灵敏度高、准确度好、适用范围较广，可以做到多残留同时分析并且具有很好的重现性等优点，但样品预处理过程较为复杂，通常需要经过有机溶剂提取、净化和富集，再进行仪器检测分析。分析仪器价格昂贵，对检测人员专业技术要求高，只能在具有资质的检测机构进行检测，延长了检测周期，存在时效性差、耗时长、无法现场检测等限制因素。因此，建立在线、高灵敏度、高选择性、简单高效的农药残留快速检测方法和技术十分必要，一些更适用于现场快速筛查的检测方法，如酶抑制法、免疫分析法、化学速测法、生物传感器法、近红外光谱法及拉曼光谱法等被研究人员开发利用，逐渐成为农产品监管的有效手段。

第三节　农药残留分析的质量控制

农药残留分析的质量控制是提供准确、可靠的残留分析数据的重要前提和保证，其目的是使分析结果达到预定的准确度和精密度。在农药残留分析中，从采样、样品制备和分析的全过程，直至检测数据处理及出具检测报告，每个环节都涉及质量控制问题。质量控制的措施和工作步骤是通过一系列的规则事先规划和确定好的，分析人员必须遵照执行，从而使农药残留检测的全过程处于受控状态以保证检测的质量。

一、实验室检测条件的质量控制

（一）良好的实验室规范

农药残留量分析是较复杂的检测技术，一方面是待测样本中农药成分复杂，包括农药原体及其有毒代谢物、降解物、杂质等，但残留含量很低；另一方面是样本基质种类多，需要用不同的样品预处理和测定方法，检测步骤多，流程长。因此，要求分析方法科学严谨，灵敏度高，操作人员应具有熟练的专业技术和丰富的经验，实验室具有先进的分析仪器和配套设备，具有最大安全性和最小污染可能的工作条件，农药残留分析实验室要求的良好操作规范主要是针对分析人员和实验室分析条件。

1. 分析人员

分析人员应具备农药残留分析的专业知识和经验，具备正确使用分析仪器及基本的实验技能，应能理解农药残留分析的基本原理和分析质量保证体系的要求，必须理解方法中每一步骤的目的，特别应了解可能产生偏差的方法注释。分析人员应到其他农药残留分析实验室进行培训、学习和考察，并听取检测的建议和经验。

2. 实验室分析条件

（1）实验室工作环境 实验室的工作环境必须符合农药残留分析要求。农药残留分析与常量分析方法最主要的区别就是污染的问题，分析物中痕量的污染物，都可能产生假阳性或降低分析灵敏度，影响残留物含量的准确测定。污染来自实验过程的多个方面，如实验材料、试剂、水、实验器皿、实验辅助设备和分析仪器等，在使用前均应检查是否含有引起分析物污染的物质。农药残留分析仪器要满足样品复杂性检测需要，保持足够的准确度和精密度，注意仪器性能的保养、维护和期间核查，干扰物质不能影响检测结果。残留分析实验室还必须考虑安全条件，配有高质量的通风设备，实验区域内只应保存很少量的溶剂，尽量避免使用或少用高毒或慢性有毒试剂和溶剂，将可能产生污染的问题减少到最低限度，所有废液应当妥善保存，并在符合安全和环保要求的条件下排放。

（2）化学试剂和实验用水 化学试剂的品质优劣和稳定性，是决定农药残留检测过程质量控制的关键因素，不但应要求具有完全合格的质量，而且在保存中应不变质、不污染。试剂质量不合格，则检测结果不可靠。我国国家标准和行业标准对试剂质量进行了严格规定，规定了各级化学试剂的纯度及杂质含量，并规定了标准分析方法。在农药残留色谱分析中一般采用色谱纯级的试剂，样品预处理过程中一般采用分析纯级或高纯试剂，要求更严格的实验室，常采用"残留级"试剂。纯水是分析工作中用量最大的试剂，水的纯度直接影响分析结果的可靠性。实验用水依据 GB 6682—2008，根据实验目的和要求选用不同级别的水，使用密封的、专用聚乙烯容器。各级水在贮存期间，其主要污染的来源是容器成分的溶解、空气中二氧化碳和其他杂质，使用前应做检验，合格后方可使用。

3. 农药标准品与标准溶液

（1）标准物质　标准物质是一种或多种足够均匀并已经很好地确定其特性量值，用以校准设备、评价测量方法或给材料赋值的物质或材料。附有证书的标准物质，其中一种或多种特性量值通过可溯源的程序确定，使之可溯源到准确复现，每个特性量值都附有一定置信水平的不确定度。

因此农药残留分析中必须选用合适的标准物质，选用的标准物质的基体组成应与被测样品的基体基本相同或相似，其性能经分析测试能满足分析要求。标准物质应按说明书要求妥善存放，宜在冰箱中避光隔潮保存，尽量减少其降解过程。

（2）标准溶液配制　在农药残留分析中，农药标准品主要用于：①评价分析结果及分析方法的可靠性。②分析仪器的校准。③监控检测结果。④作为工作标准用于实验室间的比对。⑤仲裁依据。农药标准溶液即由用于制备溶液的标准品而准确知道某种农药浓度的溶液。

配制被测农药标样及内标物的工作贮备液及工作标准溶液时需要特别精确，用溶剂配制标准溶液时，样品与标准溶液的溶剂应完全一样。标样配制上的误差不会影响到标样的校正或回收率的测定，但是会直接影响到残留数据的正确度。为降低目标农药的降解风险，配制标准贮备溶液时应采用棕色玻璃容器，在低温黑暗处密封保存，以免溶剂损失或进水。在低温状态下，待测农药的溶解度有限，溶液经贮存取出后，需使其达到完全溶解后再使用。每次使用标准贮备溶液时均应核对质量，取用后重新称量并记录。质量出现变化时，若减少量小于 0.5g，则用同样质量的原溶剂补足，若减少量大于 0.5g，该标准贮备溶液应弃去重新配制。

（3）基质匹配标准溶液　在痕量分析中，基质效应是误差的主要来源之一。基质效应会使目标农药在提取液中的响应值比其在纯溶剂中的响应值降低或升高，严重影响检测结果的准确度，可采取在标准溶液中加入待测样品的基质，以降低基质效应。配制基质匹配标准溶液是提取空白烟草后，加入标准溶液中。"空白烟草"是指不含农药残留或农药残留含量极低的相同类型烟草。为防止定量误差，基质匹配标准溶液中基质的浓度应与实际样品分析时的基质浓度相同。

（4）标准加入法　无合适的空白烟草或烟草样品类型未知时，标准加入法较为有效，这是基质匹配标准溶液法的一种替代方法。方法是假设已知样品中农药靶标物的浓度，然后加入近似量的靶标物。该方法能同时自动校正回收率和基质效应，但不能消除共提物产生的干扰。

（5）多点校正标准溶液法　多点校正标准溶液法（基质匹配标准溶液或溶剂配制标准溶液）制作标准曲线时至少应有 5 个浓度点，各浓度点应采用合适的权重，标准曲线不应强制过原点。标准溶液测定值与理论值的差异不应超过 20%。只有在多点校正标准溶液法证明标准曲线过原点时，可使用单点校正标准溶液法，定量计算时，标准溶液的浓度应接近样品中农药残留的浓度。

（二）样品制备过程的质量控制

1. 抽样和制备

抽取的样品应能代表样本总体特征，抽样量满足检测要求。样品在采集、贮存和运送过程中要防治样品污染和变质，靶标物质挥发、分解或变化。样品制备过程和条件会显著影响农药残留分析结果。固体样品一般要研磨，以保证样品的均匀性。使用粉碎机研磨时，应防止温度过高使某些农药遇热分解而损失，采用冷冻研磨可以降低农药残留的损失。样品尽可能在短时间内进行分析，若需较长时间贮存，应保存于-20℃冰箱中。

2. 样品预处理

样品的预处理是将样品处理成适合仪器测定的过程。农药提取和净化的效果直接影响方法的检测限和分析结果的准确性。提取要求尽量完全地将痕量的残留农药从样品中提取出来，而净化处理则要求将干扰杂质的量减少到不干扰正常检测目标农药的水平。提取和净化过程中使用的溶剂必须符合残留分析要求，选择溶剂时应对极性农药和非极性农药均有较好的回收率，多残留分析方法应同时兼顾各种农药残留的提取率。

提取液在浓缩时应尽量避免蒸干，蒸干提取液可能会造成痕量的残留农药逸失，操作时应特别小心。可加入少量高沸点溶剂作为"保持剂"，并把浓缩温度控制得尽可能低。考虑到农药在提取液中的稳定性，样品溶液应在尽可能短的时间内完成检测。样品放置在仪器自动进样器上时农药也有可能发生一定程度的降解，保存在冰箱中可降低靶标农药的降解风险。

二、分析方法的质量控制

推荐采用国际标准、国家标准或行业标准、公认的标准方法。选择方法的原则是优先选用已经验证的统一分析方法，这些方法用于测定一种或一类待测物，灵敏度能满足残留检测的要求，检测限低，有特异性，适用于大量样品的分析检测，分析成本低。分析方法的质量控制主要包括检测方法的确认和评价。

（一）检测方法的确认

检测方法的确认指为了证实一个分析方法能被其他测试者按照预定的步骤进行，而且使用该方法测得的结果能达到要求的准确度和精密度而采取的措施。分析方法的确认，包括建立方法的性能特征、测定对方法的影响因素及证明该方法与其要求目的是否一致。国际上通常是使用不同实验室间协作研究的结果对分析方法进行确认。

（二）检测方法评价

检测方法的评价是确认分析方法对指定样品种类及目标物给出准确、再现、可靠结果能力的验证过程。由验证数据证明其是否适用于待测样品的分析测试，实验室认证机构均要求对分析方法进行评价，由认证数据支持实验室的检测能力。确认方法的评价指标和评价内容有以下几方面。

1. 适用范围

应采用日常分析的、代表不同基质的样品类型进行方法评价。尽可能对分析方法的全部操作步骤进行评价，无论哪种方法，都应从方法的适用范围、专一性、线性范围、准确度、精密度、检出限和定量限等参数对其可靠性进行评价。

2. 线性范围

线性范围是被分析物质不同浓度与仪器响应值之间的线性定量关系的范围。使用农药标样溶液，通常测定 5 个梯度浓度，每个浓度平行测定 2 次以上，采用最小二乘法处理数据，得出标准曲线的工作范围、线性方程和相关系数。一般要求相关系数不应低于 0.99。

3. 准确度

准确度是指测定结果（单次测定值和重复测定值的均值）与分析样品中真值的符合程度。它是反映分析方法或测定系统存在的系统误差和随机误差两者的综合指标。准确度可以以绝对误差和相对误差表示，见式（4-1）~式（4-2）。

$$绝对误差 = 测定值 - 真值 \qquad (4-1)$$
$$相对误差 = 绝对误差 / 真值 × 100\% \qquad (4-2)$$

评价准确度的方法大多数情况下是用加标回收率来表征，即在空白样品中加入一定浓度的一种或多种某靶标农药标准物质，样品中该靶标农药的测定值占加入值的百分比。添加回收率实验至少应选择 3 个添加浓度，有最大残留量（MRL）的农药添加回收率实验应在 MRL、定量限（LOQ）以及另一合适浓度 3 个水平进行。为制定 MRL 值的农药添加回收率实验应在 LOQ、10×LOQ 以及另一合适浓度 3 个水平进行。同一浓度的添加回收率实验应至少重复 5 次，并检测 2 个空白样品。LOQ 水平的添加回收率最为重要，大部分样品的农药残留会低于 LOQ，验证这个含量水平对于保证测定数据的准确性至关重要。添加回收率结果应接近 100% 为最佳，由于杂质干扰、操作误差等诸多因素的影响，实际结果会有很大偏差。一般各靶标农药的回收率应在70% ~ 120%。

4. 精密度

精密度是偶然误差的量度，即在一定条件下使用该方法对一均匀样品多次采样测定结果的分散程度，与样品真值无关。精密度在很大程度上与测定条件有关，通常以重复性和再现性表示，两者进行的条件是不相同的。重复性指由同一操作者采用相同方法，在同一实验室，使用同一设备，在短时间间隔的独立试验中对同一样品测定结果的一致性，称为实验室内标准差。残留试验的相同样品必须从空白对照试验田采样来制备。再现性指由不同操作者，采用相同方法，在不同实验室，使用不同设备，在不同时间的独立试验中对同一样品测定结果的一致性，称为实验室间标准差。重复性或再现性可以用标准偏差或相对标准偏差表征。在残留分析中采用相对标准偏差表示，一般相对标准偏差应≤20%。

分析结果的精密度与样品中待测农药的浓度水平有关，已确定 MRL 的农药，精密度实验应在 MRL、LOQ 以及另一合适浓度的三个不同浓度水平进行，未制定 MRL 的农药，应在 LOQ、10×LOQ 以及另一合适浓度的三个不同浓度水平进行，应至少重复测定 5 次。

5. 灵敏度

方法的灵敏度是指该方法对单位浓度或单位量的待测农药的变化所引起的响应值变化程度。常用仪器的响应值与待测农药的浓度或量之比来描述。在一定的实验条件下，灵敏度具有相对的稳定性，当实验条件变化，方法灵敏度也会改变。灵敏度通常以标准曲线斜率表示，见式（4-3）。

$$A = kc + a \qquad (4-3)$$

式中　A——仪器响应值

　　　　c——待测农药的浓度，mg/L

　　　　a——标准曲线的截距

　　　　k——方法的灵敏度，k 越大，方法的灵敏度越高

（6）检出限和定量限

在农药残留分析方法中，检出限（LOD）和定量限（LOQ）是非常重要的两个指标，用于评价分析方法能够检测出的农药的最小含量或浓度是反映分析方法有效性的重要指标之一。

检出限（Limit of detection，LOD），是指在与样品测定完全相同的条件下，某种分析方法能够检出的分析农药的最小浓度。它强调的是检出，而不是准确定量。有时也称最小检出量、最低检出浓度等，单位为 mg/kg 或 mg/L。定量限（Limit of quantification，LOQ）是指在与样品测定完全相同的条件下，某种分析方法能够检测的分析农药的最小浓度。它强调的是检出并定量，有时也称测定限、最低检测浓度，单位为 mg/kg 或 mg/L，用同一分析方法测定不同样品基质中的农药时，可得出不同的定量限（LOQ）。当分析方法的 LOQ 明显低于 MRL，可对样品中 MRL 水平的农药进行准确测定。因此一般要求 LOQ 最高不超过 1/3 MRL，如有可能 LOQ 最好为 1/5MRL 或更低，可对样品中 MRL 水平的待测农药进行准确测定。如待测农药的 MRL = 0.05mg/kg，LOQ 最好低于 0.01mg/kg。在方法灵敏度较差的情况下，至少应满足 LOQ = MRL。在农药残留分析中，方法的 LOD 和 LOQ 应根据分析要求而定，对于 MRL 值高的农药，不必追求过低的 LOD 或 LOQ，但亦不应高于 MRL（一般比 MRL 低一个数量级）。

7. 选择性

选择性也称方法的特异性，是指某种测定方法对被测物质的专一程度。这一指标主要是针对免疫测定方法。免疫测定方法的选择性取决于待测农药与其他干扰物质的交叉反应。含有与待测农药结构相近的干扰物质可能使测定结果升高，导致假阳性。一般用抗体的交叉反应率评价方法的选择性，交叉反应率越低，特异性越强。

三、检测结果的表达和数据处理

数据报告不但是对残留分析结果的计算、统计和分析，更是对分析方法准确性、可靠性的描述和报告，包括方法准确性、精确性、检测限、定量限、回收率、线性范围等，以说明残留分析过程中的质量保证和质量控制。农药残留测定要经过样品预处理、溶液制备、残留成分的检测及数据报出和结果分析等多个不同环节才能完成整个过程，操作环节多，影响因素复杂，最后得到的检测数据的准确程度不能做到非常理想。检测数据的表达，必须按一定的规则进行计算，随意取舍有效数字，会影响计算结果的准确性。对于怀疑为异常的数据，最好等分析出明确的原因，然后进行取舍，但有时候这种分析往往不容易做到，因此应根据统计学的异常数据处理原则来决定有效数字的取舍。

参考文献

[1] 边照阳. 烟草农药残留分析技术 [M]. 北京：中国轻工业出版社，2015.

[2] 高俊娥，李盾，刘铭钧. 农药残留快速检测技术的研究进展 [J]. 农药，2007，46（6）：361-364.

[3] 光映霞，魏忠华. 农药残留与农产品安全 [M]. 昆明：云南大学出版社，2014.

[4] 郭小敏，杨徕康. 现代仪器分析技术在食品安全检测中的应用 [J]. 江西化工，2013，（4）：237-239.

[5] 赖穗春，王福华，邓义才，等. 国内外农药残留分析技术研究现状与发展 [J]. 广东农业科学，2006，1：76-77.

[6] 李志成，袁郑晓冬，闫新焕，等. 快速检测技术在果蔬农药残留检测中的应用 [J]. 中国果蔬，2016，36（12）：33-36.

[7] 刘聪云，王小丽，刘丰茂，等. 室温及低温制备生菜样本过程的不确定度和25种农药残留的稳定性 [J]. 农药学学报，2008，10（4）：431-436.

[8] 钱传范. 农药残留分析原理与方法 [M]. 北京：化学工业出版社，2011.

[9] 王大宁，董益阳，邹明强. 农药残留检测与监控技术 [M]. 北京：化学工业出版

社, 2006.

[10] 王素利. 农药残留样本贮存与稳定性关系研究 [D]. 北京：中国农业大学, 2007.

[11] 魏全胜. 浅谈仪器分析方法在食品检测分析中的应用 [J]. 食品安全导刊, 2018, (18)：85.

[12] 周芬, 简霜泉, 梁正芬, 等. 化学检测技术在农产品农药残留检测中的应用与发展 [J]. 江西农业, 2019, (12)：93-94.

[13] 朱国念. 农药残留快速检测技术 [M]. 北京：化学工业出版社, 2008.

第二篇
烟草农药残留检测方法

第五章
农药残留分析样品预处理技术

现代农药残留分析方法包括样品预处理和仪器测定两部分。样品预处理即样品制备（Sample preparation），是农药残留分析方法的重要部分，包括从样品中提取残留农药、去除提取液中干扰性杂质的分离和净化、浓缩提取液等步骤。样品中农药残留量是很低的，难以直接进行测定，样品预处理的目的就是使样品经处理后更适合农药残留分析仪器测定的要求，消除基质对测定的干扰，提高分析方法的灵敏度和分析效率，降低检测方法最小检测限。

目前尚没有一种预处理方法能适合各种不同的样品或不同的待测农药。即使是同一种农药，由于所处的样品基质与条件不同，也可能采用不同的预处理方法。评价样品预处理方法应注意：①能否最大限度地去除影响测定的干扰物，是衡量预处理方法是否有效的重要指标。②回收率反映测定结果的准确度，回收率不高不但影响到方法的灵敏度和精确度，最终使低浓度的样品无法测定，因为浓度越低，回收率往往也越差。③操作步骤越多的预处理方法，由于多次转移引起样品的损失也越大，结果的误差也越大。

第一节　常规预处理技术

一、提取技术

农药提取技术是采用适当的有机溶剂和方法，将残留在样品中的农药萃取出来，供净化后上机检测。由于农药残留含量极低，提取效果直接影响结果的准确性，提取过程要求尽可能完全地将痕量的残留农药从样品中提取出来，同时又尽量少地提取出干扰性杂质。提取时必须根据待测农药种类、理化性质、样本基质和仪器测定方法等来选择提取溶剂和提取方法，在提取效果好的前提下要求方法简便、快速，溶剂消耗尽可能少。

（一）提取溶剂

有机溶剂在萃取样品中待测农药的同时，样品中的色素、油脂、蛋白质等干扰杂质如不能与待测农药组分实现完全分离，必然会降低检测结果的准确性，杂质也会污染色谱柱和检测器，降低仪器的灵敏度和精密度。在选择有机溶剂提取样品中的农药残留时，首先要满足溶剂对样品的渗透性和对农药的萃取性，使溶剂尽可能渗透到样品中，并对残留农药获得最大的萃取效果。农药残留提取技术常依据"相似相溶"原理，选择使用与农药极性相近的溶剂为提取溶剂，即样品中残留农药和提取溶剂在极性、官能团和化学性质等方面相似，使残留农药在溶剂中达到最大溶解度，提高目标农药的提取效果，降低非目标物杂质的干扰。提取溶剂的选择一般应遵循以下规律。

1. 农药的性质

对于极性较小的农药如有机氯，一般选择用正己烷、苯等非极性溶剂提取，对于极性强的农药，如有机磷和氨基甲酸酯类农药，选择用三氯甲烷、丙酮和乙腈等极性较强的溶剂提取，中等极性的拟除虫菊酯类农药，选择用丙酮-石油醚、丙酮-乙酸乙酯等混合溶剂提取。

2. 样品的性质

含水量较高的样品采用丙酮、乙腈、甲醇等极性溶剂提取；含水量较低的样品粉碎加水后，采用丙酮、乙腈、甲醇等提取。脂肪含量较高的样品，采用混合溶剂提取，含糖量较高的样品用乙腈或丙酮提取。

3. 溶剂的性质

（1）溶剂的极性　溶剂的极性可用介电常数表示，非极性溶剂介电常数小，极性溶剂的介电常数大，水的介电常数最大。常用溶剂的极性从强到弱的顺序依次为：水、乙腈、甲醇、丙酮、乙酸乙酯、二氯甲烷、三氯甲烷、苯、甲苯、环己烷、正己烷、石油醚等。在农药单残留分析时，提取溶剂的选择很大程度上取决于待测农药的极性。

值得注意的是，对含水量很高的样品，不能使用与水不相溶的溶剂。一般先使用丙酮等极性溶剂提取，再根据农药性质转移至有关溶剂中。但使用与水混溶的溶剂时，提取液中含有大量水分，在浓缩前是必须去除的。使用非水溶性溶剂和与水相溶的极性溶剂的混合溶剂提取效果更好，可以提取不同极性的农药，解决提取过程中的乳化问题，提高农药萃取效率。

（2）其他性质　溶剂的沸点、安全性和稳定性等性质也是需要考虑的因

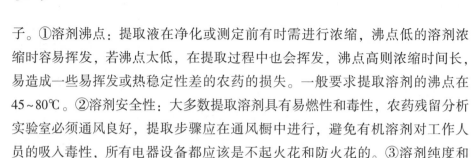

子。①溶剂沸点：提取液在净化或测定前有时需进行浓缩，沸点低的溶剂浓缩时容易挥发，若沸点太低，在提取过程中也会挥发，沸点高则浓缩时间长，易造成一些易挥发或热稳定性差的农药的损失。一般要求提取溶剂的沸点在45~80℃。②溶剂安全性：大多数提取溶剂具有易燃性和毒性，农药残留分析实验室必须通风良好，提取步骤应在通风橱中进行，避免有机溶剂对工作人员的吸入毒性，所有电器设备都应该是不起火花和防火花的。③溶剂纯度和稳定性：通常选用分析纯试剂或农药残留级溶剂，溶剂性质稳定，不能与样品发生作用、不能对仪器检测器产生干扰。

（二）提取方法

1. 捣碎法

捣碎法有组织捣碎法和匀浆捣碎法，适用于含水分较高的新鲜叶类及果蔬样品，提取效果好，简便快速。组织捣碎法是将样品与提取溶剂一起放入组织捣碎机中，通过高速旋转的搅拌刀片进行混合，使样品中残留的农药与溶剂充分接触而被提取出来，适用于各种样品中残留农药的提取，多次提取比一次提取效果更好，通过过滤或高速离心获得澄清的提取液。匀浆提取法是将试样磨碎或捣碎后，加入有机溶剂，采用高速匀浆器进行提取。

潘灿平等用捣碎、匀浆法处理黄瓜、番茄和青椒样品，凝胶色谱柱净化，毛细管气相色谱法测定 15 种有机磷农药，不同添加浓度的平均回收率为 77.8%~106%，相对标准偏差（RSD）为 0.1%~16.6%。GB 13595—2004《烟草及烟草制品拟除虫菊酯杀虫剂、有机磷杀虫剂、含氮农药残留量的测定》采用丙酮匀浆萃取烟草中农药残留，气相色谱法或气相色谱-质谱法测定烟草及烟草制品中拟除虫菊酯类、有机磷和有机氮等 23 种农药残留量。

2. 振荡法

振荡提取法是将样品和提取溶剂一起置于具塞锥形瓶中，放在振荡机上进行往返振荡或旋转振荡，使容器中溶剂与样品充分混合，以深入到样品组织内部提取农药残留。振荡时可以适当加热以加快提取速度和提取效率，但温度不能过高，避免农药分解。方法简便，提取效果好，可用于易挥发、易热分解的农药提取，尤其是含水量较高的新鲜样品。对含水量较高的样品，用极性溶剂萃取，振荡时间 30~60min，提取液过滤或离心处理。使用涡旋振荡仪，最高转速可达到 2500r/min，提取强度和效率大大提高。

3. 超声波提取法

超声波提取法是将装有样品和提取溶剂的玻璃瓶放入超声波清洗器中，利用超声具有空化、粉碎、搅拌等特殊作用，对植物细胞进行破坏，使溶剂渗透到植物的细胞中，萃取待测农药。超声波提取法具有提取时间短和提取效率高等优点，尤其适用于热不稳定农药的提取。EPA3550 方法即采用超声波提取法。张建平等采用正己烷-丙酮超声提取，气相色谱法同时测定烟草及其制品中 19 种有机氯农药残留量，19 种农药的加标回收率均在 72% 以上，RSD 小于 9.0%。

4. 消化法

消化法是在样品中加消化液，加热使样本组织破坏分解后，再用适当的有机溶剂提取样品中的待测农药，多用于不易匀浆、不易捣碎的动植物组织样本，要求待测农药耐酸或耐碱，受热不分解。根据消化试剂的不同，分为酸消化法和碱消化法两种。酸消化法常用的是高氯酸和冰醋酸的混合消化液，消化时温度在 80~90℃，消化中需要不时充分振摇，避免温度过高出现碳化现象，最终使样品全部分解成为液体。碱消化法最常用的是 10% 的氢氧化钾-乙醇溶液消化，消化温度控制在 65℃，消化时间为 30min。

李攻科等对消解液、微波辅助加热条件及提取溶剂进行了优化实验，用微波消解-气相色谱法测定鱼肉样品中有机氯农药，除 p，p'-DDT 回收率为 60.3% 外，其余均在 83.4%~109.6%，与水浴加热分解的国家标准方法相当。

5. 索氏提取法

索氏提取法（Soxhelt）是一种经典提取方法，US EPA 将其作为萃取有机物的标准方法之一（EPA 3540C），GB/T 13596—2004《烟草及烟草制品　有机氯残留量的测定　气相色谱仪法》，由 ISO 4389：2000 烟草中有机氯农药残留分析的标准方法转化而来，样品预处理即采用索氏提取法，方法准确度较高，但操作复杂，溶剂消耗大、处理时间长。由于是经典提取方法，其他样品制备方法一般都与其对比，用于评估方法的提取效率。

索氏提取法是从固体样品中提取农药的一种方法，采用索氏提取器（图5-1）来实现，索氏提取器由提取瓶、提取管和冷凝器组成，提取管两侧分别有虹吸管和连接管，各部分连接处要严密不能漏气，利用溶剂回流及虹吸原理，使固体样品连续不断地被纯溶剂提取。固体样品需研碎包在脱脂滤纸包或滤纸筒内，放入提取管中，在提取瓶内加入提取溶剂，并加热提取瓶使溶剂汽化，由连接管上升进入冷凝器，凝成液体滴入提取管内，待提取管内萃取溶剂液面达到一定高度，溶有待测农药的溶剂经虹吸管流入提取瓶。提取瓶内的溶剂不断加热汽化、上升、冷凝，循环往复，直到抽提完全为止。提取液可采用如图5-2所示的K-D浓缩装置进行浓缩。采用索氏提取法时，需要考虑农药的热稳定性，装有样品的滤纸筒使用前应用极性溶剂处理，可加入吸附剂（与样品混合），消除可能存在的杂质干扰或农药本底残留。

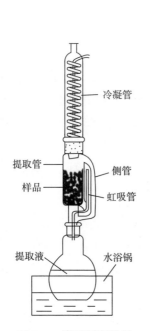

图5-1 索氏提取装置

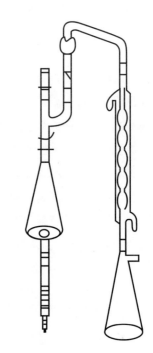

图5-2 带有Snyder柱的K-D浓缩装置

刘红梅等建立了一种全自动索氏提取-气相色谱法测定土壤中六六六和滴滴涕农药残留量，8种六六六和滴滴涕的回收率为89.8%～99.0%，变异系数为0.7%～10.3%，方法检出限均小于0.004mg/kg。李超灿等建立了索氏提取-GC-MS/MS分析湖泊沉积物中20种有机氯农药残留量，基质样品加标回收率为79.76%～115.04%，RSD为1.15%～14.08%，方法定量限为0.007～1.541μg/kg。

二、净化技术

样品净化是指通过物理的或化学的方法从待测样品提取液中将农药与杂质分离并去除杂质的过程。净化在去除共提物中杂质的同时，常会伴随目标农药的丢失，所以样品净化是农药残留分析中难度较大的步骤之一。净化的原理是利用目标农药与基质中干扰物质理化特性的差异，使用分离技术将干扰物质的量减少到不干扰正常检测目标残留农药的水平。样品净化方法在很大程度上取决于农药的性质、样品类型、提取溶剂和提取方法、仪器检测方法、对分析时间和分析结果准确度的要求。常规净化方法主要有液液萃取法、柱层析法等。

（一）液液萃取法

液液萃取法（Liquid-liquid extraction）既是提取方法又是净化方法。利用样品中农药和杂质在互不相溶的两种溶剂中分配系数的差异进行分离和净化，从而达到纯化待测农药并去除基质干扰的方法。通常是使用一种能与水相溶的极性溶剂和另一种不与水相溶的非极性溶剂配对，经反复多次分配使试样中的农药与干扰杂质分离而得到净化。

1. 液液萃取法的原理

液液萃取法的原理是根据 Nernst 于 1891 年提出的分配定律：在一定温度下，溶质在一对互不相溶的溶剂中进行分配，平衡时溶质在两相中浓度之比为常数，即分配系数，见式（5-1）。

$$K=p/q \qquad\qquad (5-1)$$

式中　K——分配系数

　　　p——非极性溶剂的溶质分数

　　　q——极性溶剂的溶质分数

根据定义：$p+q=1$。

在上述 K、p、q 三个数值中，p 值主要用于溶剂对的选择，以决定分配提取的次数。p 值的定义：在等体积的一对溶剂中，溶质在两相中达到平衡后，分配在非极性相（或较弱极性相）中的溶质占总溶质的份数。

p 值可以通过实验测定。其方法是：①取 5mL 非极性溶剂相（事先用极性溶剂平衡），测定其溶液中所含的某种农药含量。②加入含有某种农药的 5mL 极性溶剂（事先用非极性相平衡），振摇至平衡，静置分层，测定非极性溶剂中的农药含量。③以原来的总含量为 1，即可求出等体积一次分配后，在非极性溶剂中的农药份数，即 p 值，$p=$非极性溶剂中某种农药含量/某农药的总量。

p 值与农药极性和分配系数有关，不同农药在"特定溶剂对"中具有不

同的 p 值（表5-1）。在固定的溶剂对中，外界条件不变，p 值为一常数，可利用 p 值来鉴定农药。p 值受温度影响，温度越高，p 值越大。p 值越大，存在于非极性溶剂中的农药多，有利于用非极性溶剂从极性溶剂中提取农药，反之 p 值越小，则存在于极性溶剂中的农药多，有利于用极性溶剂从非极性溶剂中提取。

表5-1　　　　　　　　　部分农药的 p 值（25.5℃±0.5℃）

农药	溶剂系统		农药	溶剂系统	
	正己烷-乙腈	异辛烷-DMF		正己烷-乙腈	异辛烷-DMF
γ-六六六	0.12	0.052	p, p'-DDE	0.56	0.16
五氯硝基苯	0.41	0.23	p, p'-DDD	0.17	0.038
地亚农	0.28	0.018	o, p'-DDT	0.47	0.11
乙拌磷	0.16	0.089	乙硫磷	0.079	0.045
七氯	0.55	0.21	p, p'-DDT	0.38	0.084
甲基对硫磷	0.022	0.012	苯硫磷	0.038	0.011
马拉松	0.042	0.015	西维因	0.02	0.02
艾氏剂	0.73	0.38	2，4-D	0.02	0.01
对硫磷	0.044	0.029	增效醚	0.20	0.11
三氯杀螨醇	0.15	0.043	2，4，5-涕	0.02	0.02
环氧七氯	0.29	0.10	福美双	0.02	0.05
灭菌丹	0.066	0.015	代森锌	—	0.02
狄氏剂	0.33	0.12	福美锌	—	0.00

2. 溶剂系统的选择

极性农药净化时，先用乙腈或丙酮提取样品，再用正己烷或石油醚进行分配，提取出其中的油脂等干扰物，弃去正己烷层，农药留在极性溶剂中，加食盐水溶液于其中，再用二氯甲烷或正己烷反提取其中农药。非极性农药净化时，用正己烷或石油醚提取样品后，用乙腈等极性溶剂多次提取，农药转入极性溶剂中，弃去石油醚层，在极性溶剂中加食盐水溶液，再用石油醚或二氯甲烷提取。对含水量高的样品，先用极性溶剂提取，再转入非极性溶剂中。

3. 液液萃取法的操作方法

液液萃取法一般在分液漏斗中进行，容器体积应大于 2 倍提取溶剂体积，分液漏斗的活塞最好使用聚四氟乙烯材料，以避免玻璃活塞上涂抹的润滑剂溶解在有机溶剂中对分析结果造成不必要的影响。液液萃取法一般是分步萃取，应注意不能使分液漏斗太满，萃取过程中很容易形成乳化现象，使静置溶液不能清晰分层，可在水相中加入氯化钠、硫酸钠等盐类物质，或调节水相的 pH，降低目标农药溶解度，提高萃取的效率。液液萃取法操作简单，但溶剂消耗量大，处理废液成本高，易形成乳状液，造成分离复杂，费工费时。液液萃取法对大部分农药都有较好的提取效率，对一些强极性、强水溶性的农药则很难达到理想的萃取效果。

4. 影响液液萃取法效果的因素

液液萃取法常用于以水为基质的样品中非极性或弱极性待测农药组分的提取，在提取中影响因素很多，其中水相 pH 是重要的参数之一，有时需要利用盐析作用促进被测农药进入有机相，通过选择不同的有机溶剂提高选择性。

（1）溶剂的影响 选择对被测农药溶解度大、干扰物溶解度小、化学稳定性好、不与待测农药有化学反应的溶剂。溶剂对的体积比影响萃取效果，增加非极性溶剂的体积，则 p 值增加，减少非极性溶剂的量，则 p 值减少。

（2）pH 的影响 pH 对酸性或碱性农药的溶解性或分配系数影响很大，调节 pH 使组分在水相中处于中性分子状态，或达到两性分子的等电点，易被有机溶剂萃取。也可调节 pH 使组分呈解离状态，增加水溶性，使用酸性或碱性水溶液从有机溶剂中反萃取碱性或酸性组分，选择性地除去中性、酸性或碱性杂质，提高萃取效率。

（3）离子对试剂 酸性或碱性较强的农药在水中解离为亲水性很强的离子，难以用有机溶剂进行萃取净化。这时可以向呈解离状态的待测溶液中加入与其电性相反的离子对试剂，两者结合形成具有一定脂溶性的离子对（一种电中性的络盐）时，即可被有机溶剂萃取。

（4）盐析 盐析是指向提取溶液中加入氯化钠、硫酸钠等中性强电解质，有利于溶质的析出。特别是含有表面活性剂和脂肪的样品，盐析效应可以降低乳化现象，有利于有机相跟水相的分离。

（二）柱层析法

柱层析法（Conventional column chromatogram）又称吸附柱色谱法，是利用色谱原理在开放式柱中将农药与杂质分离的净化方法。其方法是将提取液中的农药与杂质一起通过一支适宜的吸附柱，用适当极性的溶剂将农药淋洗出来，而将脂肪、蜡质和色素等杂质留在吸附柱上，达到分离和净化的目的。

1. 吸附柱法

吸附柱法通常使用直径为 0.2~2cm，长度为 10~20cm 的玻璃柱作为色谱柱，以吸附剂作为固定相，以溶剂作为流动相，将含有农药和各种杂质的样品萃取液一起加入柱中，使它们吸附在柱上，再用适当的极性溶剂淋洗柱子，极性较强的农药被先淋洗下来，样品中的大分子和非极性杂质则保留在吸附剂上。只有当吸附剂的活性和淋洗剂的极性选择适宜，淋洗剂的体积掌握合适时，才能达到使农药与杂质分离的目的。改变淋洗溶剂的组成，可以获得特异的选择性，用不同极性溶剂配比进行淋洗，可将各种农药以不同次序先后淋洗下来。

2. 凝胶渗透柱色谱

凝胶渗透柱色谱法（Gel permeation chromatography method）是以不同孔径的多孔凝胶为柱色谱填充剂，利用多孔凝胶对不同大小分子的排阻效应进行分离，也称凝胶排阻色谱法。当样本提取液随流动相经凝胶色谱柱时，由于凝胶颗粒内部的分子筛效应，分子大小不同的溶质就会受到不同的阻滞作用。油脂、蛋白质、叶绿素等相对分子质量较大的干扰物质被排阻在凝胶颗粒之外，受到的阻滞作用小，随流动相直接排出柱子，农药分子较小，扩散进入凝胶孔内，较晚流出色谱柱，达到农药与杂质分离。

3. 常用吸附剂

常规柱层析法是以吸附剂为柱填料，对吸附剂的基本要求是：①具有较大的比表面，内部是多孔颗粒状的固体物，具有适宜的表面孔径和吸附活性，其吸附性是可逆的。②吸附剂应为化学惰性，即与样品中各组分不起化学反应，在展开剂中不溶解。③吸附剂的活化：质量较好的吸附剂，使用前在130℃加热过夜，并根据需要添加一定量水分混合均匀，脱活后使用。有的需在 500~600℃ 温度下活化 3h 左右，在干燥器中避光保存。

常用的吸附剂有硅胶、氧化铝、硅镁/弗罗里硅土、活性炭等。硅胶是一种常用的极性吸附剂，由硅酸钠溶液中加入盐酸得到的溶胶沉淀，经部分脱水后的无定形的多孔固体硅胶，可净化极性较高的农药。弗罗里硅土（硅酸镁，Flonsil）由硫酸镁和硅酸钠作用生成的硅酸镁，经沉淀、过滤干燥而得，也称硅镁吸附剂，是多孔性的大表面的固体（比表面积 297m²/g），对脂肪和蜡质的吸附力较强，适用于脂肪含量高的样品净化。

氧化铝有酸性、中性和碱性三种，可以根据农药性质选择，吸附脂肪、蜡质的效果和弗罗里硅土相似，中性氧化铝对色素吸附能力好，酸性和碱性氧化铝分别适用于分离含弱酸性基团和生物碱类农药。净化效果较好，淋洗液用量较少，但氧化铝活性较大，农药在柱中吸附牢固不易淋洗下来，当用强极性溶剂时，农药与杂质会同时淋洗下来，使用前需做适当降活处理。活性炭属非极性吸附剂，对色素的吸附能力很强，适合净化含叶绿素高的样品提取液。活性炭柱流动性差，常与中性氧化铝、弗罗里硅土混合装柱，可吸附色素、脂肪和蜡质等。活性炭有不可逆吸附性，对样品中杂质和目标农药都会有吸附，不易洗脱，从而影响目标物的回收率。

（三）磺化法

磺化法是利用浓硫酸与样品提取液中脂肪、色素等化合物所含烯链的磺化作用，达到农药分离目的。脂肪和色素中都含有烯链，含烯链的化合物可与浓硫酸发生作用形成极性很强的化合物，杂质溶解于浓硫酸中，农药保留在有机相中而达到净化和分离。磺化法主要用于提取对酸稳定的有机氯农药，GB/T 5009.19—2008《食品中有机氯农药多组分残留量的测定》中第二法：填充柱气相色谱—电子捕获检测器法，采用磺化法净化样品中六六六和滴滴涕农药提取液。方法是向石油醚提取液中加入约 1/10 体积的浓硫酸，振摇 0.5min，离心取上清液进行 GC 分析。可除去脂肪、色素及杂质。磺化过程中可能出现乳化现象，可以滴加蒸馏水轻轻振摇削除乳化。

（四）低温冷冻法

低温冷冻法的原理是样本中的脂肪、蜡质与农药在低温下的丙酮溶液中溶解度不同，杂质能够沉淀析出，而农药则保留在冷的丙酮溶液中，经过滤可以达到分离净化目的。操作步骤是用丙酮提取，然后放入−70℃的冰丙酮冷阱中，脂类和蜡质沉淀出来，农药留在丙酮中，经过滤除去沉淀，获得净化提取液。此法最大优点是在净化过程中待测农药不发生变化，可以替代多脂肪样品净化中的液液分配法。

（五）吹蒸法

吹蒸法是在一定温度下，用惰性气体将提取液中的易挥发组分吹扫出来。

适用于易挥发农药的分离，操作步骤是用乙酸乙酯提取生物样品中的农药，分四次注入 Storherr 管，该管内填充玻璃棉、沙子等，加热到 180～250℃，并吹入氮气，经处理后，提取液中的脂肪、蜡质、色素等高沸点杂质仍留在 Storherr 管中，农药则被氮气流携带，经聚四氟乙烯冷螺旋管收集于玻璃管中，达到分离的目的。

三、浓缩技术

样品提取液经分离净化后，浓度是很低的，为了使待测样品达到仪器能够检测的浓度或进行溶剂转换，必须对提取液进行浓缩，以减少样品溶液中溶剂或水分，增加农药的浓度。一般可通过加热的方法加速溶剂挥发或蒸发，温度高于溶剂沸点即可，太高会引起农药分解或因为暴沸而发生安全事故。在农药残留分析中，以浓缩对目标农药的损失最大，为防止农药发生任何损失，不能使用一般的蒸馏法，特别是蒸气压高、稳定性差的农药，为避免溶剂蒸干而造成农药损失，可在提取液中添加一缩二乙二醇抑制蒸发剂，同时避免在浓缩中引入新的干扰杂质。常用的浓缩方法有旋转蒸发、K-D 浓缩和氮气吹干法。

（一）旋转蒸发

旋转蒸发仪是农药残留实验室常用的浓缩装置，由真空系统、蒸馏烧瓶、水浴锅、冷凝管等部分组成，主要是用真空泵使蒸馏烧瓶内的溶液在负压条件下扩散蒸发。将蒸馏烧瓶置于水浴锅中，通过电子控制调节水浴温度和烧瓶旋转速度，加热温度接近该溶剂的沸点，调节烧瓶转速，在恒速旋转和加热条件下，热量传递快而且蒸发面积大，热蒸气在冷凝水的作用下可迅速液化，加快蒸发速率。

（二）K-D 浓缩

K-D 浓缩器由 K-D 瓶、刻度试管、施奈德分流柱、温度计、冷凝管和溶剂回收瓶组成，是一种简单高效、玻璃制的浓缩装置，可以同时进行浓缩、回流洗净器壁和在刻度试管中定容。回流可以防止药剂被溶剂夹带走，直接定容减少了溶剂转移造成的损失。水浴温度控制在 50℃ 左右，不得超过 80℃，可以在常压下或减压下进行浓缩。操作时先将施奈德柱外包上石棉，将 K-D 瓶与刻度试管接好，加入样品提取液至 K-D 瓶中，当浓缩器内部温度达到平衡时，溶剂蒸气从施奈德柱顶端逸出，通过冷凝器回收。施奈德柱可以使农药的损失降低到最小，三个球上冷凝的溶剂返回到 K-D 瓶和刻度试管时，可以将随溶剂蒸气上升的农药小颗粒带回，防止农药被溶剂带走，而且能将依附在瓶壁上的农药洗下来，当溶液剩几毫升时可停止蒸馏。

（三）氮气吹干

氮吹仪采用惰性气体对加热液体样品表面进行连续吹扫，使待测样品迅速浓缩，达到快速分离纯化的效果，操作简便，可同时处理多个样品。氮吹仪安装好后，底盘支撑在恒温水浴内，设定温度加热水浴，将需要蒸发浓缩的样品放置在样品定位架上，并由托盘托起，托盘和定位架高低可调整。打开流量计，氮气经流量计和输气管到达配气盘，送往各样品位上方的针阀管，氮气经针阀管和针头吹向液体样品试管，以样品表面吹起波纹、样品又不溅起为好。最后，将氮吹仪放于水浴中，直到蒸发浓缩完成。

第二节　样品预处理新技术

传统提取方法大都存在溶剂消耗量大、劳动强度大、提取效率低、提取液还需净化处理以除去干扰物质等问题，很难同时实现样品提取、净化和浓缩为一体。近年来开发了一些少溶剂或无溶剂、操作简单的预处理新技术，可以同时进行提取和净化。这些预处理新技术主要有：固相萃取、超临界流体萃取、加速溶剂萃取、微波辅助萃取、液相微萃取、基质固相分散萃取、分散固相萃取、低温冷冻法、分子印迹、凝胶渗透色谱法、浊点萃取等技术。

一、固相萃取新技术

（一）固相萃取

1. 固相萃取原理

固相萃取（Solid phase extraction，SPE），是液固萃取和液相色谱技术相结合的一项技术，主要用于样品的分离、净化和富集。固相萃取技术的原理与开放式柱色谱相同，是一种液相色谱分离技术，利用选择性吸附和选择性洗脱的液相色谱法，将液体样品中的目标农药与干扰杂质分离，达到对样品进行富集、分离和净化的目的。固相萃取有吸附目标化合物和吸附杂质两种模式。

（1）吸附目标化合物模式　方法是使液体样品溶液通过吸附剂，目标农药被吸附在固体填料表面，其他干扰化合物通过柱子流出，然后用少量溶剂将目标农药洗脱下来。这种萃取模式中，SPE柱在吸附目标农药的同时，也可能会吸附一些对分析有影响的干扰物。因此在目标农药洗脱前，可对 SPE 柱进行预处理，最大限度地清除干扰物。

（2）吸附杂质模式 当样品溶液通过 SPE 柱时，SPE 柱吸附样品中的杂质，目标化合物流出。这种萃取模式中，样品过柱后的组分和柱洗涤的组分要一并收集。与目标化合物吸附模式不同，杂质吸附模式中的柱洗涤是要将残留在 SPE 柱上的目标农药洗脱下来，而将杂质保留在 SPE 柱上。

与传统的液液萃取（LLE）比较，固相萃取可以更有效地将待测农药与干扰组分分离，提高回收率（表5-2）。

表 5-2 　　　　　　　　　　　 液液萃取与固相萃取优缺点比较

项目	优 点	缺 点
LLE	无特殊装置	操作烦琐，费时
	可同时完成样品富集和净化，提高检测灵敏度	有机溶剂耗费大，成本高，对环境有污染
	节省时间，节省溶剂	难以从水中提取高水溶性物质
	能自动化批处理	易发生乳化现象
SPE	可选择多种键合固定相 可富集痕量农药 可消除乳化现象 回收率高，重现性好	使用固相萃取小柱，成本较高 需要进行方法开发

2. 固相萃取柱及填料

固相萃取小柱由聚丙烯柱管、多孔聚丙烯筛板和固定相（吸附剂）三部分构成。SPE 小柱为一次性使用，以避免交叉污染，保证检测可靠性。

固相萃取吸附剂即填料，在选择上应符合：①面积大、多孔的、孔径小的吸附剂，以提高吸附能力。②纯度高的吸附剂，以降低固相萃取的空白值。③吸附剂的吸附能力和吸附可逆性，可以较容易地将被吸附的农药完全淋洗下来，提高测定回收率。④化学性质稳定的吸附剂，能抵抗较强的酸性和碱性溶剂的腐蚀。⑤必须与样品溶液有良好的界面接触。常用的填料类型有：键合硅胶、高分子聚合物和吸附型填料三类，也有混合型填料。

（1）键合硅胶 在 SPE 中最常见的是硅胶和键合硅胶。键合硅胶是使具有不同官能团的硅烷化试剂与硅胶表面的硅烷醇基进行反应，即硅醚键连接，把不同极性基团键合至载体表面，使它们像"刷子"一样突出在颗粒表面并与样品基质中的组分进行相互作用，反应式如下：

$$\equiv Si-OH + Cl-\underset{\underset{CH_3}{|}}{\overset{\overset{CH_3}{|}}{Si}}-R \longrightarrow \equiv Si-O-\underset{\underset{CH_3}{|}}{\overset{\overset{CH_3}{|}}{Si}}-R$$

$$\equiv Si-OH + RCl \longrightarrow \equiv Si-OR + HCl$$

$$\equiv Si-OH + Cl_3SiR \longrightarrow \equiv Si-O-SiCl_2R$$

式中，R 为不同基团，如十八烷基（$-C_{18}$）、辛烷基（$-C_8$）、苯基（$-C_6$）、氰基（$-CN$）等。

键合硅胶 C_{18} 是以硅胶为基质的反相萃取柱，用三甲基硅烷等硅烷化试剂与固定相上残留的硅醇基反应，是极性和非极性化合物萃取的通用型固定相。C_8 吸附性与 C_{18} 相似，但由于碳键较短，对非极性化合物的保留较弱，适用于非极性、弱极性的有机物的富集和纯化。氰基（$-CN$）是以硅胶为基质的氰丙基萃取柱，具有中等极性，可用于反相或正相萃取。氨基（$-NH_2$）是以硅胶为基质的氨丙基萃取柱，具有极性固定相和弱阴离子交换剂，可通过弱阴离子交换（水溶液）或极性吸附（非极性有机溶液）达到保留作用，因此具有双重作用。N-丙基乙二胺（PSA）与氨基（$-NH_2$）有相似的吸附剂。PSA 有两个氨基，比氨基（$-NH_2$）有更强的离子交换能力，同时 PSA 可与金属离子产生螯合作用，常用于去除有机酸、色素、金属离子和酚类等杂质。

（2）高分子聚合物　此类填料是以咯烷酮和二乙烯苯共聚得到的高分子聚合物，对各类极性、非极性化合物具有均衡的吸附作用。苯乙烯-二乙烯基苯物质，用于保留一些含有亲水性官能团的疏水性化合物，尤其是芳香型化合物。磺酰脲专用柱（HXN），为中等极性高分子，专门用于土壤和水中磺酰脲类除草剂样品制备，也可用于各种中等极性到强极性分析物的提取、净化和富集。

（3）吸附性填料　吸附性填料主要有：硅胶、弗罗里硅土、氧化铝、碳基吸附剂等。碳基吸附剂包括：活性炭、石墨化炭黑、多孔石墨炭等。石墨化炭黑（GCB）由炭黑加热到 2700～3000℃制成，其表面带有羟基、羧基、羰基等功能基团和正电荷活性中心，对极性较大的酸类、碱类、磺酸盐类目标物有很好的吸附能力。多孔石墨炭（PGC）有更好的机械强度，具有疏水性作用和电子作用，对具有平面分子结构的且含有极性基团和离域大 π 键、孤对电子的目标物具有强的吸附能力。多壁碳纳米管（MWNTs）是一种新型的 SPE 吸附材料，比表面积大，具有不饱和性，易与其他原子结合而趋于稳定，化学活性大，有很强的吸附能力和较大的吸附容量。

（4）其他填料　基于抗原-抗体相互作用（分子识别）的材料可用于选择性萃取。免疫亲和吸附剂可以通过将抗体固定到固体支撑物上得到。由于每个目标物必须有一个选择性抗体，因此免疫亲和材料选择性强，应用范围窄。

固相萃取中常用的吸附剂及其应用见表 5-3。

表 5-3　　　　　　　　　　固相萃取中常用吸附剂的应用

吸附剂（填料）	分离机理	洗脱溶剂	分析物的性质	应用
键合硅胶 C_{18}、C_8	反相	有机溶剂	非极性—弱极性	氨基偶氮苯，多氯苯酚类，多氯联苯类，芳烃类，多环芳烃类，有机磷和有机氯农药类，烷基苯类，邻苯二甲酸酯类，多氯苯胺类，非极性除草剂，脂肪酸类，氨基蒽醌
多孔聚苯乙烯-二乙烯苯基	反相	有机溶剂	非极性—中等极性	苯酚，氯代苯酚，苯胺，氯代苯胺，中等极性除草剂（三嗪类、苯磺酰脲类、苯氧酸类）
多孔石墨碳	反相	有机溶剂	非极性—相当极性	醇类，硝基苯酚类，极性除草剂
内胺键合硅胶	正相	有机溶剂	极性化合物	碳水化合物，有机酸等
弗罗里硅土	正相	有机溶剂	极性化合物	醇、醛、胺，除草剂，杀虫剂，有机酸，苯酚类，类固醇类
离子交换树脂	离子交换	一定 pH 的水溶液	阴阳离子型有机物	苯酚，次氮基三乙酸，苯胺和极性衍生物，邻苯二甲酸类
抗体键合吸附剂	免疫亲和	甲醇/水溶液	特定污染物	多环芳烃，多氯联苯，有机磷，有机氯农药类及染料类

3. 固相萃取操作步骤

固相萃取操作有 4 个步骤：柱子活化、上样、淋洗、洗脱。

（1）柱子活化　萃取样品之前 SPE 小柱要用适当的溶剂淋洗，这称为柱子活化，目的是除去柱内的杂质并创造一个与样品溶剂相容的环境。通常用两种溶剂来活化 SPE 小柱，一个溶剂（初溶剂）用于净化固定相，另一个溶剂（终溶剂）用于建立一个合适的固定相环境，使样品分析物得到适当的保留。终溶剂不应强于样品溶剂，否则会降低回收率。活化过程中和结束时，固定相都不能抽干，否则导致填料床出现裂缝，降低回收率和重现性，样品也得不到应有的净化。若活化步骤中出现干裂，所有活化步骤都得重复。

（2）上样　样品用适当的溶剂溶解后，转移到萃取柱内使样品溶液通过固定相，这时目标物和干扰物都保留在固定相上，尽可能使用最弱的样品溶剂，可以使目标物得到最强的保留。有时候固体样品必须用一个很强的溶剂进行萃取，这样的萃取液不能直接上样，需要用一个弱溶剂稀释以得到一个合适的溶剂总强度再上样。例如采用 50% 的甲醇萃取土壤样品，取 2mL 萃取液，用 8mL 水稀释，得到 10% 的甲醇溶液，这样就可以直接上反相固相萃取柱。

（3）淋洗　目标物得到保留后，利用杂质与目标农药的极性和溶解性不同，选择合适的溶剂淋洗固定相，将干扰杂质先淋洗出小柱，最大程度去除干扰物。

（4）洗脱　用溶剂将目标农药从固定相洗脱下来并收集。洗脱溶剂强度必须适当，溶剂太强，一些不必要的组分会被洗出来，溶剂太弱，会加大洗脱液体积，削弱萃取柱的浓缩功效。在选择洗脱溶剂时应注意溶剂的互溶性。后流过柱床的溶剂必须与前一溶剂互溶，一个不与柱内残留溶剂互溶的溶剂是不能与固定相充分作用的，不会出现适当的液固分配，导致回收率差，净化效果不理想。

4. 固相萃取种类

固相萃取按照保留机理不同可以分为：反相固相萃取、正相固相萃取、离子交换固相萃取等。

（1）反相固相萃取　反相固相萃取包括一个极性或中等极性的样品基质（流动相）和一个非极性的固定相，目标分析物通常是中等极性到非极性。反相类 SPE 材料有烷基或芳香基键合硅胶（LC-18、ENVI-18、LC-8、ENVI-8等），主要利用目标分析物中的碳氢键同硅胶表面官能团产生的非极性的范德华力或色散力，使极性溶液中的目标物保留在 SPE 物质上，为了从反相 SPE

柱上洗脱被吸附的化合物，一般采用非极性溶剂去破坏这种范德华力。

在这些材料中，LC-18 和 LC-8 是标准的单键合硅胶，而 ENVI-18 和 ENVI-8 则属于聚合键合硅胶，具有很高的硅表面覆盖率和较高的碳含量，更强的抗酸碱性，适合从酸化的液体样品中富集目标分析物。所有键合硅胶相都有一定数量的未反应硅醇基，它将成为二级相互作用，在萃取或保留强极性分析物时，这种二级相互作用是非常有用的，但是对分析目标化合物的吸附也可能是不可逆的。

（2）正相固相萃取　固相萃取包括了一个极性分析物质、中等极性到非极性的样品基质（如丙酮，卤化溶剂和正己烷）和一个极性固定相。正相吸附剂包括硅酸镁、氨基、氰基、双醇基键合硅胶及氧化铝等，常与其他类型的吸附柱联用，吸附去除干扰物，实现样品净化。在正相条件下，目标分析物通过其极性官能团与吸附剂表面的极性官能团之间的相互作用，包括氢键、π-π 相互作用、偶极-偶极相互作用和偶极-诱导偶极相互作用被保留，洗脱时应使用比样品本身极性更大的溶剂去破坏其相互作用，才能使目标分析物被洗出。

（3）离子交换固相萃取　离子交换固相萃取的基本原理是静电吸引，即通过目标物的带电荷基团与键合硅胶上的带电荷基团相互静电吸引实现吸附。为了从水溶液中将目标化合物吸引到离子交换树脂上，样品的 pH 一定要保证其分离物的官能团和键合硅胶上的官能团均带电荷。如果某种离子带有与所分析物一样的电荷，就会干扰分析物的吸附。洗脱溶液一般应能中和分离物的官能团上所带电荷，或者中和键合硅胶上官能团所带电荷，当官能团上的电荷被中和，静电吸引也就没有了，分析物随之而洗脱。另外，洗脱溶液也可能是一种离子强度很大或者含有另一种离子能取代被吸附的化合物，这样被吸附的化合物也随之而洗脱。

正相与反相固相萃取的区别见表5-4。

表 5-4　　　　　　　　　　　正相与反相固相萃取区别表

项目	正相萃取	反相萃取
固定相极性	极性大或中等	非极性或弱极性（LC-18 柱等）
溶剂极性	非极性或中等	极性或中等极性
样品洗脱次序	非极性化合物先被淋洗出	极性强的化合物先被淋洗出
增加溶剂极性	降低洗脱时间	增加洗脱时间（如加水）

5. 影响固相萃取的因素

（1）吸附剂　固相吸附剂除要求对流动相和被富集的化合物呈化学惰性外，还应有很高的吸附能力，在保持吸附可逆性的同时要求快速达到吸附平衡。目标物的极性和固定相的极性相似的时候，可以得到最佳吸附，两者极性越相似，吸附越好，所以尽量选择与目标物极相似的固定相。正相吸附剂如 CN、Si、NH_2 都是极性固定相，用来萃取极性物质，而 C_{18}、C_8 等反相固定相，用来萃取非极性物质，当分析物极性适中时，正、反相固定相都可以使用。吸附剂的选择还受样品溶剂强度的制约，弱溶剂会增加目标物在吸附剂上的保留，样品溶剂强度相对该固定相应该较弱。在洗脱被保留组分时，强溶剂的用量比弱溶剂小。对于正相固定相，溶剂强度随其极性增加而增加，对于反相固定相，溶剂强度随非极性增加而增加（表5-5）。

表 5-5　　　　　　　　　　　　固相萃取常用溶剂的性质

极性	溶剂强度		溶剂	是否溶于水
非极性	强反相	弱正相		
			正己烷	不
			异辛烷	不
			四卤化碳	不
			三卤化碳	不
			二卤化碳	不
			四氢呋喃	是
			乙醚	不
			乙酸乙酯	差
			丙酮	是
			乙腈	是
			异丙醇	是
			甲醇	是
			水	是
			醋酸	是
极性	弱反相	强正相		

（2）淋洗剂　在固相萃取中，洗脱溶剂的选择与目标物性质及使用的吸附剂有关。对反相吸附剂如键合硅胶 C_{18}，一般使用甲醇或乙腈作为洗脱溶剂。而正相吸附剂则用正己烷、四氯化碳等非极性有机溶剂。离子交换吸附剂最常采用的洗脱溶剂是离子强度高的缓冲溶液，目的是中和目标物或键合硅胶官能团上所带电荷，破坏静电吸引，使样品被洗脱下来。样品溶剂的强度相对该吸附剂应该是较弱的，弱溶剂会增强目标物在吸附剂上的保留。

（3）保留体积及流速　保留体积代表了进行痕量富集时能有效处理的水样体积。添加定量的盐类可提高保留体积，提高量依赖于添加的盐类与添加量，通常样品溶液的流速不超过 5mL/min，在对萃取柱进行活化后，应马上将富集样品液过柱萃取，保证吸附剂不干化。

6. 固相萃取技术在农药残留分析中的应用

固相萃取有各种不同结构类型的商品 SPE 小柱，适用于各种结构类型的农药分析，具有高效快速、溶剂用量少、回收率高、重复性好等优点。GB 23200.9—2016《食品安全国家标准　粮谷中 475 种农药及相关化学品残留量的测定　气相色谱−质谱法》、GB/T 20769—2008《水果和蔬菜中 405 种农药及相关化学品残留量的测定》和 GB/T 20771—2008《蜂蜜、果汁和果酒中 420 种农药及相关化学品残留量的测定》等都用到了固相萃取技术。

时亮等用弗罗里硅土小柱固相萃取净化，气相色谱法（GC）同时测定烟草中 5 种氨基甲酸酯类农药在卷烟烟气中的捕集转移率（CSE），5 种农药在 12 min 内得到很好的分离，线性范围为 1~25mg/L，检出限为 11~16ng，CSE 为 4.3%~10%。曹建敏等用 TPT 固相萃取小柱净化，建立了烟草中 40 种农药残留的气相色谱−质谱（GC-MS）检测方法，各农药残留组分回收率为 75%~113%，RSD 均小于 10%，定量限为 0.018~0.045mg/kg。

龚炜等用固相萃取柱（—NH_2）净化，液相色谱−串联质谱法（LC-MS/MS）测定烟草中 11 种氨基甲酸酯农药残留，目标农药的平均加标回收率为 69.2%~121.0%，RSD 为 1.0%~12.0%。曹爱华采用固相萃取技术测定烟草及土壤 18% 水剂"乐牙"残留量，回收率为 86%~101.8%。徐金丽用 C_{18}、PSA 固相萃取柱双柱净化，高效液相色谱−紫外检测器（HPLC-UV）测定鲜烟叶和干烟叶中吡蚜酮残留量，平均回收率为 94.0%~99.3% 和 89.0%~96.1%，RSD 为 0.74%~3.88% 和 0.73%~3.03%。

（二）固相微萃取

固相微萃取（Solid phase microextraction，SPME）是由 Waterloo 大学的学

者 Pawliszyn 及其同事在 20 世纪 90 年代初提出的一种集采样、萃取、浓缩、进样于一体的样品预处理技术，能有效解决固相萃取和其他传统预处理技术存在的易堵塞、产生沟流等问题，也克服了液液萃取法溶剂消耗大、操作步骤多、时间长等缺点。

1. 固相微萃取原理

SPME 是利用待测物在样品基质和萃取涂层之间的分配系数（K），使待测组分扩散、吸附到石英纤维表面的固定相涂层，当吸附达到平衡状态时，涂层中所吸附的目标物与总量呈固定比值，仅与分配系数和涂层体积有关，可由式（5-2）计算决定。

$$n = \frac{K_{fs}V_f C_0 V_s}{K_{fs}V_f + K_{hs}V_h + V_s} \tag{5-2}$$

式中　　n——涂层上吸附的目标化合物的质量

V_f、V_h、V_s——涂层、顶空、样品的体积

K_{fs}、K_{hs}——目标化合物在涂层/样品、顶空/样品两相中的分配系数

C_0——目标化合物在样品中的最初浓度

当样品体积$\geqslant K_{fs}V_f + K_{hs}V_h$时，上式可近似为式（5-3）。

$$n = C_0 \cdot K_{fs} \cdot V_f \tag{5-3}$$

式（5-3）表示当吸附达平衡时，涂层吸附的目标化合物的量（n）与样品中该物质的初始浓度（C_0）之间呈线性关系，且与样品溶液的体积（V_s）无关。通过检测目标化合物的量 n，即可推测该待测物在样品中的初始浓度 C_0。应用非平衡理论不一定要求目标化合物完全被萃取或一直进行到平衡的建立，只要求在严格条件下获得可靠且稳定的响应值与浓度之间的线性关系。

2. 固相微萃取装置

固相微萃取装置形似一支微量注射器，由可移动手柄（Holder）和萃取头或纤维头（Fiber）两部分构成（图5-3）。

萃取头是表面涂有不同类型吸附剂的熔融石英纤维，可根据样品极性选择不同涂层材料，因为石英纤维脆弱易断，所以外部有不锈钢管包覆可以保护石英纤维，保证纤维头在通过样品瓶胶垫时不易折断。纤维头固定在不锈钢活塞上，活塞可以使纤维头在不锈钢管内自由伸缩，用于萃取、吸附样品。手柄用于安装或固定萃取头，不锈钢的活塞安装在手柄里，可以推动萃取头进出手柄，可重复使用。

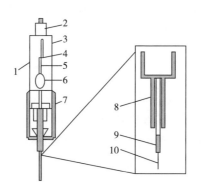

图 5-3　固相微萃取装置图

1—手柄　2—活塞　3—外套　4—活塞固定螺杆　5—沟槽　6—观察窗
7—针头导轨/深度标记　8—隔垫穿孔针头　9—纤维固定管　10—纤维涂层

3. 固相微萃取操作流程

固相微萃取技术包括吸附萃取和解析样品两个步骤。

（1）吸附萃取　吸附萃取是样品中目标化合物在石英纤维上的涂层与样品间扩散、吸附、浓缩的过程。将固相微萃取头插入样品瓶，压下手柄压杆，使纤维暴露在样品或在样品顶空气相中，目标化合物被纤维上的涂层吸附，在达到平衡时将纤维缩进针管，拔出萃取头。由于聚合物涂层对目标物具有亲和力，使目标物从样品基质向纤维涂层迁移，并吸附或被吸收到涂层上，直至达到分配平衡。

（2）解吸样品　解吸样品是萃取完成后，纤维萃取头在钢针的保护下将纤维上的目标物转入仪器进行解吸附、分离和定量的过程。解吸过程随 SPME 后续分离手段的不同而不同，在气相色谱中是直接插入进样口，以高温使目标物热解吸，对于液相色谱则是通过溶剂进行洗脱。SPME 萃取在达到分配平衡时，灵敏度最高，由于分配过程中 SPME 纤维吸附的目标物与其在样品中的初始浓度有关，有时无需达到完全平衡，只需严格控制萃取时间，以保证分析的重复性和精密度即可。

4. 固相微萃取模式

（1）直接萃取模式　将涂有萃取固定相的石英纤维直接暴露在样品基质中，目标物直接从样品基质中转移到萃取固定相中。主要用于半挥发性的气体、液体样品的萃取，适用于气体样品及洁净水样的农药残留分析。

（2）顶空萃取模式 将石英纤维放置在样品瓶的顶空中，目标物从液相中扩散到气相中，再从气相转移到萃取固定相中，主要用于挥发性固体或废水水样萃取。这种模式可以避免萃取固定相受到某些样品基质中高分子物质和不挥发性物质的污染。在相同的样品混匀条件下，顶空萃取的平衡时间远小于直接萃取，萃取时间大大缩短。

（3）膜萃取模式 将石英纤维放在经微波萃取及膜处理过的样品中，主要用于难挥发性复杂样品萃取。

5. 影响萃取效率的因素

（1）萃取涂层的选择 理想的萃取头涂层必须具有良好的热稳定性，对目标物有较强的萃取能力，并能在较短的时间内达到平衡，而热解时目标物又能迅速从萃取头上解析下来。涂层可分为非极性、中等极性和极性三种，固相微萃取同样遵循"相似相溶"原理，涂层的极性必须与目标物性质相匹配，极性较强的涂层萃取极性较强的化合物，非极性涂层则萃取非极性化合物，具有双极性性质的涂层可以同时萃取不同极性的农药。

涂层可分为均相聚合物涂层和多孔颗粒聚合物涂层。均相聚合物涂层通过吸收萃取目标物，只能通过增加涂层厚度增加萃取总容量。多孔颗粒聚合物涂层，通过吸附萃取，具有较高的选择性，可以通过增加涂层的多孔性增加萃取容量，提高对目标物的保留能力，也可通过增大孔径增加涂层对目标物的选择性，但机械稳定性较差。

根据公式：$n = C_0 \cdot K_{fs} \cdot V_f$ 可知，涂层体积增大则纤维涂层萃取目标物的量增大，提高了检测灵敏度。此外，萃取过程中样品基质和涂层对目标物有竞争性吸附，还应考虑涂层对目标物的亲和力。因此，应根据纤维涂层的种类和厚度，以及萃取物的分配系数、极性、沸点等参数进行选择。

（2）样品基质 被分离物质在固相和液相之间的分配系数受样品基质性质的影响，萃取极性农药，则需在样品中加入无机盐（如硫酸铵、氯化钠）以增强水溶液的离子强度，降低目标物的溶解度，使分配系数增大，提高萃取效率。在萃取中等或低极性化合物时，无机盐的加入则会产生相反效果，发生化合物沉淀，使平衡萃取时间延长。提取离子化合物羧酸类除草剂时，需调节样品的 pH 到非离子态，使除草剂能容易地分配到非极性的萃取相中。

（3）平衡和萃取时间 在萃取过程的初始阶段，萃取头固定相中的浓度迅速增加，当目标物在纤维上的浓度增加至最高点时即达到平衡。分配系数、物质的扩散速度、样品基质、样品体积、萃取头膜厚度等因素都会影响平衡时间。通常萃取时间为5~20min即可以获得满意的结果，不必等到最后平衡，但每次萃取时间必须保持一致。

（4）温度　温度升高，可提高目标物的挥发度，扩散系数增大，扩散速度随之增大，同时升温加强了对流过程，有利于缩短平衡时间。但在顶空萃取时温度升高，会使待测物在顶空与涂层的分配系数下降，导致涂层吸附量减少。

6. 固相微萃取在农药残留分析中的应用

2005年，Gonzalez-Rodriguez应用固相微萃取和气质联用技术分析牛乳中农药及其代谢物的检测，具有较低检出限。Huang采用气体传感器与固相微萃取相结合检测蔬菜中有机磷农药，该法检测限在2μg/kg以下，在25~25μg/kg浓度范围内，检测农药平均回收率为75.9%~102.6%。

霍任锋等利用顶空固相微萃取技术，对三种不同的SPME萃取头：PDMS、PMPVS和PA的实验条件进行优化，与液液萃取技术对水相中六氯苯、DDT及其代谢产物的萃取效果进行了比较，结果表明，SPME方法在检测限和回收率上有很大的提高，其中PDMS的萃取效果较其他两种萃取头好。黄行九等研究固相微萃取和二氧化锡气体传感器联用技术测定果蔬中几种有机磷农药残留，在85℃条件下，解吸8min，即可完成对有机磷农药的快速检测。

耿慧春等建立了氨基功能化石墨烯固相微萃取方法，测定水样中7种有机磷农药残留量，残留农药用25 mg氨基功能化石墨烯富集，丙酮洗脱，气相色谱-火焰光度检测器测定7种有机磷农药线性关系良好，检出限为0.025~0.04 μg/L，定量限为0.08~0.12 μg/L，氨基功能化石墨烯对7种农药的富集倍数为183~307倍，萃取率为45.8%~76.8%，3个浓度添加水平（1，5，50 μg/L）的加标平均回收率为70%~105%，RSD为7.98%~14.50%。

崔宗岩优化了萃取纤维类型、萃取方式、萃取时间等实验条件，用GC-MS/MS法检测了葡萄酒中94种目标农药，检出限<10μg/L，平均回收率为60%~110%，单个样品分析时间不超过1h。陈烨采用顶空固相微萃取-GC法，氮磷检测器检测三乙基硫代磷酸酯等5种农药，方法的检出限为0.05~1.0μg/L，方法用于水库水样分析，测定值的RSD为1.6%~25.0%。胡媛等

采用溶胶-凝胶包埋技术制备了耐高温固相微萃取头，与气相色谱-热离子化检测器联用，测定红葡萄酒中 12 种有机磷农药残留，优化条件为：样品用量 25mL，搅拌速率 1250r/min，盐质量浓度 150g/L，萃取时间 30min，绝大多数组分峰面积的 RSD 在 5%以下，12 种农药的检测限从 5 ng/L 到 0.38 μg/L 不等。崔宗岩又采用 75μm 聚二甲基硅氧烷/碳分子筛纤维进行顶空固相微萃取，GC-MS/MS 方法测定海水中 5 种有机锡化合物。样品经四乙基硼化钠衍生，顶空微萃取后直接插入气相色谱进样口解析、分离和检测。5 种有机锡化合物的检出限为 0.10~0.20 ng/L，在 20 ng/L 添加浓度下，回收率为 80.2%~93.6%，RSD 均小于 13%。

（三）基质固相分散萃取

基质固相分散（Matrix solid-phase dispersion，MSPD）由美国路易斯安那州立大学的 Barkers A. 教授于 1989 年提出，用于动物组织样品中抗生素等药物的提取、净化和富集。随着 MSPD 的发展，逐渐用于多种农药残留的提取，可直接处理固体、半固体或者黏性液体样本的农药多残留分析，特别适合于进行一类化合物或单个化合物的分离。

1. 基质固相分散的原理

基质固相分散是建立在常规固相萃取（SPE）基础上的预处理技术，所用填料与固相萃取 SPE 相同，但是作用方式不同。MSPD 的原理是将样品与固相吸附填料一起混合研磨，使键合相接触、吸附溶解细胞壁，将样品组织分散，使其均匀地分散于吸附剂固定相颗粒的表面，制成半固态混合物，装柱压实，然后用溶剂淋洗柱子，将各种待测物洗脱下来，收集洗脱液浓缩后进行仪器分析。

2. 影响基质固相分散萃取的因素

（1）分散剂的种类 分散剂不仅是作为研磨填料将样品磨碎、分散，还将目标物"吸附"在分散剂表面。吸附填料的粒径对吸附效果有很大影响，研究表明 40~100μm 的粒径比较合适。大多 MSPD 使用反相材料作为分散剂，特别是 C_8 和 C_{18}，主要用于分离亲脂性物质。有些使用氰基、氨基极性较大的固定相以及氧化铝和弗罗里硅土作为正相吸附剂，用于分离极性较大的农药。对于复杂脂溶性基质的提取用氨丙基硅胶能取得较好的净化效果。

（2）样品基质 不同样品基质中油脂成分、蛋白质含量及其分布状态不同，因而目标化合物在不同基质中的测定结果和回收率也不相同。基质组分会与固定相和洗脱液发生动态相互作用，某些基质成分也会随洗脱液一起流出。根据目标物和共萃取物的相对极性不同，选用不同溶剂淋洗，可以将其分离，并除去一些潜在干扰因素。MSPD 中有时候需要加入酸、碱或离子对试剂于基质或洗脱液中，来增强或抑制目标化合物和样品组分的电离。

（3）洗脱液　理想的洗脱液应该是以最少的淋洗溶剂使尽量多的目标物流出，更多的基质留在柱中，使用的溶剂与后续的检测方法相适应。一般用极性与目标物相似的洗脱液，对于复杂基质，一般用几种溶剂混合洗脱。

3. 基质固相分散萃取在农药残留分析中的应用

Lopes 等建立了 MSPD-GC-MS 方法测定大豆中二嗪磷、敌稗、马拉硫磷、氯氰菊酯和溴氰菊酯的残留量，以中性氧化铝为分散剂，方法回收率为 $72.7\% \sim 102.1\%$，检测限为 $2 \sim 200\mu g/kg$。Valenzuela 等以 C_8 为 MSPD 分散剂，LC-MS 测定柑橘中苯酰脲类农药残留量，平均回收率为 $87\% \sim 102\%$，检出限为 $2\mu g/kg$。蒋迎等用 MSPD 法提取和净化茶叶中的 8 种拟除虫菊酯类农药，回收率为 $80.4\% \sim 109.2\%$。

郑婷婷等采用基质固相分散技术提取净化蔬菜中 22 种农药，GC-ECD/FPD 检测分析，13 种有机磷农药添加回收率为 $75\% \sim 120\%$，9 种菊酯类农药添加回收率为 $85\% \sim 112\%$，三次重复测定的变异系数为 $2.2\% \sim 10.0\%$，RSD 小于 9.7%，各农药检出限为 $0.0001 \sim 0.01mg/kg$。

陈冬梅等采用 MPSD 预处理技术，气相色谱-质谱法测定蔬菜中 11 种有机磷农药和氨基甲酸酯类农药残留量，以弗罗里硅土为吸附剂，乙酸乙酯为洗脱剂。检出限为 $0.003 \sim 0.011mg/kg$，回收率 $87.6\% \sim 105.0\%$，变异系数 $2.0\% \sim 7.2\%$。刘家曾建立了茶叶中抗蚜威、乙草胺等 8 种农药残留量的 MPSD-GC/MS 分析方法，目标农药在一定浓度范围内，线性关系良好且相关系数均大于 0.999，在 0.05，0.10，0.50mg/kg 加标水平下平均回收率为 $90.2\% \sim 101.7\%$，RSD 为 $1.1\% \sim 6.5\%$（$n=3$），检测限为 $0.01 \sim 0.04mg/kg$。

王伟建立了 MPSD-ASE 提取，GC/MS 法同时测定土壤中 8 种有机氯农药和 16 种多环芳烃的方法，方法检出限为 $0.39 \sim 1.57\mu g/kg$，相关系数为 $0.9975 \sim 0.9998$，空白加标样品的 RSD 小于 20%，实际样品加标回收率为 $60.6\% \sim 125.0\%$。范逸平建立了基质固相分散-GC 法测定烟草中 5 种有机磷农药残留，检出限为 $0.02 \sim 0.04\mu g/g$，RSD 在 $1.1\% \sim 3.6\%$，回收率在 $89.85\% \sim 102.66\%$。

（四）分散固相萃取技术

分散固相萃取技术（Dispersive solid phase extraction，DSPE）是在基质固相分散基础上建立的一种快速有效的样品净化方法。分散固相萃取有两种形式：一种是将固体吸附剂直接加入样品中，固体吸附剂和样品充分接触，吸附其中的杂质；另一种是将固体吸附剂加入提取液中，吸附提取液中的共提杂质达到净化，由于固体吸附剂是加在提取溶剂中，接触更充分，净化效果更好。目前与该方法结合并被广泛应用的是 QuEChERS 方法，是美国农业部 Anastassiades 等于 2003 年开发的一种快速、简便、安全的预处理方法，英文全名为 Quick easy cheap effective rugged and safe，简称为 QuEChERS 方法。

1. QuEChERS 方法的原理

QuEChERS 方法利用固相吸附剂与样品提取液充分接触，吸附其中的杂质而达到净化的目的，或者是利用固相吸附剂吸附目标物，再进行解析而达到净化。Anastassiades 等首次提出用乙腈作单一溶剂振荡提取，辅以无水硫酸镁和氯化钠在盐析作用下液液萃取分层，去除水分，提取液用固相萃取剂 N-丙基乙二胺（PSA）净化。

2. QuEChERS 方法的萃取步骤

与传统萃取技术相比，QuEChERS 方法样品预处理过程简单，可归纳为三步。

（1）提取　用少量的乙腈溶剂将目标农药从匀浆样品中提取出来。

（2）分离　加入无水硫酸镁等盐类，除去样品中水分，促使液液分层。

（3）净化　在提取液中加入 PSA 等吸附剂净化，去除共萃杂质，减少基质效应，上清液无需浓缩可直接用于检测。

3. QuEChERS 方法的优势　QuEChERS 方法是一种多种类和多残留物分析方法，可同时提取结构相差很大的非极性、中等极性和极性物质，包括农药、兽药、生物毒素等。在农药残留分析中已发展成为可针对不同基质的样品预处理技术，有 200 多种农药残留分析可用该方法。QuEChERS 方法具有以下优势：①可测定高含水量（85%~95%）样品中的农药，减少样品基质中色素、油脂、固醇等其他成分的干扰。②方法稳定性好，对大量极性及挥发性农药品种的回收率均大于85%。③采用内标法校正，精密度和准确度高。④分析的农药范围广，适用于极性、易挥发和一些难分析的农药。⑤操作简便，分析时间短，分析效率高。⑥溶剂使用量少，成本低，污染小。⑦可以除去样品中的有机酸,对检测设备几乎没有影响。

4. QuEChERS 方法的特点

根据目标农药的性质、样品基质和检测设备的不同,QuEChERS 方法可在提取溶剂、脱水剂、吸附净化材料和缓冲体系等几方面进行改进,以适应不同样品基质,尽可能提高回收率及结果准确性。

(1) 提取溶剂的选择　Kate 和 Lehotay 对 6 种提取溶剂进行了稳定性及效果评价,证实乙腈是最适合的萃取溶剂。乙腈通用性强,对农药极性要求不高,对蛋白质、脂肪等大分子化合物溶解性小,可获得较高的回收率,同时在盐析作用下,乙腈与水容易分层,因此 QuEChERS 方法优选的提取溶剂是乙腈。但乙腈会导致一些杀菌剂如克菌丹、灭菌丹等农药降解,因此常用乙酸或甲酸将乙腈酸化,以提高酸性化合物和易受基质干扰待测物的回收率。

Lehotay 等用 1% 乙酸的乙腈提取灭菌丹、百菌清等 32 种农药残留,回收率可达到 90%~100%。陈晓水以烟草样品加标回收率为指标,考察了乙腈、1% 乙酸的乙腈等 6 种不同溶剂对烟草样品中农药的提取效率,确定烟草样品以乙腈作为萃取溶剂效率较好,回收率为 68.10%~123.15%。穆小丽以乙腈为溶剂,将烟草样品与弗罗里硅土混合进行萃取,测定了 5 种拟除虫菊酯农药,平均加标回收率为 76.30%~103.64%,RSD 为 1.87%~7.48%。

(2) 脱水剂的选择　QuEChERS 方法中通过添加适量或不同组合的盐析剂可以调控有机相中水分含量,分析不同极性的农药。考察了多种盐析剂对相分离影响结果认为,无水 $MgSO_4$ 使溶液易于分层,水相中乙腈含量最低,回收率高。这是因为 $MgSO_4$ 吸水能力强,使样品更好地脱水,减少水相的体积,能更有效地提取农药。

为了尽可能地降低样品基质中一些干扰化合物被共萃取,在使用无水 $MgSO_4$ 的同时可加入 NaCl,通过改变 NaCl 的添加量,可降低乙腈相的极性,控制方法的极性范围,提高萃取和分配过程中的选择性。秦云才以乙腈萃取,同时加入无水 $MgSO_4$ 和 NaCl (4:1,质量比),提取烟草中 22 种有机磷农药,在 0.002~0.200μg/mL 内线性关系良好 ($r>0.998$),回收率为 70%~102%,检出限 0.67~9.15μg/kg,RSD 不大于 8.96%。

(3) 含水率的调整　QuEChERS 方法最初是针对含水量大于 80% 的果蔬而开发的预处理技术,含水量较低的基质需要适当减少样品称样量,并添加一定量的纯水,以减少样品中极性干扰物质,促使待测农药有效提取出来。

烤烟含水量在 8.0%左右，需要添加适量的纯水，使烟叶的含水量达到 75% 以上。严会会考察了不加水和加入不同水量浸润 2.0g 烟末样品的 8 种情况，结果发现，提取前加水浸润的烟末，残留农药更容易游离出来，加水量为 10 mL 时，烟叶中 15 种农药的回收率为 70%~118%，RSD 为 1.20%~14.00%。

（4）缓冲体系的选择　　QuEChERS 方法最初没有加缓冲体系，非缓冲体系提取的萃取液更为干净，但一些对碱敏感的农药如百菌清、灭菌丹等回收率偏低，而缓冲体系可以使溶液的 pH 保持在 5~5.5，在该 pH 范围内不仅有利于农药残留物的定量萃取，也可防止酸性或碱性不稳定农药残留物的损失。目前常用的缓冲体系有两种，柠檬酸缓冲体系和醋酸盐缓冲体系。柠檬酸缓冲体系对萃取液后续的净化更为有效，醋酸盐缓冲体系对 pH 敏感的农药有较高的回收率，稳定性好，2007 年被美国农业化学家协会（AOAC）认定为官方方法。

烟草样品中大部分残留农药的回收率不受缓冲盐体系的影响，2 种盐缓冲体系对烟草中大多数农药的提取效率没有差异，但在非缓冲体系下，乙酰甲胺磷、敌敌畏、灭菌丹和安硫磷等几种农药的回收率明显偏低。

（5）净化材料的选择　　根据样品中干扰基质的不同和待测农药组分选择净化材料，以获得更好的净化效果。作为净化材料的吸附剂主要有：PSA、C_{18}、GCB、NH_2、SAX 和 MWCNTs 等。PSA 对去除基质中的蛋白质、有机酸、脂肪酸和多糖效果好，C_{18} 对部分色素、固醇和脂肪去除效果好，GCB 是净化叶绿素的理想吸附剂，PSA 与其他净化材料结合使用可以适应更多成分复杂的样品，达到更好的除杂效果。艾小勇对 C_{18}、PSA 和 GCB 三种复合吸附剂，在用量上按 3：5：1 的质量比进行了比对实验。三种吸附剂联合使用，可以获得最佳的净化效果，鲜烟叶中二甲戊乐灵和仲丁灵的平均回收率达到 93% 以上，检出限为 1.5~2.4μg/kg，定量限为 5.0~7.9μg/kg。

5. QuEChERS 方法在农药残留分析中的应用

司小喜改进了 QuEChERS 预处理方法，用丙酮和正己烷混合溶剂萃取，PSA 萃取净化，GC-TOF/MS 方法测定烟草中 43 种农药，线性相关系数均不小于 0.993，RSD 不大于 9.6%，定量限为 1.3~5.0μg/kg，加标回收率为 76.4%~96.6%。严会会建立了乙腈提取-LC-MS/MS 法快速分析烟草中 15 种农药残留，在 0.10，0.25，0.50μg/g 3 个加标水平下，回收率为 70.43%~117.81%，RSD 为 1.16%~13.89%，检出限为 0.004~0.030 μg/g。余斐采用

5 mg MWCNTs 为净化剂材料，LC-MS/MS 测定烟草中 114 种农药残留，在 0.02，0.05，0.20 mg/kg 3 个添加水平下，平均回收率为 69%~119%，RSD 为 1.0%~19.0%，方法定量限为 0.2~40.0μg/kg。

周杨全建立了 GC-MS/MS 的 QuEChERS 预处理方法，测定烟叶中溴菌腈残留量，在 0.01~1.00 mg/kg 3 个添加水平下，鲜烟叶中平均回收率为 85.8%~94.5%，干烟叶为 83.2%~110.0%，RSD 分别为 1.4%~10.6% 和 7.3%~14.1%，定量限均为 0.01 mg/kg。陈晓水建立了 3 种 QuEChERS 预处理方法，适合烟草中上百种农药残留分析，用以测定烟草中有机磷、有机氯、拟除虫菊酯类、酰胺类、氨基甲酸酯类和二硝基苯胺类等共 155 种农药，从基质效应、共萃取基质、色谱峰干扰、回收率和定量限等方面对 3 种 QuEChERS 预处理方式进行考察，绝大部分目标农药都能保证回收率在 70%~120%，适合于多农药残留分析检测。

朱文静建立了 LC-MS/MS 的 QuEChERS 方法测定烟草中有机氮和有机磷农药残留，57 种农药在 0.0003~0.5000mg/L 范围内线性良好，相关系数为 0.9935~0.9998，定量限为 0.006~0.169 mg/kg（$S/N=10$），加标回收率为 65.2%~103.8%，RSD 为 1.9%~8.6%。楼小华以 QuEChERS 技术快速提取烟草中 202 种农药品种 221 个组分，应用程序升温（PTV）汽化进样，GC-MS/MS 法测定 202 种农药在 0.01~2.50 mg/L 范围内线性良好，加标回收率为 67.4%~112.0%，检测限为 0.0002~0.0100mg/kg，RSD 为 0.30%~20.30%，并应用该方法对 44 个进口烟叶样品进行检测验证，效果良好。

李玮采用改进的 QuEChERS 方法，GC-MS/MS 技术测定烟草中 49 种农药残留，在低质量浓度（0.05 μg/L）的加标水平下，平均加标回收率为 60.4%~104.8%，高质量浓度（5 μg/L）下为 70%~115%，RSD 均小于 15%，其中 16 种农药的方法检出限为 0.01~0.03 μg/kg，其余 33 种农药的检出限均小于 0.01 μg/kg。王秀国采用 QuEChERS 方法提取烟叶中壬菌铜残留量，在 0.001~1.0mg/L 浓度范围内线性关系良好，鲜烟叶和干烟叶中平均回收率分别为 84.7%~92.5% 和 87.1%~103.2%，RSD 分别为 6.9%~8.3% 和 5.8%~10.6%，方法的定量限为 0.01mg/kg。石杰等用 QuEChERS 方法结合 LC-MS/MS 技术测定烟草中的 38 种有机磷、酰胺类和杂环农药残留，在 0.25，0.5，1.0μg/g 三个加标水平下，38 种农药平均回收率为 60.15%~116.21%，RSD 为 0.57%~19.25%。

（五）分子印迹固相萃取

分子印迹固相萃取（Molecular imprinting solid phase extraction，MISPE）是以制备的分子印迹聚合物（MIPs）作为固相萃取填料，具有与免疫吸附材料相似的选择性，制备简单、稳定性好和可重复使用等优点。自 1994 年 Sellergrea 首次报道了将 MIPs 用于固相萃取戊双脒以来，MISPE 已经成为农药残留分析的新技术之一。

1. MISPE 的工作原理

MIPs 是一种针对不同底物而制备的高选择性聚合物颗粒，当模板分子与聚合物单体接触时应尽可能与单体形成多重作用点，通过聚合被固定下来，当模板分子被除去后，聚合物中就形成了与模板分子空间匹配的结合位点，使与模板分子结构相似的目标物能够像抗体那样高选择性地与位点结合，实现对目标物的特定吸附。

MISPE 以 MIPs 作为固相萃取的填料，可特异性锁定目标物，其工作原理如图 5-4 所示，包括柱预处理、加样、除杂质、洗脱等。萃取样品之前进行柱预处理，一是除去填料中可能存在的杂质，二是使填料溶剂化，增大目标物和填料之间的相互作用。样品基质对分子印迹聚合物的识别特性具有直接的影响，选择合适的加样溶剂可以提高分子印迹聚合物与目标物的特异性相互作用。因此，如果试样溶液为非极性溶剂，则目标物被选择性保留在分子印迹聚合物上，而样品基质不被保留，但是，如果试样溶液为水性溶液，则分析物和其他干扰物质都被非特异性地保留在分子印迹聚合物上，因此选择合适的淋洗溶剂非常重要。由于溶剂的记忆效应，如果洗脱溶剂具有足够的

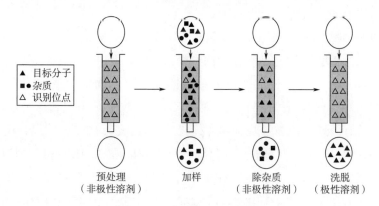

▲ 目标分子
■● 杂质
△ 识别位点

预处理　　　　　加样　　　　　除杂质　　　　　洗脱
（非极性溶剂）　　　　　　　　（非极性溶剂）　　（极性溶剂）

图 5-4　MISPE 的工作原理

选择性，则可简化固相萃取的步骤，通过加样和洗脱步骤的选择性实现样品的富集和纯化。洗脱步骤中主要采用高极性和质子化溶剂来破坏目标物与分子印迹聚合物之间的相互作用，从而达到解吸附的目的。

2. MISPE 萃取操作模式

（1）离线模式 离线模式是指在固相萃取过程完成后，再使用色谱等分析仪器测定。目前，分子印迹固相萃取应用最多的是离线模式，已成功用于不同基质中农药的提取。离线固相萃取的主要形式有经典的固相萃取小柱、可逆小柱、96 孔板、圆盘式固相萃取和其他 SPE 的串联方式。

（2）在线模式 在线模式是指将 MISPE 柱与其他仪器相连，实现富集、分离和检测过程的自动化，其可靠性、重现性和工作效率得到了很大程度的提高。目前，在线模式主要是将以分子印迹聚合物作为填料的预柱和 LC 系统连接，达到分离和检测的目的。通常用于液相色谱的分子印迹柱不但可以直接用于对样品进行分析，而且可以从复杂基质中对目标物进行选择性抽提，具有较高的抽提效率和选择性。通常以 MISPE 的洗脱溶剂作为流动相，将吸附在分子印迹聚合物上的目标物洗脱下来进行分析检测。洗脱溶剂有时不能完全破坏目标物和聚合物之间的相互作用，因此需要改变洗脱溶剂的 pH，但易对色谱分离产生影响。

3. 分子印迹固相萃取在农药残留分析中的应用

MIPs 作为固相萃取提取剂，对于从复杂样品基质中有选择性地分离和富集目标化合物十分有效，尤其对目标物极性较强时，C_{18} 固定能力弱，目标物和干扰组分均不被保留，对于难以净化的样品有很大的应用潜力。

Sara Boulanouar 采用溶胶凝胶法制备了分子印迹聚合物，作为填料制备分子印迹固相萃取柱，优化后与 LC/MS 在线连接对倍硫磷亚砜和乐果进行检测，定量限低于欧盟制定的 1/10，回收率为 100%~114%。

Zhao 以三唑酮为模板，制备了特异性分子印迹固相萃取柱，并建立了 MISPE-HPLC-MS/MS 法用于测定黄瓜中 20 种三唑类杀菌剂和植物生长调节剂，该法可有效地富集 20 种三唑类农药，加标回收为 82.3%~117.6%，RSD 小于 11.8%（$n=5$），20 种农药检出限均小于 0.4 μg/L。He 等以马拉硫磷为模板制备新型分子印迹聚合物，对 6 种有机磷农药进行萃取，气相色谱法联用检测，方法线性范围为 0.01~1.0 μg/mL，检出限为 0.0005~0.0019 μg/mL，RSD 为 2.26%~4.81%（$n=6$），相对回收率为 90.9%~97.6%。

Davood 制备了二嗪酮 MIPs，富集水样和黄瓜中的二嗪农药，高效液相色谱法测定，线性范围为 0.025~10.000 mg/kg，回收率分别为 77%~98% 和 82%~110%，日间变异系数小于 9.7%。Yang 以噻虫胺为模板，合成 MIPs 作为固相萃取吸附剂与 HPLC 结合检测河水、土壤、白菜、番茄和葡萄中噻虫胺含量，吸附剂浓度在 0.005~0.050 mg/L 时，河水平均回收率为 84.32%~89.59%，其余样品在 0.05~0.50mg/L 范围内平均回收率为 85.49%~96.36%，RSD 为 2.40%~6.02%。

唐清华合成了一种磁性壳聚糖微球复合材料，对 10 种有机磷农药的检测范围为 0.001~10.000 mg/L，检出限为 0.31~3.59 µg/kg，富集倍数达 10.1~364.7 倍。郑亚丽等制备了氯磺隆 MIPs 微球，HPLC 仪同时检测烟叶中 6 种磺酰脲类除草剂，平均回收率为 77.60%~102.05%，RSD 为 0.16%~7.07%，检出限为 0.08~0.46 µg/g。李方楼等以制备对敌草胺具有亲和识别功能的 MIPs 原位整体柱，富集烟草样品提取液，回收率为 92.3%±2.1%，RSD 为 2.76%，检出限为 1.0 ng/g。孔光辉等以莠去津为模板建立了 MISPE-HPLC 方法，测定烟草基质中三嗪类除草剂，该方法能选择性分离、富集和检测烟叶中 6 种三嗪类农药。

二、其他新技术

(一) 液相微萃取

液相微萃取（Liquid phase microextraction，LPME）技术是由 Dasgupta 和 Cantwell 两个课题组在 1996 年提出的一种集采样、萃取和浓缩于一体的新型样品预处理技术，通过减少溶剂用量实现液液萃取的微型化。该技术具有更佳的富集效果，适用于复杂基质、痕量成分和特殊性质成分的各种分析测定，操作简便，萃取方式多，可联机操作。

1. 液相微萃取原理

液相微萃取技术基于目标化合物在样品溶液和萃取溶剂之间的动态平衡分配过程。目标物在样品溶液中的溶解度很小，但在萃取溶剂中溶解度较大，因此目标物很容易从样本溶液中转移到萃取溶剂中，两者之间的物质交换过程会一直持续到热力学平衡或萃取过程被人为终止。根据萃取相的不同，液相微萃取有两相液相微萃取和三相液相微萃取两种。

（1）两相液相微萃取 在两相液相微萃取中通过悬挂在微量注射器针头上的微液滴（1~3 µL），也可通过疏水性膜的小孔或内腔将目标化合物（A）

从水相样品溶液（供体相）中提取进入有机溶剂（受体相），如图5-5所示，A_a为水相中的目标化合物；A_o为有机相中的目标化合物。

$$A_a \longleftrightarrow A_o$$

图5-5 两相液相微萃取示意图

目标物A在样品溶液和萃取溶剂之间达到物质交换平衡时，目标物在两相中的分配系数K，可以用式（5-4）表示。

$$K = C_{o.eq}/C_{a.eq} \tag{5-4}$$

式中 $C_{o.eq}$——平衡时目标物在有机溶剂中的浓度

$C_{a.eq}$——平衡时目标物在水溶液中的浓度

根据物质平衡相互关系，在萃取平衡状态下，可得式（5-5）。

$$C_t V_a = C_{o.eq} V_o + C_{a.eq} V_a \tag{5-5}$$

式中 C_t——分析物在样品溶液中的原始浓度

V_a——水相样品的体积

V_o——有机相的体积

液相微萃取是一个平衡过程，可以非常有效地富集目标物，因为受体液相和供体液相的浓度比在增加。

富集因子（Enrichment factor，EF）可以定义为$EF = C_{o.eq}/C_t$，根据以上公式计算，可得到式（5-6）。

$$EF = 1/(V_o/V_a + 1/K) \tag{5-6}$$

由此公式可以看出，提高水相的体积V_a，尽量减小有机相和水相的体积比（V_o/V_a），增大分配系数K，可以提高萃取的富集倍数，萃取溶剂中目标分析物的浓度相对较高，进入色谱分析则可得到较高的响应，降低样品的检出限。液相微萃取的两相方式适用于萃取中等极性和非极性目标化合物，或萃取前极性可降低的化合物，萃取溶剂与样品水相溶液必须互不相溶。

（2）三相液相微萃取 三相液相微萃取通过疏水性膜的微孔中的有机溶剂（有机相）将目标分析物（A）从样品水溶液（供体相）中萃取出来，然后进入膜内腔或另一侧的水溶液中（受体相），如图5-6所示。目标分析物在有机相中的扩散由离解平衡所决定。

三相液相微萃取方法适用于酸性或碱性能电离的化合物，通过调节供体相和受体相的pH进行萃取。

A（供体相）⟷ A（有机相）⟷ A（受体相）

图5-6 三相液相微萃取示意图

2. 萃取模式

液相微萃取技术由最初的单滴萃取模式（SDME），经过技术上的不断改进，发展了顶空液相微萃取（HS-LPME）、中空纤维膜液相微萃取（HF-LPME）和分散液相微萃取（DLLME）等多种萃取模式，它们的区别在于样品和萃取液的接触方式不同，其中每种模式又包括一些不同的取样方式，如SDME中又可分为常规单滴液相微萃取（SDME）和顶空单滴液相微萃取（HS-SDME）等取样方式。根据萃取溶剂萃取过程中所处的状态，He 和 Lee 等将固相微萃取分为静态液相微萃取和动态液相微萃取两种模式。

（1）静态液相微萃取（Static liquid-phasa microextraction, Static-LPME） 用微量注射器抽取一定体积的有机溶剂后，将针头浸入水样中，然后推出溶剂，以液滴的形式挂在针头上，水样中的目标物通过扩散作用分配到有机溶剂中，一定时间后再将溶剂抽回到样针头中，进入色谱分析。由于提取溶剂处于静止状态，称为静态液相微萃取（图5-7），通过目标物在样品溶液和萃取溶剂之间的分配平衡实现萃取。

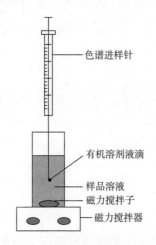

色谱进样针

有机溶剂液滴

样品溶液
磁力搅拌子
磁力搅拌器

图5-7 静态液相微萃取示意图

（2）动态液相微萃取（Dynamic liquid-phasa microextraction, Dynamic-LPME） 用微量注射器抽取一定量溶剂后，将其针头浸入到水样中，抽取定量水样进入针头，保留一定时间后，让水样中的目标物分配进入针头内壁的有机溶剂相，推出水样保留溶剂，如此反复数次，最后使有机溶剂相进入色谱分析（图5-8）。该模式可通过增加活塞的抽动次数增加富集效率，使目标物在水样和溶剂液膜之间瞬间达到平衡，检测灵敏度高，但分析结果的重复性不及静态液相微萃取模式。

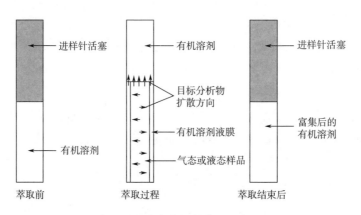

图 5-8　动态液相微萃取示意图

3. 萃取技术

根据取样方式的不同，液相微萃取技术主要可分为单滴液相微萃取、顶空液微萃取、膜液相微萃取和分散液液微萃取等几种，主要区别是有机萃取溶剂和样品的接触方式不同。

（1）单滴液相微萃取（SDME）　单滴液相微萃取（图5-9）是将萃取液滴悬挂在微量注射器的针头上，然后直接浸入样品中对目标分析物进行的接触式萃取，经过一定时间后，使分析物从水相转移至有机相，将微滴抽回注射器，用于色谱分析，也称直接单滴微萃取。该技术适合萃取较为洁净的气体或液体样品，对于固体样品通常需要将目标分析物通过一定的方式转移到液体中，不适合复杂基质样品的萃取，操作简单、有机溶剂用量少。萃取过程中有机萃取溶剂一直处于整滴状态，溶剂和样品的接触面相对较小，存在有机溶剂微滴在操作中容易脱落、可选用的萃取溶剂有限、重复性差等问题。

（2）顶空单滴微萃取（HS-LPME）　结合顶空取样和液相微萃取，利用悬挂在微量注射器针尖的有机液滴悬于样品的顶部空间进行萃取（图5-10）。其操作步骤和直接单滴微萃取基本一致，但是不与样品直接接触，有机溶剂微滴悬于样品顶空，对顶空中的样品组分进行萃取，因此，顶空单滴微萃取包含两个传质过程，即样品相到顶空的传质和顶空到萃取溶剂的传质，传质速度非常快，可大大缩短萃取时间。顶空单滴微萃取技术适用于萃取样品中目标分析物容易进入顶空的挥发性或半挥发性成分的萃取，由于不与样品直接接触，排除了样品基质的干扰，可通过调节萃取溶剂的性质，实现对目标化合物的选择性萃取，也可用于固体基质中挥发性成分的顶空萃取，克服挥发性目标分析物在传统的预处理方法中容易流失的问题。

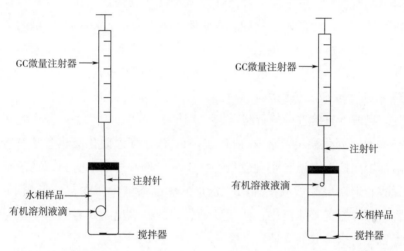

图 5-9　单滴液相微萃取示意图　　图 5-10　顶空单滴液相微萃取示意图

（3）膜液相微萃取（HF – LPME）　1999 年 Pedersen – Bjergaard 和 Rasmussen 开发了以中空纤维为有机溶剂载体的液相微萃取技术，用中空纤维膜将样品溶液（供体相）与萃取溶剂（受体相）分开，目标物进入疏水的纤维孔洞中，然后被萃取到有机溶剂中。有了中空纤维膜的保护，能有效防止有机溶剂的脱落并降低了挥发损失。为了提高回收率，大多数膜萃取选择在动态方式下进行，样品溶液在流动状态下可以形成较高的富集系数。按照膜的不同结构可以将膜分为微孔膜与非孔膜两类。微孔膜技术基于体积排阻原理进行分离，以简单的浓度差作为物质转移的驱动力。非孔膜是介于供体相和受体相中间的一个分离相，它可以是充满了液体的微孔膜或者是硅橡胶。

（4）分散液相微萃取（DLLME）　2006 年 Rezaee 首次提出了分散液相微萃取新技术，将有机溶剂及能与水互溶的分散剂混合后注入样品溶液中，分散剂和有机溶剂在溶液中快速分散并对目标分子进行萃取，萃取完成后，通过离心等手段分层，并将萃取相引入仪器进行检测。分散液相微萃取可以看成是多个微型的液液微萃取组合在一起，根据目标物在样品溶液和萃取溶剂中分配平衡，进行萃取分离，适用于高度和中度亲脂性分析物的萃取，不适用于高度亲水性物质的萃取。对于具有酸碱性的分析物，应调节样品溶液的pH，使分析物处于非离子游离状态，保证能较大量地被萃取溶剂所萃取。

分散液相微萃取技术包含萃取、离心、分离3个步骤，操作流程为：①将适量萃取剂与分散剂的混合液通过微量注射器快速地注入含有目标分析物的水溶液中，轻轻振荡离心管，从而形成一个水–分散剂–萃取剂的乳浊液体系，萃取溶剂被均匀地分散在水相中，形成细小颗粒，增大水相与萃取剂之间的接触面积，目标物可以迅速从水溶液转移到萃取剂并且达到分配平衡。② 经离心使萃取剂沉积到离心管底部，并用微量注射器将萃取剂转移出来，通过处理后或者直接进行分析测定。

（5）悬浮固化液相微萃取（LPME–SFO）　悬浮固化液相微萃取所用的萃取溶剂熔点接近室温且密度较低，便于萃取剂和样品的分离。一般是将长链一元醇和十六烷等萃取剂加入一定量的样品溶液中，在密闭恒温下搅拌，然后将密闭容器置于冰浴中，使萃取剂凝固，再取出密闭容器置于室温下使其缓慢融化，取萃取剂适量，直接进入仪器进行分析。

4. 影响液相微萃取的因素

（1）萃取溶剂　溶剂选择的原则是有机溶剂应与水不相混溶或在水中的溶解度小，对目标物的溶解度大，在中空纤维中不流动，与色谱测定的溶剂匹配。受体相和供体相溶液的体积比非常重要。因为富集因子与 V_o/V_a 成反比，不论是两相或三相液相微萃取，萃取溶剂量越大，目标物的萃取效率越高。但在静态微萃取中体积不宜过大，因为过大的液滴很难稳定地悬挂在微量注射器的针尖上。

（2）萃取时间　在达到分配平衡以前，萃取时间越长，富集倍数越大，在平衡时萃取量达到最大。对于分配系数较小的目标物，需要较长时间才能达到平衡。在液相微萃取中，萃取时间不与萃取平衡相匹配，随着萃取时间的增加，有机相在水中的溶解量也会增大，萃取效率会受到严重影响，因此萃取时间一般选择在非平衡状态。

（3）萃取温度　对样品基质而言，提高温度能增大目标物的扩散系数，促进目标物从样品基质中释放出来。由于目标物在萃取溶剂里的溶解过程是一个放热过程，温度升高会使目标物的分配系数减小，导致萃取量减少，还可能导致液滴损失或膜中有机溶剂丢失。

（4）搅拌速度　搅拌能增加分析物在不同介质间的传质速率，缩短平衡时间。在单滴微萃取中，搅拌容易造成液滴脱落，不能完成萃取。在中空纤维萃取中易产生空气泡附着在纤维表面，导致有机溶剂的挥发或溶解加快。

（5）盐效应与 pH　目标物在有机溶剂和样品之间的分配系数受样品基质的影响，样品基质发生变化时，分配系数也会随之发生变化。向样品基质中加入一定量的无机盐（NaCl 或 Na$_2$SO$_4$），可以增大样品溶液的离子强度，增大分配系数，降低有机分析物在水相中的溶解度，以增加分析物的萃取量，提高分析效率。调节溶液的 pH 能够改变一些目标物在溶液中的存在形态，减少分析物在水中的溶解度和在蛋白质、脂肪等杂质上的吸附，增加它们在有机相中的分配，有利于提高分析物的萃取效率。

5. 液相微萃取技术在农药残留分析中的应用

赵桐桐等建立了低共熔溶剂液相微萃取-高效液相色谱法测定三唑醇、嘧霉胺、三唑酮、烯唑醇和嘧菌环胺 5 种农药残留量，以苯酚作为氢键给体、氯化胆碱作为氢键受体组合而成的低共熔溶剂为提取溶剂，四氢呋喃（THF）为分散剂，形成浑浊小液滴，经离心后，进入高效液相色谱分析。结果表明，氯化胆碱与苯酚按 1∶2 比率形成的低共熔溶剂萃取效果最好，添加回收率在 73.7% ~ 102.3%，RSD 为 0.7% ~ 7.1%，LOD 为 0.026 ~ 0.052 μg/L。并对影响萃取效率的重要因素进行了选择和优化，最佳条件为：样品容量为 5mL，氯化胆碱和苯酚用量为 150μL，超声时间为 20min，离心时间为 10min。

吴桐开发了基于离子液体的分散液液微萃取方法，HPLC 法测定土壤中拟除虫菊酯类农药，方法的回收率在 89% 以上，检出限为 0.94 ~ 1.97μg/L。崔世勇建立了水中 10 种有机磷农药的 LPME-SFO-GC/MS 方法，在 0.2 ~ 8.0μg/L 范围内线性良好，检出限为 0.015 ~ 0.047μg/L，回收率为 85.3% ~ 103.6%，RSD 为 3.9% ~ 10.5%。

杨秀敏等应用中空纤维液相微萃取技术建立了水样中呋喃丹、西维因、异丙威和乙霉威的高效液相色谱分析法。4 种氨基甲酸酯类农药的富集倍数均大于 45 倍，4 种氨基甲酸酯类农药在 10 ~ 100 μg/L 质量浓度范围内，其质量浓度与峰面积之间有良好的线性关系，相关系数均大于 0.99，4 种农药的检出限分别为 5，1，5 和 3 μg/L，实际水样中的加标回收率为 82.10%～102.12%，RSD 为 2.0%～6.2%（$n=6$）。

Ye 等采用顶空液相微萃取技术，高效液相色谱-紫外检测器，测定水样中痕量滴滴涕，RSD 为 8%，检出限为 0.07 μg/L，回收率为 86.8%～102.6%。Huang 等采用动态中空纤维支撑的顶空液相微萃取技术，GC-MS 法测定水中有机氯农药，考察了中空纤维和萃取剂的种类、温度、搅拌速率、萃取时间和离子强度的影响，富集倍数为 65～211，相对标准偏差低于 15.2%，检出限低于 0.209 μg/L。

樊雯娟等用分散液相微萃取技术，液相色谱联用仪测定番茄中涕灭威亚砜等 8 种农药，富集倍数可达 20.4～24.3 倍，检出限为 8.0～20.0 μg/kg，线性范围为 50.0～500.0 μg/kg，平均加标回收率为 79.1%～98.6%，RSD 为 3.5%～8.5%。李刚等采用中空纤维膜液相微萃取法，GC-MS 法测定水中胺菊酯、甲氰菊酯和氯菊酯 3 种农药，富集倍数分别为 292，63，76 倍，检出限均小于 0.5 μg/L，实际水样回收率为 92.4%～98.0%，RSD 为 1.9%～8.6%。

（二）超临界流体萃取

超临界流体萃取（Supercritical fluid extraction，SFE）是利用超临界条件下的流体作为萃取剂，将待测农药溶解并从样品基质中分离出来，同时完成萃取和分离的一项技术。

1. 超临界流体的基本特性

超临界流体（Supercritical fluid，SCF）是指物质处于其临界温度和临界压力以上的一种状态，这种流体是介于气液体之间的一种既非气态又非液态的物质，但具备类似液体和气体的双重性质。其密度与液体接近，有较大的溶解度能力，黏度接近于气体，扩散系数适中，具有很好的传质能力，虽然比气体小，但比液体高 10～100 倍，物质在超临界流体中的传质速率远高于在液体中。在临界点附近，体系压力和温度的微小变化，都会引起流体密度、黏度的巨大变化，导致物质在流体中的溶解度发生数量级的突变，使溶剂和溶质分离。

CO_2 是最常用的超临界流体，具有选择溶解性，对低分子、低极性、亲脂性、低沸点的化合物表现出优异的溶解性，而对具极性基团越多和相对分子质量越高的化合物越难萃取，就需向有效成分和超临界二氧化碳组成的二元体系中加入具有改变溶质溶解度的第三组分，即夹带剂，以改变原来有效成分的溶解度。CO_2 临界温度（T_c）和临界压力（P_c）分别为 31.05℃ 和 7.38MPa，由于临界温度接近室温，可以在 35~40℃ 的较低温度下进行提取，防止活性物质失活变性和挥发性物质的逸散，而且 CO_2 纯度高，无毒安全，化学性质稳定，萃取物几乎无溶剂残留，分离回收溶剂的过程不会发生相变，能耗较低。

2. 超临界流体萃取原理

超临界流体的密度对温度和压力改变非常敏感，一般来说，超临界流体密度越大，其溶解度就越大，反之亦然。控制流体的温度或压力可以改变待测物在超临界流体中的溶解度，尤其是在临界点附近，温度或压力的微小变化即可导致物质的溶解度发生数量级的突变，这一特性有利于从样品中有选择性地提取待测物。

超临界流体萃取系统由二氧化碳贮存器、萃取管或萃取池、限流器、收集装置和温控装置五部分组成（图 5-11）。二氧化碳由注射泵泵入，需要加入改性剂时由发送泵泵入。超临界流体萃取可分为动态、静态和循环萃取三种方式。

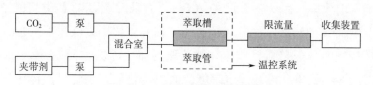

图 5-11 超临界流体萃取系统

（1）动态萃取法 将超临界流体萃取剂一次通过样品萃取管或萃取槽，使被萃取组分直接从样品中分离出来而收集，简单快速，适用于在超临界流体萃取剂中溶解度大、样品基质容易被超临界流体萃取剂渗透的样品。

（2）静态萃取法 将被萃取的样品浸泡在超临界流体萃取剂中，经过一定的时间后把含有被萃取物的萃取剂流体输入萃取管，适用于萃取与样品基质较难分离或在萃取剂中溶解度不大的待测物。

（3）循环萃取法 将超临界流体萃取剂充满装有样品的萃取管，用循环泵使萃取管内的流体反复、多次通过管内萃取样品，最后输入收集管。循环萃取法是动态萃取法和静态萃取法的结合，萃取效率比静态萃取法高，又克服了动态萃取法的缺点。

3. 超临界流体萃取的影响因素

（1）超临界流体的选择　超临界流体萃取剂应具备以下条件：①化学性质稳定，纯度高，溶解性能好，不与萃取物发生反应。②临界温度应接近常温，不宜太高或太低。③操作温度应低于被萃取物质的分解变质温度，临界压力低，以节省动力费用。④对被萃取物的选择性高。

（2）萃取条件　主要因素有萃取压力、萃取温度和萃取时间。

①萃取压力：超临界流体的溶解力与密度成正比，萃取温度一定时，压力增加，液体的密度增大，而密度的增加将引起溶解度的提高。

②萃取温度：在恒定压力下，超临界流体的溶解性可能随萃取温度的变化而改变。温度升高，被萃取物的挥发性提高，增加了被萃取物在超临界气相中的浓度，从而使萃取数量增大。但温度升高，超临界流体密度降低，溶解能力下降，携带物质的能力降低，导致萃取数量减少。

③萃取时间：萃取初始由于超临界流体与溶质未能达到良好接触，萃取量较少，随萃取时间延长，传质达到良好状态，萃取量增大。之后由于萃取样品中待分离物含量的减少，萃取率逐渐下降，延长萃取时间对萃取量无明显影响。需要注意的是静态萃取时，浸渍时间过长，CO_2携带物质的能力降低，影响萃取效率，而动态萃取时，CO_2流动性好，不存在此类问题。

（3）夹带剂的选择　夹带剂是在纯超临界流体中以液体形式加入的一种少量的、挥发度介于超临界流体与被萃取溶质之间的物质。CO_2是非极性物质，它对脂溶性物质有很好的溶解度，而极性物质在超临界流体中溶解度很低。因此，常在纯流体中加入少量夹带剂，改变超临界CO_2的极性，拓宽其适用范围。夹带剂的作用：①提高对被萃取组分的选择性和溶解度。②增加萃取过程的分离因素。③提高溶解度对温度或压力的敏感性。

夹带剂既包括液体溶剂，也包括能溶解于超临界气体中的固态化合物，添加量不超过临界流体的 15%，常用的夹带剂有水、丙酮、乙醇、苯、二氯甲烷、四氯化碳等。夹带剂的使用会因萃取物中夹带剂的分离及残渣中夹带剂的回收而增加设备及能耗。因此是否选用夹带剂，以及夹带剂添加种类、数量等问题应根据具体萃取对象而确定。

（4）CO_2流量　在较低的CO_2流速下由于传质能力的限制，萃取效率不高，当CO_2流量增加时，CO_2通过物料层的速度加快，传质能力和接触面积增大，增加了溶剂对溶质的萃取次数。但流量过大时，CO_2在萃取器内流速加快，使 CO_2 与被萃取物来不及充分作用，溶质萃取效率降低。

（5）物料粒度 超临界流体萃取过程包括流体与萃取物接触扩散、溶解、扩散逸出 3 个步骤，其控制步骤是溶质在固体中的扩散速率。溶质的扩散速率取决于流体及被萃取物在固体中的扩散系数和固体的大小。物料颗粒越小，溶质与超临界流体接触的表面积越大，越有利于超临界流体向物料内部迁移，增加传质效果，萃取更完全。但粒度太小、物料过细，通透性变差，会增加固体表面的热效应和表面流动阻力，致使 CO_2 只沿阻力小的路径穿过物料层，形成许多针孔，使萃取不均匀，反而不利于萃取，还容易造成过滤网堵塞而破坏设备。

4. 超临界流体萃取在农药残留分析中的应用

1986 年 Capriel P. 等首次报道将超临界流体萃取技术应用于土壤和植物样品中结合态农药的残留分析，此后国内外学者对超临界流体萃取技术对杀虫剂、杀菌剂和除草剂等农药萃取的最优条件进行了研究和探索，使超临界流体萃取技术在分析农药残留量、研究环境和生物体农药降解动态等方面的应用得到了迅速发展。

Lancas 等分别采用常规溶剂提取法、不加夹带剂的超临界 CO_2 动态提取法、加入正己烷夹带剂的超临界 CO_2 静态提取法和动态提取法 4 种方法提取烟草中的氟节胺，结果表明，以加入夹带剂的超临界 CO_2 动态提取法提取效果最好，不加夹带剂的超临界 CO_2 萃取效果较差。Ling Y. C. 等采用超临界流体在线提取并分离中草药中 13 种有机氯农药，用 GC-ECD 和 MS 测定，13 种农药的最低检测限为 $1\sim6ng/g$，RSD 为 $5\%\sim31\%$，平均回收率为 $78\%\sim121\%$。王建华等建立了超临界流体萃取–气相色谱法测定韭菜中百菌清、艾氏剂、狄氏剂、异狄氏剂 4 种农药残留量方法，在优化的条件下，整个萃取过程只需 10min。

刘瑜等采用超临界流体 CO_2 萃取 5 种氨基甲酸酯类农药，GC-NPD 检测，优化了萃取条件，回收率为 $88\%\sim98\%$。Lancas 等对比了固液萃取和超临界流体萃取方法，结果发现，用丙酮作为夹带剂时，超临界 CO_2 对烟草中克百威和西维因等农药萃取效率更高，回收率也更好。

（三）加速溶剂萃取

加速溶剂萃取（Accelerated solvent extraction，ASE）是在密闭容器内通过升高温度和压力从样品中快速萃取出农药等物质的方法，也称加压液体萃取，主要用于固体和半固体样品的萃取。1995 年 US EPA 证明 ASE 是一种有效的萃取方法，美国戴安公司（Dionex）于1996年开发了加速溶剂萃取仪。

1. 加速溶剂萃取原理

加速溶剂萃取是利用高温（100~200℃）、高压（10.3~20.6MPa）条件下进行提取的技术。一般溶质分子与样品基质或固相表面分子之间有一定的相互作用力，如氢键、范德华力等。提高温度能极大地减弱分子间的相互作用力，加快了溶质从样品表面的解析，而且降低了溶剂的黏度，加快了溶剂向基质中扩散的速度，同时也增大了溶质在溶剂中的溶解度。

有报道温度从25℃增至150℃，溶剂扩散系数增加2~10倍，溶剂能更好地"浸润样品基质"，有利于被萃取物与溶剂的接触。因此，高温使待测物从基质上的解吸和溶解动力学过程加快，大大缩短提取时间，同时加热的溶剂具有较强的溶解能力，可减少溶剂的用量。

2. 加速溶剂萃取装置和流程

加速溶剂萃取装置由溶剂瓶、泵、气路系统、加热炉、萃取池、传送装置和收集瓶组成。运行程序是先加入溶剂，再加温，加温的同时加压，即在高压下加热，高温时间一般在10min。萃取操作流程：将制备好的样品装入萃取池中，拧紧池盖后，由圆盘式传送装置将萃取池送入加热炉腔内并与对应的收集瓶连接，输液泵将溶剂泵入装好样品的萃取池，加热加压达到设定温度和压力，炉腔内萃取池在一定的压力下自动密封，静态萃取一定时间后，萃取液自动经过滤膜进入收集瓶中。

加速溶剂萃取速度快，但是萃取样品时无选择性，萃取液必须净化，有时还需浓缩，样品要求是固体或半固体，对含水量较高的水果蔬菜必须添加固体填料于样品中。

3. 加速溶剂萃取的影响因素

影响加速溶剂萃取过程的主要因素是压力和温度。除温度和压力外，还包括萃取溶剂和吸附剂的选择、样品基质、静态萃取时间和次数、冲洗体积和次数、吹扫时间等因素。

（1）萃取温度和压力　在一定压力下，温度升高，萃取效率提高。但温度过高，可能导致部分目标物降解，同时溶剂密度增大，降低了扩散系数，使样品回收率不高。此外，温度升高，提取液中基质物质增加，加大了分析难度。萃取压力升高可以提高溶剂的沸点，加强与样品基质的接触，萃取效果好，但这种促进作用具有一定的局限性。

（2）样品基质的组成　采用相同的萃取条件从不同基质样品中萃取同一种目标物，提取效果差异较大。含水量大的样品必须与一定量的干燥剂混匀脱水，以控制样品水分，使样品基质分布在较大的表面上，加速分析物向萃取溶剂中转移，有些样品基质还需加入氟罗里硅土、PSA、GCB 等吸附剂，用于除去脂类、色素和酸性杂质。

（3）分散剂和吸附剂　采用 ASE 进行萃取时，样品基质中的其他组分也会随目标分析物同时被提取出来，在萃取过程中需要加入合适的分散剂和吸附剂，同时实现提取和净化，提高萃取效率。常用的分散剂是硅藻土，与样品充分混合，吸附剂有硅胶、氧化铝、弗罗里硅土、C_{18}树脂等，选择吸附剂的种类和用量时不仅要考虑对干扰杂质的吸附能力，还要考虑对目标分析物的吸附性。

（4）萃取溶剂　通常选择与待测物的极性相似、对待测物溶解度大的溶剂。Herrero 等在研究橄榄叶中酚类物质的提取效果时发现，用水和乙醇两种溶剂分别提取到的酚类物质的种类、含量受溶剂极性影响显著，其中水作为溶剂对咖啡酸、羟基酪醇提取效果较好，而极性较小的黄酮更宜用乙醇提取。

（5）静态萃取时间　静态萃取时间越长，萃取效率越高。对于一些较难萃取的样品，待测物在样品基质的空隙或其结构上保留较强，可通过增加静态萃取的循环次数提高效率。此外，静态萃取后还采用冲洗和氮气吹扫保证萃取溶剂全部回收到收集瓶中，减少损失，保证回收率。

4. 加速溶剂萃取在农药残留分析中的应用

加速溶剂萃取方法已被广泛应用于土壤和沉积物中各类有机污染物的提取，并在农药残留分析中的应用也越来越广泛。GB 23200.9—2016 粮谷中475 种农药及相关化学品残留量的测定（GC-MS 法），就是加速溶剂萃取方法。

边照阳等以正己烷作 ASE 萃取剂，GC-ECD 测定烟草及烟草制品中氟乐灵等 6 种二硝基苯胺类农药残留量，方法回收率为 90.0%~98.1%，RSD 均小于 7%，检测限为 0.003~0.006 mg/kg。艾丹等建立了 ASE 萃取，LC-MS/MS测定烟叶中 92 种农药残留，3 种加标水平的回收率为 70%~124%，RSD 不大于 20%。

吴昊等建立了 ASE 提取，SPE 净化的 GC/MS 方法同时测定土壤中酰胺类除草剂残留量，8 种除草剂在 0.1~6.0 mg/L 范围内线性良好，方法检出限在

0.005~0.009 mg/kg，对实际样品进行 0.02，0.05，0.5 mg/kg 的加标测定，RSD 为 3.6%~12.5%，平均回收率为 64.8%~101.7%。杨敬坡建立了 ASE 萃取，GC-MS/MS 法测定土壤中甲霜灵等 6 种农药，在 0.05~500μg/mL 范围内线性关系良好，检出限为 0.005~0.023μg/mL，加标回收率为 81.2%~108.7%，RSD 为 3.26%~4.40%。黄薇建立了 ASE-GC-MS/MS 法同时测定茶叶中 9 种拟除虫菊酯类农药残留量，方法检出限为 0.2~4.5μg/kg，定量限为 0.8~15.0μg/kg，平均回收率为 69.87%~110.00%。

（四）微波辅助萃取

微波辅助萃取（Microwave assisted extraction，MAE）是匈牙利学者 Gander K. 等在 1986 年首次提出的将微波应用于不同样品基质中多种目标化合物分离的提取技术。通常是在密闭的容器内直接利用微波能加热的特性来加强溶剂的提取效率，使农药等待测物从样品基质中快速分离出来，适用于萃取固体和半固体样品中的农药残留。

1. 微波辅助萃取原理

微波萃取是利用萃取溶剂、目标物和基质之间的极性差别，在不同的偶合条件下产生分子运动的差异，迅速把目标物从基质中分离出来。在微波磁场中，物质分子的偶极振动与微波振动具有相似的频率，物质分子吸收微波电磁能后，能促进分子的高速振动，瞬时极化而产生热能，加快待测物由样品基质向萃取溶剂界面的扩散速率，提高萃取效率。

物质分子吸收微波电磁的能力与物质的介电常数有关。微波穿过介电常数大的溶剂时，电磁能转化为热能而使温度升高，与其共存的物质温度也升高。微波加热不同于传统的外加热方式，它是直接作用于介质分子内部的加热过程，升温速度快。由于基质中某些物质和萃取溶剂中某些组分微波吸收能力的差异，使被萃取物质从基质中分离出来，进入介电常数小、微波吸收能力较差的萃取剂中。

2. 微波辅助萃取流程

微波萃取包括试样粉碎、与溶剂混合、微波辐射、分离萃取液等步骤。具体操作是将粉碎后的样品放在聚四氟乙烯材料制成的样品杯中，加入萃取溶剂后将样品杯放入密封好、耐高压又不吸收微波能量的萃取罐中。由于萃取罐是密封的，加热导致萃取溶剂挥发，使罐内压力增加，压力的增加导致萃取溶剂沸点升高，提高了萃取温度。

3. 微波辅助萃取的影响因素

（1）萃取溶剂的选择　首先必须选择能吸收微波进行内部加热的有一定极性的溶剂。非极性溶剂是不能吸收微波的，在微波萃取中不能使用100%的非极性溶剂作为萃取溶剂，一般可在非极性溶剂中加入一定比例的极性溶剂来使用。然后，所选溶剂对目标萃取物必须具有较强的溶解能力。最后，溶剂的沸点及其对后续测定的干扰也是必须考虑的因素。

（2）萃取时间和温度　通常情况下微波萃取温度提高，萃取效率提高，但温度升高会降低萃取的选择性，多种干扰物质也会被萃取出来，还可能导致农药分解，降低回收率。因此需要根据溶剂的选择性和农药的稳定性确定合适的萃取温度，在农药不分解的前提下达到最高萃取效率，保证萃取回收率在一定的范围内随温度增加而增加。对于不同的物质，最佳萃取时间不同。由于微波萃取是很快的，故萃取时间对萃取效率的影响并不显著。

（3）样品基质　样品基质中可能含有对微波吸收较强的物质，或是某种物质的存在可导致微波加热过程中发生化学反应。水分能吸收微波能而将能量传递给其他物质分子，加速热运动，提高萃取的速率和效率。使用微波萃取不含或含极少水分的样品时，需要添加一定的水分，能得到较高的回收率。

4. 微波辅助萃取在农药残留分析中的应用

MAE选择性好，可以提高萃取效率，缩短分析时间，由于萃取罐的密封，萃取溶剂不会损失，溶剂消耗少。微波加热是透入物料内部的受热方式，加热效率高，适用于萃取热不稳定、易挥发的农药。

冯秀琼等采用微波辅助萃取法提取中草药中14种有机磷农药，并与振荡法比较，提取效果基本相当，消耗溶剂量相同，但微波提取时间仅为5min，为振荡提取的1/36，标准添加回收率为80.5%～102.7%，RSD为1.2%～8.1%，最低检出浓度为0.004～0.026 mg/kg。杨云等在微波萃取6min的优化条件下，采用GC-MS测定蔬菜中二嗪磷、对硫磷、水胺硫磷残留量，方法的线性范围：二嗪磷和对硫磷为4～400 ng/g，水胺硫磷为20～400 ng/g，检出限分别为0.29，1.70，2.30 ng/g，加标回收率为72.2%～102.0%，RSD为1.5%～11.0%。

曾小星等建立了茶叶中18种有机氯和9种拟除虫菊酯农药残留的MAE-GC方法，27种农药的回收率为80%～120%，RSD均小于12%。石杰等用MAE萃取烟草中17种有机氯农药，GC-ECD测定，回收率均大于82%，RSD小于9%。此后，石杰等又以烟草中有机氯农药为研究对象，系统比较了机械振荡萃取法、超声波溶剂萃取法、微波辅助萃取法和加速溶剂萃取法4种常用的预处理方法，通过考查回收率、重复性、溶剂消耗和提取时间等方面的因素，认为微波辅助萃取是较理想的样品预处理方法。

Prados-Rosales 和 R.C. 等利用微波辅助萃取装置，高效液相色谱法检测土壤中的氨基甲酸酯类农药，该方法添加回收率最高可达 91.7%，且在萃取过程中目标化合物无降解。

（五）凝胶渗透色谱

凝胶渗透色谱（Gel permeation chromatography，GPC）是样品净化的一种技术，最初用来分离蛋白质，随着适用于非水溶剂分离的凝胶类型的增加，凝胶渗透技术已应用于农药残留量的分析中，在富含脂肪、色素等大分子的样品分离中具有明显的净化效果。

1. 凝胶渗透色谱分离原理

凝胶渗透色谱又称为体积排阻色谱或分子筛色谱，基于体积排阻的分离机理，通过具有分子筛性质的固定相，分离相对分子质量较小的物质，还可以分析分子体积不同、具有相同化学性质的高分子同系物。凝胶具有三维网状结构，当含有溶质分子的样品溶液流经凝胶色谱柱时，各分子在柱内进行着垂直向下移动或无定向的扩散运动。大分子物质不能渗入凝胶颗粒的微孔，只能分布在颗粒之间。小分子物质可在凝胶颗粒间隙中扩散，也可以进入凝胶的微孔。洗脱时大分子溶质向下移动的速度较快，小分子溶质下移速度落后于大分子溶质。农药的相对分子质量大多在 200~400，而脂肪及其他干扰物质的相对分子质量很大，在样品净化时，大分子的脂肪、蜡质、叶绿素、类胡萝卜素等杂质先淋出，农药小分子后淋出，从而与杂质分开，达到净化的目的。

2. 凝胶渗透色谱在农药残留分析中的应用

GB/T 20770—2008 中用液相色谱-串联质谱法检测粮谷中 486 种农药及相关化学品残留量，试样提取液经凝胶渗透色谱净化。在测定含一定量油脂样品中数百种不同类型农药时使用凝胶渗透色谱净化是很好的选择。GB 13595—2004 将烟草中的农药残留以丙酮匀浆提取、用乙酸乙酯和环己烷液液分配净化后，以凝胶渗透色谱进一步净化，GC-ECD 或 GC-MS 测定烟草中的拟除虫菊酯类、有机磷和有机氮等 23 种农药残留量。

Liu Hongxia 等建立了用 GPC 净化，高效液相色谱测定烟草中二甲戊灵、异丙乐灵、仲丁灵 3 种农药，回收率为 78%~92%。廖雅桦等建立了卷烟中 50 种农药残留的 GPC-LC-MS/MS 测定方法，回收率为 61.35%~122.22%，RSD 为 1.00%~10.80%，该方法的检测限为 0.01~10.00μg/kg。张帆等建立了在线 GPC-GC/MS 方法，测定水果中 11 种苯氧羧酸类农药，在 0.02~0.10mg/kg 加标范围内，回收率为 66%~112%，RSD 为 3.4%~11.5%，定量下限为 7~10 μg/kg。李樱等采用 GPC-GC 技术测定糙米中多种有机氯农药、拟除虫菊酯类农药和多氯联苯类残留量，有机氯农药和多氯联苯的检出限为 0.07 μg/kg，拟除虫菊酯的检出限为 0.44 μg/kg，平均回收率为 70%~109%。

（六）浊点萃取

浊点萃取（Cloudpointextraction，CPE）是利用表面活性剂水溶液的增溶和分相行为而实现溶质富集的分离技术，也称胶束介质萃取法（MME）。Watanabe 及其助手于 1976 年首次将浊点萃取法作为一种取代有机溶剂的分离和提取技术而引入分析化学领域。

1. 浊点萃取原理

浊点萃取是以表面活性剂水溶液的增溶现象和浊点现象为基础，通过改变理化条件（如溶液的 pH、温度或离子强度等）实现胶束的产生，从而使疏水性物质分配到胶束中，通过相分离实现疏水物质的富集、浓缩和分离。在一定的温度范围内，表面活性剂可溶于水，而当温度升高或降低时溶解度减小，出现析出、分层的现象，溶液由澄清变为浑浊溶液，此时的温度就是浊点。水溶液中的表面活性剂超过一定浓度时会从单体缔合成为胶态聚集物，即形成胶团。溶液性质发生突变形成胶团时的浓度，称为临界胶束浓度。某些微溶于水或者不溶于水的物质会结合到胶束上，所以胶束的一个重要性质就是增加了某些物质在溶液中的溶解度，称为增溶效应。

根据浊点萃取法中所用表面活性剂种类的不同，可将其分为三类：①温度诱导的浊点萃取法，即调节体系的温度而使中性表面活性剂的水溶液达到相分离，非离子和两性离子表面活性剂即属于此类。②凝聚萃取法，是指由其他参数（如盐类、pH 等）调节的两性离子物质的相分离，阴离子和阳离子表面活性剂属于此类。③混合胶束介质萃取法，则是指通过加入不同电性的表面活性剂达到相分离的浊点萃取方法。

2. 影响浊点萃取的因素

（1）表面活性剂类型 表面活性剂是一类具有亲水基和疏水基的长链分

子，低浓度时能降低水和其他溶液的表面张力，可溶于极性溶剂中，也溶解于非极性有机相中，能起到增溶、乳化、分散等作用。浊点温度与表面活性剂分子结构和浓度相关，当表面活性剂中疏水链长度相同时，亲水链长度增加，浊点温度升高，相反，亲水链长度相同时，疏水链长度增加，浊点温度下降，由此影响到待测物的萃取率。增大表面活性剂的浓度可提高萃取率，为了提高浓缩因子，可以降低表面活性剂的浓度，但浓度太低，分层后胶束相体积太小，不利于萃取后两相分离，影响方法的准确性和重现性。因此，理想的表面活性剂应具有合适的疏水性和适宜的浓度，以得到理想的浊点温度、最大的萃取率，并提高富集倍数。

（2）平衡温度与时间　平衡温度和时间对浊点萃取效率的影响取决于表面活性剂及被萃取物的结构。平衡温度低于浊点温度，将无法实现分相，但温度过高，又可能造成目标化合物的热分解。在合适的范围内增大平衡温度，有利于破坏非离子表面活性剂与水的氢键作用力，发生脱水现象，从而减少最终的富集相体积，增大萃取效率。一般来说，平衡温度要比表面活性剂的浊点温度高出 $15 \sim 20℃$，萃取率高。胶束与目标物相互作用需要一定的时间，但较长的平衡时间对于萃取率没有太大的影响，一般 30min 左右，具有较好的萃取效率。

（3）溶液的 pH　溶液的 pH 对非离子型表面活性剂的萃取效率影响不大，但对离子型表面活性剂体系的影响十分显著。对于酸性或碱性的被萃取物，溶液 pH 可影响其萃取效率，中性分子电离后疏水性降低，与胶束的结合不如其中性未电离时强。在萃取生物样品如蛋白质时，pH 应控制在等电点附近，此时蛋白质具有较强的疏水性，易被萃取进入表面活性剂相。在萃取重金属离子时，则需要络合剂和金属离子形成疏水络合物，才能达到萃取的目的。

（4）添加剂的影响　添加剂的加入与萃取效率没有明显的关系，但添加剂能够显著地改变非离子型或离子型表面活性剂的浊点温度。对于非离子表面活性剂体系，加入阴离子或阳离子型表面活性剂，可使浊点升高，且在相同碳链长度下，阴离子表面活性剂对浊点的影响更为显著。使非离子型表面活性剂浊点降低的添加剂主要是盐析型的电解质、水溶性有机物和聚合物，这些电解质和有机物能使非离子型表面活性剂浊点降低的原因，主要是由于使胶束中氢键断裂脱水，导致表面活性剂分子沉淀而引发相分离。使表面活性剂的浊点升高的添加剂主要有盐溶型的电解质、可溶于胶束的非极性有机物、蛋白质变性剂、阴离子型表面活性剂和其他水溶助剂。

3. 浊点萃取在农药残留分析中的应用

浊点萃取不使用挥发性有机溶剂，因而不污染环境，近年来，浊点萃取在农药残留分析中的应用也越来越受到人们的重视。陈建波等采用浊点萃取-高效液相色谱法测定草莓汁中克百威、异丙威等 7 种农药，用非离子表面活性剂聚氧乙烯山梨糖醇酐单月桂酸酯，平衡温度 50℃、平衡时间 40 min 富集萃取，联用高效液相色谱仪检测，加标回收率平均为 80.15%~92.18%，检出限为 0.9~2.1 μg/kg。刘洪波建立了浊点萃取反萃取-气质联用测定金线莲中 5 种拟除虫菊酯类农药残留量，选用聚乙二醇 6000 作为浊点萃取提取剂、异辛烷为反萃取剂，5 种拟除虫菊酯类农药在 15~2000 μg/kg 呈良好的线性关系，相关系数为 0.995~0.999，加标回收率为 85.12%~101.60%，RSD 为 3.1%~8.4%，检出限为 0.63~3.10 μg/kg，定量限为 2.10~10.31 μg/kg。

周璐等建立了浊点萃取-气相色谱法测定苹果汁中 5 种有机磷农药残留量，采用聚乙二醇 4000 为表面活性剂，正己烷反萃取富集，5 种农药的添加回收率在 72.5%~102.6%，方法的检出限为 0.13~1.50 μg/kg。莫小荣等用 CPE-GC 方法测定茶叶中 6 种拟除虫菊酯类农药，回收率为 72.3%~85.6%，检测限为 2.1~3.0 μg/kg。姜蕾等采用浊点萃取技术，以 PEG-6000 为萃取剂，超高效液相色谱分析法测定水中戊菌唑残留量，戊菌唑在 0.025~5.000 μg/mL 时，其质量浓度与检测信号峰面积呈良好的线性关系，检出限为 1.5 μg/L。何成艳等对水中二苯醚类除草剂采用浊点萃取-高效液相色谱法测定，质量浓度在 0.05~2.00 mg/L 时，检出限为 0.10~0.50 μg/L。

参考文献

[1] 艾丹，胡斌，潘立宁，等 . 加速溶剂萃取-液相色谱-串联质谱法分析烟叶中的 92 种农药残留 [J]. 烟草科技，2014，(4)：79-87.

[2] 艾小勇，任志芹，袁飞，等 . 改进的 QuEChERS-气相色谱-串联质谱法测定鲜烟叶中 27 种农药残留 [J]. 广东农业科学，2015，(17)：102-107.

[3] 艾小勇，任志芹，袁飞，等 . QuEChERS 结合 HPLC-MS/MS 法测定鲜烟叶中的 2 种抑芽剂 [J]. 湖北农业科学，2016，55 (11)：2888-2891，2920.

[4] 薄尔琳，于基成，曹远银 . 超临界流体萃取技术在农药残留分析中的应用 [J]. 安徽农业科学，2006，34 (15)：3743-3744，3746.

[5] 边照阳，唐纲领，张洪非，等 . 烟草中 6 种二硝基苯胺类农药残留量的测定 [J].

烟草科技，2010，（8）：50-54.

[6] 边照阳，唐纲领，朱风鹏，等. 烟草中有机氯农药残留标准测定方法的改进 [J].
烟草科技，2008，（1）：26-33.

[7] 边照阳. 烟草农药残留分析技术 [M]. 北京：中国轻工业出版社，2015.

[8] 曹爱华，徐光军，李义强，等."乐牙"18%水剂在烟草及土壤中的残留研究 [J].
烟草科技，2003，（11）：34-36.

[9] 曹建敏，邱军，于卫松，等. 固相萃取气相色谱-质谱联用法同时测定烟草中40种农
药残留 [J]. 分析实验室，2012，31（11）：24-29.

[10] 曾小星，万益群，谢明勇. 微波辅助萃取-气相色谱法测定茶叶中多种有机氯和拟除
虫菊酯农药残留 [J]. 食品科学，2008，29（11）：562-566.

[11] 陈冬梅，张金娥. 基质固相分散-气相色谱质谱联用法测定蔬菜中有机磷和氨基甲酸
酯类农药的残留量 [J]. 山东化工，2018，47（3）：62-63，66.

[12] 陈建波，王云飞，奚道珍. 浊点萃取技术及其在农药残留分析中的应用 [J]. 农
药，2011，50（7）：479-481，486.

[13] 陈晓水，边照阳，唐纲领，等. 气相色谱法-串联质谱技术分析烟草中132种农药残
留 [J]. 色谱，2012，30（10）：1043-1055.

[14] 陈晓水，边照阳，杨飞，等. 对比三种不同的QuEChERS前处理方式在气相色谱法-
串联质谱检测分析烟草中上百种农药残留中的应用 [J]. 色谱，2013，31（11）：
1116-1128.

[15] 程亚群. 烯啶虫胺分子印迹聚合物的合成及性能研究 [D]. 新乡：河南师范大
学，2014.

[16] 崔世勇，樊珠凤，姜丽华. 悬浮固化分散液液微萃取-气相色谱-质谱法测定水中10
种有机磷农药 [J]. 现代预防医学，2016，43（11）：2048-2051，2066.

[17] 崔宗岩，葛娜，曹彦忠，等. 乙基化衍生-顶空固相微萃取-气相色谱串联质谱法测
定海水中的有机锡化合物 [J]. 分析化学，2013，41（12）：1887-1892.

[18] 崔宗岩，王晶，曹艳忠，等. 固相微萃取-气相色谱-串联质谱法快速筛查葡萄酒中
农药残留 [J]. 食品安全质量检测学报，2017，8（7）：2705-2717.

[19] 樊雯娟，郝家勇，罗瑞峰，等. 分散液相微萃取-液相色谱联用测定番茄中8种氨基
甲酸酯农药残留 [J]. 农产品加工·创新版，2009，12：16-19.

[20] 范逸平，段利平，张慧梓，等. 基质固相分散-气相色谱法测定烟草中多种有机膦农
药残留 [J]. 理化检验：化学分册，2009，45（12）：1377-1379.

[21] 冯秀琼，汤庆勇. 中草药中14种有机磷农药残留量同时测定——微波辅助提取法
[J]. 农药学学报，2001，3（3）：48-52.

[22] 耿慧春，梅文泉，王正伟，等. 氨基功能化石墨烯固相微萃取-气相色谱法测定水样

中 7 种有机磷农药残留量 [J]. 食品安全质量检测学报, 2019, 10 (16)：5465-5470.

[23] 黄行九, 王连超, 孙宇峰, 等. 固相微萃取/二氧化锡气体传感器联用技术对果蔬中有机磷农药残留的快速检测 [J]. 分析化学, 2005, 22 (3)：363-365.

[24] 黄薇, 李娜, 徐瑞晗, 等. 加速溶剂萃取-固相萃取净化-气相色谱-串联质谱法检测茶叶中 9 种拟除虫菊酯类农药残留 [J]. 色谱, 2018, 36 (12)：1303-1310.

[25] 霍任锋, 沈韫芳, 许盈. 利用 HS-SPME-GC 技术分析环境水样中超痕量的六氯苯, DDT 及其代谢产物 [J]. 环境化学, 2004, 23 (6)：695-699.

[26] 姜蕾, 贾林贤, 林靖凌. 浊点萃取-超高效液相色谱法检测水中戊菌唑残留量 [J]. 分析试验室, 2015, (2)：155-158.

[27] 蒋生祥, 冯娟娟. 固相微萃取研究进展 [J]. 色谱, 2012, 30 (3)：219-221.

[28] 蒋迎, 郑平, 鲁成银. 基于基质固相分散萃取的茶叶中拟除虫菊酯多农残气相色谱测定 [J]. 茶叶, 2007, 33 (3)：147-149.

[29] 孔光辉, 张梦晓, 顾丽莉, 等. 烟叶中三嗪类除草剂的分子印迹固相萃取-高效液相色谱检测 [J]. 化工科技, 2018, 26 (6)：17-21.

[30] 雷鹏, 张青, 张滨, 等. 超临界流体萃取技术的应用与发展 [J]. 河北化工, 2010, 33 (3)：25-29.

[31] 李方楼, 鲁喜梅, 魏跃伟, 等. 烟叶中敌草胺残留的分子印迹 SPE-HPLC 检测 [J]. 中国农学通报, 2011, 27 (24)：268-272.

[32] 李刚, 张占恩. 中空纤维膜液相微萃取-气相色谱-质谱法测定水样中拟除虫菊酯类农药 [J]. 试验与研究, 2010, 46 (3)：227-231.

[33] 李攻科, 何小青, 熊国华, 等. 用微波消解气相色谱法测定鱼肉中的有机氯农药 [J]. 分析测试学报, 1999, 18 (4)：5-8.

[34] 李玮, 卢春山, 李华, 等. 气相色谱串联质谱技术分析烟草中 49 种农药残留 [J]. 色谱, 2010, 28 (11)：1048-1055.

[35] 李樱, 储晓刚, 仲伟科, 等. 凝胶渗透色谱-气相色谱同时测定糙米中拟除虫菊酯、有机氯农药和多氯联苯的残留量 [J]. 色谱, 2004, 22 (5)：551-554.

[36] 廖雅桦, 周冀衡, 穆小丽, 等. 凝胶渗透色谱-高效液相色谱-串联质谱法测定烟草中 50 种农药残留量 [J]. 湖南农业大学学报：自然科学版, 2010, 36 (4)：404-409.

[37] 刘红梅, 黎小鹏, 李文英, 等. 全自动索氏提取-气相色谱法检测土壤中六六六和滴滴涕农药残留量 [J]. 广东农业科学, 2012, 39 (11)：188-190.

[38] 刘洪波, 赵晓芳, 石贵英, 等. 浊点萃取反萃取-气质联用测定金线莲中 5 种拟除虫菊酯类农药残留 [J]. 中国中药杂志, 2014, 39 (15)：2859-2862.

[39] 刘家曾，宋宁慧，王艺璇，等．基质固相分散-气相色谱/质谱联用技术测定茶叶中8 种农药残留 [J]．分析科学学报，2018，34（3）：337-341.

[40] 刘科强，丁健桦，刘成佐，等．液相微萃取技术在农药残留检测中的应用 [J]．湖北农业科学，2012，51（15）：3153-3158.

[41] 刘娜，孙淑香，贾明宏，等．3 种内吸农药分子印迹聚合物制备及初步应用 [J]．北京农学院学报，2017，32（3）：99-104.

[42] 刘胜男，卫星，巩卫东．QuEChERS 方法在监测分析中的应用研究进展 [J]．食品研究与开发，2013，34（10）：134-137.

[43] 刘瑜，庄无忌，邱月明，等．苹果中 5 种氨基甲酸酯类农药的超临界流体萃取及其气相色谱法测定 [J]．色谱，1996，14（6）：457-459.

[44] 楼小华，高川川，朱文静，等．PTV-GC-MS/MS 同时测定烟草中 202 种农药残留 [J]．烟草科技，2013，（8）：45-57.

[45] 罗明标，刘维，李伯平，等．多孔中空纤维液相微萃取技术的研究进展 [J]．分析化学，2007，35（7）：1071-1077.

[46] 闵光．基质固相分散萃取在农药残留检测技术中的应用 [J]．现代农业科技，2010，（9）：169-171.

[47] 莫小荣，郑春慧，陈建伟，等．浊点萃取-异辛烷反萃取-气相色谱测定茶叶中拟除虫菊酯农药残留 [J]．分析化学，2009，37（8）：1178-1182.

[48] 穆小丽，蒋腊梅，杜文．高效液相色谱-串联质谱法分析烟草中拟除虫菊酯农药残留 [J]．农药，2009，48（5）：365-367.

[49] 欧小群，马丽艳，潘赛超，等．加速溶剂萃取技术在食品安全检测中的应用 [J]．中国食品学报，2018，18（5）：222-231.

[50] 潘灿平，王丽敏，孔祥雨，等．凝胶色谱净化-毛细管气相色谱法测定黄瓜、番茄和青椒中 15 种有机磷农药 [J]．色谱，2002，20（6）：565-568.

[51] 钱传范．农药残留分析原理与方法 [M]．北京：化学工业出版社，2011.

[52] 秦云才，黄琪．高效液相色谱串联质谱法测定有机磷农药残留 [J]．环境科学与管理，2011，36（2）：34-38.

[53] 任文鑫，李甜甜，王愚．超临界流体萃取分离技术概述 [J]．现代食品，2019，（22）：162-163.

[54] 石杰，刘婷，刘慧民，等．烟草中有机氯类农药多残留分析前处理方法对比研究 [J]．分析实验室，2010，29（2）：52-55.

[55] 石杰，严会会，刘惠民，等．LC-MS/MS 方法分析烟草中的 38 种农药残留 [J]．中国烟草学报，2011，（4）：16-22.

[56] 石杰，刘婷，刘惠明，等．微波辅助萃取法测定烟草中有机氯类农药残留量 [J]．

分析实验室，2009，28（9）：75-78.

[57] 时亮，王丽．用固相萃取-毛细光气相色谱法测定烟草中氨基甲酸酯农药残留量 [J]．分析测试技术与仪器，2000，6（1）：49-51.

[58] 司晓喜，朱瑞芝，刘志华，等．气相色谱-飞行时间质谱快速鉴定和定量测定烟草中 43 种农药 [J]．分析测试学报，2016，35（5）：532-538.

[59] 孙世豪，宗永立，谢剑平，等．顶空液相微萃取技术综述 [J]．烟草科技，2006，（5）：41-46.

[60] 唐清华．磁性分离与气相色谱联用及溶胶-凝胶分子印迹电化学传感器检测有机磷农药多残留方法研究 [D]．济南：山东农业大学，2015.

[61] 王伟．基质固相分散-快速溶剂萃取-GC/MS 法同时测定土壤中有机氯农药和多环芳烃 [J]．中国环境监测，2019，35（1）：135-141.

[62] 王春，吴秋华，王志，等．基于中空纤维的液相微萃取技术的研究进展 [J]．色谱，2006，24（5）：516-523.

[63] 王大宁，董益阳，邹明强．农药残留检测与监控技术 [M]．北京：化学工业出版社，2006.

[64] 王建华，王国涛，袁杜梅．超临界流体萃取-气相色谱法测定水果和蔬菜中有机磷农药残留量 [J]．分析试验室，1999，18（6）：55-58.

[65] 王秀国，闫晓，宋超，等．QuEChERS/高效液相色谱-串联质谱法测定烟叶与土壤中的壬茵铜残留 [J]．分析测试学报，2015，34（1）：91-95.

[66] 王宇昕．微波辅助萃取技术在农药残留分析中的应用 [J]．农药科学与管理，2007，25（3）：11-14，20.

[67] 吴昊，贺小敏，李爱民，等．ASE-GC/MS 同时测定土壤中 8 种酰胺类除草剂 [J]．环境科学与技术，2018，41（2）：122-127.

[68] 熊玉宝，张勇，廖春华，等．液相微萃取在农药残留物检测中的应用 [J]．现代农药，2011，10（3）：12-16.

[69] 严会会，胡斌，刘惠民，等．高效液相色谱串联质谱法分析烟草中 15 种农药残留 [J]．烟草科技，2011，（7）：43-47.

[70] 严会会．烟草中农药多残留体系的液相色谱-串联质谱分析方法研究 [D]．郑州：郑州大学，2011.

[71] 杨秀敏，王志，王春，等．中空纤维液相微萃取-高效液相色谱法测定水中残留的氨基甲酸酯类农药 [J]．色谱，2007，25（3）：362-366.

[72] 袁雪婵．QuEChERS 方法及其在食品农药多残留分析中的应用 [J]．中国食品添加剂，2009，（2）：144-148.

[73] 杨云，张卓旻，李攻科．微波辅助萃取/气相色谱-质谱联用分析蔬菜中的有机磷农

药［J］. 色谱, 2002, 20 (5): 390-393.

[74] 余斐, 陈黎, 艾丹, 等. 多壁碳纳米管分散固相萃取-LC-MS/MS 法分析烟草中 114 种农药残留［J］. 烟草科技, 2015, 48 (5): 47-56.

[75] 张帆, 付善良, 施雅梅, 等. 在线凝胶渗透色谱/气相色谱-质谱联用法测定水果中 11 种苯氧羧酸类农药［J］. 分析测试学报, 2013, 32 (1): 79-83.

[76] 赵丹, 尹洁. 超临界流体萃取技术及其应用［J］. 安徽农业科学, 2014, 42 (15): 4772-4780.

[77] 赵桐桐, 张冬昊, 郭振福, 等. 低共熔溶剂液相微萃取技术测定 5 种杀菌剂农药残留分析方法［J］. 现代食品科技, 2019, 35 (8): 281-286.

[78] 郑婷婷, 石怀超, 刘振田, 等. 基质固相分散技术在蔬菜多种农药残留检测中的应用研究［J］. 中国果蔬, 2010, (12): 17-18.

[79] 郑亚丽, 顾丽莉, 师君丽, 等. 分子印迹固相萃取-高效液相色谱法同时检测烟叶中磺酰脲类农药残留［J］. 色谱, 2018, 36 (7): 659-664.

[80] 周璐, 陈敏, 张凯, 等. 浊点萃取-正己烷反萃取气相色谱法测定苹果汁中 5 种有机磷农药残留［J］. 山东农业大学学报: 自然科学版, 2011, 42 (4): 492-498.

[81] 周杨全, 徐光军, 徐金丽, 等. 烟草中溴菌腈农药残留检测方法及消解动态［J］. 中国烟草科学, 2016, 37 (1): 67-71.

[82] 朱国念. 农药残留快速检测技术［J］. 北京: 化学工业出版社, 2008.

[83] 朱文静, 高川川, 楼小华, 等. LC-MS/MS 快速测定烟草中 57 种农药残留［J］. 中国烟草学报, 2013, (2): 12-16.

[84] Anastassiades M., Lehotay S. J., Stajnbaher D., et al. Fast and easy multiresidue method employing acetonitrile extraction/partitioning and dispersive solid-phase extraction for the determination of pesticide residues in produce［J］. Journal of AOAC International, 2003, 86 (2): 412-431.

[85] Berijani S., Assadi Y., Anbia M., et al. Dispersive liquid-liquid microextraction combined with gas chromatography-flame Photometric detection very simple, rapid and sensitive method for the determination of organophosphorus pesticides in water［J］. J Chromatogr A, 2006, 1123: 1-9.

[86] Chen J. B., Liu W., Cui Y. M., et al. Cloud point extraction for the determination of pesticides in strawberry juice by high performance liquid chromatographic detection［J］. Chin J Anal Chem, 2008, 36 (3): 401-404.

[87] Davood Davoodi, Mohammad Hassanzadeh-Khayyat, MitraAsgharian Rezaei, et al. Preparation, evaluation and application of diazinon imprinted polymers as the sorbent in molecularly imprinted solid-phase extraction and liquid chromatography analysis in

cucumber and aqueous samples ［J］. Food Chemistry, 2014, 158 （1）: 421-428.

［88］ Fengnian Zhao, Yongxin She, Chao Zhang, et al. Selective solid-phase extraction based on molecularly imprinted technology for the simultaneous determination of 20 triazole pesticides in cucumber samples using high-performance liquid chromatography-tandem mass spectrometry ［J］. Journal of Chromatography B, 2017, 1064 （1）: 143-150.

［89］ Herrero M., Temirzoda T. N., Seguracarreter O. A., et al. New possibilities for the valorization of oliveoil by-products ［J］. Journal of Chromatography A, 2011, 1218 （42）: 7511-7520.

［90］ Huang X. H., Liu. Y., Zhang J.. Determination of organochlorine and pyrethroid pesticides residues in Zigyphusspby accelerated solvent extraction ［J］. Chinese Journal of Information on Traditional Chinese Medicine, 2014, 21 （1）: 74-78.

［91］ Huang X. J., Wang L. C., Sun Y. F., et al. Fast detection organophosphor pesticide residue in wegetable by SnO_2 gas sensor coupled with solid phase microextraction ［J］. Chinese J. Anal. Chem, 2005, （3）: 363-365.

［92］ Idriss Bakas, Najwa Ben Oujji, Ewa Moczko, et al. Computational and experimental investigation of molecular imprinted polymers for selective extraction of dimethoate and its metabolite omethoate from olive oil ［J］. Journal of Chromatography A, 2013, 1274 （25）: 13-18.

［93］ Juan He, Lixin Song, Si Chen, et al. Novel restricted access materials combined to molecularly imprinted polymers for selective solid-phase extraction of organophosphorus pesticides from honey ［J］. Food Chemistry, 2015, 187 （15）: 331-337.

［94］ Lehotay S. J.. QuEChERS sample preparation approach for mass spectrometric analysis of pesticide residues in foods ［J］. Mass Spectrometry in Food Safety. Springer, 2011: 65-91.

［95］ Lehotay, K. Mastovska, A. Lightfield. Use of buffering to improve results of problematic pesticides in a fast and easy method for residue analysis of fruits and vegetables ［J］. AOAC International, 2005, 88: 615-629.

［96］ Li Y., Yin X. F., Chen F. R., et al. Synthesis of magnetic molecularly imprinted polymer nanowires using a nanoporous alumina template ［J］. Macromolecules, 2006, 39: 4497-4499.

［97］ Ling Y. F., Xiu J. L., Jia H., et al. Application of Dispersive Liquid-liquid Microextraction for the Analysis of Triazophos and Carbaryl Pesticides in Water and Fruit Juice Samples ［J］. Analytica Chimica Acta, 2009, 632: 289.

［98］ Liu Lan, Lu Baosen, Zheng Junjun, et al. Novel molecularly imprinted polymer pre-pared by seed swelling polymerisation ［J］. Acta Scientiarum Naturalium Universitatis Sunyatsen, 2004, 43（3）: 45-48.

［99］ Lopes W. G., Dorea H. S.. Determination of pesticides in beans by matrix solid-phase dispersion（MSPD）［J］. Pesticides, 2003（13）: 73-82.

［100］ Rezaee M., Assadi Y., Milanihosseini M. R., et al. Determination of organic compounds in water using dispersive liquid-liquid mieroextraction ［J］. J Chromatogr A, 2006, 1116: 1-9.

［101］ Saito K., Sjondin A., Sandau C. D., et al. Development of a accelerated solvent extraction and gel permeation chromatography analytical method for measuring persistent organohalogen compounds in adipose and organ tissue analysis ［J］. Chemosphere, 2004, 57（5）: 373-381.

［102］ Sara Boulanouar, Audrey Combès, Sakina Mezzache, et al. Synthesis and application of molecularly imprinted silica for the selective extraction of some polar organophosphorus pesticides from almond oil ［J］. Analytica Chimica Acta, 2018, 1018（14）: 35-44.

［103］ Sarafraz-Yazd I. A., Amiri A.. Liquid-phase microextraction ［J］. Trends Anal Chem, 2010, 29: 1-14.

［104］ Xizhi Shi, Jinghua Liu, Aili Sun, et al. Group-selective enrichment and determination of pyrethroid insecticides in aquaculture seawater via molecularly imprinted solid phase extraction coupled with gas chromatography-electron capture detection ［J］. Journal of Chromatography A, 2012, 1227（2）: 60-66.

［105］ Yamini Y., Hosseini M. H., Hojjati M.. Headspace solvent microextraction of trihalomethane compounds into a single drop ［J］. J Chromatogr Sci. 2004, 42（1）: 32-36.

［106］ Yang D., Yin W., Cong L., et al. Synthesis and characterization of a molecularly imprinted polymer for preconcentration of clothianidin in environmental samples ［J］. Analytical Letters, 2014, 47（15）: 2613-2627.

［107］ Ye C. L., Zhou Q. X., Wang X. M.. Headspace Liquid-phase Microextraction Using Ionic Liquid as Extractant for the Preconcentration of Dichlorodiphenyltrichloroethane and Its Metabolites at Trace Levelsin Water Samples ［J］. Analytica Chimica Acta, 2006, 572: 165-171.

［108］ Zhao D.. Determination of pentachlorophenol residue in meat and fish by gas chromatography-electron capture detection and gas chromatography-mass spectrometry with accelerated solvent extraction ［J］. Journal of Chromatographic Science, 2014, 52（5）: 429-435.

第六章
农药残留检测色谱分析方法

第一节 色谱法

色谱法（Chromatography）是俄国植物学家 Mikhail Tswett 在 1906 年用碳酸钙分离植物色素时发现的，又称色谱分析法，是一种分离和分析方法，在分析化学、有机化学、生物化学等领域有着非常广泛的应用。色谱法利用不同物质在不同相态的选择性分配，以流动相对固定相中的混合物进行洗脱，混合物中不同的物质会以不同的速度沿固定相移动，最终达到分离的效果。

一、色谱法的分类

色谱法根据两相的物理状态可分为：气相色谱法（GC）和液相色谱法（LC）。气相色谱法适用于分离挥发性化合物，液相色谱法适用于分离低挥发性或非挥发性、热稳定性差的物质。此外还有超临界流体色谱法，它以 CO_2 超临界流体为流动相，特别适用于手性化合物的拆分。根据物质的分离机制，色谱法又可分为吸附色谱、分配色谱、离子交换色谱、凝胶渗透色谱和亲和色谱等类型。

二、气相色谱法

气相色谱法（GC）主要是对气体组分或可以在一定温度下转化为气体的组分进行检测的方法。由于组分的物理性质不同，其试样中的组分在气相和固定液之间的分配系数不同，当汽化后的试样被载气带入色谱柱中运行时，组分就在其中的两相间进行反复多次分配，由于固定相对各组分的吸附或溶解能力不同，虽然载气流速相同，但各组分在色谱柱中的运行速度不同，经过一定时间的流动后，便彼此分离，按顺序离开色谱柱进入检测器，产生的讯号经放大后，在记录器上描绘出各组分的色谱峰。

（一）气相色谱仪的系统结构

GC 系统一般由气路系统、进样系统、分离系统、检测器、数据处理及控制系统六大部分组成。其中色谱柱和检测器是关键部件，色谱柱决定样品中的分析物能否有效分离，检测器决定分离后的组分能否准确被检测出来。

1. 载气系统

载气系统的作用是向色谱仪的分离检测系统提供高纯度、稳定流速的气体流动相，一般由发生器、气体净化器、载气流量调节阀和流量表所组成。常用的载气和辅助气有 N_2、He、H_2、Ar、O_2 等，载气纯度要求达到99.999%，否则气体中的杂质会影响色谱柱的分离效果，也会使检测器的噪声变大。辅助气体不纯会增大背景噪声，缩小检测器的线性范围，严重的会污染检测器。气体中的杂质主要是一些永久气体、低分子有机化合物和水蒸气等，在实际工作中需要在气瓶和仪器之间安装气体净化器，并定期更换，使用过程中应注意检查气体泄漏。

2. 进样系统

进样系统由进样器和汽化室组成，由进样器吸取一定体积的样品溶液，推入汽化室中迅速汽化为气体，再由载气带入色谱柱。进样口和汽化室需要有耐高温、密封性好、惰性高、死体积小等特点。在实际操作中，应注意维持进样口的密封性，定期更换进样口隔垫。衬管是样品汽化的场所，不仅要求耐高温，而且其惰性要好，不对样品发生吸附作用或化学反应，并定期更换。

3. 分离系统

分离系统的核心是色谱柱，色谱柱分填充柱和毛细管柱两大类。目前石英毛细管柱应用范围最广，内径在 0.2~0.5mm，长度在 25~100m。根据固定相的化学性能，色谱柱可又分为极性、中等极性和非极性色谱柱。选择色谱柱时要考虑被测组分的性质、实验条件以及与检测器性能的适配性。其分离能力取决于固定液性质，常用的固定相有聚硅氧烷类、烃类、醚类、醇类、酯类等。毛细管柱具有渗透性好、柱效高、出峰尖锐等优点。新的色谱柱在使用前，一般都要进行老化，使用过程中，为了保持色谱柱的分离效能，需要对其进行定期维护和更换。

4. 检测系统

检测器同色谱柱一样，也是 GC 的核心部件。其作用是把经色谱柱分离并在载气携带下从色谱柱流出的各组分快速、准确地检测出来。GC 要求检测器灵敏度高、噪声低、线性范围宽、重复性好和适用范围广。

（二）气相色谱进样方式

GC 有各种进样口，如填充柱进样口、分流/不分流进样口、程序升温进样口、大体积进样口、顶空进样等，适合不同的进样方式。

1. 分流进样

分流进样是将预热的载气分为两路，一路向上冲洗隔垫，另一路进入汽化室，在衬管内与样品混合，混合以后的气流在毛细管入口处以一定的"分流比"进行分流。所谓分流比是指进入毛细管柱的混合气体体积与放空载气体积之比，适合于大部分可挥发的液体和气体样品。但分流进样中易出现歧视现象，即进入色谱柱的样品组成和实际样品组成存在差异，这是由于样品的不均匀汽化和分流造成的，降低分流比或升高进样口汽化温度可有效减少进样歧视问题。

2. 不分流进样

不分流进样是在进样过程中关闭分流阀一段时间（30~80s）而实现不分流模式。所有试样在衬管中汽化，被载气带入色谱柱，再打开分流阀，吹走汽化室中残留的溶剂气体，以除去溶剂峰的干扰。不分流进样的优点是可以把全部样品注入色谱柱，灵敏度提高，适合于痕量分析。

3. 程序升温汽化进样（PTV）

PTV 进样是将液体或气体试样注入处于低温的进样口衬管内，然后按设定的程序升高进样口温度，对热稳定性差的样品应慢升温，对温度范围宽的混合物样品可以进行快速升温。PTV 进样方式发挥了分流和不分流进样的长处，其适应性强，灵活性好，可低温捕集样品，实现大体积进样，消除注射器针头的样品歧视，除去溶剂和低沸点组分，不挥发性组分可捕集在衬管中，有利于提高色谱柱的分离效果，分析重现性好。

4. 顶空进样

顶空进样是只取复杂样品基体上方的气体部分进行分析，是测定固体或液体中易挥发组分的一种 GC 进样方式，样品不需要分离浓缩可直接分析。把样品密封在顶空瓶中，加热使瓶中蒸汽达到平衡，将取样针插入瓶中，通过载气将样品气体送入定量环形管中，再带入色谱柱进行分离。

（三）GC 检测器

根据检测原理不同，GC 检测器可分为浓度型检测器和质量型检测器两种。浓度型检测器的响应与被测组分的浓度有关，质量型检测器的响应与单位时间内进入检测器某组分的量有关。用于 GC 的检测器有：热导检测器（TCD）、氢火焰离子化检测器（FID）、电子捕获检测器（ECD）、火焰光度检测器（FPD）、氮磷检测器（NPD）等（表6-1）。

表6-1　　　　　　　常用毛细管气相色谱仪常用检测器性能比较

性能指标	检测器类型				
	TCD	FID	ECD	FPD	NPD
响应特性	浓度型	质量型	浓度型	质量型	质量型
噪声/A	0.01 mV	5×10^{-14}	10^{-12}	10^{-10}	5×10^{-14}
基流/A	无	10^{-12}	10^{-9}	10^{-9}	2×10^{-11}
敏感度	$10^{-6}\sim$ $10^{-10}\,g/mL$	$2\times10^{-12}\,g/s$	$10^{-14}\,g/mL$	P：$10^{-12}\,g/s$ S：$5\times10^{-11}\,g/s$	N：$10^{-13}\,g/s$ P：$10^{-14}\,g/s$
线性范围	$10^4\sim10^5$	$10^6\sim10^7$	$10^2\sim10^5$	$>5\times10^2$	$10^4\sim10^5$
响应时间/s	<1	<0.1	<1	<0.1	<1
检测限/g	$10^{-4}\sim10^{-8}$	2×10^{-13}	10^{-14}	10^{-10}	10^{-13}
应用范围	有机物和无机物	含碳有机物	含卤素及亲电物质	含硫、磷化合物	含氮、磷化合物

1. 质量型检测器

（1）氢火焰离子化检测器（FID）　FID 是以氢气和空气燃烧的火焰作为能源，利用含碳有机物在火焰中燃烧产生离子，在外加电场的作用下，使离子形成离子流，根据离子流产生的电信号强度，检测被色谱柱分离出的组分。灵敏度很高，比热导检测器高约 10^3 倍，但检出限低，能检测大多数含碳有机化合物，死体积小，响应速度快，线性范围宽，操作简单，缺点是不能检测永久性气体、水、一氧化碳、二氧化碳、氮的氧化物、硫化氢等化合物。

（2）火焰光度检测器（FPD）　FPD 又称硫磷检测器，对含磷、硫有机化合物具有高选择性和高灵敏度，检出限可达 $10^{-12}\,g/s$（对 P）或 $10^{-11}\,g/s$（对 S），可用于痕量硫化物以及有机磷和有机硫农药残留量的测定。

（3）氮磷检测器（NPD）　NPD 适用于分析含氮、磷化合物，灵敏度高、选择性强，对含 N、P 的化合物有较高的响应，可以检测到 $5\times10^{-13}\,g/s$ 偶氮苯类含氮化合物，$2.5\times10^{-13}\,g/s$ 的含磷化合物。

2. 浓度型检测器

（1）热导检测器（TCD）　TCD 根据不同的物质具有不同的热导系数原

理制成，结构简单，性能稳定，几乎对所有物质都有响应，通用性好，而且线性范围宽，价格便宜，因此是一种应用很广的检测器，缺点是灵敏度较低。

（2）电子捕获检测器（ECD）　ECD对具有电负性物质，如含卤素、硫、磷、氰等物质的检测有很高的灵敏度，已广泛应用于农药残留、大气及水质污染分析，缺点是线性范围窄，且响应易受操作条件的影响，重现性较差。

三、高效液相色谱法

高效液相色谱（HPLC）是20世纪60年代末期在传统的液相色谱法基础上发展起来的一种新型分离分析技术。HPLC采用高压泵输送流动相，将极性不同的单一溶剂或不同比例的混合溶剂、缓冲液等流动相泵入填有固定相的色谱柱内，在色谱柱内各成分被分离后，进入检测器进行检测。

（一）高效液相色谱仪的系统结构

HPLC系统由高压输液系统、进样系统、色谱柱分离系统、检测器、数据处理系统组成。

1. 高压输液系统

高压输液系统包括贮液罐、高压输液泵、梯度洗脱装置等。高压输液泵的性能会影响整个系统的质量及分析结果的可靠性，要求具有压力恒定、无脉动、流量调节准确、范围宽、泵体材料耐磨耐腐蚀等性能。高压泵按输液性质可分为恒压泵和恒流泵，恒流泵主要有螺旋注射泵、柱塞往复泵和隔膜往复泵，应用最多的是柱塞往复泵。

HPLC有等度洗脱和梯度洗脱两种方式。等度洗脱是在同一分析周期内流动相组成保持恒定，适合于组分数目较少、性质差别不大的样品。梯度洗脱是指在一个分析周期内，组成流动相的两种或两种以上不同的溶剂，按一定程序连续改变配比、极性、pH、离子强度，从而达到提高分离效果、缩短分析时间的目的。

在进行梯度洗脱时，由于是多种溶剂混合，因此，要注意溶剂的互溶性，不相混溶的溶剂不能用作梯度洗脱的流动相。有些溶剂在一定比例内混溶，超出范围后就不互溶，使用时更要引起注意。当有机溶剂和缓冲液混合时，还可能析出盐的晶体，尤其是使用磷酸盐时需特别小心。用于梯度洗脱的溶剂需彻底脱气，以防止混合时产生气泡，造成检测器噪声增大。

2. 进样系统

进样系统主要部件是进样器，能定量地将分析试样送入色谱柱。液相色谱有隔膜式进样、注射器停流进样和六通进样阀进样方式，对进样系统装置的要求是密封性好、死体积小、重复性好，保证中心进样，进样时对色谱系统的压力、流量影响小。

3. 色谱柱分离系统

色谱柱为分离系统核心部件，对色谱柱的要求是柱效高、选择性好、分析速度快。一般使用管形不锈钢材质，直径均匀，内壁光滑，吸附剂填充紧密，根据样品体系和性质不同，可选用不同体系的柱填料。

4. 检测器

检测器的作用是对色谱柱流出的各馏分进行高灵敏度的响应，快速准确地检测出来。HPLC 的检测器要求灵敏度高、噪声低，即对温度、流量等外界变化不敏感，线性范围宽、重复性好和适用范围广。

（1）检测器分类

①按原理可分为光学检测器（如紫外、荧光、示差折光、蒸发光散射等）、热学检测器（如吸附热）、电化学检测器（如极谱、安培）、电学检测器（如电导、介电常数）。

②按测量性质可分为通用型和专属型检测器（又称选择性），通用型检测器对溶剂和溶质组分均有反应，测量的是一般物质均具有的性质，如示差折光、蒸发光散射检测器，灵敏度比专属型低。专属型检测器只能检测某些组分的某一性质，如紫外检测器，只对有紫外吸收的组分有响应。

③按检测方式分为浓度型和质量型。浓度型检测器的响应与流动相中组分的浓度有关，质量型检测器的响应与单位时间内通过检测器的组分的量有关（表6-2）。

表6-2　　　　　　　　几种 HPLC 常用检测器性能比较

性能指标	检测器类型				
	紫外	荧光	质谱	安培	蒸发光散射
信号	吸光度	荧光强度	离子流强度	电流	散射光强
线性范围	10^5	10^4	宽	10^5	—
选择性	是	是	否	是	否

续表

性能指标	检测器类型				
	紫外	荧光	质谱	安培	蒸发光散射
流速影响	无	无	无	有	—
温度影响	小	小	—	大	小
检测限	$10^{-10}\,\mathrm{g/mL}$	$10^{-13}\,\mathrm{g/mL}$	$10^{-9}\,\mathrm{g/s}$	$10^{-13}\,\mathrm{g/mL}$	$10^{-9}\,\mathrm{g/mL}$
池体积/μL	2~10	~7	—	<1	—
梯度洗脱	适宜	适宜	适宜	不宜	适宜
细管径柱	难	难	适宜	适宜	适宜
样品破坏	无	无	有	无	无

（2）性能指标 性能指标包括噪声和漂移、灵敏度、检测限和线性范围等。

噪声和漂移反映检测器电子元件的稳定性，及其受温度和电源变化的影响；若有流动相从色谱柱流入检测器，还反映流速和溶剂（纯度、气泡、固定相流失）的影响。噪声和漂移会影响测定的准确度，应尽量减小。

灵敏度表示一定量的样品物质通过检测器时所给出的信号大小。对浓度型检测器，表示单位浓度的样品所产生的电信号的大小；对质量型检测器，表示单位时间内通过检测器的单位质量的样品所产生的电信号的大小。

检测限表示检测器灵敏度的高低，但并不等于它检测最小样品量或最低样品浓度能力的高低，因为灵敏度在定义时，没有考虑噪声的大小，而检测限与噪声的大小是直接有关的。检测限（D）指恰好产生可辨别的信号（通常用2倍或3倍噪声表示）时进入检测器的某组分的量：$D=3N/S$，式中 N 为噪声，S 为灵敏度。检测限是检测器的一个主要性能指标，其数值越小，检测器性能越好。注意其与分析方法检测限的区别，分析方法的检测限除了与检测器的噪声和灵敏度有关外，还与色谱条件、色谱柱和泵的稳定性及各种柱外因素引起的峰展宽有关。

线性范围指检测器的响应信号与组分量呈线性关系的范围。定量分析准确与否，关键在于检测器所产生的信号是否与被测样品的量始终呈一定的函数关系。输出信号与样品量最好呈线性关系，这样进行定量测定时既准确又方便，但没有一台检测器能在任何范围内都呈线性响应。此外还要求检测池体积小、受温度和流速的影响小、能适合梯度洗脱检测等。

5. 数据处理系统

数据处理系统对原始数据进行处理，并获得相应的定性定量数据。

（二）高效液相色谱的固定相和流动相

如何选择最佳的色谱条件以实现最理想的分离，是 HPLC 分析方法建立和优化的任务之一。

1. 填料基质（担体）

HPLC 填料有两种：①陶瓷性质的无机物基质，主要是硅胶和氧化铝，其刚性大，在溶剂中不容易膨胀。硅胶是最常用填料基质，被用于大部分的 HPLC 分析，适用于广泛的极性和非极性溶剂，尤其是相对分子质量小的被分析物，强度高，比表面积大，可以通过成熟的硅烷化技术键合上各种基团，制成反相、离子交换、疏水作用、亲水作用或分子排阻色谱用填料。②有机聚合物基质，以高交联度的苯乙烯-二乙烯苯或聚甲基丙烯酸酯为基质填料，压力限度比无机填料低，疏水性强，适用于分离大分子物质，主要用来制成分子排阻和离子交换柱。

2. 化学键合固定相

将有机官能团通过化学反应共价键合到硅胶表面的游离羟基上而形成的固定相称为化学键合相。这类固定相的突出特点是耐溶剂冲洗，并且可以通过改变键合相有机官能团的类型改变分离的选择性。

化学键合相多采用微粒多孔硅胶为基体，用烷烃二甲基氯硅烷或烷氧基硅烷与硅胶表面的游离硅醇基反应，形成 Si—O—Si—C 键形的单分子膜而制得。未反应的硅醇基对键合相的性能有很大影响，特别是对非极性键合相，它可以减小键合相表面的疏水性，对极性溶质，特别是碱性化合物产生次级化学吸附，使溶质在两相间的平衡速度减慢，降低了键合相填料的稳定性，从而使保留机制复杂化。

化学键合相有非极性和极性键合相两种。非极性键合相主要有各种烷基，以 C_{18} 柱应用最广，其烷基链长对样品容量、溶质的保留值和分离选择性都有影响。一般来说，样品容量随烷基链长增加而增大，且长链烷基使溶质的保留值增大，可改善分离的选择性，而短链烷基键合相具有较高的覆盖度，分离极性化合物时可得到对称性较好的色谱峰。极性键合相主要有氰基（—CN）、氨基（—NH₂）等，常用作正相色谱，混合物在极性键合相上的分离主要是基于极性键合基团与溶质分子间的氢键作用，极性强的组分保留值较大。

3. 流动相

理想的液相色谱流动相溶剂应具有低黏度、与检测器兼容性好、易于得到纯品和低毒性等特性。选择流动相时应考虑以下方面。

（1）流动相应不改变填料的任何性质 低交联度的离子交换树脂和排阻色谱填料有时遇到某些有机相会溶胀或收缩，从而改变色谱柱填床的性质。

（2）纯度高，黏度低，且必须与检测器相匹配 色谱柱的寿命与流动有关，特别是当溶剂所含杂质在柱上积累时。高黏度溶剂会影响溶质的扩散、传质，降低柱效，延长分离时间。

（3）适宜的溶解度 如果溶解度欠佳，样品会在柱头沉淀，影响分离纯化，使柱效降低。HPLC 的流动相在使用前必须脱气，防止气泡逸出，影响泵的正常工作和色谱柱的分离效率，降低检测器的灵敏度和基线稳定性，甚至使噪声增大。流动相使用前都必须经 0.45 μm 或 0.22 μm 微孔滤膜过滤，除去杂质微粒。溶解在流动相中的氧可能与样品、流动相甚至固定相发生反应，对分离或分析结果带来误差，必须脱气去除溶解在流动相中的氧气等气体。

（三）高效液相色谱法的类型

高效液相色谱根据分离原理可分以下几类方法。

1. 液固吸附色谱法

液固色谱法的固定相为固体吸附剂，其分离原理是基于吸附剂表面对不同物质吸附能力不同使混合物分离。液固色谱法对具有中等相对分子质量的脂溶性样品，如脂肪等可获得最佳的分离，而对强极性或离子型样品，存在不可逆吸附，影响分离效果。常用固定相为硅胶、氧化铝、分子筛、聚酰胺等，流动相主要是非极性的烃类（如己烷、庚烷），加少量极性溶剂作为缓和剂。

2. 液液分配色谱法

液液色谱法的固定相为液体，其分离原理是依据试样中各种组分在两液相中分配系数的不同而达到分离。液液色谱法的固定相是将一种极性或非极性固定液吸附在惰性固相载体上而构成的。载体材料为全多孔型或表面多孔微粒硅胶吸附剂，具有样品负载量高、可涂渍的固定液种类繁多、重现性好、分离效果好的特点，适合分离包括水溶性和脂溶性、极性和非极性、离子型和非离子型化合物等多种类型的样品，按固定相和流动相的极性又可分为两种：①正相色谱法：固定相为极性，流动相为相对非极性的疏水性溶剂，适用于分离中等极性和极性较强的化合物。②反相色谱法：固定相一般是非极性的，流动相为水或缓冲液，常加入与水互溶的有机溶剂以调节保留时间，适用于分离非极性和极性较弱的化合物。

3. 化学键合相色谱法

化学键合相色谱法是利用化学反应通过共价键将有机分子键合在载体（硅胶）表面，形成均一、牢固的单分子薄层而构成的固定相，这种固定相稳定，固定液不易流失，适合于梯度淋洗。化学键合相色谱法使用流动相的极性必须与固定相显著不同，根据流动相和固定相的相对极性不同，可分为两种：①正相键合相色谱：流动相极性<固定相极性，常用非极性溶剂（如烷烃类）同时加入适当的极性溶剂调节洗脱强度，适用于分离中等极性化合物。②反相键合相色谱：流动相极性>固定相极性，多以水或无机盐缓冲液为主，加入能与水相混溶的有机溶剂，通过改变洗脱剂组成及含量调节极性和洗脱能力。在反相键合相色谱中，极性大的组分先流出，极性小的组分后流出。

4. 离子交换色谱法

离子交换色谱分离原理是根据不同组分离子对固定离子基团亲和力的差别而达到分离。当流动相带着组分离子通过离子交换柱时，固定相离子交换剂上可电离的离子，与流动相中具有相同电荷的溶质离子进行可逆交换，依据样品中不同组分的离子对交换剂具有不同的亲和力而将其分离。离子交换色谱固定相主要是离子交换键合相，根据交换剂性质分为阳离子交换剂和阴离子交换剂，流动相通常是盐类的缓冲溶液，改变流动相的 pH、缓冲剂的类型、离子强度以及加入有机溶剂、配位剂等都会改变交换剂的选择性，影响样品的分离效果。

5. 凝胶色谱法

凝胶渗透色谱法的分离原理是根据溶液中分子体积的大小进行分离。分离过程是在装有多孔物质为填料的色谱柱中进行的，色谱柱填料分布着许多不同尺寸的小孔，不同的溶质分子按相对分子质量从大到小的次序，大分子的干扰杂质先流出，待测小分子化合物（如农药）后流出而得到分离。

（四）高效液相色谱仪的使用维护

1. 进样口的维护

进样样品要求无微粒和能阻塞针头及进样阀的物质。样品溶液要用微孔滤膜过滤，防止存在微粒。进样结束后应用不含盐的流动相或水冲洗进样器，防止缓冲盐和其他残留物质留在进样系统中。

2. 泵的维护

高压泵在使用时应注意防止固体微粒进入泵体造成柱塞、密封环等部件磨损，因此，流动相使用前必须过滤，以除去其中的固体微粒。流动相中不能含有任何腐蚀性物质，含有缓冲液的流动相不应保留在泵内，必须泵入纯水将泵充分清洗后，再换成适合于色谱柱保存和有利于泵维护的溶剂，尤其是在停泵过夜或更长时间的情况下。此外，泵在工作时，压力不能超过规定的最高压力，否则会使高压密封环变形，还要注意防止溶剂瓶内的流动相用完，避免空泵运转造成柱塞、缸体或密封环磨损，最终产生漏液。

3. 色谱柱的维护

色谱柱的正确使用和维护十分重要，不然会降低柱效，缩短使用寿命，甚至损坏色谱柱。柱效受柱内外因素影响，合理的柱结构可以尽可能减少填充床以外的死体积。此外，装填技术也很重要，填充剂在柱中心部位和沿管壁部位的填充是不均匀的，管壁部位比较疏松，易产生沟流，流速较快，影响冲洗剂的流形，使谱带加宽，这就是管壁效应，一般液相色谱系统的柱外效应对柱效的影响远大于管壁效应。对于基质复杂的样品需要进行预处理，或者在进样器和色谱柱之间连接一保护柱，避免直接注入柱内。每次分析完毕后可用强溶剂冲洗色谱柱，以清除保留在柱内的杂质。保存色谱柱时应将柱内充满乙腈或甲醇，拧紧柱接头，防止溶剂挥发。

四、色谱法在农药残留分析中的应用

气相色谱法具有高分离效能、分析快速等优点，易汽化且热稳定的农药均可采用气相色谱法检测，高效液相色谱法常用于分离检测极性强、相对分子质量大的离子型农药，尤其适用于对不易汽化或受热易分解农药的检测。

何超建立了气相色谱-脉冲火焰光度检测器（GC-PFPD）测定烟草中 5 种有机磷农药残留量，RSD 为 3.27%~8.42%，方法的检出限为 0.02~0.04 mg/L。宋春满建立了烟草中 26 种有机氯和 9 种拟除虫菊酯农药残留的 GC 法，有机氯农药的线性范围为 0.002~0.200 mg/L，平均回收率为 78.2%~94.6%，RSD 为 1.7%~6.5%，定量限为 0.001~0.008 mg/kg。拟除虫菊酯农药的线性范围为 0.02~1.20 mg/L，平均回收率为 87.2%~103.9%，RSD 为 1.9%~6.2%，定量限为 0.008~0.060 mg/kg。

边照阳建立了 GC-ECD 法测定烟草中 2，6-二硝基苯胺类农药残留量，方法回收率在 90.0%～98.1%，RSD 均小于 7%，检测限为 0.003～0.006μg/g。徐泳吉建立了烟草中吡虫啉和多菌灵农药残留的 HPLC 方法，多菌灵和吡虫啉农药浓度在 0.2～20.0 μg/mL 范围内线性良好，添加回收率分别为 87.3%～95.7% 和 84.7%～94.5%，RSD 均小于 3.5%。李智宁建立了烟草中噻森铜残留量的 HPLC 方法，平均回收率为 79.55%～98.16%，RSD 为 0.94%～7.55%，最低检测限为 0.5 mg/kg。

邵金良用反相 HPLC 法测定烟草中 8 种氨基甲酸酯类农药，浓度在 0.1～1.0 mg/L 范围内线性良好，0.05，0.10，0.50 mg/kg 三个添加水平回收率为 80.8%～110.6%、84.4%～109.7% 和 81.6%～112.9%，RSD 为 3.2%～10.8%、3.8%～11.8% 和 3.7%～8.5%，检出限为 0.008～0.010 mg/kg。陈金采用 HPLC-UVD 测定烟草及土壤中氯溴异氰尿酸残留量，烟叶中平均回收率为 85.01%～91.92%，RSD 为 1.36%～6.09%，土壤中平均回收率为 84.49%～92.44%，RSD 为 1.01%～5.29%。曹爱华等用 HPLC 同时测定烟草中吡虫啉、多菌灵、甲基硫菌灵三种农药残留，回收率分别为 91.9%～97.1%，92.7%～99.9%，87.4%～95.3%，RSD 分别为 3.97%～10.01%、3.15%～5.37%、3.05%～4.61%。

第二节　色谱–质谱联用技术

质谱分析是一种测量离子质荷比（质量/电荷）的分析方法，其原理是待测样品中各组分在离子源中发生电离，生成不同质荷比的带电离子，在加速电场的作用下，形成离子束进入质量分析器。利用不同离子在电场或磁场中运动行为的不同，把离子按质荷比（m/z）分开而得到质谱。以检测器检测到的离子信号强度为纵坐标，离子质荷比为横坐标作的条状图称为质谱图。根据样品的质谱图，可以确定其质量，实现定量分析。

质谱能提供精确的相对分子质量和结构信息，灵敏度高、专属性强。色谱–质谱联用技术将色谱的分离能力与质谱的定性功能结合起来，实现了对复杂混合物更为准确的定量和定性分析，也简化了样品的预处理过程，使样品预处理更为简单。色谱–质谱联用技术包括气相色谱–质谱联用（GC-MS）和液相色谱–质谱联用（LC-MS）、气相色谱–串联质谱联用（GC-MS/MS）和液相色谱-串联质谱联用（LC-MS/MS）。

一、质谱仪的结构系统

质谱仪由真空系统、进样系统、离子源、质量分析器、检测接收器和数据及供电系统等几部分构成。

（一）真空系统

真空系统由机械真空泵（前级低真空泵）和涡旋分子泵（高真空泵）组成，维持离子源和质量分析器的真空状态。离子要在质谱中飞行一定的时间和距离，在这些时间和空间中存在的大量气体会和离子发生碰撞淬灭而到不了检测器。为了消除不必要的离子碰撞、散射效应，就需要抽真空使背景气体分子数量大大减少，保证质谱仪的离子源、质量分析器和检测器在高真空状态下工作，减少本底的干扰。

（二）离子源

离子源是使待分析样品的原子或分子离子化成为带电粒子（离子）的装置，并对离子进行加速使其进入分析器。离子源的种类有多种，常用的有电子轰击离子源（EI）、化学电离源（CI）、场致/场解析电离源（FI/FD）等。

（1）电子轰击电离源（EI）　EI 主要由电离室、灯丝、离子聚焦透镜和一对磁极组成。灯丝发射的热电子，经聚焦并在磁场作用下穿过电离室到达收集极，此时进入电离室的样品分子在一定能量电子的作用下发生电离，离子被聚焦、加速聚焦成离子束进入质量分析器。改变灯丝与电离室之间的电位，可以改变电离电压，即离子化能量。当电子能量较小时，电离盒内产生的离子主要是分子离子，加大电子能量时，产生的分子离子部分发生断裂成为碎片离子。由于 70eV 条件下产生的离子流最稳定，因此标准 EI 电离谱图都在此能量得到，其质谱图具有高度的重现性。

电子轰击电离源为非选择性电离，只要样品能汽化，都能够离子化，其特点是离子化效率高，检测灵敏度高，电子流强度可精密控制，所形成的离子具有较窄的动能分散，谱图重复性好，有标准质谱图可以检索，碎片离子可提供丰富的结构信息。但缺点是不适于难挥发、热不稳定的样品，只能检测正离子，不能检测负离子，对一些在 EI 方式下分子离子不稳定易碎裂的化合物，由于得不到相对分子质量信息，图谱复杂解释有一定的困难。

（2）化学电离源（CI）　CI 源结构与 EI 源相似，主要区别是在电离过程中多了反应气体的参与，根据被分析样品的性质，可选择不同的反应气体。

CI 源电离室的气密性比 EI 源好，可保证通入离子源的反应气体有足够压力。CI 的缺点是：样品必须汽化，适用于热稳定性好且蒸气压高的样品，不适用于难挥发、热不稳定的样品。其谱图重复性不如 EI。

（三）质量分析器

质量分析器（Mass analyzer）的作用是将离子源中形成的离子按质荷比的大小不同分开，质量分析器可分为静态分析器和动态分析器两类。质量范围和质谱分辨率是质量分析器的两个主要性能指标，质量范围指质谱仪所能测定的质荷比的上限。质谱仪的分辨率（R）指的是能把相邻的质量差异很小的两个峰分开的能力。质量分析器主要有：四级杆分析器、离子阱分析器、扇形磁场分析器和飞行时间分析器。

1. 四级杆质量分析器

四级杆质量分析器是气相色谱—质谱（GC-MS）联用中最常用的一种质量分析器，质量轻，性能稳定。有全扫描（Full scan）和选择离子监测（SIM）两种不同的扫描模式，扫描速度快，灵敏度高，尤其选择离子模式，可以消除组分间的干扰，降低信噪比，提高灵敏度几个数量级，特别适用于定量分析。但因为选择离子检测方式得到的质谱不是全谱，因此不能进行质谱库检索和定性分析。

（1）单四级杆质量分析器　单四级杆质量分析器由四根截面呈双曲面的平行电极组成，围绕离子束呈对称排列，其上施加直流和射频电压，产生一个动态电场。离子源的电位比四级杆分析器的电位略高几伏，以提供离子沿传播中心轴飞行所需的动能。离子进入四级杆后，受到电场力的作用，可使离子围绕其传播中心轴振动，只有具有一定质荷比的离子才会通过稳定的振荡而到达检测器被检测，其余离子碰到四级杆而被过滤掉，最后被真空抽走。

（2）三重四级杆质量分析器　三重四级杆质量分析器由三组四级杆串接起来的质量分析器，第一组和第三组是质量分析器，中间一组是碰撞活化室。三重四级杆质量分析器的基本工作原理是选择合适的电离方式将目标化合物电离为碎片离子，从一级质谱的碎片离子中筛选特征的碎片离子为母离子，母离子与气体如 He、CH_4、Ar、N_2 等进行碰撞诱导裂解，使母离子裂解产生子离子，收集子离子，得到目标化合物的二级质谱谱图。

三重四级杆质谱仪其分析操作主要有子离子扫描、母离子扫描、中性丢失扫描和多反应选择监测（MRM）等不同扫描模式。前三种扫描方式主要用于化合物的结构分析，多反应选择监测方式主要用于定量分析，比单四级杆质量分析器的 SIM 方式选择性更好，排除干扰能力更强，信噪比更低，灵敏度更高，检测限更低。

2. 离子阱分析器

离子阱分析器具有一个由环行电极和上、下两个端盖电极构成的三维四极场，作用原理是将离子存储在阱里，然后改变电场按不同质荷比将离子推出阱外进行检测。与四级杆分析器类似，离子阱内也有一个稳定区，在稳定区内的离子，轨道振幅保持一定大小，可以长时间留在阱内，改变直流电压或射频电压，可使稳定区的离子处于非稳定区，把阱内的目标离子引出，进入检测器。离子阱与其他质量分析器最大的不同是具有离子储存技术，即可将各种离子保存在离子阱中，可以选择任一质量离子进行碰撞解离，实现二级或多级 MS^s 分析功能。离子阱质谱有全扫描和选择离子扫描功能，但灵敏度是相似的。

3. 扇形磁场分析器

在扇形磁场分析器离子源中生成的离子被几千伏高压加速，以一定的曲率半径通过电场、磁场，其运动轨道半径取决于离子的动量、质荷比、加速电压、磁场强度，不同质量离子在变化的电场、磁场或加速电压下被分离。

4. 飞行时间质谱

飞行时间质谱（TOF-MS）与离子的飞行速度和质量相关，线性同轴的飞行时间质量分析器由一段无场的飞行管构成。离子束被高压加速以脉冲方式推出离子源进入飞行管，自由漂移到达检测器，由于分子质量不同，获得的加速度不同，质量小的离子比大的具有较高速度，所用的时间短，更先到达检测器，因此可把不同质量的离子分开，同时适当增加漂移管的长度可以提高分辨率。

二、气相/液相色谱-质谱联用技术

（一）GC-MS 接口

气相色谱仪是样品中各组分的分离器，气-质接口是组分的传输器并保证 GC 和 MS 两者气压的匹配。由于 GC 入口端的压力高于大气压，样品在高于大气压的状态下进入色谱柱分离，然后和载气一起流出色谱柱，而出口端的压力为大气压力，因此，接口技术需要解决 GC 的大气压工作条件和 MS 的真空工作条件的连接和匹配问题，尽可能去除 GC 色谱柱流出物中的载气，同时保留或浓缩待测物，保证被测组分可以从气相色谱传输到质谱而没有任何不正常的现象如灵敏度的损失、二次反应、峰形的改变等发生。

目前 GC-MS 系统中常用的接口是直接插入型接口，即将色谱柱直接插入质谱离子源的直接连接方式。直接插入型接口主要由金属导管、加热套、温度控制和测温元件组成。接口温度稍高于柱温，以防止由气相色谱仪插入到质谱仪的毛细管柱被冷却，色谱柱流出物全部导入质谱仪的离子源内，绝大部分载气被离子源高真空泵抽出，达到离子源真空度的要求。直接插入型接口的优点是：死体积小、无催化分解效应、无吸附；不存在与化合物的相对分子质量、溶解度、蒸气压等有关的歧视效应；结构简单，减少了漏气部位，色谱柱易安装。缺点是不适于大流量进样和大口径毛细管柱，更换色谱柱子时系统必须放空到常压，色谱柱固定液流失会随样品全部进入离子源，污染离子源。

（二）LC-MS 接口

质谱是在真空条件下工作，要与一般常压下工作的液质接口相匹配并维持足够的真空，只能是增大真空泵的抽速，维持一个必要的动态高真空。LC-MS 联用仪的设计均增加了真空泵的抽速，并采用了分段、多级抽真空方法，以形成真空梯度满足接口和质谱的正常工作。

液相洗脱剂流量较气相色谱的载气要大得多，LC-MS 联用仪接口同时兼作了质谱仪的电离部分，接口和色谱仪共同组成了质谱的进样系统。LC-MS 仪器目前主要采用大气压离子化接口，成功解决了 LC 与 MS 联用的接口问题。大气压电离包括电喷雾电离（ESI）和大气压化学电离（APCI）两种。ESI 适合于中高极性化合物，特别适合于反相液相色谱与质谱联用，是目前液质联用中应用最广泛的一种离子化方式；ESI 的优点在于它是一种浓度型检测器，不受样品量的限制。APCI 采用电晕放电来电离气相分析物，因此要求被分析物具有一定挥发性，在分析中、低极性的小分子化合物时非常有效。大气压光电离源（APPI）是在大气压下利用光化作用将气相的被分析物离子化的技术，其适应范围与 APCI 相似，是对 APCI 的补充。

（三）扫描模式

MS 有全扫描和离子监测两种模式。全扫描是对离子源产生的全部离子扫描，易受目标物提取程度的制约和杂质的影响，不易分辨和认定，特别是当杂质与目标物出峰时间一致或相近时，目标物往往被杂质峰所掩盖或在杂质峰一侧形成肩峰，造成漏检。离子监测扫描（SIM）是按照设定的质荷比选择性地检验离子源中产生的离子，对每个目标物一般选择包括基峰在内的4~8个强度较大的特征离子，离子检测系统仅检测设定质荷比的离子。由于不检测设定质荷比以外的离子，样品中杂质干扰在较大程度上被消除，能使目标物从杂质掩盖中凸显出来。

三、气相/液相色谱-串联质谱技术

根据MS谱图鉴定化合物的结构，比单纯根据色谱保留时间定性要准确得多，但对于一些同分异构体，或者存在严重基体干扰物质及共流出物，一级MS确定化合物结构较困难。二级质谱（MS/MS）在应用时相当于一级质谱作色谱用，对离子进行再次分离，二级质谱进行检测，这样可以使基质背景和噪声大大降低，从而提高分析灵敏度。

（一）GC-MS/MS工作原理

经过气相分离的目标化合物，选择合适的电离方式电离为碎片离子，从一级质谱的碎片离子中筛选特征的碎片离子为母离子，母离子与气体（常用的气体有：He、CH_4、Ar等）进行碰撞诱导裂解，使母离子裂解产生子离子，收集子离子，得到目标化合物的二级质谱谱图，利用母离子/子离子对进行定性定量分析。

GC-MS/MS扫描模式有以下4种：①子离子扫描：在一级质谱中选择感兴趣的离子作为母离子，选择合适的电压将其打碎后，在二级质谱中对母离子的碎片离子做全扫描分析，该模式用于化合物的鉴定和结构剖析。②母离子扫描：选择二级质谱中的某个子离子，在一级质谱中获得该离子的所有母离子。该模式主要用于追踪子离子的来源。③中性丢失扫描：固定质量差，同时扫描一级质谱和二级质谱，该模式用于鉴定化合物的特定官能团。④多反应监测（MRM）：给定母离子、子离子和碰撞能量，对特定目标化合物的特定离子对进行扫描，可大大降低噪声信号，可用于不能完全色谱分离的多种目标化合物的定性定量，也是最常用的GC-MS/MS分析方式。

GC-MS/MS综合使用了保留时间、母离子、子离子和实验参数的条件，为目标化合物的鉴定提供了更高的选择性。在对离子检测前就排除了样品基质中的干扰组分，因而即使对基质复杂的样品也可以达到较高的灵敏度。利用MS/MS方式可以将色谱不能完全分开的、具有不同母离子的共流出物，通过MRM方式将其分离。

（二）可与 GC 联用的二级质谱（MS/MS）类型

三重四级杆质谱是应用最多的二级质谱，由三个四级杆串接在一起，第一个四级杆的作用为选择母离子，第二个四级杆内对母离子进行碰撞，故也称碰撞池，第三个四级杆对碰撞池产生的二级离子进行扫描。三重四级杆质谱的定量能力强、线性范围宽、灵敏度高，对分析操作模式中的四种方式都能使用。

离子阱质谱（IT-MS/MS）又称为"时间串联质谱"，在同一个离子阱质谱内完成母离子选择、碰撞诱导解离和子离子扫描，但工作中只能执行子离子扫描，无法完成母离子扫描和中性丢失扫描。可实现多级质谱功能，有利于离子结构推导和碰撞解离机理阐述，定性能力强。

四级杆飞行时间质谱（Q-TOF MS）以四级杆作为一级质谱进行母离子选择，以 TOF-MS 作为二级质谱进行子离子扫描，其定性能力比三重四级杆质谱强，分辨率高，适合大分子质量化合物的分析。

傅立叶变换质谱（FTICI-MS）分辨率、定性能力、灵敏度都极好，但价格昂贵。

（三）LC-MS/MS 分析条件的选择

LC-MS/MS 除了可以分析 GC-MS 所不能分析的强极性、难挥发和热不稳定的化合物之外，还从根本上解决了色谱流出物的定性问题，可获得复杂基质中单一成分的质谱图，具有较高的灵敏度和较强的专属性，不需要使分析物之间实现完全的色谱分离，使得样品预处理过程简化，同时分析测试时间大为缩短，具有多通道检测功能，允许同时对多个成分进行定性、定量分析，这为复杂的基质中定性、定量提供了技术支持。

（1）接口的选择　ESI 适合于中等极性到强极性的化合物分子，特别是那些在溶液中能预先形成离子的化合物和可以获得多个质子的大分子，APCI 适用于弱极性或中等极性的小分子的分析，不适合于带多个电荷的大分子。

（2）正、负离子模式的选择　正离子模式适合于碱性样品，可用乙酸或甲酸对样品加以酸化，样品中含有仲胺或叔胺时可优先考虑使用正离子模式。负离子模式适合于酸性样品，可用氨水或三乙胺对样品进行碱化，含氯、含溴和多个羟基时可尝试使用负离子模式。

（3）流动相的选择　常用的流动相为甲醇、乙腈、水和三种溶剂不同比例的混合物以及一些易挥发盐的缓冲液，可加入易挥发酸碱如甲酸或氨水等调节 pH。LC-MS/MS 应避免带入不挥发的缓冲液，避免含磷和氯的缓冲液。

（4）流量和色谱柱的选择　流量的大小对于 LC-MS/MS 成功的联机分析十分重要，应根据柱子的内径、柱分离效果、流动相组成等因素综合考虑。目前大多采用 2.1mm 内径的微柱，柱流量在 $200\sim500\mu L/min$ 合适。为了提高分析效率，常采用小于 100mm 的短柱，此时目标化合物可能在色谱图上并不能获得完全分离，但由于质谱定量使用 MRM 的功能，因此不要求各组分完全分离。

（5）温度的选择　温度的选择和优化主要是指接口的干燥气体温度，一般选择干燥气温度高于分析物的沸点 20℃ 左右即可。对热不稳定性化合物，要选用更低的温度以避免显著的分解。选用干燥气体温度和流量大小时还要考虑流动相的组成，有机溶剂比例高时可采用适当低的温度和适当小的流量。

（6）影响相对分子质量测定的因素　①pH 的影响：pH 对离子化有影响，还会影响 LC 的峰形。正离子方式 pH 要低些，负离子方式 pH 要高些。②气流和温度：当水含量高及流量大时要相应增加。③溶剂和缓冲液流速：流速适当高可以提高出峰的灵敏度，通常正离子用甲醇溶剂好，负离子用乙腈溶液好。④样品结构和性质。⑤杂质的影响：溶剂的纯度、水的纯净程度、样品成分复杂性等。当成分复杂，杂质太多时，竞争使被测物离子化不好，同时使 LC 分离不好。样品浓度不够时有时需要浓缩。⑥背景干扰：背景干扰主要来源于溶剂中的杂质、塑料添加剂的峰、表面活性剂的峰（样品容器不干净）以及进样系统污染、样品在源内碎裂形成碎片离子。

（四）基质效应

基质效应是指样品基质中的某些共体物组分对待测化合物浓度或质量测定值准确度的影响。农药的基质效应最先是由 Erney 在 1993 年首次提出，在 LC-MS/MS 方法开发和验证过程中需要对基质效应进行评价。

1. 基质效应的来源

基质效应源自色谱分离过程中与被测物共流出的干扰物质，共流出干扰物可分为内源性杂质和外源性杂质。内源性杂质是在样品提取过程中同时被提取出来的无机或有机分子，当这些物质在共提取液中浓度较高，并与目标物共流出色谱柱进入离子源时，将严重影响目标化合物的离子化过程。外源性杂质通常容易被人们忽视，但它也会带来严重的基质效应。这些干扰物由样品预处理的各步骤引入，包括塑料管中的聚合物残留、离子对试剂、有机酸等离子交换促进剂、去污剂降解产物、缓冲盐或 SPE 小柱材料及色谱柱固定相释放的物质等。

2. 基质效应的补偿

基质效应的存在会严重影响分析检测的检出限、定量限、线性关系、精密度和准确度等。随着 LC-MS/MS 的广泛应用，致力于消除和补偿基质效应的研究逐渐增多，虽然通过多步净化措施、提高柱温、使用更小粒径和内径的 LC 色谱柱、使用内标物定量、采用基质匹配标准曲线定量、样品稀释等方式提高了分离度，从而减少了共流出组分，但仍然难以消除基质效应。

（1）样品预处理方法　通常利用液液萃取或固相萃取制备的样品内源性杂质较少，有助于降低绝对基质效应。但样品预处理过程的复杂化会降低分析检测的效率，增加污染的风险，并可能带来待测组分的损失，也直接影响待测组分的提取回收率。样品提取液稀释倍数不一样，基质效应也不同，稀释倍数越大，基质效应越不明显。因此在样品制备中要兼顾基质效应和提取回收率两方面的因素，选择合适的样品制备方法。

（2）优化色谱分离条件　通过优化色谱分离条件分离内源性杂质与目标化合物。采用反相色谱法分离时，最初流出的主要是基质中的极性成分，而这些极性成分往往是引起基质效应的主要原因。当待测组分的色谱保留时间较短时，其受基质效应影响较大。因此，适当地延长待测组分的保留时间，有利于减少基质对测定的影响。

（3）同位素内标　可采用性质相近或稳定的同位素内标，但需注意的是，如果绝对基质效应太大，通常会造成方法的变异很大，而且当多个分析物同时检测时，由于存在极性差异，即使是同类物的同位素内标也很难抵消基质效应，从而造成定量结果偏差。

（4）进样量和流速　在保证灵敏度的情况下，小体积进样，可以适当降低基质效应。使用 ESI 离子源时，较低的流速可以使同时离子化的化合物减少，降低了待测成分与基质成分在电离过程中的竞争，从而减弱基质效应。在流动相中添加极少量不同的有机酸或碱，可促进目标化合物离子化，从而减少基质效应的影响。

（5）优化质谱分析条件　目前用于定量的离子源主要是电喷雾离子源（ESI）和大气压化学离子源（APCI）。通常 ESI 对于基质效应的敏感程度要高于 APCI，对于特定的化合物，特别是对于蛋白质沉淀法处理的样品，采用

ESI 有明显的基质效应，更换成 APCI 源或大气压光离子源（APPI）可能会是一种简单易行的方法。

（6）基质匹配标准曲线　采用基质匹配标准溶液是按照样品预处理步骤提取不含目标化合物的空白样品，并把提取液与标准品溶液混合而成，一般用其来做基质匹配标准工作曲线，对基质效应进行校正。

四、色谱–质谱联用技术在农药残留分析中的应用

石杰建立了 GC–MS 联用法测定烟草中 20 种有机磷农药残留量，回收率为 70%～118%，RSD 为 0.5%～11.9%。边照阳建立了 GC–MS 方法，测定烟草中二硫代氨基甲酸酯类农药残留量，回收率为 90.4%～106.0%，RSD 为 3.2%～9.5%，定量限为 0.017 mg/kg。张洪非建立了 GC–MS 方法测定烟草中 29 种有机磷农药残留量，平均回收率为 61.4%～128.0%，RSD 在 12% 以下。

陈晓水建立了 GC–MS/MS 方法测定烟草中 132 种农药残留，所有农药的方法定量限均低于 20μg/kg，平均回收率为 68.10%～123.15%，RSD 为 1.79%～19.88%。王兴宁用 GC–MS/MS 检测烟草中 97 种农药残留，回收率为 67.4%～116%，RSD 为 1.9%～14%。杨飞用 LC–MS/MS 测定烟草中 6 种杀菌剂，平均回收率为 85.3%～118.8%，RSD 小于 7.7%，定量限为 0.007～0.033 mg/kg。

高帅建立了 QuEChERS 方法结合液相色谱–四级杆–飞行时间质谱快速测定调味茶中 52 种农药残留的方法，样品用乙腈提取，经 N-丙基乙二胺、石墨化炭黑、C$_{18}$ 净化，在 4 个添加水平（10，20，50，100μg/kg）下 52 种农药的回收率在 70%～120%，RSD 均小于 20%，添加农药的定量限为 0.002～0.020 mg/kg。

蒋庆科建立了 QuEChERS 方法，LC–MS/MS 测定辣椒中 30 种常用农药残留量，样品用乙腈提取，PSA、无水 MgSO$_4$ 吸附净化检测，30 种农药在 5.0，10.0，20.0 μg/kg 3 个加标水平下，平均回收率为 59.0%～118.3%，RSD 为 0.2%～12.6%，线性方程的相关系数达到 0.9957～0.9999。

陈鑫建立了 LC–MS 联用法测定南瓜、芦笋等蔬菜中吡唑醚菌酯残留量，样品用乙腈提取、PSA 和 C$_{18}$ 净化后，结果表明，该方法的平均回收率为 88.4%～110.0%，RSD 为 0～7.7%。宋春满建立了 UPLC–MS–MS 方法测定烟草中 50 种农药及其代谢物残留方法，50 种农药的回收率为 68.3%～102.3%，RSD 为 2.1%～7.5%，定量限为 4～15μg/kg。

参考文献

[1] 边照阳，唐纲岭，张洪非，等．烟草中 6 种二硝基苯胺类农药残留量的测定［J］．烟草科技，2010，（8）：50-54.

[2] 边照阳，唐纲岭，张洪非，等．烟草中二硫代氨基甲酸酯农药残留量的测定［J］．烟草科技，2011，（3）：46-49，54.

[3] 边照阳．烟草农药残留分析技术［M］．北京：中国轻工业出版社，2015.

[4] 曹爱华，李义强，徐光军，等．高效液相色谱法同时测定烟草中吡虫啉、多菌灵、甲基硫菌灵的残留量［J］．中国烟草科学，2009，30（1）：31-34.

[5] 陈金，龚道新，彭祜，等．氯溴异氰尿酸在烟草及土壤中残留分析方法的研究［J］．安全与环境学报，2012，12（5）：127-130.

[6] 陈鑫，刘骞，刘军，等．LC-MS 测定南瓜、芦笋、水芹和番木瓜中吡唑醚菌酯残留量［J］．湖北农业科学，2019，58（5）：92-95.

[7] 高帅，陈辉，胡雪艳，等．改进的 QuEChERS 方法结合液相色谱-四级杆-飞行时间质谱快速筛查与确证调味茶中 52 种农药残留［J］．色谱，2019，37（9）：955-962.

[8] 何超，刘跃华，黄海涛，等．气相色谱法测定烟草中有机磷农药残留量［J］．理化检验（化学分册），2010，（6）：76-78，81.

[9] 黄琪，刘惠民，屈凌波，等．高效液相色谱串联质谱法测定烟草中有机磷农药残留量［J］．烟草科技，2008，（10）：35-39.

[10] 李淑娟，于杰，高玉生，等．测定果蔬中有机磷类农药的基质效应［J］．食品工业科技，2017，38（6）：49-53.

[11] 李智宁，李湄川，胡德禹，等．高效液相色谱法测定烟草上的噻森铜［J］．江苏农业科学，2015，（1）：284-286.

[12] 蒋庆科，邹品田，罗勇为，等．QuEChERS-LC-MS/MS 法测定辣椒中 30 种常用农药残留［J］．食品工业，2016，37（11）：295-298.

[13] 钱传范．农药残留分析原理与方法［M］．北京：化学工业出版社，2011.

[14] 秦云才，黄琪．高效液相色谱串联质谱法测定有机磷农药残留［J］．环境科学与管理，2011，36（2）：138-142，163.

[15] 邵金良，汪禄祥，刘宏程，等．用 HPLC 柱后衍生法分析烟草中氨基甲酸酯类农药残留［J］．中国烟草科学，2012，（3）：97-101.

[16] 石杰，杨静，刘惠民，等．烟草中有机磷农药残留的 GC/MS 快速分析［J］．烟草科技，2010，（9）：43-46.

[17] 宋春满，杨叶昆，和智君，等．气相色谱双柱法检测烟草中多种有机氯和拟除虫菊酯农药残留［J］．现代农药，2015，14（5）：35-38.

[18] 王大宁，董益阳，邹明强．农药残留检测与监控技术［M］．北京：化学工业出版

社，2006.

[19] 王兴宁，蔡秋，刘康书，等．气相色谱-串联质谱法测定烟草中97种农药残留量 [J]．理化检验（化学分册），2014，（12）：87-92.

[20] 徐文娟，王振刚，丁葵英，等．QuEChERS/液相色谱-串联质谱法测定5种蔬菜中17 种氨基甲酸酯类农药的基质效应研究 [J]．分析测试学报，2017，36（1）：54-60.

[21] 许泳吉，刘云云，韩玮，等．固相萃取-高效液相色谱法同时测定烟草中吡虫啉和多 菌灵 [J]．青岛科技大学学报：自然科学版，2016，37（1）：26-31.

[22] 杨飞，边照阳，唐纲岭，等．LC-MS/MS同时检测烟草中的6种杀菌剂 [J]．烟草 科技，2012，（011）：45-50.

[23] 张洪非，胡清源，唐纲岭，等．气相色谱-质谱法分析烟草中29种有机磷农药残留 [J]．中国烟草学报，2008，14（12）：9-13.

[24] 朱国念．农药残留快速检测技术 [M]．北京：化学工业出版社，2008.

[25] 朱小梅，张宗祥，王玉祥．气相色谱法测定土壤中37种有机磷农药残留 [J]．环境 监控与预警，2019，（6）：24-27.

第七章
酶抑制分析技术

酶抑制法最初用于临床医学分析，于 20 世纪 50 年代初期开始用于农药残留检测，1951 年 Giang 与 Hall 基于有机磷农药在体外对胆碱酯酶有不同抑制作用的机理，用 pH 计测定乙酰胆碱被水解后产生乙酸的酸度变化，成功测定了沙林、四乙基磷酸酯、内吸磷及对氧磷等体外对酶有强抑制作用的化合物。该方法可用于测定有机磷类和氨基甲酸酯类农药残留。

第一节　酶抑制法原理及试剂

一、基本原理

有机磷和氨基甲酸酯类农药都是神经毒剂，对昆虫、哺乳动物和人体内神经传递介质中的乙酰胆碱酯酶具有抑制作用，使该酶的水解作用不能正常进行，导致底物乙酰胆碱的积累，影响正常的神经传导，导致中毒和死亡。酶抑制法即是基于这一毒理学原理而应用到农药残留检测中。有机磷和氨基甲酸酯类农药对酯酶抑制率与其浓度呈正相关，酯酶包括各种动物来源的乙酰胆碱酯酶和丁酰胆碱酯酶以及从植物中提取的植物酯酶。酯酶与样品进行反应，如样品中没有农药残留或残留量极少，酶的活性不被抑制，可以水解底物，水解产物可通过光度法或电化学的方式进行检测，反之，如农药的残留量较高，酶的活性被抑制，底物就不被水解或水解速度较慢，可通过抑制率判断出样品中是否含有有机磷或氨基甲酸酯类农药及含量。

二、酯酶种类及其活性

酶的种类决定了检测的灵敏度。农药残留测定中所用的酶有胆碱酯酶和羧酸酯酶。胆碱酯酶又分为乙酰胆碱酯酶（AchE）和丁酰胆碱酯酶（BchE）两种。AchE 又称为真性或特异性胆碱酯酶，主要分布于脑、脊髓、肌肉和红细胞等组织中，是生物神经传导中的一种关键性酶，能高效水解神经递质乙酰胆碱，保证神经冲动在突触间的正常传导。BchE 又称为非特异性胆碱酯酶或拟胆碱酯酶，主要分布在血清和肝脏中。两类胆碱酯酶都是有机磷和氨基甲酸酯类农药的作用靶标，但催化胆碱酯类底物的水解反应速率不同，主要差异在于对乙酰胆碱和丁酰胆碱两种底物不同的选择性。乙酰胆碱酯酶催化胆碱酯类水解速度顺序是：乙酰胆碱>丙酰胆碱>丁酰胆碱，丁酰胆碱酯酶水解丁酰胆碱的速率大于水解乙酰胆碱的速率。

（一）胆碱酯酶不同来源及其分离纯化

1. 昆虫胆碱酯酶

昆虫体内只有乙酰胆碱酯酶一种。据报道从家蝇、蜜蜂及麦二叉蚜等昆虫中得到的乙酰胆碱酯酶已成功进行了分离、纯化或部分纯化。昆虫体内的乙酰胆碱酯酶主要分布在胸部和头部。敏感家蝇由于生活史短（16～18d），容易饲养，通常被作为酶源材料。提取方法：在-20℃将家蝇冷冻至死后，加入少许干冰和磷酸缓冲液，匀浆、离心，取上清液过滤后冷冻保存备用。

2. 动物血清酯酶

动物血液中乙酰胆碱酯酶含量较高，且来源广泛，廉价易得。已从鸭、马和牛等动物的血清中成功提取并纯化出较高活力的乙酰胆碱酯酶。提取方法：将刚抽取的动物血液注入无抗凝剂的试管中，恒温使血液凝团渗出血清，取血清离心，上清液冷冻保存备用。

3. 动物肝酯酶

鸡肝和猪肝常作为乙酰胆碱酯酶的提取材料，分离纯化方法与动物血清相同。猪肝中提取的乙酰胆碱酯酶对农药的敏感性较好。提取方法：动物新鲜肝脏加蒸馏水匀浆、离心，取上清液冷冻保存备用。

4. 植物酯酶液

20 世纪 80 年代以来，人们开始尝试使用植物酶源替代动物酶源。植物酯酶活性不如动物酯酶高，但来源丰富、取材和制备方便、价廉易得、提取和保存较为方便、成本较低。研究结果表明，粮谷类的酯酶较其他植物含量更高，尤以小麦的酯酶活性较高。提取方法：取市售面粉，按比例加入蒸馏水，振荡、离心，取上清液过滤，滤液冷冻保存备用。

酶液一般需在-20℃冷冻保存，保存时间最好不超过 3 个月，如果短时间内用不完，最好分装保存。用时解冻，反复解冻最多不超过两次，否则会影响酶的活性。

（二）底物和显色剂

酶抑制显色反应可以使用的底物（基质）和显色剂很多，如乙酰胆碱、乙酸萘酯和其他羧酸酯及其衍生物均可用作酶的底物，根据基质被水解后产生的乙酸和另一水解产物如 β-萘酯、吲哚酚和靛酚蓝等的不同，采用不同的显色方法，大致可以分为以下几种类型。

（1）乙酰胆碱-溴百里酚蓝显色法　此法利用底物水解产物的酸碱性变化，以 pH 指示剂显色。

$$乙酰胆碱(Ach) + H_2O \xrightarrow{\text{酶}} 胆碱 + 乙酸$$

溴百里酚蓝显色范围 pH 6.2（黄色）~7.6（蓝色），在薄层色谱酶抑制法中酶作用的底板部位有乙酸 pH<6.2，呈现出黄色，而农药斑点部位抑制乙酰胆碱的水解而无乙酸，pH>7.6，呈现出蓝色。

（2）乙酸-β-萘酯-固蓝 B 盐显色法　此法利用底物乙酸-β-萘酯的水解产物与显色剂作用形成紫红色偶氮化合物。

$$乙酸-\beta-奈酯 + H_2O \xrightarrow{\text{酶}} \beta-奈酯 + 乙酸$$

$$\beta-奈酯 + 固蓝 B 盐 \longrightarrow 偶氮化合物(呈紫红色)$$

（3）乙酸羟基吲哚显色法　此法利用底物乙酸羟基吲哚水解产物吲哚酚氧化成靛蓝而显蓝色：

$$乙酸羟基吲哚 + H_2O \xrightarrow{\text{酶}} 吲哚酚 + 乙酸$$

$$吲哚酚 + O_2 \longrightarrow 靛蓝(呈蓝色)$$

（4）乙酸靛酯显色法　此法利用发色基质乙酸靛酯水解产物显色。

$$乙酸靛酯 + H_2O \xrightarrow{\text{酶}} 靛酚蓝(蓝色) + 乙酸$$

研究表明，乙酰胆碱-溴百里酚蓝显色法灵敏度不高，而且样品等因素对 pH 的干扰较大，现已很少使用。而乙酸萘酯-固蓝 B 盐、乙酸靛酯、吲哚乙酸酯及其衍生物为基质的羧酸酯酶显色法，由于灵敏度高，适应性广，提取材料、基质和显色剂较易获得，被广泛使用。

第二节　检测方法

一、薄层-植物酶抑制法

薄层-植物酶抑制法方法以醋酸-α-萘酯为基质，其水解产物萘酚与固蓝

B 反应呈现紫红色，农药斑点为白色。

　　首先进行制备、点样及展开。酶抑制显色：经展开后的薄层，均匀喷以配好的面粉酶工作液至板面湿润，置于 37℃、相对湿度 90%的恒温箱中 20 min，取出，喷显色基质溶液，若室温较低，需在 37℃恒温箱内保温 5 min，观察结果，背景呈紫红色，被测物呈白色斑点。通过斑点面积法进行半定量或使用薄层扫描仪进行定量分析。

　　二、农药速测卡法

　　农药速测卡是一定尺寸的长方形纸条，上面对称贴有白色、红色圆形药片各一片。白色药片中含有从动物血清中提取的胆碱酯酶，红色药片中含有乙酰胆碱类似物 2,6-二氯靛酚乙酸酯，2,6-二氯靛酚乙酸酯在胆碱酯酶的催化下能迅速发生水解反应，生成 2,6-二氯靛酚（蓝色）和乙酸。如果存在有机磷或氨基甲酸酯类农药，胆碱酯酶的活性会受到抑制而不发生水解反应，没有蓝色物质生成。白色药片变蓝，说明农药残留在检测限下；白色药片不变蓝，说明含有超出检测限的农药，由此可判断样品中是否有高剂量有机磷或氨基甲酸酯类农药的存在。

　　速测卡法有以下两种。

　　1. 整体测定法

　　整体测定法操作步骤：剪取 5 g 样品，放入瓶中，加入 10 mL 缓冲溶液，振摇，静置 2 min 以上，取出速测卡，用白色药片蘸取提取液，放置 10 min 进行预反应，预反应后的药片表面必须保持湿润，将速测卡对折，使红色药片与白色药片叠合发生反应。每批测定应设一个缓冲液的空白对照卡。

　　2. 表面测定法

　　表面测定法也称粗筛法，操作步骤与整体测定法基本相同，不同之处在于样品制备：样品无需剪碎，而是直接将缓冲溶液滴于样品表面，如烟叶与另一片烟叶轻轻摩擦后，取表面渗出液体用速测卡检测。

　　结果以酶被有机磷或氨基甲酸酯类农药抑制（为阳性）、未抑制（为阴性）表示。与空白对照卡比较，白色药片不变色或略有浅蓝色均为阳性结果。白色药片变为天蓝色或与空白对照卡相同，为阴性结果。对阳性结果的样品，可用其他分析方法进一步确定具体农药品种和含量。

　　三、分光光度法

　　（一）丁酰胆碱酯酶法

　　以碘化硫代丁酰胆碱为底物，在丁酰胆碱酯酶的作用下将底物水解成碘化硫代胆碱和丁酸，碘化硫代胆碱和显色剂二硫代二硝基苯甲酸产生显色反应，反应液呈黄色，用分光光度计在 412 nm 处测定吸光度随时间的变化值，计算出抑制率。通过抑制率可判断样品中是否有高剂量有机磷或氨基甲酸酯类农药的存在。

1. 操作步骤

（1）样品处理 取样品加入缓冲溶液，振荡，倒出提取液，静置后待用。

（2）对照溶液测试 先于试管中加入缓冲溶液、酶液和显色剂，摇匀后于 37℃放置 15 min 以上（每批样品的控制时间应一致），再加入底物摇匀，此时待测液开始显色反应，应立即放入仪器比色池中，记录反应 3 min 的吸光度变化 ΔA_0。

（3）样品溶液测试 先于试管中加入样品提取液，其他操作与对照溶液测试相同，记录反应 3 min 的吸光度变化值 ΔA_r。

2. 结果表述和判定

（1）结果计算见式（7-1）。

$$抑制率（\%）= \left[（\Delta A_0 - \Delta A_r）/\Delta A_0 \right] \times 100 \qquad (7-1)$$

式中 ΔA_0——对照溶液反应 3 min 吸光度的变化值

$\quad\quad\;\; \Delta A_r$——样品溶液反应 3 min 吸光度的变化值

（2）结果判定 结果以酶被抑制的程度（抑制率）表示。当样品提取液对酶的抑制率≥50%时，表明样品中有高剂量有机磷或氨基甲酸酯类农药存在，样品为阳性结果。阳性结果的样品需重复测定 2 次以上。对阳性结果的样品，可进一步用其他方法确定具体农药种类和含量。

（二）乙酰胆碱酯酶法

在 pH 7~8 的溶液中，碘化硫代乙酰胆碱被胆碱酯酶水解，生成碘化硫代胆碱。碘化硫代胆碱具有还原性，能使蓝色的 2,6-二氯靛酚褪色，褪色程度与乙酰胆碱酯酶活性正相关，可在 600 nm 比色测定，酶活性越高时，吸光度值则越低。当样品提取液中有一定量的有机磷农药或氨基甲酸酯类农药残留存在时，酶活性受到抑制，吸光度值则较高。据此，可判断样品中有机磷农药或氨基甲酸酯类农药的残留情况。样品提取液用氧化剂氧化，可提高某些有机磷农药的抑制率，因而可提高其测定灵敏度，过量的氧化剂再用还原剂还原，以免干扰测定。

1. 操作步骤

（1）试样的制备 取样品加丙酮浸泡，加碳酸钙振摇后过滤。若颜色较深，可加活性炭脱色。

（2）氧化 取滤液，将丙酮吹干后，加缓冲液溶解。加入氧化剂，摇匀后放置 10 min。再加入还原剂，摇匀。

（3）酶解 加入酶液摇匀，放置 10 min，再加入底物溶液和显色剂，放置 5 min 后测定。

（4）测定 测定波长调至 600 nm，其他按常规操作，读取测定值。

2. 结果判定

当测定值在 0.7 以下，为未检出；当测定值在 0.7~0.9 时，为可能检出，但残留量较低；当测定值为 0.9 以上时，为检出。测定值与农药残留量正相关，测定值越高时，说明农药残留量越高。

四、酶抑制生物传感器法

目前，胆碱酯酶生物传感器法是有机磷农药快速检测技术中的研究热点，具有研究方法多样化、检测的灵敏度高、准确性好以及响应时间短等优势。据信号转换器的不同，可分为以下 3 种。

（一）电化学型

以 AChE 的催化活性为基础，AChE 催化特定的底物水解生成电活性物质，可以采用电化学氧化法直接测定生成的巯基胆碱或者先用胆碱氧化酶把电活性物质胆碱氧化，进一步用电化学方法测量在此催化氧化过程中消耗的 O_2 或生成的 H_2O_2。电位型传感器是把酶反应产生的 pH 变化由传感器测出，而安培性传感器则是根据胆碱氧化酶酶促反应中生成 H_2O_2，或消耗的氧量来测定胆碱，当有机磷农药残留物存在时，导致酶的活性降低，通过测定相关电信号的变化可间接测定有机磷农药的含量。

（二）光学型

光学型传感器主要由光导纤维和生物敏感性膜构成，敏感膜中的生物活性成分能够对待测组分进行选择性分子识别，再通过换能反应，把生物量转化为各种光信息（如荧光、磷光、化学发光和生物发光等）输出。其中化学发光反应和生物发光反应不需要光源。

（三）压电型

将胆碱酯酶或其抑制剂固定于石英晶体表面作为识别物，利用胆碱酯酶与其抑制剂的结合反应，当待测的胆碱酯酶或其抑制剂与所固定的识别物相互作用而产生特异结合时，将导致晶体表面质量负载的改变，通过传感器的频率变化加以检测。

第三节　酶抑制法在农药残留分析中的应用研究

酶抑制法具有操作过程简便、检测速度快、不需要昂贵仪器、检测成本低等优点，适用于现场大批样品的农药残留快速筛查。1985 年美国报道了一种能用于快速检测田间有机磷和氨基甲酸酯类农药的酶片，检测范围为 0.1 ~ 10 mg/kg。美国 Neogen 公司于 1998 年又推出了一种商品化试纸片，已经被用于空气、水、土壤和食品等样品农药残留测定，国内市场也陆续推出如"农药速测卡"和"农药检测卡"等产品。

在国外，Hwa-Young No 和 Young Ah Kim 等选用 Hybond N$^+$ 作为酶的载体、苯基乙酸酯为酶促反应底物，用涂有 AChE 的试纸条检测实际样品中有机磷和氨基甲酸酯类残留含量，检测范围为 0.01 ~ 0.05 mg/kg。Wang 以小麦面粉为酶源提取酯酶，对市售生菜中的 5 种有机磷农药进行检测，结果表明，该酯酶对甲胺磷、敌敌畏、辛硫磷、乐果及马拉硫磷的 LOD 分别为 0.17，0.11，0.11，0.96，1.70 mg/kg，经硫酸铵分级沉淀纯化后的植物酯酶对这几种农药的 LOD 均远低于其 MRL。Supanat 基于酶抑制法制备了西维因农药生物传感器，检测范围为 0.001 ~ 1.000mmol/L。Reddy 通过酶解释放对硝基苯酚具有抑制酶活性的特性，建立了检测甲基对硫磷的生物传感器法，并研究了 pH、底物浓度、酶浓度和时间变化对酶与底物反应生成对硝基苯酚的影响，该法对甲基对硫磷的线性范围为 10 ~ 70 μg/L，检出限为 26.32 μg/L。

在国内，何颖等以鸡脑为酶源提取乙酰胆碱酯酶，利用酶抑制分光光度法检测蔬菜中对硫磷、辛硫磷、氧化乐果三种农药结果满意，回收率分别达到 97%，101%，99%。黄敏建立了一种茶叶或茶青中的有机磷和氨基甲酸酯类农药残留的酶抑制快速检测方法，对敌畏、呋喃丹、灭多威等多种农药的检测灵敏度为 0.01 ~ 1.00mg/kg，与传统色谱法具有较好的相似度。陈兴江用农药残留速测卡和速测仪检测烟草中有机磷和氨基甲酸酯类农药，结果表明，速测卡和速测仪均能定性检测到农药残留限值水平的乐果、辛硫磷、灭多威，与色谱法结果一致性较好。

刘涛以石墨烯-纳米铂复合物修饰电极，研制了一种酪氨酸酶生物传感器，对毒死蜱、丙溴磷和马拉硫磷进行检测，其线性范围分别为 0.25 ~ 10.00，1 ~

10，5~30 μg/L，检测限分别为 0.2，0.8，3.0 μg/L。姜彬等用小麦酯酶作为传感器酶源，研制出一种检测有机磷农药的电流型生物传感器，对 3 种有机磷农药进行检测，对硫磷、辛硫磷和氧化乐果浓度线性范围分别在 $5\times10^{-10}\sim5\times10^{-5}$，$1\times10^{-9}\sim1\times10^{-5}$，$5\times10^{-9}\sim5\times10^{-5}$ mol/L，检出限分别为 3.24×10^{-10}，1.26×10^{-10}，6.60×10^{-9}mol/L。

　　酶抑制技术经多年发展，在农药残留快速筛查上已得到广泛运用，但仍存在诸多问题：①酶抑制法只适用于有机磷和氨基甲酸酯类农药的检测，且灵敏度有限。②酶抑制法测定准确度的影响因素很多，如酶和底物来源及浓度、反应温度、pH、反应时间和天然抑制剂等，因此酶法测定的重现性不理想。③常用的几种酯酶中，乙酰胆碱酯酶的制备比较困难，并且保存时间短，酶失活较严重，酶的来源不稳定，不同来源的酶造成检测结果的重现性和准确性较差。丁酰胆碱酯酶及植物酯酶虽然易得，但测定时专一性较差，假阳性率较高。

参考文献

［1］陈兴江，邱雪柏，商胜华，等．农残速测卡和速测仪在烟叶农药残留检测中的应用［J］．贵州农业科学，2013，41（6）：102-105.

［2］何颖，张涛，康天放．蔬菜中有机磷农药残留的分光光度法快速检测［J］．环境化学，2005，26（6）：711-713.

［3］黄敏．茶叶或茶青中有机磷和氨基甲酸酯类农药残留快速检测方法［J］．福建分析测试，2018，27（3）：1-5.

［4］姜彬，冯志彪．用于有机磷农药检测的植物酯酶生物传感器的研究［J］．食品工业科技，2010，（10）：364-367.

［5］刘涛．基于酶生物传感器对有机磷及氨基甲酸酯类农药检测的研究［D］．泰安：山东农业大学，2012.

［6］钱传范．农药残留分析原理与方法［M］．北京：化学工业出版社，2011.

［7］H. Y..No. Cholinesterase-based dipstick assays for the detection of organophosphates and carbonate Pesticides［J］. Analytical Chimica Acta，2007，594（1）：37-43.

［8］Supanat Sasipongpana，Yossawat Rayanasukha，Seeroong Prichanont，et al. Extended-gate field effect transistor（EGFET）for carbaryl pesticide detection based on enzyme inhibition assay［J］. Materials today，2017，4（5）：6458-6465.

［9］Wang J.L.，Xia Q.，Zhang A.P.，et al. Determination of organophosphorus pesticide residues in vegetables by all enzyme inhibition method using α-naphthyl acetate esterase extracted from wheat flour［J］. Journal of Zhejiang University：Science B，2012，13（4）：267-273.

第八章
免疫分析技术

免疫分析的提出及发展是 20 世纪以来生物化学领域取得的最伟大的成就之一。20 世纪 80 年代初，Hammock 首先将免疫分析应用于农药残留分析，之后该方法得到了不断改进和发展，涌现出诸多各具特色的农药残留免疫分析方法。美国分析化学家协会（AOAC）将其列为 20 世纪 90 年代首位优先发展的新技术，并将免疫分析与气相色谱、液相色谱共同列为农药残留检测的三大支柱技术。人们称其为 21 世纪最具竞争性和挑战性的检测分析技术。

第一节　免疫分析技术基础

免疫（Immunity）一词是从拉丁文"immunitas"衍生而来，原指免除苦疫和赋税。传统的免疫学起源于人类对传染病的抵御能力，研究多集中在抗体的抗感染能力上。1890 年德国学者 Behring 和日本学者 Kitasato 发现动物血清中存在着一种能中和外毒素的物质，称为抗毒素，并很快应用于临床。此后的 10 年中，相继在免疫血清中发现凝集素、溶菌素、沉淀素等及非毒素物质和其他蛋白质类等特异性组分，都能与其相应细菌或细胞等发生反应。因此，就把多种不同的能发生特异性反应的物质统称为抗体，而将诱导抗体产生的物质统称为抗原，自此，建立了抗原抗体的概念。20 世纪中期以后，人们逐渐突破了抗感染研究的局限，对各种抗原和微生物的作用进行研究并发展了基础免疫学、临床免疫学、免疫学检测、医学免疫学等多个分支。

免疫分析是利用抗原与抗体的特异性结合作用来选择性识别和测定可以作为抗体或抗原的待测物。由于样品中存在的其他干扰物不会产生免疫识别，因此免疫分析具有高特异性和高分辨率，应用十分普及。机体对于"自己"和"非己"的识别是免疫学研究的核心，而抗原和抗体是免疫学和免疫分析的基础。

一、抗原

抗原（Antigen，Ag）是一种能够引起机体特异性免疫应答，并能与相应抗体或 T 细胞受体发生特异性反应的物质。一个完整的抗原应具有两种特性：①免疫原性（Immunogenicity），即诱导刺激免疫系统产生抗体或激活淋巴细胞产生免疫应答的能力，具有这种特性的物质称为免疫原（Immunogen）。②抗原性（Antigenicity），指与相应抗体反应的性质，这种结合反应具有特异性。抗原的这两种特性是不同的，具有免疫原性的物质必然有抗原性，反之则不一定成立。具有上述两种特性的物质称为完全抗原，仅具有抗原性而无免疫原性的物质称为半抗原（Hapten），它能与抗体结合但不能诱导机体产生免疫应答，相当于抗原分子上的一个抗原决定簇（Determinant）。抗原是免疫应答的起始因子，机体的免疫应答同抗原的性质有密切关系，在某些特定条件下，抗原也可以引起机体产生免疫耐受性。半抗原的相对分子质量很小，本身无免疫原性，但与蛋白质载体结合后即可获得免疫原性，成为完全抗原。载体通常是大分子的蛋白质，它们能和作为抗原决定簇的半抗原分子相结合，从而形成半抗原-载体复合物，这种复合物具有半抗原和载体蛋白特异的免疫原性。

（一）抗原的分类

自然界中各种生物体都有其各自特异性的抗原，因此抗原性物质的种类繁多，根据不同的标准具有不同的分类，分类方法也十分复杂，下面简单介绍 4 种常用的分类方法。

（1）根据抗原的来源分为天然抗原、人工抗原和合成抗原。

（2）根据抗原的免疫原性和反应性分为完全抗原和不完全抗原（半抗原）。

（3）根据抗原与机体的亲缘关系分为 5 种。①异种抗原（Xenogenic antigen）：指与宿主不是同一种属的抗原。一般异种抗原的免疫原性比较强，容易引起较强的免疫应答。②异嗜性抗原（Heterophilic antigen）：指一类与种属无关，存在于不同种属动物、植物和微生物的细胞之间的所共有的性质相同的抗原。③同种异型抗原（Allogenic antigen）：指由于遗传基因的差异而导致同一种属不同个体之间具有不同的抗原，也称为人类的同种异体抗原，即某个体细胞、组织或器官进入另一个个体时会引起相应的免疫应答过程。④自身抗原（Autoantigen）：当机体受到外伤或感染等刺激时就会使隐蔽的自身抗原暴露，或免疫系统本身发生异常而使免疫系统将自身物质当作抗原性异物来识别，诱发自身免疫应答，引起免疫疾病。⑤肿瘤抗原（Tumor antigen）：可分为肿瘤特异性抗原和肿瘤相关抗原两大类。

（4）根据抗原的化学组成可分为蛋白质抗原、多糖抗原和核酸抗原等多种类型。其中天然蛋白质的分子组成较为复杂，是良好的抗原；多糖的免疫原性一般较弱；核酸和脂类无免疫原性，与蛋白质结合后形成核蛋白或脂蛋白则可成为良好的抗原。

（二）抗原的性质

1. 免疫原性

免疫原性是抗原最重要的性质，它主要取决于物质本身的性质及其与机体的相互作用。

2. 异物性

异物性是构成抗原免疫原性的首要条件。"异物"被定义为"在胚胎期未与淋巴细胞充分接触过的物质"。绝大多数抗原是非己物质，这种免疫学识别不以物质的空间位置来判断，而以淋巴细胞是否认识为标准。生物间种族亲缘关系越远，其化学结构相差越大，抗原性就越强；而亲缘关系越近，抗原性就越弱。

3. 理化性质

抗原的相对分子质量一般都较大，在10000以上，通常为蛋白质。一般低于4000的物质无免疫原性，但有很少量相对分子质量较小的抗原也具有免疫原性。相对分子质量越大，抗原性越强，因为大分子物质表面的抗原决定簇较多，与免疫细胞接触的表面积较大，降解和排除速率也慢，有利于持续刺激机体免疫系统，产生免疫应答。

抗原物质还要有一定的分子组成和结构。当分子结构中含有芳香族氨基酸时，免疫原性会大大增强；环状结构比直链结构的免疫原性强；氨基酸的位置不同会影响到聚合物免疫原性的强弱，只有当这些基团暴露于抗原分子表层时，才能诱导机体产生免疫应答。

抗原的物理状态对免疫反应也有很大影响。一般聚合状态的抗原免疫原性较单体蛋白质要强；颗粒性抗原较可溶性抗原强。对于一些免疫原性较弱的物质，可使其聚集或吸附于大分子颗粒物表面或与佐剂混合来增强免疫原性。

4. 进入机体的途径

同一物质经过不同途径进入机体，其刺激免疫系统产生免疫应答的强度是不相同的，由强到弱依次为：皮内注射>皮下注射>肌内注射>腹腔注射>静脉注射。由于抗原多为蛋白质类物质，可在消化道内被降解成氨基酸而丧失其免疫原性，因此，一般从不经口途径进入机体会显示出较强的免疫原性。

（三）抗原决定簇

抗体与抗原结合时并非整个抗原分子都与抗体反应，而只是抗原分子表面上一小部分稳定的具有化学活性的区域与抗体发生反应，这一特定的化学基团就是诱导机体产生免疫应答的部位，称为抗原决定簇或抗原表位。一个抗原分子上能与抗体结合的抗原决定簇的总数称为抗原的结合价。每种抗原决定簇刺激机体产生一种特异性抗体，一般半抗原只与一个抗体分子结合为单价抗原，大多数天然抗原通常含有多种抗原决定簇为多价抗原，可以产生多种抗体。

抗原决定簇的大小、数目和空间距离等与抗原特异性有着密切的关系，对免疫应答产生显著影响。暴露的抗原决定簇数目越多，间距越大，越易发生免疫反应。

（四）抗原的特异性与交叉反应

1. 抗原的特异性

特异性（Specificity）指抗原只能与由其诱导机体产生的应答产物如相应的抗体或淋巴细胞抗原受体结合，这种结合表现出高度的专一性。特异性指标主要是针对免疫测定方法而言的，是免疫反应最突出的特点。

抗原的特异性是由抗原分子表面的特殊化学基团及其空间结构所决定的。通常由 5~15 个氨基酸残基、多糖残基或核苷酸组成。由于化学基团的种类、排列顺序、空间结构的不同，其表现出的特异性也不同。

此外，被结合的化学基团的空间排列，也是决定抗原特异性的重要因素，根据表位的结构特点至少能分为两类：①由某些氨基酸残基按一定顺序排列组成的线状序列称为线性表位。②由分子内不连续的 2~3 个氨基酸残基折叠排列所形成的三维结构构成称为构象性表位。

2. 交叉反应

有些复杂的抗原，除了其主要的特异性抗原决定簇外，会有部分抗原决定簇在化学结构上相类似，这类共有的抗原决定簇称为共同抗原或交叉抗原。

这种共同抗原刺激机体产生的抗体，可与含有共同抗原的物质发生反应，这种现象称为交叉反应（Cross reaction）。

免疫测定方法的选择性事实上是取决于待测物与其他物质的交叉反应，含有与待测物相近的结构或构成成分的物质可能存在交叉反应，使检测结果升高，导致假阳性结果。一般用交叉反应率评价方法的选择性，交叉反应率越低，特异性越强，选择性越高。交叉反应率和假阳（阴）性率可由式（8-1）~式（8-2）计算得到。

$$交叉反应率（\%）= \frac{引起50\%抑制的药物浓度}{引起50\%抑制的药物类似物浓度} \times 100 \qquad (8-1)$$

$$假阳（阴）性率（\%）= \frac{假阳（阴）性数}{阳（阴）性样品数} \times 100 \qquad (8-2)$$

（五）农药半抗原的设计、合成与鉴定

1. 农药半抗原的设计与合成

在农药残留免疫分析中，人工抗原的合成和改造是免疫分析检测技术中最关键的步骤。如果免疫原的改造及载体蛋白的耦联不成功，产生的抗体的特异性就会不强，所识别的有可能不是目标化合物，使交叉反应率高。所以在对某一农药检测免疫分析之前，一般需要对农药分子进行结构修饰或重新设计，以合成理想的半抗原。半抗原的设计应考虑两方面因素：①能否刺激机体产生免疫应答。②产生的抗体能否具有预期的活性。

农药相对分子质量一般较小（小于1000），必须与大分子物质连接后才能刺激机体产生抗体，这是小分子免疫分析的基本模式。将农药小分子以半抗原的形式通过一定碳链长度的连接分子（Linker，又称间隔臂）与大分子蛋白质共价耦联，连接在载体蛋白上的农药分子便成为特定的抗原决定簇。经人工抗原免疫动物产生对该农药分子具有特异性的抗体，通过免疫分析方法，实现对样品中微量农药残留物的定性定量检测。

农药半抗原的设计与合成应该遵循以下几个基本原则。

（1）结构中应具备末端活性基团，如—NH$_2$、—COOH、—OH、—SH等，可直接与载体耦联，通常引入羧基。

（2）要产生高选择性和高亲和性的抗体，需在活性基团与载体之间有间隔臂，使半抗原突出于载体表面而被机体免疫系统识别。间隔臂的长度一般以4~6个碳为宜。间隔臂还应远离待测物特征结构部分和官能团。

（3）应最大程度模拟待测农药分子结构，尤其是立体结构。结构中尽量保留芳香环。据统计，有芳香环形成的半抗原具有较强的免疫原性，平均有1/3的免疫成功，否则仅有1/11的成功率。还应考虑有毒理学意义的代谢产物，以及待测物是单一品种还是某一类农药，设计时需相应地突出特定农药的结构或者一类农药中特有的结构特征。

（4）半抗原的结构对方法的检出限和选择性至关重要。近年来我国研究人员不断将一些新的设计手段引入农药半抗原的合理设计中，但仍处于缓慢发展的阶段，原因之一就是农药人工抗原的合成具有一定难度和要求。

根据小分子上活性基团的不同可采用不同的耦联方式，如：①分子中含有羧基，常用混合酸酐法、碳化二亚胺法和 NHS 酯法。②分子中含有氨基或可还原硝基，常用重氮化法、碳化二亚胺法、戊二醛法等。③分子中含有游离巯基，常用马来酰亚胺法。④分子中含有羟基等，必须经过一定的转化才能与蛋白质耦联，如醇类可转变成半琥珀酸酯，从而引入羧基。醛基或酮基需与 O—（羧甲基）羟胺反应，生成带有羧基的半抗原衍生物，从而引入羧基，再按相应的方法与蛋白质耦联。此外，还有活泼酯法、硫氰酸酯衍生物法和过碘酸盐氧化法等，可根据需要选择。

2. 半抗原的鉴定

为了制备特异性强、亲和力和效价均较高的特异性抗体，对人工抗原的质量需要进行鉴定。半抗原结合在载体上的数目多少常常影响其免疫原性，一般以每个分子载体结合 10 个分子左右的半抗原为宜。鉴定农药人工抗原，即确定耦联比时，通常采用紫外光谱扫描法，它是利用物质对紫外光的吸收与其浓度成比例关系的原理，分别测定被耦联物的两种分子浓度，在耦联前两种分子均有各自的不同的吸收峰，且在各自的最大吸收峰处的吸光值与其浓度成比例关系，耦联后，耦联物在两种物质最大吸收峰处有叠加的物质，则证明人工抗原合成成功。该法操作简便，而且对样本没有损耗，但计算复杂，有时会受仪器稳定性的影响。此外，还可以通过同位素示踪法对人工抗原进行鉴定。

二、抗体

抗体（Antiboby）是机体受抗原刺激后，在体液中出现一种能与相应抗原发生特异性结合的球蛋白，因其具有免疫活性，习惯上称为免疫球蛋白（Immunoglobulin, Ig）。所有的抗体都是免疫球蛋白，但并非所有免疫球蛋白都具有抗体活性，有的虽与抗体具有相同或类似结构，但无免疫活性，就不是抗体。抗体主要存在于血清内，称为免疫血清，但在其他体液及外分泌液中也有存在。

（一）抗体的基本结构

任何类型的 Ig 都具有相同的基本结构，每个 Ig 分子都由 4 条肽链组成，用二硫键以共价键连接。其中两条长链称为重链（Heavy chain，简称 H 链），由 420~450 个氨基酸残基组成，相对分子质量为 50000~70000；两条短链称为轻链（Light chain，简称 L 链），由 212~214 个氨基酸残基组成，相对分子质量约为 25000。重链占 Ig 分子的 2/3，轻链占 1/3。整个 Ig 分子单体结构呈 Y 形，如图 8-1 所示。

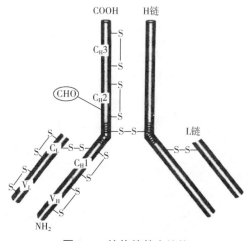

图 8-1　抗体的基本结构

Ig 分子多肽链的羧基端称为 C 末端，氨基端称为 N 末端。每条链的 C 末端的氨基酸系列相对稳定，约占 L 链的 1/2 和 H 链的 3/4，称为恒定区（C 区）。多肽链的 N 末端具有可变的氨基酸系列，约占 L 链的 1/2 和 H 链的 1/4，称为可变区（V 区），两条重链和轻链的可变区包含有与抗原结合的部位。在 H 链的 V 区中，氨基酸序列有四个变化特别突出的区域，称为超变区，它们与 L 链相应的位置是 Ig 特异性结合的关键部位。

人类的免疫球蛋白有五类，即 IgG、IgA、IgM、IgD 和 IgE。这五种类型的免疫球蛋白都有结合抗原的共性，但它们又各有特点，主要区别在于重链的氨基酸序列的不同，H 链类型分别为 γ、α、μ、δ 和 ε，其抗原性不同，互不出现交叉反应。而 L 链的变化要小一些，只有 κ 和 λ 两种类型的链，由于所有 Ig 的 κ 型和 λ 型轻链都相同，有共同的抗原性，因此在血清学上可能出现交叉反应。而同一类型的 Ig 的 H 链 C 区之间的氨基酸顺序仍有一些差异，由此可分为若干亚类，例如 IgG 可分为 4 个亚类（IgG$_1$、IgG$_2$、IgG$_3$、IgG$_4$），

IgA 和 IgM 各有两个亚类（IgA$_1$、IgA$_2$；IgM$_1$、IgM$_2$）。亚类之间因为有共同的抗原性，因此在血清学上可能出现交叉反应。

（二）Ig 的血清型与多样性

1. Ig 的血清型

Ig 是大分子蛋白质，既可与抗原特异性结合，又可以作为抗原激发机体产生特异性免疫应答。Ig 的抗原成分复杂，可用血清学方法加以分类，目前 Ig 的血清型可分为同种型、同种异性和独特型 3 种。

（1）同种型（Isotype） 同种型指同一物种间所有正常个体都具有的 Ig 分子的抗原特异性。其抗原决定簇位于 Ig 分子的 C 区。这种同型变异体不具有个体特异性。

（2）同种异性型（Allotype） 同种异性型指同一种系不同个体之间 Ig 结构与抗原性的差异，其抗原决定簇存在于 Ig 分子的 C 区和 V 区上的一个或几个氨基酸的差异上。这种关键氨基酸构成的同种异性型抗原称为遗传标志。

（3）独特型（Idiotype） 独特型指同一种系某一个体产生的具有独特的抗原决定簇。其独特的抗原决定簇主要是由 V 区氨基酸序列的不同而决定的。独特型在异种、同种异体甚至同一个体内均可刺激机体产生相应的抗独特型抗体。

2. Ig 的多样性

抗体多样性的机制尚未完全清楚，可能的原因主要有两个。

（1）外源性因素 环境中抗原种类繁多，每种大分子抗原又有多种抗原决定簇，每种抗原决定簇均可选择激活体内一个 B 细胞株及其子代细胞，产生一种特异性抗体。

（2）内源性因素 在基因的结构组成和重排中，众多 V 区基因和一个或数个 C 区基因不连续地排列在染色体上，它们在 DNA 水平上的随机结合是 Ig 分子多样性的基础。

Ig 还具有生物学活性，它的重要生物学活性为特异性结合抗原，并通过 C 区介导一系列的生物学效应，包括激活补体、亲和细胞等作用，最终达到排除外来抗原的目的。

（三）抗体的类型

1. 多克隆抗体

多克隆抗体（Polyclonal antibody，PcAb）是采用天然抗原免疫动物得到的免疫血清中含有的抗体。由于天然抗原中常含有多种不同的抗原表位，可以刺激体内多个 B 细胞增殖，产生多种不同抗原表位的抗体并释放于血清中，免疫血清又未经免疫纯化，因此其为多种抗体的混合物，故称为多克隆抗体，简称多抗。多克隆抗体具有中和抗原、免疫调理等重要作用，来源广泛，易于制备，缺点是特异性不高，易发生交叉反应。

2. 单克隆抗体

单克隆抗体（Monoclonal antibody，McAb）是将单个 B 细胞分离出来加以大量繁殖形成群落，即由单一纯系细胞合成的抗体称为单克隆抗体，简称单抗。它是应用杂交瘤（Hybridoma）技术经过人工培养得到的，易于体外大量制备和纯化，便于人为处理和质量控制，性质纯、高度专一、效价高、特异性强，可避免交叉反应，且来源容易，这些优点使它一问世就受到高度重视，应用前景极其远大。杂交瘤技术的诞生被认为是抗体工程发展的第一次质的飞跃，也是现代生物技术发展的一个里程碑。1984 年，因发现了杂交瘤技术而对免疫学做出的贡献，Kohler、Milstein 和 Niels K. Jerne 共同荣获诺贝尔生理学或医学奖。多克隆抗体和单克隆抗体的一些比较见表 8-1。

表 8-1   多克隆抗体与单克隆抗体的比较

项目	多克隆抗体	单克隆抗体
产生抗体的细胞	多株 B 细胞及其子代细胞	单株 B 细胞及其子代细胞
来源	人或动物免疫血清	有杂交瘤细胞的小鼠腹水
成分	混合，能识别多种抗原决定簇	均一，只识别一种抗原决定簇
特性	特异性和亲和力批次间不同	高度专一性及稳定性
有效抗体含量	0.1~1.0 mg/mL 血清	0.5~5.0 mg/mL 小鼠腹水
沉淀反应	易形成	难形成
制备方法	免疫动物获得免疫血清	包括两种亲本细胞融合步骤
纯化方法	硫酸铵沉淀法、亲和色谱等	与多克隆抗体相同
应用	免疫学检测，（易出现交叉反应）	作为第一抗体，用于 ELISA 检测、放射免疫分析（可避免交叉反应）
	被动免疫治疗和紧急预防	肿瘤特异性 MAB 与药物联结，用于治疗肿瘤

3. 基因工程抗体

20 世纪 80 年代初，随着 DNA 重组技术的发展，人们开始用抗体基因结构和功能的研究成果与重组 DNA 技术相结合，制备出部分或全人源化的基因工程抗体。它是采用基因工程方法，在基因水平对免疫球蛋白基因进行切割、装配或修饰后导入受体细胞进行表达产生的新型抗体，如双特异性抗体、人源化抗体、改型抗体、单链抗体和小分子抗体等。基因工程抗体的研制与发展，为新一代抗体的制备与应用展示了广阔的前景。

（四）抗体性质的评价

（1）效价　能给出可观察到抗原与抗体之间的反应时免疫血清的最大稀释倍数定义为抗体的效价（或滴度）。测定效价的常用方法有放射免疫法、双向扩散法和 ELISA 法等，各种方法由于灵敏度不同，测得的数值有很大差异。

（2）亲和力　亲和力指抗原决定簇和抗体结合位点之间的牢固度。亲和力低，则抗原与抗体结合疏松，结合后很快解离，不能用于免疫测定。总的平均结合能力一般用表观亲和常数来表示，通常亲和常数在 $10^8 \sim 10^{12}$ L/mol。

（3）交叉反应　交叉反应指免疫血清对相应的抗原及结构相似的抗原的识别能力，通常用交叉反应来表示，最常用 50% 替代法。交叉反应低表示免疫血清的特异性好。有时根据需要也制备交叉反应高的抗体来进行某类物质的测定。

（五）抗体的制备

抗体质量的优劣直接影响测定的性能和操作性，获得效价高、特异性强的抗体是建立免疫学分析方法最关键的步骤，人工制备是获得大量抗体的重要途径。农药抗体是经由小分子农药与大分子载体耦联后的复合物通过免疫动物机体产生抗农药的抗体，并取免疫动物血清进行分离并鉴定其特异性而得到的。抗体的制备一般采用三种途径：多克隆抗体技术、单克隆抗体技术和重组抗体技术。农药抗体的产生一般采用前两种途径。

1. 多克隆抗体的制备

抗原经免疫动物（常用兔、羊、狗）分离出免疫血清并纯化抗体。免疫方法一般有皮下或肌肉免疫法、皮内免疫法、淋巴结免疫法和混合法等。多克隆抗体的均一性差，其特异性相对较低，因此多克隆抗体在农药残留分析中的应用受到一定限制。但近年来有学者恰恰利用了多抗交叉反应高的特点，制备出具有某类（或几种）农药的"共性结构"的半抗原或制备出含多个抗原决定簇的人工抗体来得到"宽谱特异性抗体"进行农药多残留分析研究。

2. 单克隆抗体的制备

单克隆抗体是由杂交瘤技术制备而成。杂交瘤抗体技术是在细胞融合技术的基础上，将具有分泌特异性抗体能力的致敏 B 细胞和具有无限繁殖能力的骨髓瘤细胞融合为杂交瘤细胞。而且，产生抗体的单克隆细胞可在体外传代繁殖。制备的基本过程是动物免疫、细胞融合、筛选克隆、抗体性质鉴定、腹水诱发、收集和纯化等。目前最有效的单克隆抗体纯化法为亲和纯化法，多采用葡萄球菌 A 蛋白或抗小鼠免疫球蛋白与载体交联，制备亲和色谱柱将抗体结合后洗脱，回收率可达 90% 以上。

3. 重组抗体的制备

随着蛋白质技术及 DNA 重组技术的发展，人们通过对抗体产生的基因本质、基因重组抗体筛选技术和直接定位诱导基因操纵技术的研究，获得用于制定空间位置并具有各种特异性、亲和性，能忍受一定温度、pH 和有机溶剂的人工重组抗体。该方法生产抗体速度快，可通过诱变改变抗体特征，使抗体的特异性更强，而且利用这项技术获得的噬菌体抗体库，能同时识别多种农药，可用于农药多残留免疫速测技术的研究。

（六）抗原或抗体的标记

将某种可微量或超微量测定的物质（如放射性核素、荧光素、酶、化学发光剂，甚至 DNA 等）标记于抗原（抗体）上制成标记物，加入抗原抗体的反应体系中与相应的抗原（抗体）反应，可以通过检测标记物的有无及含量来间接反映被测物的存在与否与多少。这些将标记技术与抗原抗体反应结合起来的免疫学检测技术以其敏感性高、准确性好、操作简便、易于商品化和自动化等特点逐渐替代了凝集、沉淀等经典的免疫学检验技术。

标记可分为直接标记和间接标记，前者指标记物直接标记在纯化的抗原或抗体上，后者指标记物标在与抗原无关的抗体上。直接标记在应用中步骤少、本底低，缺点是灵敏度相对较低。常见免疫标记技术比较见表 8-2。

表 8-2   常见免疫标记技术比较

项目	荧光抗体技术	免疫酶技术	放射免疫技术	免疫胶体金技术	化学发光免疫分析技术
标记物	荧光素	酶	同位素	胶体金	化学发光物质
敏感性	中等—高	高（10pg）	高（<1pg）	高（50pg）	高（<1pg）
特异性	高	高	高	高	高

续表

项　目	荧光抗体技术	免疫酶技术	放射免疫技术	免疫胶体金技术	化学发光免疫分析技术
检测对象	抗原/抗体	抗原/抗体	抗原	抗原/抗体	抗原/抗体
所需仪器	荧光显微镜	肉眼/分光光度计	R 计数仪/液闪仪	肉眼/电镜	光度计/光照度计

三、抗原-抗体结合反应

抗原和抗体的相互作用是所有免疫化学技术的基础，它们之间的反应是指抗原与相应抗体之间发生的特异性结合反应，它可以发生在体内，也可发生在体外。在体内进行的反应称为免疫反应，由于抗体主要存在于血清中，在抗原抗体的检测中多采用血清做试验，所以体外抗原-抗体结合反应亦称为血清学反应。体内反应可介导吞噬、溶菌、杀菌、中和毒素等作用；体外反应则根据抗原的物理性状、抗体的类型及反应特点而分为凝集反应、沉淀反应和中和反应等不同类型。基于抗原-抗体结合反应的检测技术主要应用于以下几个方面：①用已知抗原检测未知抗体。②用已知抗体检测未知抗原。③定性或定量检测体内各种大分子物质。④用已知抗体检测某些药物、激素等半抗原物质。

（一）抗原-抗体结合反应的特点

抗原抗体分子之间存在着结构互补性和亲和性，这是由抗原与抗体分子的一级结构所决定的。结合反应可分为两个阶段，第一阶段为抗原与抗体发生特异性结合的阶段，仅需几秒钟；第二阶段为可见反应阶段，抗原-抗体复合物在环境因素的影响下，进一步交联和聚集，若二者比例合适，会出现反应最强的等价带，表现为凝集、沉淀、溶解等肉眼可见的现象，此阶段反应速度慢，往往需数分钟至数小时。

1. 特异性

抗原-抗体结合反应的专一性称为特异性，这是由于抗原表位与抗体结合位点之间在化学结构和空间结构上呈互补关系，二者的适应性可形象地比喻为钥匙和锁的关系，表位结构有很小的差异就会阻止二者的特异性结合。如果两种不同抗原分子上有相同的抗原表位，则二者会发生交叉反应。

2. 带现象与可见性

抗原抗体反应只有在二者分子比例合适时才会出现最强的反应，称为等价带。此时抗原与抗体进一步交联形成具有立体结构的巨大网格状复合体，形成肉眼可分辨的沉淀物或凝集物。在等价带前后分别为抗体过剩带和抗原过剩带，此时二者比例不合适，只能形成较小的沉淀物或可溶性复合物，不能被肉眼看见。

3. 可逆性

抗原与抗体结合形成抗原-抗体复合物的过程是动态平衡的，它遵循可逆生物大分子相互作用的热动力学基本原理，所以解析后的抗原或抗体均能保持原有的结构和活性，使该反应具有可逆性。利用这个特性可用亲和色谱法来提纯抗原和抗体，也可制备免疫亲和柱进行复杂基质中目标样品的纯化和分离，达到很好的效果。

抗原与抗体的结合取决于两个因素：一是抗体对相应抗原的亲和力；二是环境因素对复合物的影响。在高亲和性的抗体上，抗原结合点与抗原表位在空间结构上非常适合，二者结合牢固，不易解析；低亲和性的抗体与抗原形成的复合物较易解析，一定的外界环境如低 pH、高浓度盐、反复冻融下，抗原抗体复合物可被解析。

(二) 影响抗原-抗体结合反应的因素

影响抗原-抗体结合反应的因素很多，主要包括其自身的性质和外界实验条件。

1. 抗原抗体的性质

抗原-抗体结合反应的整体强度受 3 个因素控制：抗体对表位的内在亲和力，抗原抗体的结合价以及参与反应成分的立体结构。其中亲和性和特异性是影响反应的关键因素。

2. 电解质

抗原抗体发生特异性结合后，由亲水性胶体变为疏水性胶体，电解质的存在会使抗原-抗体复合物失去电荷而沉淀或凝集，出现可见反应。常用 0.85% 的氯化钠或各种缓冲溶液作为抗原抗体的稀释液，以中和胶体粒子上的电荷，促使抗原-抗体复合物从溶液中析出，形成可见的沉淀物或凝集物。

3. 酸碱度

蛋白质具有两性电离的性质，抗原抗体的反应必须在合适的 pH 环境中进行。一般为 pH6.0~8.0，超出此范围会影响抗原抗体的理化性质，出现假阳性或假阴性反应。

4. 温度

在一定范围内适当的温度会增加抗原抗体分子的运动，增加分子碰撞的机会，使反应速度加快。一般反应的最佳温度为 37℃，若温度高于 50℃，会使结合的抗原抗体解离、变性；温度太低，反应速度变慢。但某些抗原-抗体结合反应有其独特的最适温度。此外适当的振荡或搅拌也可促进抗原抗体分子的接触，加快反应的进行。

四、免疫分析类型及方法

免疫分析（Immunoassay，IA）是基于抗原抗体之间的特异性相互作用实现对抗原、抗体或相关物质进行分析检测的方法。现代免疫分析技术通过特别设计引入各种不同类型标记物来对抗原抗体的反应进行检测，使测定的灵敏度得到极大提高，不仅扩大了待测物的检测范围，同时检测的方法和类型也有了更多变化，是现代最灵敏、应用最广泛的微量和超微量分析检测技术之一。

（一）标记免疫分析的主要类型

免疫分析可分为标记免疫分析和非标记免疫分析（又称传统免疫分析）。根据检测相和过量的标记试剂是否分离，标记免疫分析又分为均相免疫分析和非均相免疫分析。从本质上讲，几乎所有的免疫分析都是基于测定识别位点的结合率，即直接或间接测定未结合位点数或测定结合位点数，根据这种反应性质可分为竞争模式和非竞争模式。

1. 竞争反应

测定抗体结合位点数可以通过测定未占据率间接实现。竞争免疫分析就是测定样品未结合的位点数，一般是将样品与已标记待测物混合后再去竞争结合位点，然后将复合物与游离抗原或抗体分离后进行定量分析。以标记抗原为例，竞争反应的反应式见式（8-3）~式（8-4）。

$$\text{Ag（样品）} + \text{Ab} \rightleftharpoons \text{Ag-Ab} \qquad (8-3)$$

$$\text{Ag}^* \text{（定量加入）} + \text{Ab} \rightleftharpoons \text{Ag}^* \text{-Ab} \qquad (8-4)$$

式中　Ag——样品中的抗原

Ag*——标记抗原

Ab——抗体

Ag-Ab——抗原-抗体复合物

Ag*-Ab——标记抗原-抗体复合物

在实际分析中，抗原或抗体被包被在载体上，当加入样品和一定量的标记抗原后，样品中未标记的抗原和外加的标记抗原竞争结合于抗体所提供的点位上，然后测定固相载体上的标记物的含量，就可以计算出样品中抗原的含量。由于加入的标记抗原浓度是一定的，当样品中抗原含量越高，能够竞争结合在固相抗体上的标记抗原就越少，游离的标记抗原就越多，根据标记抗原-抗体复合物和游离标记抗原的量即可计算出样品中待测物的含量。若对抗体进行标记，则标记和非标记抗体共同竞争与抗原的反应。

竞争反应可分为一步反应和多步反应。如果样品（未标记抗原）和标记抗原同时加入抗体溶液使之反应平衡，称为平衡饱和法；如果反应分两步，即首先加入样品反应一段时间，再用标记抗原进行饱和，则称为分步饱和法。

竞争模式的应用比较普遍，在反应过程中抗原或抗体中的一种必须是过量的，以保持测定具有较高的灵敏度。但其缺点在于待测物标记后抗原和抗体的结合能力可能变化甚至消失，特别是当标记时使用了抗原决定位处的基团后结合能力消失得更快。小分子农药化合物分析常采用竞争模式。

2. 非竞争反应

直接测定抗体结合位点的占据率来确定抗原的浓度的分析模式为非竞争型，也叫直接型。这种免疫模式是采用标记的抗体（Ab^*）或抗体片段与体系中的抗原反应，标记抗体大大过量，非竞争型免疫模式反应见式（8-5）。

$$Ag（样品）+Ab^*（过量）\rightleftharpoons（Ag\text{-}Ab^*）+Ab^* \qquad (8\text{-}5)$$

式中　Ag——样品中的抗原

　　　Ab^*——游离标记抗体

　$Ag\text{-}Ab^*$——标记抗原-抗体复合物

产物中标记抗原-抗体复合物（$Ag\text{-}Ab^*$）和游离标记抗体（Ab^*）均具有信号响应，但是由于标记抗体大大过量，所以采用免疫复合物的信号作为定量的依据。

3. 夹心反应

夹心反应是免疫分析中常用的另一种反应类型。该反应是将待测抗原先由第一抗体（Ab_1^*）捕获而从样品中分离出来，再与过量的第二抗体（Ab_2^*）结合在一起形成夹心式复合物。通过对夹心复合物上标记物的测定实现对样品中待测抗原的定量检测。夹心反应因为要使用两种抗体，在步骤上比较复杂，但是由于抗原-抗体结合反应的特异性，测定结果往往比竞争法更为准确，常用于生物大分子如蛋白质的定量分析。

（二）标记免疫分析方法

由于探针（标记物）的引入，出现了检测相与过量的标记物是否分离的问题，因此标记免疫分析又分为均相免疫分析和异相（又称非均相）免疫分析。

1. 异相免疫分析

异相免疫分析是在抗原-抗体结合反应后以物理方法将抗原-抗体复合物与游离的抗原、抗体相分离，然后检测与复合物相结合的标记物。经过分离可以有效去除基体中干扰物质，提高检测的灵敏度和特异性。在异相免疫分析中可采用竞争模式和夹心模式。

2. 均相免疫分析

均相免疫分析不必对自由抗原和结合抗原进行分离，使测定步骤更为简单省时，分析费用降低，对样品处理简单，是最实用的一种方法。几乎所有的均相免疫分析都采用竞争模式进行测定，其原理是根据标记抗原与抗体反应生成抗原-抗体复合物后，标记物的活性降低，导致检测信号值降低。均相免疫分析特别适合测定相对分子质量较小的化合物，如药物、激素等，与异相免疫分析相比较，易受溶液中其他物质的干扰，其灵敏度约为 10^{-9}g/mL。

3. 主要免疫分析方法

所有的免疫分析方法最基本的原理都是利用抗原-抗体结合反应来实现微量物质的检测，由于示踪物或标记物不同，其检测过程和实现手段相差很大。如表 8-3 所示给出了一些主要的免疫分析方法。

表 8-3　　　　　　　　一些主要的免疫分析方法

分类	方法	英 文 名	缩写	标记物
传统免疫分析	免疫浊度分析	Immuno-nephelomentry	—	有色胶粒
	琼脂糖扩散分析	Agar diffusion assay	—	—
	微量免疫电泳	Microimmunoelectropho resis	—	—
标记免疫分析	放射免疫分析	Radioimmunoassay	RIA	放射性同位素
	酶免疫分析	Enzyme immunoassay	EIA	酶
	荧光免疫分析	Fluorescence immunoassay	FIA	荧光化合物
	化学发光免疫分析	Chemiluminescence immunoassay	CLIA	发光化合物
	电化学免疫测定	Electrochemical immunoassay	ECIA	酶、大分子等
	胶体金标免疫分析	Colloidal gold marking immunoassay	CGMIA	胶体金
	流动注射免疫分析	Flow injection immunoassay	FIIA	荧光、发光化
	克隆酶给予体免疫	Cloned enzyme donor immunoassay	CEDIA	合物溶菌酶等

利用标记免疫分析技术的原理对农药残留进行检测和分析的各种方法统称为农药残留检测免疫分析技术。国外在利用生物速测技术进行农药残留分析，尤其是免疫分析技术的研究取得了较大进展，已开发了近百种农药的免疫分析方法，其中除草剂最多，杀虫剂次之，杀菌剂和植物生长调节剂较少。进入 21 世纪以来，我国加强了农药免疫分析技术的研发，有的已经取得了较大成就。农药免疫分析方法以其独特的优势已规范应用于粮食、水果、蔬菜、肉、乳、水产品等的农药残留检测，为农药残留分析注入了新的活力。

以下主要介绍酶联免疫分析、胶体金免疫层析法、放射免疫分析、化学发光免疫分析、荧光免疫分析。

第二节　酶联免疫分析

酶联免疫分析（Enzyme immunoassay，EIA）是将抗原、抗体特异性免疫反应和酶的催化放大作用有机结合起来的一种免疫分析方法。它通过化学的方法将酶与抗体或抗原结合起来，形成酶标记物或含酶联免疫复合物，并且仍保持其免疫活性，以酶促反应的放大作用来显示初级免疫学反应，既保持了酶催化反应的灵敏性，又保持了抗原-抗体结合反应的特异性，通过测量结合于固相的酶的活力测定待测物含量，即利用酶催化底物的反应产生有色的、发光的或荧光的物质来检测，因而极大地提高了灵敏度。

在酶联免疫分析中，酶联免疫吸附测定法（Enzyme linked immunosorbent assay，ELISA）因具有快速、敏感、简便、易于标准化等优点，得到了迅速发展和广泛应用，是目前农药残留检测中应用最广泛的酶联免疫分析技术。该法以抗原-抗体的特异性结合为基础，以酶为信号输出单元，通过简单仪器实现对抗原或抗体的测定。所以 ELISA 法是免疫技术与现代测试手段相结合的超微量分析技术。

一、酶联免疫分析法的类型及原理

（一）EIA 方法的分类

EIA 方法的分类十分复杂，可从以下四个侧面对 EIA 方法进行归类。

1. 根据酶促反应的特点分类

所有 EIA 方法的酶促反应特点，一部分主要表现在对酶活性的调节作用；另一部分则通过抗抗体或某些非免疫识别物质将酶与免疫试剂连接，以增强检测信号强度。前者属于酶活性调节（Activity modulation）类型，即 AM 型；后者属于酶活性放大（Activity amplification）类型，即 AA 型。另外，还有一类将 AA 型和 AM 型结合起来的方法，称为混合型。

在现有的 EIA 方法中，大多数属于 AA 型。其操作过程及工作原理大致可分为三步：第一步为免疫反应；第二步产生酶活性放大作用；第三步采用合适的方法检测酶活性。

2. 根据抗原-抗体结合反应动力学分类

根据抗原-抗体结合反应动力学上的区别，EIA 方法又分为了非竞争性 EIA 和竞争性 EIA。在检测农药等小分子化合物时，一般需采用竞争性 EIA。

在非竞争性 EIA 中，待测抗原、半抗原或抗体直接与对应的免疫反应试剂结合，最后根据所检出的酶活性来推测待测物含量。通常在这类方法中，最终检出的酶活性与待测物含量呈正相关。

在竞争性 EIA 中，待测抗原（半抗原）或抗体可与标准抗原（或半抗原）竞争结合对应的免疫反应物。在农药残留检测中，待测农药分子直接与酶标抗原（或酶标半抗原）或酶标抗体竞争，使最终检测体系中的酶含量相对减少。因此，最终检出的酶活性与待测物浓度呈负相关性。

3. 根据抗原-抗体在反应体系中的存在方式分类

在所有酶联免疫测定方法中，抗原与抗体在反应体系中的存在方式有固相和液相两种，即固相酶联免疫（Solid-phase enzyme immunoassay, sEIA）和液相酶联免疫（Liquid-phase EIA）。

目前常用的 EIA 方法大多数为 sEIA 类型。最典型、最常用的 sEIA 方法有酶联免疫吸附测定法（ELISA）和限量抗原底物珠法（DASS），其中 ELISA 法是目前农药残留检测中应用最广泛的酶联免疫分析技术。

4. 根据反应体系与检测体系之间的关系分类

根据反应体系与检测体系之间的关系可分为直接法（Direct method）和间接法（Indirect method）两类。

在直接法中，检测体系与反应体系直接联系，中间不需要任何环节。这类方法的特点是操作简便，特异性强，但灵敏度较差。在间接法中，反应体系与检测体系之间，需要连接一个或多个中间体或连接桥，以增强酶的相对含量或增强酶的比活性。大多数间接法属于 AA 型，只有少数属于 AM 型。这类方法的特点是灵敏度高，但精密度较差，而且需要制备中间体，故增加了测定成本并使方法变得烦琐。

（二）ELISA 法的基本原理

ELISA 法的基本原理是：将抗原或抗体物理性地吸附于固相载体表面，使之与酶通过共价键形成酶结合物，同时保持各自的免疫活性和酶活性；酶结合物与相应的抗原或抗体结合后，通过加入底物显色，产物的色泽与待测物的含量直接相关，因而可根据颜色反应的深浅进行定性或定量分析。由于酶的催化频率很高，往往很少的酶在 1min 内可催化数十万乃至上千万分子底物变为产物，故可极大地放大反应信号，从而使测定方法达到很高的敏感度。

由于抗原、抗体的反应在一种固相载体——聚苯乙烯微量滴定板的孔中进行，每加入一种试剂孵育后，可通过洗涤除去多余的游离反应物，从而保证试验结果的特异性与稳定性。同时它又是一种非均相免疫分析，即在反应中的每一步都有洗涤过程，从而分离除去了未反应物质和干扰物质。

将特异性抗体（抗原）吸附于固相载体表面的过程，称为包被（Coated），也可叫作致敏。

（三）ELISA 的方法类型

ELISA 法所用的固相载体可区分为三大类型：一是采用聚苯乙烯微量板为载体的微量板 ELISA，即我们通常所指的 ELISA；二是用硝酸纤维素膜为载体的 ELISA，称为斑点 ELISA（Dot-ELISA）；三是采用疏水性聚酯布作为载体的 ELISA，称为布 ELISA（C-ELISA）。在微量板 ELISA 中，又根据其性质不同分为双抗体夹心 ELISA、间接 ELISA、竞争 ELISA、双夹心 ELISA 等。常用的 ELISA 法有双抗体夹心法、竞争法和间接法，夹心法用于检测大分子抗原，间接法用于测定抗体，而竞争法可用于测定抗原，也可测定抗体。

随着 ELISA 法的不断发展和更新，出现了一些简便特异的新模式。如以硝酸纤维素膜（NC 膜）代替常规聚苯乙烯酶标板的斑点 ELISA、将高分辨率凝胶电泳和 ELISA 法相结合的免疫印迹法、包含生物素-亲和素放大体系的 ELISA 法，将酶联免疫测定法、免疫色谱和毛细管迁移作用结合起来的酶联免疫色谱法，以及磁微粒 ELISA 等。

二、快速 ELISA 技术

快速 ELISA 试剂盒的产生，以及 ELISA 法与现代分析仪器的结合与改进，使 ELISA 法更加准确和方便快速。

（一）快速 ELISA 试剂盒

快速 ELISA 试剂盒具有快速、灵敏度高、测定步骤简便、成本低、操作安全等特点，而且试剂盒携带方便，不限制操作场地，底物显色时间快，结果检出率高达97%以上，是目前ELISA检测中比较理想的一种新型快速诊断法，因此快速ELISA试剂盒在农药残留免疫分析中表现最活跃。已有大量文献使用ELISA法检测了杀菌剂、杀虫剂、除草剂和一些植物、昆虫生长调节剂的农药残留，现在中国已经开发出几十种农药ELISA试剂盒商品应用于食品、蔬菜等农产品和环境中的农药残留快速检测。

2000年以前，我国食品安全快速检测领域完全被进口试剂盒垄断，2001年我国推出第一个瘦肉精酶联免疫试剂盒，之后，国内商品化ELISA试剂盒研发取得长足发展，但目前很少有真正国产商品化的农药ELISA试剂盒面市，主要依赖从国外进口，应用范围受到较大的限制。多年来北京、上海、南京、浙江等高校及有关科研单位进行了农药残留检测免疫方法的大量研究，并积极开发试剂盒，技术水平在逐渐追赶国际先进水平。

ELISA试剂盒使用方便，试样只需捣碎后用甲醇提取后即可进行测定，一般完整的农药残留检测ELISA试剂盒包含以下组分部分：①固相载体。②酶标抗原或抗体。③酶的底物。④阴性和阳性对照品（定性测定），参考标准品（定量测定）。⑤稀释液。⑥洗涤液。⑦酶反应终止液。

如式（8-6）所示，购买ELISA试剂盒时，要求灵敏度越高越好，相对灵敏度表征它能检测到的分析物的最小量，表示检测下限的能力。

$$相对灵敏度=真阳性/（真阳性+假阴性）\times100\% \qquad (8-6)$$

（二）ELISA分析仪器

1. 分离式酶联免疫仪器

分离式酶联免疫仪器主要有酶标仪和洗板机。酶标仪本质上是一台专用于微孔板的、可见光范围的光电比色计。在ELISA试验中，酶标仪是测定各微孔中试样的吸光度的关键仪器，对结果的判定有直接影响。酶标仪很容易由检测96微孔板转化为检测384微孔板，甚至1536微孔板，达到更高的检测效率。其性能还在日益完善，功能不断扩充，如测量高速化、宽吸光度范围、扩展到紫外光区、自动孵育功能、动力学检测功能、多功能自动洗板机等。

进口酶标仪具有孵育功能，性能日益完善。国内厂家生产的酶标仪功能也不断完善，在激烈的市场竞争中占有一席之地。

洗板机是ELISA试验保证洗涤效果和实验质量的重要辅助仪器，国内洗板机的洗板效果、产品可靠性等主要指标已达到进口仪器的水平，且价格、售后服务还具有一定优势。

2. 组合式的酶联免疫仪器

全自动组合式酶联免疫系统是将 ELISA 试验中的各个步骤，从加样、孵育、洗涤、震荡、比色到定性或定量分析、报告存储与打印功能全部集成在一台智能化仪器中，按用户事先设计的程序自动操作，既节约资金，又实现了实验过程的自动化处理，是一种很经济的方案。

三、竞争性 ELISA 法检测农药残留的几种模式

检测小分子的农药残留，应用最多的是竞争性 ELISA 法，它可分为间接竞争和直接竞争。

（一）间接竞争 ELISA 法的工作原理及操作步骤

以 96 孔酶标微孔板为固相载体为例，间接竞争 ELISA 法检测农药残留的工作原理示意见图 8-2。

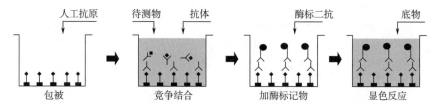

图 8-2　间接竞争 ELISA 法的工作原理示意图
♦—人工抗原　■—农药　丫—抗体　人—酶标二抗

操作步骤：①在酶标微孔板内加入预先制备好的人工抗原，在一定温度下孵育一段时间，使人工抗原包被到固相载体表面，洗涤，除去游离的人工抗原。②加入封闭物，在一定温度下定时孵育，使固相载体表面未被人工抗原结合的位点被封闭物所屏蔽，以减少非特异性吸附，洗涤，除去游离的封闭物。③加入待测物（或标准溶液）、抗体，在一定温度下定时孵育进行竞争反应，洗涤，除去游离的抗体。④加入一定量的酶标二抗，在一定温度下定时孵育，使酶标二抗结合到固相载体上的抗体上，洗涤，除去游离的酶标二抗。⑤加入底物溶液，在一定的温度下进行酶的催化显色反应。⑥加入终止液终止反应，并在酶标仪上测定特定波长下的吸光值（OD），计算农药残留量。

（二）直接竞争 ELISA 法的工作原理及操作步骤

直接竞争 ELISA 法与间接竞争 ELISA 法的工作原理和步骤基本相似，但也有所不同。直接竞争 ELISA 法检测农药残留的三种包被模式：包被抗原模式、包被抗体模式和包被二抗模式，其工作原理和步骤都基本相同，区别只是包被的物质和加入的竞争反应物有所不同而已。包被抗体模式见图 8-3。

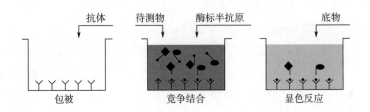

图 8-3　直接竞争 ELISA 法的工作原理示意图（包被抗体模式）

■—农药　Y—抗体　⬦—酶标半抗原

1. 包被抗体模式操作步骤

（1）在酶标微孔板内加入预先制备好的人工抗体，在一定温度下定时孵育，使人工抗体包被到固相载体表面，洗涤，除去游离的人工抗体。

（2）加入封闭物，在一定温度下定时孵育，使固相载体表面未被人工抗体结合的位点被封闭物所屏蔽，以减少非特异性吸附，洗涤，除去游离封闭物。

（3）加入待测物（或标准溶液）、酶标半抗原，在一定温度下定时孵育进行竞争反应，洗涤，除去游离的酶标半抗原。

（4）加入底物溶液，在一定温度下进行酶的催化显色反应。

（5）加入终止液终止反应，在酶标仪上测定特定波长下的吸光值（OD），计算农药残留量。

2. 包被抗原模式操作步骤

与包被抗体模式操作比较，区别在于步骤（1）包被的是人工抗原，步骤（3）用酶标抗体代替加入的酶标半抗原。

3. 包被二抗模式操作步骤

与包被抗体模式操作比较，区别在于步骤（1）包被的是二抗，步骤（3）多加入了一抗共同参与竞争反应。

（三）测定结果的计算（以间接竞争 ELISA 法为例）

1. 吸光率的计算

标准品或样本的吸光率等于标准品或样本的平均吸光度值（双孔）除以第一个标准品（0 标准）的平均吸光度值（OD），再乘以 100%，见式（8-7）。

$$吸光率（\%）=（B/B_0）\times 100 \qquad (8-7)$$

式中　B——标准品或样本的平均吸光度值

　　　B_0——0 μg/L 标准液的平均吸光度值

2. 标准曲线的绘制与计算

以标准品吸光率为纵坐标，以农药标准溶液浓度（μg/L）的对数为横坐标，绘制标准曲线。将样本的吸光率代入标准曲线中，从标准曲线上读出样本所对应的浓度，乘以其对应的稀释倍数即为样本中农药残留的含量。可利用酶标仪专业分析软件进行计算，便于大量样本的准确、快速分析。

3. 结果确证

检测出含量高于检测限的阳性试样时，需进一步确证，可采用权威的国家或行业相关标准方法检测。

四、ELISA 法的影响因素

ELISA 法是如今检验常用的免疫学检测方法之一，其操作简单，无需特殊设备。但是，如果忽视了影响其结果的因素，难免会造成假阴性或假阳性，因此，了解影响实验的因素，减少误差是非常必要的。

（一）酶的因素及效果

1. 酶的基本特性

良好的酶结合物特性取决于高效价的抗体和高活性的酶。在酶标记过程中，抗体的活性有所降低，所以酶应具有高度的活性和敏感性、在室温下稳定、反应产物易于显现，而且能商品化生产。

2. 酶的纯度及酶结合物的纯化

酶的纯度以 RZ 表示：$RZ = OD_{403}/OD_{275}$。纯酶的 RZ 多在 3.0 以上，最高为 3.4。RZ 在 2.5 以上方可用于标记，RZ 在 0.6 以下的酶制品为粗酶，非酶蛋白约占 75%，不能用于标记。

耦联反应之后一般要经过纯化步骤来除去未被标记的分子，以提高 EIA 的灵敏度。最常用的纯化方法有：凝胶过滤法、透析、电泳、离子交换色谱、亲和色谱和密度梯度离心等。

3. 酶标记物及标记方法

目前应用较多的酶有辣根过氧化物酶（HRP）、碱性磷酸酶、葡萄糖氧化酶等，其中 HRP 比活性高，稳定，相对分子质量小，纯酶容易制备，是应用最广也最常用的免疫分析标记酶。尽管很难达到酶与抗原（抗体）的标记比为 1：1 的理想状态，但由于酶的放大效应，即使低的标记率也能达到较高的灵敏度。常见的耦联反应有戊二醛法和过碘酸盐法等。交联反应的选择需根据反应的产率、重复性、对酶和抗体生物活性的影响等方面来考虑。

4. 酶的底物系统

催化底物要易于配制、保存，且催化底物产生的信号应易于观察和检测，安全且价廉、易得。常用的底物为无色化合物，当参与酶催化反应时产生深色产物，终止显色反应后不再继续自发变性。EIA 方法中常用的酶，大多数底物系统不稳定，如过氧化氢保存时间过长，因发生氧化作用而降低其实际浓度，必须在使用前测定其浓度。当以 HRP 作为标记酶时，常用的底物系统有邻苯二胺（OPD）、3，3′，5，5′-四甲基联苯胺（TMB）等。OPD 灵敏度高、比色方便，在 ELISA 法中应用较多。但其相对不稳定，且具有诱变特性。TMB 性质较稳定，可配成溶液试剂，只需与 H_2O_2 溶液混合即成应用液，经 HRP 作用后共产物显蓝色，目测对比鲜明；加酸终止后酶反应产物变黄色，可在比色计中定量，最适吸收波长为 405nm，另外，TMB 目前没有发现致癌性，因此应用日趋广泛。

5. 酶的效果测定

（1）酶与抗体的活性　常用琼脂扩散或免疫电泳法，使抗原与抗体形成沉淀线，经 PBS 漂洗 1d，再以蒸馏水浸泡 1h，将琼脂凝胶片浸于酶底物液中着色，如出现应有的颜色反应，再用生理盐水浸泡，颜色不褪，表示结合物既有酶的活性，也有抗体活性。良好的结合物在显色后，琼扩滴度应在 1：16 以上。另一个测定方法是用系列稀释的酶标抗体直接以 ELISA 法进行方阵滴定，此法不仅可以测定标记效果，还可以确定酶标抗体的使用浓度。

（2）结合物的定量测定　一般是对结合物中的酶和 IgG 进行定量测定。常用紫外分光光度计于 403nm 和 280nm 进行测定。用于 ELISA 法的结合物的酶量为 400g/mL 时效果一般，为 500g/mL 时效果较好，达 1000g/mL 时效果最好。一般摩尔比值为 0.7 时效果一般，1.0 时效果较好，1.5~2.0 时最好。酶结合率为 7% 时效果一般，为 9%~10% 较好，达 30% 以上时最好。

（二）标准品和反应体系

（1）标准品 标准品的纯度十分重要，如果纯度不高，不仅不能反映标准品的真实浓度，还可能因为其中含有某些对免疫反应或酶促反应有干扰的物质，而影响测定结果的准确性。标准品的稳定性也很重要。大多数农药标准品都易受保存条件（温度、湿度、光照等）的影响而分解。测定时所用的标准工作溶液必须现配现用。

（2）干扰物质 样本中含有某些蛋白质会干扰免疫反应，增加非特异性反应，使本底增高，灵敏度降低。消除样本中干扰物质的方法一般有两种：①用不含待测物的样本稀释标准品，使得标准溶液中的干扰物质的浓度与样本尽量保持一致。②对样本进行预处理，采用一些提取、净化手段去除干扰物质，或在测定前对样本进行高倍稀释（在样本干扰不明显，而且 EIA 方法的灵敏度满足需要的情况下采用）。

（3）pH 和离子强度 EIA 方法基本的反应体系有两种，即免疫反应体系和酶促反应体系。这两种反应体系均受 pH 和离子强度以及缓冲液成分的影响。pH 过高或过低均能抑制免疫反应和酶促反应。一般免疫反应体系要求 pH 接近中性（取决于酶），底物反应体系中的 pH 较低（5.4 左右，取决于底物和酶）。在建立 EIA 方法时，必须分别确定两种反应体系的最佳 pH、最适离子强度和缓冲液成分。改变其中一种条件，建立标准曲线，再进行比较。

（4）反应温度和时间 免疫反应和酶促反应过程中的温度和时间呈负相关，这两种因素对标准曲线影响十分显著。在免疫反应中，标记和非标记抗原（或抗体）与对应的免疫试剂反应生成复合物的过程，达到平衡时是可逆的，并与温度有关。免疫反应所需时间的长短和温度高低不仅影响标准曲线灵敏度，还影响精密度。

免疫反应中常用的温度有 4℃、37℃和室温（25℃）三种。一般在低温下反应速度慢，但能提高标准曲线的精密度。对于酶促反应，则以最适温度为好，低于或高于这个温度，均对标准曲线灵敏度有影响。

（5）反应容量 由于反应容量直接关系到反应物的浓度，因此无论包被还是在免疫反应和酶促反应过程中，都应注意保持反应液的容积相对恒定。

（6）反应物浓度 酶标记抗原（半抗原）或抗体以及对应的免疫反应物在免疫反应过程中，都有最佳的浓度（即工作浓度），过高或过低均能影响标准曲线的灵敏度和精密度。

此外，在固相 EIA 方法中，溶液的 pH、离子强度、缓冲液成分对包被效果也有影响，包被效果与包被温度、时间和浓度有关，一般呈正相关，但浓度过高，不仅浪费试剂，也影响标准曲线的灵敏度，因此必须在建立标准曲线的同时确定其最佳工作浓度。为避免包被物解离，可采取两种措施：一是确定最适免疫反应物包被浓度；二是包被及以后每步反应后进行彻底洗涤。

五、ELISA 法在农药残留分析中的应用研究

ELISA 法的建立为农药残留快速检测奠定了基础。随着对小分子物质免疫原性和半抗原研究的深入，天然和人工合成的小分子化合物的免疫化学测定也有了较快发展，已有越来越多的农药残留采用 ELISA 法进行分析。

Huber 建立了莠去津酶联免疫定性定量分析方法，并开发出了莠去津免疫检测试剂盒。Otieno 等建立了毒死蜱残留量检测的酶联免疫法，毒死蜱的检测限为 $0.37 \sim 0.42 \mu g/kg$，平均回收率为 $90.20\% \sim 101.88\%$，与高效液相色谱法相比无显著差异。

刘曙照等建立了氰戊菊酯检测 ELISA 法及其试剂盒；曾俊源等用直接竞争酶联免疫吸附法测定氰戊菊酯残留量，在高中低 2.00，0.20，0.05mg/kg 三个添加水平下，回收率分别为 $81\% \sim 89\%$，$85\% \sim 98\%$ 和 $85\% \sim 106\%$。梁赤周等建立了检测水样、蔬菜和粮食中三唑磷残留的 ELISA 试剂盒，加标回收率在 $65\% \sim 125\%$，变异系数 <15%，最低检测限为 4.13ng/mL。

王国霞研究并建立的多菌灵间接 ELISA 法，测定土壤中多菌灵的回收率为 $88.5\% \sim 109.0\%$，变异系数 $4.06\% \sim 8.65\%$，测定河水中的多菌灵回收率为 $76.5\% \sim 99.4\%$，变异系数为 $3.21\% \sim 5.85\%$，成本和简便性较传统仪器分析具有明显的优势。张奇等建立了速灭磷酶联免疫法，IC_{50} 值为 40.74 $\mu g/L$，检出限为 $0.08 \sim 0.10 \mu g/L$，平均回收率为 $80\% \sim 107\%$。

洪静波等建立了蔬菜中的克百威残留检测 ELISA 法，交叉反应率均小于 10%，对克百威纯品的检测限为 $0.1 \mu g/mL$，线性检测范围为 $10^2 \sim 10^{-3} \mu g/mL$，测定结果与高效液相色谱测定结果一致，并开发了 ELISA 试剂盒。于祥东等建立了吡虫啉农药检测 ELISA 法，对大米、梨、卷心菜 3 种样品加标回收率为 $83.61\% \sim 112.65\%$，灵敏度高于大多数已有的检测方法。

刘媛等建立了烟叶中高效氯氟氰菊酯残留半定量检测 ELISA 法，样本超标检出率为 34%，GC 法检出率为 22%，以 GC 法为参照，ELISA 法假阳性率

为 12%，假阴性率为 0。陈黎、范子彦等建立了多菌灵、三唑醇、异菌脲等烟叶农药残留 EILSA 法，并申请了多项发明专利。

据报道，已有上百种农药建立起 ELISA 检测方法。例如杀菌剂采用单抗 ELISA 法检测番茄中的百菌清、肉类中的噻菌灵；多抗 ELISA 法检测水果及食品中的噻菌灵、多菌灵、异菌脲、速克灵、瑞青霉、甲霜灵、三唑酮等杀菌剂。针对杀虫剂，成功的方法主要是采用单抗 ELISA 法检测谷物中的杀螟松、右旋反苄菊酯、苯醚菊酯、氯苯醚菊酯，乳、肉、肝中的涕灭威，水中的呋喃丹、克百威，加工产品中的甲基嘧啶硫磷、对氧磷、硫丹；针对除草剂，主要有多抗 ELISA 法检测农产品中百草枯、2，4-二氯苯乙酸、阿特拉津、莠去津、苯丙酸甲酯、去草净、扑草净等。针对植物（昆虫）生长调节剂，主要是采用单抗 ELISA 法检测土豆中的抑芽丹，采用多抗 ELISA 法检测乳中的伏虫脲、谷物及加工品中的甲氧保幼激素。目前应用于烟叶农药残留检测的 ELISA 法试剂盒商品可检测多菌灵（含甲基硫菌灵）、异菌脲、二甲戊灵、仲丁灵、三唑酮（含三唑醇）、抑芽丹、甲霜灵、氟节胺、啶虫脒、克百威、吡虫啉等 10 多种成分，可定性、定量检测烟叶中相应的农药残留。

第三节　胶体金免疫层析法

免疫胶体金技术主要分为两大类：一类是与仪器配套的自动化免疫分析；另一类是以硝酸纤维素为载体的快速试纸免疫分析。根据标记原理又可分为两类：一类是酶促反应为基础的酶标记法；另一类是自显色标记法。对于不需要仪器辅助的免疫层析试纸，是以硝酸纤维素膜为载体的自显色标记法。为增加试纸的灵敏性，人们一直在不断寻找新型的标记物，包括乳胶颗粒、胶体金、量子点、磁微粒、胶体碳以及脂质体等，目前应用较广的是胶体金标记。

一、胶体金免疫层析法概述

胶体金免疫层析法（Gold immunochromatography assay，GICA）是 20 世纪 80 年代后在金免疫渗滤法（GIFA）的基础上发展建立起来的一种简单快速的免疫标记检测技术，具有浓缩 ELISA 法之称，它以胶体金作为示踪标志物，用标记物的增强放大效应显示对应的抗原或抗体的相对含量，仅需数分钟就完成 ELISA 法需数小时才能显示的结果。该技术将胶体化学、有机合成化学、免疫学、物理学和材料学的精华集于一体，实现了复杂的原理与简单操作的统一。

胶体金作为免疫标记物始于 1971 年，由 Faulk 和 Taylor 将其引入免疫化学。1974 年 Romano 等将胶体金标记在第二抗体（马抗人 IgG）上，建立了间接免疫胶体金染色法。1978 年 Geoghega 发现了胶体金标记物在光镜水平的应用。1981 年 Danscher 拓展了此技术，建立了用银显影液增强光镜下金颗粒可见性的免疫金银染色法（IGSS），使抗原位置得到了清楚放大。1986 年 Fritz 等在此基础上又成功进行了彩色免疫金银染色，使得结果更加鲜艳夺目，从而在光镜和电镜下可以单标记或多标记同时观察细胞和组织结构，进行定性和定量研究。

免疫层析试纸检测法是在单克隆抗体技术、免疫层析技术、新材料及标记技术基础上发展起来的一种新型免疫学快速检测技术。免疫层析试纸（简称"试纸"）不需要专业技能人员和昂贵复杂的仪器设备即可实现对抗原、抗体和半抗原等各种分析物的定性和半定量检测，广泛应用于激素、病源微生物、肿瘤标记物、违禁药物、兽药、农药、生物毒素、毒品等靶标的快速检测，是理想的免疫学快速检测技术之一。

但全面建立试纸检测方法需要其他技术的支撑，包括硝酸纤维素膜制备、抗体生产、液体喷点和处理设备以及试纸研发和制备工艺等。直到 20 世纪 80 年代后期，早孕试纸产品研发成功并进入市场，有力推动了免疫层析试纸快速检测技术的早期发展和应用。随着一些公司对免疫层析试纸检测法主要技术环节申请了专利，免疫层析试纸快速检测技术得以全面建立。1995 年以来，已获得授权的试纸相关专利至少有 500 项。因其成本低、方便快速、结果直观等特性，在发达国家已广泛应用于临床及生物学、农牧业、POCT（即时检验）、食品安全等领域，是一种常规的检测方法。

20 世纪 90 年代以来，张改平等系统开展了免疫层析试纸快速检测技术研究，率先在国内建立了抗原、抗体、半抗原三大类免疫层析试纸快速检测技术平台，成功研制了小分子化合物快速检测试纸系列产品，实现了药物残留的简便、低成本、强特异性、高灵敏度的快速检测。试纸检测时间仅需数分钟，无需设备及复杂试剂，解决了传统检测方法费时（数小时至数天）、成本高（需贵重仪器和试剂）、操作复杂等问题，真正实现了长期以来人们在检测技术领域所追求的"快速、简便、特异、敏感"的目标。通过多年的发展，免疫胶体金技术不断成熟，现已成为一种重要的免疫学检测手段，在生物医学、农业、环境卫生及食品安全等多个领域广泛应用。

二、胶体金免疫层析试纸的结构及特性

胶体金免疫层析法（图8-4）包含以下三大技术：①胶体金技术：为诊断或检测提供肉眼可见的显色媒介。②膜技术：是原料的固化载体，层析的动力来源。③免疫学技术：能特异性检测样本中的靶标物质。

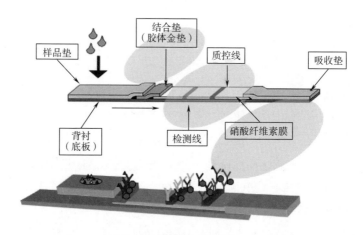

图8-4 胶体金免疫层析试纸条（卡）结构及原理

免疫胶体金与固相膜相结合，发展建立了以膜为固相载体的胶体金免疫层析试纸快速检测技术，当这些标记物在层析膜上相应的配体处大量聚集时显色，因胶体金具有肉眼可见的红色，不需加入发色试剂，且对人体无毒害，使结果判定直观，为不需要任何仪器的试纸条免疫检测提供了可能。试纸是基于膜免疫层析原理而建立的快速检测技术产品。试纸的特点是能使待测样品溶液在毛细作用下由测试端向另一端侧向流动过程中与结合垫和层析膜上的生物活性材料（如抗体、抗原或生物大分子）先后发生特异性结合反应，并在层析膜上形成肉眼可见的检测线和质控线。

目前市场上典型的层析法检测试剂分为三个部分：一是多孔材料，包括样品垫、吸水垫、结合垫及硝酸纤维素膜；二是试剂，如抗体、金标结合物等；三是层压结构及卡盒，如PVC板、双面胶、盒等。胶体金免疫层析试纸条（卡）结构由样品垫、胶体金结合垫、硝酸纤维素膜（NC膜）、吸收垫组成，将其首尾依次粘贴在PVC背板上而形成，如图8-4所示。层析材料大多为 NC 膜和吸水纸复合而成，很少采用单一的膜材料；吸水垫为吸水纸板，用于吸收流过层析膜的待测样品溶液，以维持层析膜两端的压差，促使更多的样品溶液在层析膜上侧向流动；层析膜上固定有两条或多条不同生物活性材料（如抗原和抗体），形成"检测线（Test line，简称 T 线）"和"质控线（Control line，简称 C 线）"印迹，用于拦截带标记的免疫复合物，直观显示检测的显色结果。

（一）胶体金

胶体金是由氯金酸（HAuC$_{14}$）在还原剂如白磷、枸橼酸钠等作用下，聚合成为特定大小的金颗粒，并由于静电作用成为一种稳定的胶体状态，称为胶体金，或胶体纳米金。胶体金具有纳米材料所特有的三大效应：表面效应、小尺寸效应和宏观量子隧道效应，具有很大的表面积，独特的光学、导电、导热等物理特性以及良好的生物相容性。

用还原法可以很方便地制备各种不同粒径的胶体金颗粒，胶体金颗粒具有很高的电子密度，在电子显微镜下可以很清楚地观察胶体金的颗粒状态，大小不同的胶体金颗粒具有不同颜色。胶体金溶液是指分散相粒子直径在 1~150nm 的金溶胶，属于多相不均匀体系。胶体金在弱碱性环境下带负电荷，可以与蛋白质等大分子的正电荷基团因静电吸附而牢固结合，这种静电结合，不会影响到蛋白质的生物特性。所以胶体金因具有操作简便、易保存、标记物稳定性好、结果易于观察判断、无需特殊仪器设备、非常适合于现场快速检测、适用范围广等独特的优势，逐渐取代了传统三大标记物（显色酶、同位素和荧光素）。

胶体金有四个基本特性：①不同粒径，不同颜色，如 2~5nm 为橙色、10~20nm 为酒红色、30~80nm 为紫红色。②粒径在 20~40 nm 的胶体金为宜，制备的胶体金溶液呈红色。③充分的溶解性，良好的流动性。④胶体金对蛋白质有很强的吸附功能，而不破坏生物活性，与蛋白质结合，可形成胶体金标记物。

（二）硝酸纤维素膜

硝酸纤维素膜（NC 膜）是一种聚合物，在胶体金试纸中用作 C/T 线的承载体，同时也是免疫反应的发生处。NC 膜是胶体金免疫层析技术中最重要的膜材料，它的功能特性是通过在检测线和控制线（以抗体为典型）对特定目标分子吸附将其固定，同时样品的检测结合物被引导流向反应区域。要达到这样的目的，膜必须具有较高的受体结合能力，且不影响膜的毛细特性，同时性能稳定、均一性好，具备一定的空隙和润湿性以保证水性样品的毛细流动。

NC 膜的作用和优点：NC 膜是蛋白质印迹最广泛使用的转移介质，对蛋白质有很强的结合能力，适用于各种显色方法，背景低，信噪比高，成本低廉。NC 膜的使用很简便，不需要甲醛预处理，只要在无离子水面浸润排出膜内气泡，再在电泳缓冲液中平衡几分钟就可以；很容易封闭，也不需要特别严谨的清洗条件。转移到 NC 膜上的蛋白质在合适的条件下可以稳定保存很长时间。

NC 膜的特性：①微孔径是层析动力的来源。膜孔径越小，层析速度也越慢，金标复合物通过 T 线的时间也就越长，反应也就越充分，灵敏度就越高，但同时也减慢了跑板速度，增加了非特异性结合的机会，会使假阳性增高。需根据灵敏度要求选择适合的膜孔大小，从而决定不同的层析速度，对于高亲和力的抗原-抗体结合反应，使用较大孔径（流速较快）的层析膜可获得较快的测试速度，同时也具有足够的灵敏度。②单克隆抗体与膜的结合优于多克隆抗体，相对分子质量越大，蛋白质越难结合到固相材料上。③推荐使用 pH 7~7.2 的 0.01mol/L PBS，该缓冲体系对多种抗原抗体都有良好的适应性。④环境湿度对点样过程非常重要。最佳湿度一般在 45%~65%。湿度过低，膜上容易聚集静电荷，点膜容易出现散点，导致测试出现疏水斑。湿度过高，膜上毛细作用加强，点膜容易引起 C/T 线变宽甚至扩散。为了保证点样时膜湿度的均一性，一般在点样前把膜放到该湿度条件下平衡一段时间。⑤膜的贮存一般要求避光、密封，过干或过湿都不利。

三、GICA 法的基本原理及主要检测模式

GICA 法的检测原理是：采用胶体金为显色媒介，以硝酸纤维素膜为载体，利用免疫学中抗原抗体特异性结合的原理，在层析过程中完成这一反应，根据膜上的颜色深浅判断抗原/抗体存在与否，从而达到检测的目的。

根据具体情况，既可以采用标记抗原与待测抗原的竞争方式进行检测，又可利用标记抗体或标记二抗的夹心法及间接法进行检测。针对生物大分子检测的 GICA 法多采用夹心法和间接法，夹心法直观性强，检测灵敏度高。而在小分子化合物（如药物、毒素、糖类等）的检测中，因其相对分子质量较小，与抗体一结合后，由于空间位阻作用，抗体二很难再和小分子的另一个

结合位点进行特异性结合，所以一般都使用竞争抑制法。

（一）直接法

直接法检测模式为非竞争性的免疫学结合反应，既可用于抗原的检测，也可用于抗体的检测，已经广泛应用于人类及动物疫病的早期诊断、生物分析、抗体水平监测等。通常情况下，检测线最终是否显色与样品中是否含有待测目标物一致，而未被检测线拦截的金标抗体及部分抗原-金标抗体复合物被质控线拦截并聚集显色。最终，阳性样品的检测结果为检测线（T线）和质控线（C线）同时显色，而阴性样品的检测结果只有质控线（C线）显色。抗原检测试纸与抗体检测试纸的显色结果及判定标准完全相同。

（二）竞争法

竞争法检测模式为竞争抑制性的免疫学结合反应，主要用于抗原位点较少或仅具有单个抗原位点的小分子化合物的检测，如农药过量使用以及残留超标的快速检测等。竞争法检测模式中，既可采取标记抗体的模式，也可采取标记抗原的模式，前者的可操作性、稳定性及灵敏度通常较后者更好，因此应用更为广泛。

竞争法检测工作原理是：将改造过的药物抗原以条带状固定在NC膜上，金标抗体吸附在结合垫上，待测样品加到样品垫上并通过毛细作用向上层析，溶解金标抗体并一同向上泳动。当金标复合物到达固定抗原检测线时，如果样品中含有待测药物，包被的抗原将和药物共同竞争金标抗体上有限的抗原结合位点，样品中药物的含量越高，检测线上包被的抗原与金标抗体结合的越少，当抗原结合的金标抗体少于一定数量时，检测线（T线）处不出现红色条带，剩余的胶体金结合物与质控线（C线）上包被的抗体反应并被滞留显色，通常5~10min完成显色反应。

可见竞争法的结果判读和非竞争法相反，即T线显色的强弱与待测物的含量呈负相关，待测物含量越高或为阳性时，T线显色越弱甚至不显色；而阴性样品的检测结果为T线和C线显色一致，为两条红线，甚至T线显色深于C线；当C线不显色时，表示试纸无效，如图8-5所示。

定量确认：经快速试纸条检测的农药残留阳性样品，被称为疑似样品，必须经过确证后，才能准确判断，不能提前做结论。如需定量确认结果时，应按抽样程序分瓶封装样品，尽快送到实验室依据权威的相关标准方法检测。

阴性   阳性   无效

图 8-5　竞争法检测农药残留的结果判读示意图

检测时注意不要触摸试纸 NC 膜，手指上的汗液中含有钾、钠离子，会影响 NC 膜上泳动时的毛细作用，还应避免阳光直射和电风扇、空调的风直吹，因为样品开始在 NC 膜上流动时，是利用毛细管作用，如果经风吹太阳晒，NC 膜上的样品液蒸发后难以达到吸水垫的位置，会产生假阳性结果；若 NC 膜受潮，样品液则不能正常流动，无法到达吸水垫的位置，使显色不正常，胶体金垫上金标抗体受潮后会变性，影响抗原抗体的选择性反应；自来水、蒸馏水、纯水或去离子水均不能作为阴性对照物，因为这些水的离子浓度太低，会影响抗原抗体的反应。

四、GICA 法的影响因素

胶体金免疫层析试纸的各组成部分，并非简单的相互叠加，改变其中的任一组分，都可能引起产品整体性能发生变化，影响试纸灵敏度，如 NC 膜的特性，主要体现在其流速上；胶体金颗粒的大小、浓度等；结合垫的性能、金标结合物的量；样品垫的特性；检测线的位置及宽度；NC 膜和结合垫的叠压强度；捕获抗体的亲和力；检测线包被捕获抗体的量；结合抗体的特性。

所以试纸条的制备至关重要，以下各方面的质量控制好坏决定了试纸条产品质量的优劣。

（1）**胶体金的制备**　制备颗粒均匀、分散度好的胶体金在分析中非常关键，若金颗粒直径变异范围太大，会影响到试验的稳定性和重复性，使胶体金标记物容易解离和沉淀而产生金标扩散不完全、反应区底色过深和假阳性现象；如果胶体金质量不好，胶体金结合物就不能快速而完整地从玻璃纤维上解离，从而影响试验结果。

（2）**胶体金的标记**　要特别注意标记时的 pH 和最佳蛋白质标记量。配制胶体金溶液的 pH 以中性（pH 7.2）较好。

（3）**标记蛋白质、T 线和 C 线**的抗原或抗体的纯度和浓度会直接影响金标探针的质量。

（4）筛选 NC 膜的型号　型号筛选在试验中至关重要，作为反应载体影响到整个试验的成败。

（5）膜包被过程中需要特别注意两点　①膜上 T 线和 C 线抗原或抗体的包被量要相对饱和。②包被后的膜一定要在适宜的温度下彻底干燥，否则会造成拖带、显色不清晰，灵敏度也大受影响。

（6）玻璃器皿必须彻底清洗　最好是经过硅化处理的玻璃器皿，或用第一次配制的胶体金稳定的玻璃器皿，再用双馏水冲洗后使用。否则影响生物大分子与金颗粒结合和活化后金颗粒的稳定性，从而不能获得预期大小的金颗粒。

（7）试剂配制必须保持严格的纯净　所有试剂都必须使用双馏水或三馏水并去离子后配制，或者在临用前将配好的试剂经超滤或微孔滤膜（0.45mm）过滤，以除去其中的聚合物和其他可能混入的杂质。

（8）氯金酸的质量要求上乘，杂质少，最好是进口的　氯金酸配成 1% 水溶液在 4℃可保持稳定数月，氯金酸易潮解，在配制时，最好将整个小包装一次性溶解。

五、GICA 法在农药残留分析中的应用研究

GICA 法因灵敏度高和简便快速，已在医学、生物化学、食品安全及农药残留的快速筛选中得到了广泛应用。Guo 等设计了两种试纸，可同时检测水样中的卡巴呋喃和三唑磷，其检测范围为 0～132μg/mL，肉眼条件下，其检测限为 4～62μg/mL。该试纸与其他类似物的交叉反应率较低。Kranthi 等设计了可以用来检测拟除虫菊酯和硫丹的试纸，试纸的最小检测浓度分别是硫丹 1800μg/L，氯氰菊酯 800μg/L，溴氰菊酯 1000μg/L，甲氰菊酯 1400μg/L。

孙秀兰等建立了用于粮食中百草枯残留的胶体金免疫层析法，该法目测检测限为 10μg/L，检测时间约 5min，交叉反应率小于 0.10%。刘莹建立了有机磷农药的胶体金免疫层析快速检测法，可检出杀螟硫磷、甲基对硫磷、对硫磷等 9 种有机磷农药，最低检出浓度可达 0.25mg/kg。肖琛等建立了适用于农产品中杀虫剂氰戊菊酯残留的快速检测胶体金试纸，该试纸 100% 抑制浓度为 800ng/mL，检测时间 10min，批次内和批次间重复性为 100%。

楼小华等建立了烟叶中三唑酮残留检测胶体金免疫层析法，三唑酮的检测限为 1mg/kg，检测时间为 5～10 min，与气相色谱-串联质谱检测法结果比对，符合率为 98%，不存在交叉反应，并申请了发明专利。同时建立了烟草中吡虫啉残留的胶体金免疫层析法，检测限为 5μg/mL。

范子彦、陈黎等建立了针对多菌灵、三唑醇、抑芽丹、异菌脲等烟草农药残留检测的胶体金免疫层析法，并申请了多项发明专利。目前胶体金免疫层析法针对的烟叶农药残留有多菌灵（含甲基硫菌灵）、异菌脲、二甲戊灵、仲丁灵、三唑酮（含三唑醇）、抑芽丹、甲霜灵、氟节胺、啶虫脒、克百威、吡虫啉等 10 多种，可进行定性和半定量检测。

提高免疫胶体金技术的敏感性、特异性，实现多元检测、半定量和定量检测将是未来的发展方向。如采用信号放大系统是提高检测灵敏度、拓宽检测范围的有效方法之一，采用在同一膜上做多种项目测定和多项目的组合测定以实现多元检测、实现半定量或定量检测。GICA 法还可与便携式电子设备、读卡仪和信息系统整合，更具有实用性、优越性，因此 GICA 法将逐渐成为最有应用价值和发展潜力的农药残留快速检测技术之一。

第四节　放射免疫分析

放射免疫分析（Radioimmunoassay，RIA）是以放射性核素为标记物的标记免疫分析法，于 1960 年由美国科学家 Berson 和 Yello 创立，并首先用于糖尿病患者血浆胰岛素含量的测定。这是医学和生物学领域中方法学的一项重大突破，开辟了医学检测史上的一个新纪元。我国放射免疫分析研究起步于 1962 年，并得到迅速发展与普及，对我国生物医学的进展起了很大的促进作用，放射免疫分析由于敏感度高、特异性强、精密度高、可测定小分子质量和大分子质量物质，早期也用于农药残留测定。

一、放射免疫分析的基本原理及特点

（一）基本原理

在农药残留检测中，放射免疫分析的基本原理可分为两个部分：一是免疫反应系统；二是放射强度检测系统。首先是人工抗原和农药对标记特异性抗体的竞争结合反应。在反应系统中，标记抗体和人工抗原的量是固定的，标记抗体的量一般取用能结合 40%～50% 的标记抗原。受检样本中的农药是变化的。当人工抗原、农药和标记特异性抗体三者同时存在于同一反应系统时，人工抗原和农药对标记特异性抗体具有相同或接近相同的结合力，因此两者相互竞争结合标记特异性抗体。由于人工抗原与标记特异性抗体的量是固定

的，人工抗原-标记特异性抗体复合物形成的量就随着农药的量而改变。农药量增加，相应地结合较多的标记特异性抗体，从而抑制人工抗原对抗体的结合，使人工抗原-标记特异性抗体复合物相应减少，游离的人工抗原相应增加，亦即人工抗原-标记特异性抗体复合物中的放射性强度与受检样本中农药的浓度呈反比。若将人工抗原-标记特异性抗体复合物与游离农药-标记特异性抗体分开，分别测定其放射性强度，就可算出结合态的标记特异性抗体（B）与游离态的标记特异性抗体（F）的比值（B/F），或算出其结合率［$B/（B+F）$］，这与样本中的农药量呈函数关系。用一系列不同剂量的农药标准溶液进行反应，计算相应的 B/F，可以绘制出一条剂量-反应曲线。受检样本在同样条件下进行测定，计算 B/F 值，即可在剂量-反应曲线上查出样本中农药的含量。

（二）特点

放射免疫分析法是将放射性示踪技术的高灵敏性和免疫反应的高特异性相结合，具有许多其他方法不可比拟的优势：①复杂混合体系中的生物样品不需处理和分离，可对低浓度特定物质进行准确定量。②灵敏度高，利用标记物的放大效应，降低了待测物的检测限，通常为 $10^{-12} \sim 10^{-9}$ g。③特异性强，利用抗原-抗体结合反应的专一性，废除了以往沿用的无机或有机试剂。④应用范围广，几乎能用于所有的激素、蛋白质、小分子药物等的分析，许多物质测定的标准方法为 RIA 法。⑤操作简便，样品制备简单，用量少。

但同时该方法也存在一定的缺点：①标记物具有放射性，可能会对操作人员的身体造成损害，同时放射性物质的后处理也是个严重的问题，处理不当易对环境造成危害。②灵敏度的再提高存在一定困难。③半衰期短，限制了试剂盒的使用。④标记物多变，造成试剂盒批间、批内等的差异。

二、标记物和标记方法

1. 标记物

标记用的核素有放射 γ 射线和 β 射线两大类。常用的放射性同位素有 ^{131}I、^{125}I、^{3}H、^{14}C、^{32}P、^{60}Co 等。^{3}H、^{14}C 放出的是弱 β 射线，需用较昂贵的液体闪烁计数器来测量，且操作较烦琐，比活性较低。放射性碘放出 γ 射线，用一般的晶体闪烁计数器就能获得高效率的测量，且操作较简单，比活性高，因而是目前常用的 RIA 标记物。

2. 标记方法

制备纯度高的抗原，选择合适的标记方式，保持标记物的免疫活性，这些都是放射免疫分析取得高灵敏度的关键。标记大致可分为两大类：一类是放射性标记化合物，用核素$^3H_2$、^{14}C、^{125}I等标记的化合物；另一类是非放射性标记化合物，用核素^{13}C、^{15}N和D等制作的标记物。

许多分析对象都可以用碘标记，其中较常用的是^{125}I。标记^{125}I的方法可分两类，即直接标记法和间接标记法。直接标记法是将^{125}I氧化成碘分子（$^{125}I_2$），然后直接连接于蛋白质分子中的酪氨酸残基上。优点是操作简便，^{125}I和蛋白质一步反应，标记物具有高度比活性。但只有当标记的化合物内部含有碘原子可结合的基团时此法才适用。此外，含酪氨酸的残基如具有蛋白质的特异性生物活性，则该活性易因标记而受损伤。常用的标记方法如下：①氯胺T法，此法标记效率高，试剂便宜易得，是目前最成熟、采用最多的碘标记方法，主要用于对蛋白质、多肽激素和含碘氨基酸的标记。②乳过氧化物酶法，此法对标记物的免疫活性影响小，但标记率较低。③Iodogen碘化法，此法标记率高，反应体积小，反应稳定，是常规的碘化方法之一。

如化合物分子中不含酪氨酸残基和组织胺残基时，放射性碘无法标记，必须在这些化合物上连接上述基团后才能进行碘标记，即间接标记法（又称连接法、接枝标记），将载体用^{125}I标记，纯化后再与蛋白质结合。可供接枝的化学基团有半琥珀酸酯、羧甲基、氧-羧甲基肟、巯基醋酸、葡萄糖苷酸、甲酸酯等。由于引入了复杂的两步操作，碘标记率降低。当直接法标记引起蛋白质酪氨酸结构改变而损伤其免疫活性时，也可采用间接法。它的标记反应较温和，可以避免因蛋白质直接加入^{125}I液引起失活。常用的标记法为酰化试剂法。

三、测定方法

放射免疫分析测定一般包括三个步骤，首先进行免疫反应形成抗原-抗体复合物，然后进行游离态和结合物质的分离，最后进行放射性测定分析。

（一）免疫反应

免疫反应是将待测物、标记抗原和抗体按一定比例混合（平衡饱和加样和顺序饱和加样），在适宜温度条件下温育，形成稳定的复合物。

（二）结合态和游离态物质的分离技术

放射免疫测定中标记抗原和特异性抗体的含量都很低，生成的复合物不能形成免疫沉淀，所以结合态和游离态的放射性物质的分离是放射免疫分析的关键，目前主要有以下几种应用的方法。

（1）柱色谱法和电泳法 分离效果好，但操作复杂，不适合大量样品的检测。

（2）吸附法 利用硅酸盐和活性炭等具有的吸附特性，在其表面包裹一层右旋糖苷、清蛋白等物质，会形成一定大小的孔洞，小分子游离抗原被吸附在颗粒上，经离心沉淀后即可达到分离的目的。

（3）沉淀法 可用盐类或有机溶剂如硫酸铵和聚乙二醇等，能破坏蛋白质表面的水化层而使大蛋白质沉淀的性质，使抗原-抗体复合物沉淀。

（4）二抗法 二抗与可溶性的抗原-抗体复合物结合形成复合物沉淀，离心后可达到分离的目的。此法特异性高，应用普遍。此法与 PEG 法联合使用克服了非特异性吸附和分离时间长的特点，是较理想的分离技术。

（5）微孔滤膜法 选用不同的孔径，使小分子游离抗原可透过滤膜，而大分子的复合物则留在膜上，从而达到分离的目的。

（6）固相法 将抗体结合到固相载体（如活化塑料管、聚苯乙烯管、葡萄糖凝胶、纤维素等）上，反应后经离心洗涤除去游离的抗原。

（7）磁性分离法 抗原与磁性颗粒上包被的抗体反应形成复合物，在磁场作用下沉降，从而达到分离。

（三）放射强度的测定

游离的抗原和复合物分离后，即可进行放射性强度测定。β 射线（如 ^3H、^{32}P、^{14}C 等）用液体闪烁计数仪测定，γ 射线（如 ^{125}I、^{131}I、^{57}Cr 等）用晶体闪烁计数仪测定。分析时需做出标准曲线后定量测定。放射免疫目前还不能进行全自动分析，它的进一步发展受到一些局限。

将非标记免疫检测应用在微量分析中一直以来是人们寻求突破的方向。20 世纪 70 年代 C. L. Cambiaso 等建立了微粒子计数免疫分析，不采用化学试剂标记，而是将 Fab 片段包被在乳胶颗粒上，待测样品中的抗原与抗体颗粒结合，利用流式细胞仪的原理，用毛细计数管计量凝集的和游离的乳胶颗粒的比值即可定量。比利时 Socolab 集团的 DPM 公司采用这一技术生产了 PCX-100 免疫分析仪，这是免疫分析的一个突破性进展。

四、放射免疫分析在农药残留分析中的应用研究

尽管放射免疫分析技术灵敏度非常高（RIA 通常为 10^{-9} g，10^{-12} g，甚至 10^{-15} g），应用范围广，但 RIA 存在同位素半衰期短、试剂盒的货架期短等问题，且 RIA 中主要以标记方便的 ^3H 标记物为主（^{125}I 标记物的放射免疫分析所占比例极低），因而需要使用 β 液体闪烁计数器，成本比较高，也存在放射线辐射和污染等问题，因此在农药残留领域的应用和发展受到了很大的限制，并逐步为其他免疫分析方法所取代。

下面是早些年的几篇研究摘要。

张丁联合成了甲胺磷-琥珀酸-组胺-^{125}I 标记物，建立了甲胺磷的均相放射免疫分析方法，方法检出限为 0.03 nmol/L，变异系数 5.2%；之后，又将纯化的抗体 IgG 包被聚乙烯试管，建立了甲胺磷固相放射免疫分析，方法检出限为 0.05 nmol/L，变异系数 7.8%。

朱国念在多克隆抗体的基础上，建立了水样中克百威残留的放射免疫分析方法，水样不需要烦琐的预处理，经过滤后即可进行分析，未产生基质影响，该方法的检出限为 0.175 ng/mL，用放射免疫测定法与高效液相色谱法检测相同水样中克百威的残留，两者的线性相关系数为 0.9985。

徐德武根据莠去津均三氮苯类结构的特征，合成连有活性羰基的莠去津半抗原，通过活性酯法与牛血清清蛋白联接，制备出较高生物活性的人工抗原，以此免疫兔子获得抗莠去津的多克隆抗体，以 ^{3}H 标记莠去津建立的放射免疫测定法，对水和土壤中莠去津进行测定，均获得较满意的结果。

胡秀卿等人通过活化酯法与牛血清蛋白联接，制备出较高活性的人工抗原，以此来免疫兔子制备抗克百威的多克隆抗体，以 ^{14}C 标记克百威建立了克百威放射免疫测定法，该方法对克百威标准品的最低检测量为 0.175 ng/mL，线性检测范围为 0.256~4000.000 ng/mL，I_{50} 值为 650.0 ng/mL，将其用于蔬菜中克百威检测，并进行加标回收，批次间变异系数均小于 10%，回收率为 93.0%~104.0%。

第五节　化学发光免疫分析

一、化学发光免疫分析

一些物质在进行化学反应时，吸收了化学反应过程中产生的化学能，使分子外层电子激发到激发态，当电子从激发态的最低振动能级回到基态的各个振动能级时，以光辐射的形式释放能量。这一过程多是氧化还原反应，反应的中间产物——活性粒子越多，产生的光子量也越多，发光亦越强。化学发光（Chemiluminescence，CL）分析是根据化学反应产生的光辐射确定物质含量的一种痕量分析方法，其发展过程可以分为化学发光经典方法和现代化学发光技术。

化学发光经典方法历史悠久，在对免疫物质的定性、定量和生物细胞活性功能检测方面应用较为广泛，所用多种发光剂可由实验室研究配制，所以国内应用较普遍。所谓现代化学发光技术，是指目前依靠进口仪器和试剂、仪器自动化和智能化、微磁粒子标记免疫反应的高特异性与发光反应的高灵敏性相结合，无污染、准确、快速的对激素系统、肿瘤系统等多种指标定量在 $10^{-18} \sim 10^{-9}$ g 量级的分析技术。

化学发光的经典方法和现代方法，都是一类标记免疫技术的方法。标记免疫技术就是免疫抗体分子中某个原子被示踪剂所取代，所形成的化合物称为标记化合物。化学发光免疫分析是将发光物质（如吖啶酯、鲁米诺等）标记抗原或抗体进行反应，发光物质在反应剂（如过氧化阴离子）激发下生成激发态中间体，当激发态中间体回到稳定的基态时发射出光子，用自动发光分析仪接收光信号，测定光强度，以反映待检样品中抗体或抗原的含量。该法灵敏度高于放射免疫测定法。化学发光反应参与的免疫测定分为两种类型：第一种是以发光剂作为酶联免疫测定的底物，通过测定发光反应光强度的敏感性检测标本中抗原或抗体的含量；第二种是以发光剂作为抗体或抗原的标记物，直接通过发光反应检测标本中抗原或抗体的含量。

近年来化学发光免疫分析技术的发展实现了微磁粒子标记，增强了标记反应面积，去掉了影响因素——分离剂离心系统程序，并达到自动化、智能化。因此，该技术在实验的稳、准、快方面优势突出，发展很快、很受青睐，被称为第三代免疫分析技术。

二、几种较成熟的化学发光免疫分析技术

（一）标记化学发光物质的化学发光免疫分析（CLIA）

CLIA 是将标记有化学发光物质的抗原（或抗体）通过特异性免疫反应与抗体（或抗原）结合后，用化学发光反应测定标记物的化学发光强度以确定被标记抗原（或抗体）的含量。常用的化学发光标记物有鲁米诺、异鲁米诺、异鲁米诺的衍生物，如氨己基乙基异鲁米诺、氨丁基乙基异鲁米诺，和邻苯三酚及吖啶酯类。因为腺嘌呤核苷三磷酸（ATP）同萤火虫荧光素的生物发光反应是迄今为止人们所知发光效率最高的发光反应，所以用 ATP 或萤火虫荧光素作为免疫分析的标记物曾是人们追求的目标。但是，由于内源代谢

ATP 及 ATP 降级酶有关反应的干扰，用 ATP 作标记物达不到预期的目的。用萤火虫荧光素作为标记物不会遇到 ATP 作为标记物的问题，但由于萤火虫荧光素与被标记物耦联以后的结构发生变化，远低于 ATP 化学发光反应的发光效率，因而也不是理想的标记物。用化学发光剂标记的化学发光免疫分析法存在的主要问题是标记发光剂（或者抗体）发生特异性免疫反应的性能将改变，并且每次标记发光剂的标记率变化很大。

用作标记的化学发光剂应符合以下几个条件：能参与化学发光反应；与抗原或抗体耦联后能形成稳定的结合物试剂；耦联后仍保留较高的量子产率和反应动力；不改变或极少改变被标记物的理化特性，特别是免疫活性。

鲁米诺类化合物的发光反应必须有催化剂（例如过氧化物酶）催化，且与蛋白质或肽结合后其发光作用减弱，因此鲁米诺类化合物在 CLIA 中是很好的底物，但已较少用于 CLIA 的标记。

吖啶酯类化合物对 CLIA 更为适用，其显著的优点是：①氧化反应不需催化剂，只要在碱性环境中就可以进行。②发光反应迅速、本底低。③在氧化反应过程中，结合物被分解，游离吖啶酯的发光不受抑制，试剂稳定性好。

化学发光免疫分析具有明显的优越性：其敏感度高，甚至超过 RIA；精密度和准确性均可与 RIA 相媲美；试剂稳定、无毒害；测定耗时短；测定项目多；已发展成自动化测定系统等。因此化学发光免疫测定不仅能够取代RIA，还可得到更为广泛的应用。

（二）标记荧光物质的荧光化学发光免疫分析（FIA）

在 FIA 中，由于待测样品的背景信号很高，使得荧光免疫测定的灵敏度大为降低。利用内源光源进行荧光免疫测定的终点检测，可以消除由于外源光源散射造成的背景信号，可以大大提高测定的信噪比，从而可以提高荧光测定的灵敏度。Malant 等人利用双-（2,4,6-三氯苯基）草酸酯（TCPO）-H_2O_2作为发光底物检测标记荧光素的标记抗体，检测限可达 10^{-11} mol/L。但由于 TCPO很难溶于水，必须选择合适的有机溶剂，因而影响了该测定方法的精密度，目前还没有实际应用于研究免疫反应和免疫测定。基于次氯酸盐同位素化学发光反应的荧光化学发光免疫分析已见报道，但灵敏度较低。最成功的荧光化学发光免疫分析是用过氧化草酸酯发光体系测定抗原（或抗体）的荧光标记物，灵敏度可达 fmol 级水平。

（三）化学发光酶联免疫分析（CLEIA）

在酶联免疫分析中，酶的活性通常用催化光度法或荧光法进行检测，近年来人们采用化学发光反应检测酶的活性。从标记免疫技术来看，CLEIA 应属于酶联免疫分析范畴，其检测限低至 10^{-17} mol/L，超过了放射免疫分析的灵敏度。化学发光酶联免疫分析实际上是一种酶联免疫检测过程，所不同的是最终不是用催化光度法或荧光法进行检测，而是通过化学发光进行测定。另外，一些金属配合物能催化鲁米诺的化学发光反应。有人曾用 Co（Ⅱ）和 Fe（Ⅱ）的配合物代替酶作为抗原（或抗体）的标记物，进行化学发光免疫分析，获得了成功。

（四）电化学发光免疫分析（ECLIA）

ECLIA 是新近发展起来的既不同于传统的标记免疫分析，也不同于普通化学发光的一种新型检测方法。它将电化学法和化学发光法巧妙地结合起来，具有灵敏、快速、准确、分析适应性广等特点。与 CLIA 不同，ECLIA 为电催化化学发光，是发生在电极表面由稳定的前体产生的具有高度反应性的化学发光反应。在电化学发光免疫测定中应用的标记物为电化学发光反应的底物。三氯联吡啶钌等标记物可通过化学反应与抗体或不同化学结构的抗原分子结合，制成标记的抗体或抗原。ECLIA 的测定模式与 ELISA 相似，分两个步骤进行。以双抗体夹心法测定抗原为例，第一步在试管中进行，反应物为三氯联吡啶钌 $[Ru(bpy)^{2/3+}]$ 配合物标记的抗体、吸附在磁性微球上的固相抗体以及受检的标本。其发光反应的物质基础为 $[Ru(bpy)^{2/3+}]$ 配合物和三丙胺（TPA）两种电化学活性底物。钌标记物很稳定，经化学修饰后，易与蛋白质、激素、核酸、半抗原等分子结合，且能在系统中循环利用，延长发光时间，增强发光强度，具有更为广泛的分析适用性。

三、化学发光剂

通常 CL 反应效率不是很高，因此化学发光分析灵敏度的提高有一定的限度。人们已经研究出几种新型的 CL 反应促进装置，包括 1，2-二氧乙烷反应聚合体和用于 CL 辣根过氧化酶催化氧化反应的羟基芴酮、噻唑等的衍生物。

（一）吖啶酯类化合物

吖啶镓盐不需要催化剂，在碱性条件下，与 H_2O_2 反应就可以产生化学发光现象，尽管初期的结果令人失望，但吖啶酯还是一种有效的化学发光标记物。这种方法已得到广泛应用，并且已经证明有产生非常灵敏的免疫分析系统的能力。吖啶镓盐经过化学发光反应产生一个双氧烷基酮的中间体，最终形成 N-甲基吖啶酮，并产生化学发光。

吖啶酯是一种用途广泛的化学发光示踪物，它是一个三环有机化合物，容易氧化，且氧化反应无需催化剂。当在碱性介质中氧化时，这些化合物经历共价键的断裂，经过一个二氧酮的中间体，产生电激发的 N-甲基吖啶酮，当它回复到基态时，在 430 nm 处释放出光子。在加入 H_2O_2 及随后加入 NaOH 调节至所需 pH 之前维持低 pH 以实现最佳氧化过程，加速了氧化反应。

吖啶酯作为免疫分析示踪物具有许多优点。首先，因为无需催化剂，简化了反应。发光反应迅速，增加了计数的充分性，背景噪声低。主要的优势在于当有机分子结合以形成一免疫示踪物，这种结合发生在分子的一定部位，在吖啶酯分子氧化过程从发光的部分断裂并分离下来，这就排除了任何对于发光的抑制作用，因此也增加了敏感度。这种标记的试剂极其稳定，并因其独特的形式 2-甲基吖啶酯而使其有效期长达 1 年甚至更久。发光过程迅速，在 1s 内光子散射达到高峰，整个过程在 2s 内完成。

（二）氨基苯二酰肼类化合物

鲁米诺和异鲁米诺及其衍生物是最成熟的化学发光剂，1964 年 While 曾做了化学发光的研究报道。鲁米诺（5-氨基-2，3-二氢-1，4-酞嗪二酮）及异鲁米诺（6-氨基-2，3-二氢-1，4-酞嗪二酮）可在 6 位的氨基进行烷基取代，制得各种衍生物，其中氨丁基乙基异鲁米诺、氨己基乙基异鲁米诺和 5-氨丁基乙基-2，3-二氢-1，4-酞嗪二酮用于化学发光免疫测定已取得较理想的结果。之后又合成了异鲁米诺的衍生物，例如氨己基乙基异鲁米诺、氨丁基乙基异鲁米诺、半琥珀酰胺 ABEI、硫代异氰酸 ABEI 等。

（三）咪唑类化合物

咪唑类发光剂主要有咯吩碱，其反应过程先是咯吩碱在碱性二甲基亚砜水溶液中形成过氧化物中间体，再进行重排、降解，伴随产生化学发光。

（四）苯酚类化合物

用于化学发光免疫分析的酚类物质主要是邻苯三酚（即焦性没食子酸），它是一种强还原剂，在催化剂（如 HRP、血红素）催化下，与 H_2O_2 反应释放出光能。

（五）芳基草酸酯类化合物

芳基草酸酯类化合物主要有双（2，4，6-三氯苯基）草酸酯（TCPO）以及双（2，4-二硝基苯基）草酸酯（DNPO）。此类物质的发光反应是在反应体系中加入一种荧光染料作为荧光载体，通过过氧化草酸酯中间产物捕获化学能，并将其转变成可见光，加强了发光效率。过氧化草酸酯的化学发光体系由两部分组成：一是由芳基草酸酯和 H_2O_2 反应生成的"化学泵"；二是辐射受体，它在可见光范围几乎是高荧光的染料，如 8-苯胺基-1-萘磺酸（ANS）。在 H_2O_2 碱性溶液中，加入 TCPO 和荧光分子染料（如 ANS）而产生化学发光。TCPO 和 H_2O_2 反应形成中间产物过氧化草酸酯和 1，2-二噁二酮，后者将化学能转移给荧光体，使荧光体处于激发态，退至基态时，放出光子。

其中，TCPO 发光反应 pH 较宽（pH 4~10），并适用于某些特殊反应，因而被推广应用。

四、化学发光酶联免疫分析

20 世纪 70 年代末，Halman 和 Velan 首先把化学发光反应和酶联免疫反应结合起来，建立了测定灵杆菌抗原和葡萄肠毒素的化学发光酶联免疫分析技术，为生物物质的超痕量分析开辟了新的途径。从标记免疫技术来看，化学发光酶联免疫分析应属于免疫酶分析，其测定中两次抗原-抗体结合反应步骤均与免疫酶测定相同，仅最后一步酶催化反应所用底物为发光剂，通过化学发光反应发出的光在特定的仪器上进行测定。Pronovost 和 Bamngorten 在酶联吸附免疫测定中比较了应用化学发光检测和常规分光光度测定的灵敏度，发现用化学发光检测系统灵敏度可提高 16~95 倍。化学发光酶联免疫分析具备酶联免疫分析的主要优点，保留了化学发光法的高灵敏度，并弥补了它在特异性上的不足，在检测灵敏度、特异性、准确度及精密度方面均可与放射免疫分析相媲美，而且在化学发光酶联免疫分析中不涉及放射性同位素防护和污染物处理及标记物衰变等问题，操作安全，方法更加简便、快速，具有巨大潜力。

（一）标记过氧化物酶的化学发光酶联免疫分析

在标记过氧化物酶的化学发光酶联免疫分析中，酶的活性是基于下列发光反应进行检测的（式 8-8）。

$$L + H_2O_2 \xrightarrow{POD} 产物 + h\nu \qquad (8-8)$$

式中　L——发光剂

　　POD——过氧化物酶

L 和 H_2O_2 组成化学发光测定酶活性的底物。

常见的发光底物有 Luminol-H_2O_2、邻苯三酚-H_2O_2、Luminol-过硼酸盐等。在这些底物中，鲁米诺、邻苯三酚等是以化学发光反应剂而参与反应的。可以根据不同的免疫反应和测定条件，选择合适的化学发光底物。

（二）标记葡萄糖氧化酶的化学发光酶联免疫分析

葡萄糖氧化酶（GOD）是另一类化学发光酶联免疫分析中常用的标记物。由于其价格低廉、稳定性好，也得到广泛应用。用化学发光反应测定免疫反应后 GOD 的活性，是利用 GOD 对葡萄糖的催化氧化产生 H_2O_2，用化学发光反应底物检测产生的 H_2O_2，可间接测定 GOD 的活性。常见的发光底物有 Luminol-K_3Fe（CN）$_6$、TCPO-荧光素染料等。

还有一种已被广泛接受的化学发光酶联免疫分析体系是使用稳定的对氧乙烷为底物。对氧乙烷是一系列化学发光反应的中间产物，合成稳定的对氧乙烷是可能的，但在化学发光反应中它的合成不是自发进行的。当暴露于相关酶中时（如碱性磷酸酶），对氧乙烷不稳定并能自发进行化学发光反应。使用最广泛的对氧乙烷是金刚烷二氧丁环磷酸盐。同时又发现某种聚合的荧光分子对改变发射波长及增强化学发光有特殊的作用。能引发酶作用的 1,2-二氧乙烷为化学发光酶联免疫分析提供了一个崭新的研究方向。碱性磷酸酶的 1,2-二氧乙烷芳基磷酸盐具有去磷作用，并能形成一个不稳定的酚盐中间体，这个中间体能够分解产生一个持久性的发射光。这种分析具有很高的灵敏度，并能很清楚地检测到。

（三）增强化学发光酶联免疫分析

为了克服有的化学发光剂量子产率低的缺点，可以使用发光增强剂，从而提高灵敏度。近年来出现的增强化学发光酶联免疫分析是一条提高化学发光酶联免疫分析灵敏度的新途径。它是通过加入某种物质（称为增强剂）——该物质可增强化学发光强度、提高化学发光测定的信噪比——提高化学发光酶联免疫分析的灵敏度。这类物质最常用的有萤火虫荧光素、苯并噻唑、苯酚取代物、萘酚等。1982 年，Carter 发现萤火虫荧光素、6-羟基苯噻唑衍生物等能加强 HRP 催化鲁米诺等的化学发光反应，使其强度提高 80 倍。Kricka 等又发现某些酸类衍生物，尤其是对碘酸、苯酸等的增强效果更佳，可提高 1000 倍，且延长发光持续时间。

五、化学发光免疫分析在农药残留分析中的应用研究

化学发光免疫分析方法作为一项具有高特异性和高灵敏度的免疫分析方法，在农药残留检测领域已得到了良好的应用，但还未见在烟草农药残留快速检测的研究报道。

国外方面，Alexandra 等建立了 DDT 及其代谢产物，如 DDD 和 DDE 的化学发光酶联免疫检测方法。该方法对 DDT 和 DDT 类物质最低检测限分别为 0.06μg/L 和 0.04 μg/L，IC_{50} 分别为 0.6μg/L 和 0.2 μg/L，检测范围分别为 0.1~2.0 μg/L 和 0.07~1.00 μg/L，灵敏度比 ELISA 法高出 4 倍。Tudorache 等建立了检测阿特拉津的磁性粒子化学发光酶联免疫分析法，该方法的检测限为 3 pg/L，IC_{50} 为 37 pg/L，线性范围在 10~1000 pg/L。

Waseem 等采用流动注射化学发光免疫分析方法检测西草净，其检测范围为 0.01~2.00 μg/L，最低检测限为 7.5 ng/mL，回收率97%~104%。Jin 等建立了化学发光免疫分析方法检测蔬菜水果中三唑磷农药，其检测范围为 0.04~5.00 ng/mL，最低检测限为 0.063 ng/mL，加标回收率为 67%~122%。Chen 等建立了检测蔬菜中敌敌畏的 CLIA，检测限达到 0.42 ng/L，线性范围为 5~8000 ng/L，检测时间较 ELISA 法缩短。

在国内，邓浩等建立了对硫磷化学发光酶联免疫分析方法，检测线性范围为 0.24~15.83 μg/L，半抑制浓度 IC_{50} 为 1.14 μg/L，检出限为 0.09 μg/L。杨丽华等也建立了化学发光免疫分析方法实现对三唑磷的检测，该方法的最低灵敏度为 0.489 ng/mL，线性检测范围为 0.16~20.00 ng/mL，与 GC-MS/MS 法对比，结果显示 GC-MS/MS 与 CLEIA 有着良好的相关性。

李明洁建立了一种灵敏度高、特异性好、甲萘威残留的直接竞争化学发光免疫分析方法，该方法对甲萘威检测限为 0.25μg/L，线性范围为 0.25~310.30 μg/L。王娟建立了一种测定有机磷农药残留量的化学发光新方法，其线性范围为 $1.0×10^{-9}$~$1.0×10^{-5}$g/mL，检出限为 $8.0×10^{-10}$ g/mL，将其用于 3 种有机磷农药的测定，结果满意。

张峰以鲁米诺和过氧化氢作为化学发光底物，建立了化学发光免疫分析技术，用于测定样品中有机氯农药 DDTs 的残留。结果表明：该方法的线性范围为 0.05~25.00 ng/mL，检出限 0.05 ng/mL，回收率为 91.4%~107.8%。欧阳辉构建了 CL 动力学分辨免疫分析新方法，可在 0.6 s 和 1000 s 时收集待检物的 CL 信号，该方法对甲基对硫磷和吡虫啉的线性范围均为 1.0~500 ng/mL，检出限均为 0.33 ng/mL（$S/N=3$）。

第六节　荧光免疫分析

一、荧光免疫分析概述

荧光免疫分析是标记免疫技术中最早发展的一种，1950 年 Coons 合成异硫氰酸盐（荧光染料），既可标记 Ab，又不破坏其活性，用作标记抗体做小鼠组织切片染色，开创了荧光免疫技术，又称为荧光抗体技术。他又在 1950 年合成了异氰酸荧光素（FIC），1958 年合成了异硫氰酸荧光素（FITC）和罗丹明 B_{200}（Rhodamine B_{200}，RB_{200}），极大地推动了荧光免疫技术的发展。20 世纪 70 年代，这项技术发展为一种定量技术——荧光免疫测定，由于将抗原、抗体的反应特异性与荧光的敏感性结合起来，因此，广泛应用于医学、生物学、分子生物学、生物化学、免疫学等领域。

将荧光法引入免疫分析主要是由于它具有更高的灵敏度，其灵敏度是分光光度法的 10~1000 倍。人们寻找单分子检测的工作几乎都围绕着荧光化合物，这本身就反映了荧光法在提高分析灵敏度方面的潜力。另外，荧光测定可以把荧光激发波长、荧光发射波长、荧光寿命、偏振等参数结合起来，形成特异而花样繁多的分析系统。

二、荧光免疫分析原理

将抗原抗体的高度特异性与荧光的敏感可测性有机地结合，以荧光物质作为示踪剂标记抗体、抗原或半抗原分子，制备高质量的特异性荧光试剂。当抗原-抗体结合物中的荧光物质受到紫外光或蓝光照射时，能够吸收光能进入激发态。当其从激发态回复基态时，能以电磁辐射形式放射出所吸收的光能，产生荧光。绘制农药浓度-荧光强度曲线，可以定性定量检测样品中的农药残留量。

（一）荧光标记抗体

（1）FITC 标记法　FITC 标记法也称为透析袋内渗透标记，其标记过程为：①将 FITC 溶于 0.5 mol/L、pH 9.2 的碳酸盐缓冲液中，使 FITC 的最终浓度为 8~10 mg/mL。②将待标记的抗体（IgG，10~20 mg/mL）装入透析袋内，4℃条件下依次用氯化钠溶液、pH 8.5 的碳酸盐缓冲生理盐水和 pH 9.2 的碳酸盐缓冲生理盐水透析，其间换液 3 次，得到处理好的透析袋。③将该透析袋置于上述 FITC 溶液中透析 14~16 h，使荧光素与抗体 IgG 结合。FITC 的最终浓度是 0.1 mg/mL，体积是透析袋内 IgG 溶液体积的 10 倍。④改用 pH 7.0 的磷酸盐缓冲液，在 4℃条件下继续透析 2~3 h，可终止荧光素标记反应。

（2）RB_{200} 标记法　RB_{200} 标记法的标记过程分为两个阶段：第 1 阶段是制备与蛋白质结合的—SO_2Cl 残基染料；第 2 阶段是标记抗体蛋白质。

①第 1 阶段：取 RB_{200} 和 PCl_5 迅速混合均匀，加入无水丙酮，混合 5min

后，形成紫褐色溶液。过滤或离心以除去不溶性杂质，澄清部分即为磺化的 RB_{200}。

②第 2 阶段：首先取待标记 IgG（10~20 mg/mL）与 pH 9.5 的碳酸盐缓冲液以 1:2（体积比）的比例混合，加入 SO_2Cl 化的 RB_{200}，边加边搅拌。接着取相当于 IgG 蛋白 1/2 量的活性炭加入标记溶液，继续搅拌 1 h，再离心分离 30 min（4000 r/min），取上清液装入透析袋中，透析 4 h。最后，用 40% 的饱和硫酸铵沉淀 1 次，弃去上清液，沉淀物溶于少量缓冲液中，再透析脱盐。以上操作均应在 4℃ 条件下进行。

（二）标记抗体的纯化

纯化的目的在于清除未结合的游离荧光素和结合荧光素过多的抗体。

（1）去除游离的荧光素　主要有下述两种方法：①透析法，将荧光素标记的抗体装入透析袋中，先用流水透析 10 min，然后用 pH7.1 的磷酸盐缓冲液或生理盐水透析 1 周左右，期间每天换液 3 次，直到外透析液在紫外灯下不发射荧光为止。②Sephadex G_{25} 滤过法，制备 Sephadex G_{25} 洗脱柱（2.5 cm × 2.5 cm），1 次可过滤 15 mL。用 pH7.1 的磷酸盐缓冲液平衡。样品进入柱床后，很快显示出两个颜色相同的移动带，其中快速移动带是由未标记的蛋白质和标记的蛋白质组成的，而慢速移动带是由游离的荧光素组成的，两带之间为缓冲液。因此，收集快速移动带，即可去除游离的荧光素。

（2）去除过度标记的抗体蛋白　抗体蛋白每结合 1 分子荧光素，就可增加 2 个单位的负电荷。因此，结合荧光素越多，标记蛋白质的负电荷越多。依据这一原理，采用离子交换色谱法，可分离各种离子化的高分子物质。离子交换剂的分离机理是由于各种蛋白质的等电点不同，在不同 pH 和离子强度的溶液中，能够可逆地吸收和解离，因此可将其分离。

（3）去除非特异性交叉反应的标记抗体　某些非特异性的微量抗原，在用特异性抗原免疫动物时，被带入动物体内，诱导产生了相应的抗体，这些抗体也会引起交叉荧光反应，因此，需采取一些措施，消除这些抗体的影响。常用的方法有三种：①组织制剂吸收。用动物脏器组织制成干粉或匀浆，与标记的抗体混合，吸收掉与动物脏器组织成分有交叉或有额外特异性反应的标记抗体。常用的组织制剂是肝粉。②颗粒性抗原交叉吸收。由于特异性抗原与非特异性抗原之间有共同抗原，所引起的交叉反应用组织制剂吸收不能消除，因此可用颗粒性共同抗原直接吸收标记抗体。③免疫吸附剂吸收。对于可溶性共同抗原所引起的交叉反应，可采用免疫吸附剂吸收。免疫吸附剂是一不溶性基质，通过一定的化学反应与可溶性抗原或抗体连接，形成稳定的不溶性复合物，利用此复合物特异地吸附抗原或抗体，然后，再通过一定条件的溶液，令抗原-抗体复合物解离，从而洗脱出免疫纯的抗原或抗体。常用的免疫吸附剂是纤维素和琼脂糖。

（三）标记抗体的鉴定

（1）抗体的含量及特异性测定　一般说来，抗体浓度越大，标记抗体在应用时特异性就越高，非特异荧光就越少。测定抗体的含量常采用双向免疫扩散试验。抗体效价在 1∶32~1∶16 者即为理想的抗体浓度。测定抗体的特异性常采用免疫电泳法。在紫外灯下，由特异性抗原和抗体形成的沉淀线可发出荧光。

（2）荧光素与蛋白质结合比率（F/P）的测定　将荧光标记抗体稀释到一定浓度，即 A_{280} 在 1.0 左右时，测定 A_{495} 或 A_{515} 的吸光度值（荧光素的吸收峰），以及 A_{280} 的吸光度值（蛋白质的吸收峰），然后通过式（8-9）~式（8-10）计算 F/P 比值。

$$\text{FITC}: \frac{F}{P} = \frac{2.87 \times A_{495}}{A_{280} - 0.35 \times A_{495}} \tag{8-9}$$

$$\text{RB}_{200}: \frac{F}{P} = \frac{A_{515}}{A_{280}} \tag{8-10}$$

F/P 比值越高，表明结合到抗体分子上的荧光素越多，反之，F/P 比值越低，结合到抗体分子上的荧光素越少。在进行固定标本染色时，一般采用低 F/P 比值的荧光抗体，而对于细胞染色，则常采用高比值的荧光抗体。

（3）荧光素标记抗体的效价测定　常采用检测抗核抗体的方法测定荧光素标记抗体的效价。具体方法如下：首先将抗核抗体阳性血清按一定比例稀释后，滴加到涂有细胞的玻片上，将此玻片置于湿盒中，37℃孵育 30 min，取出用磷酸盐缓冲液冲洗，再将不同稀释度的荧光素标记的羊抗人 IgG 分别加入标本片，置于湿盒 37℃孵育 30 min，取出用磷酸盐缓冲液冲洗，用荧光显微镜观察，凡能显示最清晰明亮的阳性细胞核，而非特异性荧光最弱的最高血清稀释度，即为使用效价。

（4）荧光抗体的保存　标记抗体完成之后，应注意两个问题：一是防止抗体失活；二是防止荧光素脱落和猝灭。为此，应该置于低温条件下保存

（-20℃），并且应该少量分装，避免反复解冻。0～4℃可保存1年左右。保存时应过滤除菌，并加入0.1%～1%的Na_3N，或0.01%～0.02%的硫柳汞防腐。

三、常见的荧光标记物

（一）荧光素类（Fluoresceins）标记物

荧光素具有很高的摩尔吸光系数和荧光量子产率，因而它是荧光免疫分析中最常用的荧光标记物之一。自由的荧光素分子处于碱性介质时荧光量子产率达0.85，当它与抗体结合时量子产率降低至0.3～0.5。在标记反应中异硫氰基荧光素常与氨基反应。荧光素的Stokes位移很小，多重标记时会发生内滤现象，使荧光量子产率大大减小。每个抗体分子标记2～4个荧光素分子比较合适。荧光素的荧光发射光谱与胆红素的重叠，因而在均相免疫分析中会产生严重的干扰。另外，荧光素对血清蛋白的高亲和性会使免疫分析产生误差。

（二）罗丹明类（Rhodamines）标记物

罗丹明类衍生物与荧光素类具有相同的基本结构。与荧光素类化合物相比，它们的发射波长要长一些，但荧光量子产率要低一些。四甲基罗丹明异硫氰酸酯是这类化合物中在荧光化学发光免疫分析方面应用最广的一个。得克萨斯红、罗丹明B异硫氰酸酯等的用途要少一些。

（1）四乙基罗丹明（Rhodamine B_{200}，RB_{200}）　该品为褐红色粉末，不溶于水，易溶于酒精和丙酮。相对分子质量为580，最大吸收波长570 nm，最大发射波长595～600 nm，有明显橙色荧光。该品性质稳定，可以长期保存。RB_{200}是磺酸钠盐，其磺酸基不能与蛋白质直接结合，需要先将RB_{200}与过氯化磷作用，变成磺酰氯后，再与蛋白质结合。在此过程中，应调pH为8.5，因为pH低于8.5时易与过氯化磷反应产生盐酸，使蛋白质酸化变性，有碍于标记效果。RB_{200}常用于对比染色或双标记配合分析使用。

（2）四甲基异硫氰基罗丹明（Tetremethylrhodamine isothiocyanate，TRITC）　该品是RB_{200}的衍生物，为紫红色粉末，性质稳定，可长期保存。相对分子质量为443，最大吸收波长550 nm，最大发射波长621nm，呈明显的红色荧光。由于TRITC的激发峰与荧光峰距离较大，因此有利于选择滤光系统，常用于免疫荧光双标记技术。由于TRITC本身可通过异硫氰基与蛋白质结合，因此较RB_{200}使用方便。其标记蛋白质的位置与FITC相同。

（三）香豆素类（Coumarins）标记物

香豆素类衍生物作为荧光底物，在底物标记荧光免疫分析（SLFIA）及荧光酶联免疫分析方面有非常广泛的应用，伞形酮（7-羟基香豆素）就是其中一例。伞形酮的最大优点是当7-位的羟基被衍生化时将会产生非荧光的分子。伞形酮或其3-位取代衍生物的7-位的羟基可形成糖苷键或磷酸酯键而用于SLFIA。结合物是非荧光的，猝灭荧光的化学键可以在酶催化水解时生成强荧光产物。四甲基伞形酮的磷酸酯作为荧光底物与碱性磷酸酶标记系统结合已被广泛用于SLFIA。

（四）藻胆蛋白类（Phycobiliproteins）标记物

藻胆蛋白类（藻红朊、藻青苷、别藻青苷）的水溶性非常好，在它们的结构中含有几个线性四吡咯辅基，因而具有很高的吸光能力。这类化合物常在微粒浓缩荧光免疫分析中用作荧光探针。与藻胆蛋白相近的还有一些其他类型的大环类荧光探针，如叶绿素作为标记物已经被用于小分子化合物的免疫分析。美国某公司合成了一种称作 Ultralike 680 的酞菁类化合物，其 Stokes 位移达 300 nm，最大发射波长在 682 nm 处，荧光量子产率为 0.6，已经用于荧光免疫分析。红外激光二极管和半导体检测器的商品化，促使人们发展更长波长的标记物。在近红外区域，只有花菁染料才发射荧光。这些长波长荧光染料的使用，使得波长分辨荧光免疫分析成为可能，从而能更彻底地克服血清的干扰。

（五）异硫氰酸荧光素（FITC）

异硫氰酸荧光素（Fluorescein isothiocyanate，FITC）为黄色、橙黄色或褐黄色结晶粉末，相对分子质量 389.4，最大激发波长为 490~495 nm，最大发射波长是 520~530 nm，为黄绿色荧光。溶于水和乙醇，性质稳定，在低温干燥的环境中可以保存多年。分子中带有异硫氰酸活性基团（—N ＝C ＝S），标记时与蛋白质分子赖氨酸残基反应，可标记上 15~20 个荧光素。

（六）镧系螯合物

某些三价稀土镧系元素如铕（Eu^{3+}）、铽（Tb^{3+}）、铈（Ce^{3+}）等的螯合物经激发后也可发出具有特征性的荧光，其中 Eu^{3+} 最适合用于分辨荧光免疫测定。

四、几种较成熟的荧光免疫分析技术

荧光免疫分析根据游离和结合的标记物是否需要分离，分为均相法和非均相法两类。下面介绍几种发展比较成熟的荧光免疫分析技术。

（一）均相荧光免疫分析

均相 FIA 在抗原-抗体结合反应完成后，无需将已结合和游离的标记物加以分离，可以直接进行测定。均相法常利用荧光的某些特性，如荧光的激发、吸收、猝灭等来设计试验。其中较为成功的均相 FIA 法有如下几种。

（1）荧光激发共振能量转移免疫分析　该方法中要采用两种标记试剂，其中一个为能量给体，另一为能量受体。一般给体与被分析对象的标准品连接，而受体与特异性抗体连接。当发生免疫反应时两种标记物相互接近，能量从给体的电子激发态转移给受体分子。这种能量转移过程不需要光子的释放，而是通过给体与受体间的偶极-偶极相互作用实现的，其结果使得免疫复合物中给体的荧光被猝灭，游离态给体的荧光保持。当加入样品时，由于竞争反应使游离态给体的浓度增加，因而所测定的荧光强度也增大。

（2）荧光猝灭免疫分析（FQIA）　荧光素标记的标样（抗原）用作示踪剂。示踪剂和被分析物与特异性抗体结合时并不影响示踪剂的荧光。在免疫反应之后加入抗荧光素抗体，该抗体与游离态示踪剂结合使其荧光猝灭。由于空间阻碍，抗荧光素抗体不能和与抗体结合的示踪剂结合。因此，当样品浓度增加时体系的荧光减小。无论猝灭的效率如何，在实际应用中样品的固有荧光对总的荧光信号有很大的干扰，因而往往需要对背景进行监测和校准。

（3）底物标记荧光免疫分析（SLFIA）　抗原标样用荧光底物标记，如半乳糖苷伞形酮，该底物与抗原的结合物是非荧光的，它在 β-D-半乳糖苷酶的存在下被水解为半乳糖和抗原与伞形酮的结合物，后者是强荧光的。这种方法的关键是当抗体与标记抗原发生反应时酶接近荧光底物受阻。因此，只有游离态的荧光底物标记的抗原才能被酶所水解释放出强荧光的伞形酮与抗原的结合物。比较典型的分析模式是样品中的被分析物与标记的被分析物标样竞争有限的抗体结合位点，当加 β-D-半乳糖苷酶时所产生的荧光强度与样品中被分析物的浓度成正比。

（4）荧光偏振免疫分析（FPIA）　基于在不需要分离的情况下可以通过测定荧光偏振值的大小测定标记试剂在结合相和游离相的比值。

（二）非均相荧光免疫分析

与均相荧光免疫分析方法不同的是，非均相法在抗原-抗体结合反应后，需将结合的和游离的标记物加以分离，然后进行测定。较常用的方法有以下三种。

（1）竞争性可磁性固相荧光免疫分析　实验原理与放射免疫分析相似，在反应体系中同时加入荧光素标记的抗原和非标记的样品（或抗原标准品），使二者与限量的特异性固相抗体竞争结合。反应完成后经过分离，测定结合物的荧光强度，计算样品中待测抗原含量。

（2）非竞争法荧光免疫分析 先将待测样品（或抗原标准品）与固相抗体混合，反应一定时间后，再加入荧光素标记的抗原；再次孵育后，分离结合物与游离成分，然后进行测定。

（3）粒子浓缩荧光免疫分析 在免疫微球荧光检测法的基础上，配合膜过滤技术建立的用于检测抗体的方法，将特异性抗原吸附于聚苯乙烯胶乳微球（直径 0.8 μm），制备固相化抗原。同时特制一种有漏斗状孔（底部直径为 2.0 mm）的反应板。使用时先在反应板下贴上规格为 0.2 μm 的醋酸纤维滤膜，再于孔内加入含待测抗体的样品液及荧光素标记的第二抗体（抗抗体）和固相抗原。经过结合后，抽滤除去未结合的反应液，使免疫微球平铺在孔底的滤膜上，相当于将反应物浓缩了 100 倍，并且减少了非特异性干扰，提高检测的灵敏度。整个反应操作相当迅速，可在 10 min 内完成全部实验，适用于高度自动化检测。

（三）时间分辨荧光免疫分析

时间分辨荧光免疫分析（TRFIA）是 20 世纪 80 年代初问世的一种新型非放射性免疫检测技术。其主要特点是以稀土元素为示踪剂，再使用时间分辨荧光测量法排除非特异性荧光的干扰，最大限度地提高了灵敏度，检测限达到 $1.0×10^{-17}$ mol/L。因其标记物容易制备、有效期长、无放射性污染、应用范围广、自动化程度高、适合大量样品检测及标准曲线量程宽等优点，虽问世时间不长，但方法学研究和应用发展迅速。目前国外已可提供 30 余种商品化试剂盒，它成为很有推广应用价值的标记免疫分析技术。

目前应用于时间分辨荧光法的分析技术主要有以下几种类型。

（1）DELFIA 系统 DELFIA 系统基于测定用增强液萃取的与免疫试剂结合的 Eu^{3+} 的浓度来定量，灵敏度很高，但不能直接测定固相样品的荧光强度，需用增强液，不仅操作麻烦，而且极易受 Eu^{3+} 的污染。

（2）FIAgen 系统 FIAgen 系统利用过量的 Eu^{3+} 来定量测定与免疫试剂结合的配体的量，采用 Eu^{3+} 螯合剂 4，7-双（氯磺酰苯基）-1,10-邻菲咯啉-2,9-二羧酸作为标记物，该系统不需增强液，但由于螯合物荧光效率低，使得该系统的灵敏度低于 DELFIA 系统。

（3）EALL 系统 EALL 系统为酶催化放大时间分辨荧光检测系统，是以碱性磷酸酶为标记物，底物为 5-氟水杨酸磷酸酯，底物水解后所生成 5-氟水杨酸，在高 pH 条件下与 Tb^{3+}-EDTA 形成高强度荧光复合物，即可进行时间分辨荧光测定。

（4）TBP 系统 TBP 系统所使用的铕离子螯合剂为三联吡啶类穴状化合物，可与 Eu^{3+} 螯合形成 TBP-Eu^{3+}，TBP 是一种大分子多吡啶环组成的环状结构，中空似"穴状"，与 Eu^{3+} 相匹配，Eu^{3+} 发射的长寿命荧光可被吡啶环所接受并传播出来，不会因为反应媒介而猝灭。以 TBP 为螯合剂，反应体系可直接进行固相测定或均相测定。

（四）荧光酶联免疫分析

荧光酶联免疫分析（ELFIA）结合了酶标免疫试剂的放大性和荧光测量的高度敏感性，是目前非放射免分析法中灵敏度最高的方法之一。ELFIA 利用荧光底物标记抗原或抗体，当该底物被相应的酶分解后产生荧光，是一种微量且灵敏的酶联免疫分析方法。AP 酶、HRP 酶及 β-D-半乳糖苷酶是 ELFIA 中应用最广泛的三种酶。此方法由于特有的优势发展迅速，已被应用于多个领域。

（五）多重免疫分析

多重免疫分析可以采取光谱不重叠的多种标记物或单一标记物进行空间上的分离。标记位点多，可达 20 个/抗体，可单/双/三/四标记，一个试剂盒可同时进行多个成分的检测。近年来一项新的免疫学技术——多荧光微珠免疫分析能够实现应用一个试剂盒同时检测一份标本中 1~100 个成分（或指标），具有很大的潜在优势。多重免疫分析是一个蓬勃发展的方向，越来越多地受到了人们的关注。

五、荧光酶联免疫分析

荧光酶联免疫分析（ELFIA）利用具有潜在荧光的底物作为酶标抗体（或抗原），当此类底物被酶分解后，其产物可产生荧光，据此可以进行荧光酶联免疫分析。这种方法综合利用了酶联免疫技术中酶解产物测定所具有的累计放大性和荧光测量的高度敏感性，大大提高了灵敏度，是目前应用较为广泛、发展比较迅速的一种分析手段。

（一）荧光酶联免疫分析的特点

荧光酶联免疫分析法是基于酶标免疫试剂与荧光底物结合的一种分析方法。在酶联免疫分析中引入荧光底物有两大优点：其一是与生色底物相比，酶检测的灵敏度得到了很大的改善，ELFIA 是目前非放射免疫分析方法中灵敏度最高的方法之一；其二是荧光分析法比分光光度法具有更宽的动态范围。荧光酶联免疫分析即在普通的酶联免疫分析的基础上，只改用理想的酶的荧光底物代替生色底物就可提高分析的灵敏度和增宽测量范围，并可减少各种试剂及样品的用量，成为一种微量、灵敏的酶联免疫分析。

应用荧光酶联免疫分析主要是为了提高免疫分析的灵敏度。曾在很长时间内，酶联免疫分析的灵敏度一直较低。酶联免疫分析的灵敏度依赖于免疫反应制剂（主要指抗体）的特异性和亲和力、酶结合物的比活性及对酶反应产物的可检测限值。在抗体和酶系统已达到优化的条件下，对酶反应产物的检测能力就决定着分析的灵敏度。在酶联免疫分析的早期及目前仍大量应用的、大多数的酶底物为生色底物，但早已有了荧光底物，如 β-萘酚磷酸酯即可作为碱性磷酸酶的底物产生荧光产物 β-萘酚。实际上，荧光测定要比分光光度测定灵敏得多，分光光度测定的限值约为 1.0×10^{-3} μg/mL，而荧光测定的限值约为 1.0×10^{-6} μg/mL，如果应用激光激发，其灵敏度还可以提高，这是因为荧光测定是测定接近于零或很低的本底荧光水平的增加信号，而分光光度测定却是测定强透光信号吸光度的减少。荧光测定也增宽了测定的范围，而分光光度测定的吸光度变化范围却限定在 0.001 或 0.01 ~ 2.00。当然，在大多数实际情况下，荧光测定的检测限值常受生物样品中本底的影响。因此，实用的荧光免疫分析绝大多数为固相的非均相体系，通过洗涤，最大限度地降低本底以提高灵敏度。

（二）荧光酶联免疫分析对荧光底物的要求

在荧光酶联免疫分析中对荧光底物有着严格的要求，对理想的荧光底物要求的条件为：①稳定，合适条件下保存时间长，不产生非酶解的荧光底物。②酶催化作用速度快。③生成产物稳定并有强荧光。④宽的 Stokes 位移，并倾向选用激发光波长较长者，因为低能量的激发产生较低的荧光本底。

碱性磷酸酶（AP）、辣根过氧化物酶（HRP）及 β-D-半乳糖苷酶（Gal）是 ELFIA 中应用最广泛的三种酶。四甲基伞形酮磷酸酯（4-MUP）被广泛用于 AP 酶的荧光底物。近来，5-氟水杨酸的磷酸酯被用作时间分辨法测定 AP 酶活性的荧光底物，当发生酶催化水解时，水解产物在碱性溶液中与 Tb^{3+}-EDTA 形成强荧光配合物。测定 HRP 的灵敏的荧光法基于过氧化氢与对羟基苯乙酸之间的氧化反应，当使用对羟基苯丙酸时灵敏度最高。四甲基伞形酮-

β-D-半乳糖苷是β-D-半乳糖苷酶荧光底物的最佳选择。

六、荧光免疫分析在农药残留分析中的应用研究

目前荧光免疫分析技术在烟草农药残留快速检测上的研究报道还较少，仅发现刘媛等利用间接竞争法建立了简便、灵敏地检测烟草中菌核净残留的时间分辨荧光免疫分析方法，该方法回收率为73%~128%，相对标准偏差在4.3%~13.2%。

在国外，Zhang Q. 等使用具有时间分辨荧光特征的铕颗粒来降低背景信号，将呋喃丹特异性抗体与铕颗粒结合固定于测试线（T），将小鼠IgG与铕颗粒结合固定于对照线（C），建立呋喃丹浓度与T/C比之间的定量关系以确定分析物浓度，LOD为$0.04 \sim 0.76$ mg/L，农产品中呋喃丹的加标回收率为81%~103%。

Zhang C. 使用多重修饰的纳米金颗粒和荧光扩增进行三唑磷检测，用单克隆抗体和6-羧基荧光素标记的单链硫醇-寡核苷酸修饰，通过AuNP淬灭6-羧基荧光素的荧光，将OVA连接的半抗原包被在微孔板的底部与样品中的三唑磷竞争结合AuNP探针上的抗体，荧光强度与分析物浓度成反比，并成功用于水、蔬菜、水果和谷物中的三唑磷检测，IC_{50}可达0.25 mg/L。

在国内，张国文等建立了测定食品中抗蚜威的荧光免疫分析法，抗蚜威在$0.006 \sim 0.140$ μg/mL，荧光强度与浓度呈现良好的线性关系，方法检出限为5.7 ng/mL，添加回收率为83.5%~102.8%，RSD为1.0%~2.7%。

张婵建立了基于寡核苷酸信号放大的三唑磷农药荧光免疫分析方法，将其用于水、大米、黄瓜、甘蓝和苹果中三唑磷检测，平均回收率为85.0%~110.3%，又在三唑磷分析方法的基础上，建立了基于寡核苷酸信号放大的三唑磷、刘硫磷和毒死蜱农药多残留荧光免疫分析方法，成功用于自来水、大米、小麦、黄瓜、甘蓝和苹果中三唑磷检测，平均回收率为77.7%~113.6%，该方法可为其他小分子化学污染物多残留分析提供借鉴。

刘雪言结合分子印迹和荧光淬灭技术，建立了一种快速检测果蔬中农药甲胺磷的方法，该方法的线性范围为$3.5 \times 10^{-7} \sim 7.1 \times 10^{-2}$ mol/L，检出限为9.164×10^{-8} mol/L，对乙酰甲胺磷、久效磷、敌百虫等结构类似物进行选择性实验，选择性识别良好，能用于芸豆、韭菜、黄瓜等实际样品的检测。

姜名荻建立了一种检测多种有机磷农药残留的荧光分析方法，对敌百虫、草甘膦、马拉硫磷的检出限分别为72.20 ng/L，88.80 ng/L，195.37 ng/L，将其应用于生菜和胡萝卜中农药的测定，回收率在 79.4%～118.6%，相对标准偏差小于 4.9%，该方法灵敏度高、检出限低。

刘振江建立了噻虫啉时间分辨荧光免疫分析方法，与 ELISA 法相比，该方法灵敏度高出 5 倍。唐建设建立了一种对硫磷的荧光偏振免疫分析法，检测范围为 0.1～100 μg/mL，检出限为 0.18 μg/mL；接着研究了检测甲基谷硫磷的 FPIA 分析方法，检测范围为 0.1～10 μg/mL，检出限为 0.148 μg/mL。

第七节　免疫分析技术在农药残留分析中的问题与展望

免疫分析在农药检测中发挥着不可估量的作用，随着各种技术的发展和研究的不断深入，一系列新方法、新技术不断涌现，同时免疫分析也存在着一定的问题和有待发展的方面。例如，如果抗体与待测物结构相关的农药发生不同程度的交叉反应，可能会出现假阳性结果，影响方法的准确性和可靠性。但另一方面，这种交叉反应又是非常有用的，利用交叉反应可用抗一种农药的抗体对包括母体农药在内的结构密切相关的类似物及代谢产物进行多残留检测。因为检测前需要明确待检农药，一种农药抗体只能对这种农药或结构相似的几种农药进行检测，因此免疫分析技术不适合多种农药残留分析和未知农药的检测，而且并非所有的农药都可采用 IA 技术进行检测，所以其广谱性较难实现。同时农药特异性抗体的开发和制备较为困难，不同批次间的性能也存在差别，从而会影响检测结果的重复性。

针对上述不足，免疫分析技术自应用于农药残留的检测起就进行着各种改良，并不断地和其他技术结合，以使其更加完善。所以免疫分析技术在农药残留快速检测中仍然具有广阔的应用前景，例如免疫学测定技术与其他各种测定技术的联用将是今后的一个发展方向；基因工程抗体的制备和抗体类似物的设计也将是农药残留免疫测定技术的重要发展方向之一；农药多残留免疫测定技术也是今后研究的重点。

免疫分析技术主要作用在于大量样品的初筛，以便快速判断样品中的农药残留是否超标，而对于阳性样品一般还需采用传统的色谱方法进一步确证，因此免疫分析技术是常规检测方法的有效补充。随着人们对烟草制品农药残留的关注和重视，相信免疫分析快速检测技术也会成为烟草农药残留检测的必要技术，在烟草质量安全监管中与传统的实验室检测方法一样具有不可替代的作用。

参考文献

[1] 曾俊源，崔巧利，刘曙照．直接竞争酶联免疫吸附分析法测定桃氰戊菊酯的残留量 [J]．农药学学报，2014，16（1）：61-65.

[2] 陈黎，范子彦，曹东山，等．检测三唑醇的酶联免疫试剂盒及其应用 [P]．2016.

[3] 陈黎，范子彦，崔海峰，等．一种检测三唑醇的试纸条及其制备方法和应用 [P]．2016.

[4] 陈新建．免疫学在植物科学中的应用 [M]．北京：中国农业大学出版社，1998.

[5] 陈兴江，等．农残速测卡和速测仪在烟叶农药残留检测中的应用 [J]．贵州农业科学，2013，41（6）：102-105.

[6] 邓浩，孔德彬，杨金易，等．对硫磷化学发光酶联免疫吸附分析方法的建立和评价 [J]．分析化学研究报告，2013，2（43）：247-252.

[7] 范子彦，陈黎，鲁亚辉，等．检测多菌灵的酶联免疫试剂盒及其应用 [P]．2016.

[8] 范子彦，陈黎，朱亮，等．一种检测多菌灵的试纸条及其制备方法和应用 [P]．2016.

[9] 洪静波，周培，陆贻通．蔬菜中克百威残留的 ELISA 法测定技术研究 [J]．上海交通大学学报．2004，22（3）：304-308.

[10] 姜名荻．基于荧光标记仿生免疫分析检测有机磷农药残留研究 [D]．济南：山东农业大学，2019.

[11] 焦奎，张书圣．酶联免疫分析技术及应用 [M]．北京：化学工业出版社，2004.

[12] 李明洁．甲萘威化学发光免疫分析方法研究 [D]．烟台：烟台大学，2016.

[13] 刘曙照，尤海琴．氰戊菊酯直接竞争酶联免疫吸附分析技术及其试剂盒 [P]．2005-6-8.

[14] 刘雪言．基于量子点和分子印迹技术的甲胺磷快速检测方法研究 [D]．济南：山东农业大学，2016.

[15] 刘毅华，朱国念，桂文君．分子模拟在农药半抗原设计及其免疫识别机制中的应用 [J]．农药学学报，2007，9（3）：201-208.

[16] 刘莹．有机磷农药的胶体金免疫层析快速检测试纸条的研制 [D]．上海：上海师范大学，2009.

[17] 刘媛，孙立荣，方敦煌，等．烟叶中高效氯氟氰菊酯残留半定量 ELISA 检测方法的建立 [J]．江苏农业学报，2010，26（3）：623-626.

[18] 刘振江．噻虫啉和烯唑醇残留免疫分析方法的研究 [D]．南京：南京农业大学，2016.

［19］楼小华，高川川，朱文静，等．胶体金免疫层析法快速检测烟草中吡虫啉残留
　　　［J］．食品安全质量检测学报，2017，8（5）：1739-1744.

［20］楼小华，高川川，朱文静，等．胶体金免疫层析法快速检测烟叶中三唑酮残留量
　　　［J］．中国烟草学报，2017，23（1）：8-14.

［21］楼小华，何国书，李明海，等．一种检测农作物中三唑酮残留的试纸及其应用、制
　　　备方法［P］．2016.

［22］欧阳辉．中药中农药残留和重金属的化学发光免疫传感器的构建及性能研究［D］.
　　　重庆：西南大学，2017.

［23］孙秀兰，杨婷婷，张银志，等．粮食中百草枯残留的金标免疫层析检测方法研制
　　　［J］．分析测试学报，2009，29（5）：507-510.

［24］唐建设．有机磷农药荧光偏振及多残留免疫分析研究［D］．上海：上海交通大
　　　学，2008.

［25］王大宁，懂益阳，邹明强．农药残留检测与监控技术［M］．北京：化学工业出版
　　　社，2006.

［26］王国霞．多菌灵酶联免疫分析技术研究［D］．北京：中国农业科学院，2006.

［27］肖琛，李培武，唐章林，等．氰戊菊酯残留胶体金免疫层析试纸条研制［J］．化学
　　　试剂，2011，33（8）：675-679.

［28］杨丽华，金茂俊，杜鹏飞，等．农产品中三唑磷农药残留化学发光酶免疫分析方法
　　　研究［J］．分析测试学报，2014，33（7）：758-765.

［29］于祥东，李岩松，司朝朝，等．吡虫啉农药间接竞争 ELISA 检测方法的建立［J］．
　　　扬州大学学报，2019，40（2）：107-112，118.

［30］张婵．基于寡核苷酸信号放大的有机磷农药多残留荧光免疫分析方法研究［D］．北
　　　京：质量标准与检测技术研究所，2018.

［31］张峰，倪慧，张斯．用化学发光免疫法检测有机氯农药 DDTs 的残留量［J］．大连
　　　海洋大学学报，2011，26（1）：30-34.

［32］张改平，郭军庆，李青梅，等．动物疫病免疫层析试纸快速检测技术概述［J］．河
　　　南农业科学，2009，9：176-178.

［33］张改平．免疫层析试纸快速检测技术［M］．郑州：河南科学技术出版社，2015.

［34］张国文，李蔚博，赵楠，等．荧光光谱法测定杀虫剂抗蚜威的残留量［J］．南昌大
　　　学学报（理科版），2010，34（4）：349-352.

［35］张奇，李铁军，朱晓霞，等．氨基甲酸酯类杀虫剂速灭威酶联免疫吸附分析方法研
　　　究［J］．分析化学，2006，34（2）：178-182.

［36］张燕，陈丹，李苓，等，快速检测技术在烟草农药残留检测中的应用探讨［J］．现
　　　代农业科技，2019，（8）：111-113.

［37］张玉芬，王华. 农药残留检测与安全性评价［M］. 哈尔滨：黑龙江大学出版社，2013.

［38］朱国念. 农药残留快速检测技术［M］. 北京：化学工业出版社，2008.

［39］梁赤洲. 抗三唑磷基因工程抗体的研制及同源建模［D］. 杭州：浙江大学，2009.

［40］Chen X. M., Lin Z. J., Cai Z. M., et al. Electrochemiluminescence detection of dichlorvos pesticide in luminol 3/CTAB medium［J］. Talanta, 2008, 76：1083-1087.

［41］Jin M., Shao H., Wang J., et al. Enhanced competitive chemiluminescent enzyme immu-noassay for the trace detection of insecti-cide triazophos［J］. J FoodSci, 2012, 7：99-104.

［42］Tudorache M., Tencaliec A., Camelia B.. Magnetic bead-based immunoassay as a sensitive alternative for atrazine analysis［J］. Talanta, 2008, 77：839-843.

［43］Waseem A., Yaqoob M., Nabi A.. Photodegradation and flow-injection determination of simetryn herbicide by luminal chemiluminscence detection［J］. Anal Sci, 2008, 24 (8)：979-983.

［44］Zhang C., Du P., Jiang Z., et al. A simple and sensitive competitive bio-barcode immu-noassay for triazophos based on multi-modified gold nanoparticles and fluorescent signal am-plification［J］. Analytica Chimica Acta, 2018, 999：123-131.

［45］Zhang Q., Qu Q. Y., Chen S. S., et al. A double-label time-resolved fluorescent strip for rapidly quantitative detection of carbofuran residues in agro-products［J］. Food Chem-istry, 2017, 231：295-300.

第九章
光谱分析技术

第一节 光谱的理论基础

一、电磁波与光谱

光在真空中以 $c = 2.979 \times 10^{10}$ cm/s 的速度传播。对于光本质的探讨，物理学上经历了几个世纪的争论，从牛顿的微粒说到惠更斯的波动说，随着麦克斯韦电磁波理论的出现，人们普遍接受光是一种电磁波的认知。1905 年，爱因斯坦提出了光量子理论，指出光具有波粒二象性，即光在传播过程中体现波动性，而在转移能量时表现出微粒性。

（一）光的波粒二象性

波动性解释了光与物质相互作用所引起的折射、衍射、干涉、散射等波动现象。波长是沿着电磁波传播方向相邻两波同相位点间的距离，频率表示单位时间内电磁场振动的次数，根据电磁波理论，光的波长、频率、波数等参数满足关系。微粒性可以理解为电磁辐射是由大量不连续的以光速运动的粒子（光子）流组成，这种能量的最小单位为光子，每个光子的能量 E 通常用 eV 表示，$1\text{eV} = 1.062 \times 10^{-19}$ J，其与波长、频率、波数之间满足关系：$E = h\upsilon = hc/\lambda = hc\sigma$，式中 h 为普朗克常数 $h = 6.626 \times 10^{-34}$ J·s。

（二）电磁波谱

根据电磁波的波长大小排列起来，可得到电磁波谱。依照波长的长短、频率以及波源的不同，电磁波谱可大致分为：无线电波、红外线、可见光、紫外线、X 射线和 γ 射线等，见图 9-1。电磁波谱的有关参数见表 9-1。

表 9-1		电磁波谱的有关参数		
电磁波	跃迁类型	E/eV	υ/Hz	λ
γ 射线区	核能级	$>2.5 \times 10^5$	$>6.0 \times 10^{19}$	<0.005 nm

续表

电磁波	跃迁类型	E/eV	ν/Hz	λ
X 射线区	K 层和 L 层电子能级	$1.2\times10^2 \sim 2.5\times10^5$	$3.0\times10^{16} \sim 6.0\times10^{19}$	$0.005 \sim 10$ nm
真空紫外光区		$6.2 \sim 1.2\times10^2$	$1.5\times10^{15} \sim 3.0\times10^{16}$	$10 \sim 200$ nm
近紫外光区	外层电子能级	$3.1 \sim 6.2$	$7.5\times10^{14} \sim 1.5\times10^{15}$	$200 \sim 400$ nm
可见光区		$1.6 \sim 3.1$	$3.8\times10^{14} \sim 7.5\times10^{14}$	$400 \sim 800$ nm
近红外光区	分子振动能级	$0.5 \sim 1.6$	$1.2\times10^{14} \sim 3.8\times10^{14}$	$0.8 \sim 2.5 \mu m$
中红外光区		$2.5\times10^{-2} \sim 0.5$	$6.0\times10^{12} \sim 1.2\times10^{14}$	$2.5 \sim 50.0 \ \mu m$
远红外光区	分子转动能级	$1.2\times10^{-3} \sim 2.5\times10^{-2}$	$3.0\times10^{11} \sim 6.0\times10^{12}$	$50 \sim 1000 \ \mu m$
微波区		$4.1\times10^{-6} \sim 1.2\times10^{-3}$	$1.0\times10^9 \sim 3.0\times10^{11}$	$1 \sim 300$ mm
无线电波区	电子和核的自旋	$<4.1\times10^{-3}$	$<1.0\times10^9$	>300 mm

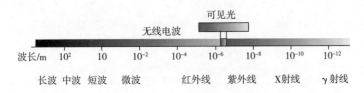

图 9-1 电磁波谱图

二、光谱分析方法

光谱分析法是现代快速检测技术的重要组成部分，是建立在电磁辐射与物质相互作用（或发射的电磁辐射）的基础上的一类分析化学方法。当物质与电磁辐射能相互作用后，根据其内部发生量子化的能级跃迁而产生的发射、吸收或散射辐射的波长和强度来测定物质的性质、含量和结构。

根据能级跃迁的粒子种类，光谱分析法可分为原子光谱分析法和分子光谱分析法：①原子光谱是由原子外层或内层电子能级的变化产生的，表现形式为线光谱，属于这类分析方法的有原子发射光谱法、原子吸收光谱法、原子荧光光谱法以及 X 射线荧光光谱法等。②分子光谱是由分子中电子能级、震动和转动能级的变化产生的，表现形式为带光谱，属于这类分析方法的有紫外可见分光光度法、红外光谱法、分子荧光光谱法和分子磷光光谱法等。

按照电磁辐射和物质相互作用的结果，光谱分析可分为发射、吸收和散射三种类型的光谱，具体见表 9-2。

表 9-2 　　　　　　　　　　　光谱分析法的分类

分类依据	分类结果	原理	表现形式	主要类型
能级跃迁的粒子种类	分子光谱分析法	分子中电子能级、振动和转动能级的变化	带状光谱	紫外-可见分光光度法、红外光谱法、分子荧光光谱法、分子磷光光谱法、核磁共振波谱法、化学发光法
	原子光谱分析法	原子外层或内层的电子能级变化	线状光谱	原子发射光谱法、原子吸收光谱法、原子荧光光谱法、X 射线荧光光谱法
电磁辐射与物质的相互作用	发射光谱分析法	测量原子或分子的特征发射光谱的波长和强度	线状、带状、连续光谱	原子发射光谱法、原子（分子、X 射线）荧光光谱法、分子磷光光谱法和化学发光法、γ 射线光谱法
	吸收光谱分析法	用被测物质对辐射吸收的波长和强度进行分析	连续、选择吸收光谱	原子吸收光谱法、Mössbauer 光谱法、紫外-可见光谱法、红外光谱法、核磁共振波谱法
	散射光谱分析法	光子与物质分子发射能量交换产生新频率（拉曼位移）	丁达尔现象、分子散射	拉曼光谱法

（一）发射光谱

物质通过电致激发、热致激发或光致激发等激发过程获得能量，变为激发态原子或分子，当从激发态过渡到低能态或基态时产生发射光谱，多余的能量以光的形式发射出来。通过测量物质发射光谱的波长和强度进行定性和定量分析的方法叫作发射光谱分析法。根据发射光谱所在的光谱区和激发方法不同，发射光谱法分为以下几种。

（1）γ 射线光谱法　天然或人工放射性物质的原子核在衰变的过程中发射 α 粒子和 β 粒子后，往往使自身的核激发，然后该核通过发射 γ 射线回到基态。测量这种特征 γ 射线的能量（或波长），可以进行定性分析；测量 γ 射线的强度（检测器每分钟的记数），可以进行定量分析。

（2）X 射线荧光分析法　原子受高能辐射激发，其内层电子能级跃迁，即发射出特征 X 射线，称为 X 射线荧光。用 X 射线管发生的一次 X 射线来激发 X 射线荧光是最常用的方法。测量射线荧光的能量（或波长）可以进行定性分析，测量其强度可以进行定量分析。

（3）原子发射光谱分析法　用火焰、电弧、电感耦合等离子体、激光、微波等离子体等作为激发源，使气态原子或离子的外层电子受激发发射特征光学光谱，利用这种光谱进行分析的方法叫作原子发射光谱分析法。波长范围在190~900nm，可用于定性和定量分析。

（4）原子荧光分析法　气态自由原子吸收特征波长的辐射后，原子的外层电子从基态或低能态跃迁到高能态，约经 10^{-8} s，又跃迁至基态或低能态，同时发射出与原激发波长相同或不同的辐射，称为原子荧光，波长在紫外和可见光区。在与激发光源成一定角度（通常为90°）的方向测量荧光的强度，可以进行定量分析。

（5）分子荧光分析法　某些物质被紫外光照射后，其物质分子吸收了辐射而成为激发态分子，然后在回到基态的过程中发射出比入射光波长更长的荧光。测量荧光的强度进行分析的方法称为荧光分析法。波长在光学光谱区。

（6）分子磷光分析法　物质吸收光能后，基态分子中的一个电子被激发跃迁至第一激发单重态轨道，由第一激发单重态的最低能级，经系统间交叉跃迁至第一激发三重态，并经过振动弛豫至最低振动能级，由此激发态跃回至基态时，便发射磷光。根据磷光强度进行分析的方法称为磷光分析法。它主要用于环境分析、药物研究等方面的有机化合物测定。

（7）化学发光分析法　由化学反应提供足够的能量，使其中一种反应产物分子的电子被激发，形成激发态分子。激发态分子跃回基态时，发出一定波长的光。其发光强度随时间变化，并可得到较强的峰值。在合适的条件下，峰值与被分析物浓度呈线性关系，可用于定量分析。由于化学发光反应类型不同，发射光谱范围为400~1400nm。

（二）吸收光谱

当物质所吸收的电磁辐射能与该物质的原子核、原子或分子的两个能级间跃迁所需的能量能满足 $\Delta E = h\nu$ 的关系时，将产生吸收光谱，常见吸收光谱法有以下几种。

（1）Mössbauer（穆斯堡尔）光谱法　由与被测元素相同的同位素作为 γ 射线的发射源，使吸收体（样品）的原子核产生无反冲的 γ 射线共振吸收所形成的光谱。光谱波长在 γ 射线区。从 Mössbauer 谱可获得原子的氧化态和化学键、原子核周围电子云分布或邻近环境电荷分布的不对称性以及原子核处的有效磁场等信息。

（2）紫外–可见分光光度法　利用溶液中的分子或基团在紫外和可见光区产生分子外层电子能级跃迁所形成的吸收光谱，可用于定性和定量测定。

（3）原子吸收光谱法　利用待测元素气态原子对共振线的吸收进行定量测定的方法。其吸收机理是原子的外层电子能级跃迁，波长在紫外、可见和近红外区。

（4）红外光谱法　利用分子在红外区的振动转动吸收光谱来测定物质的成分和结构。

（5）核磁共振波谱法　在强磁场作用下，核自旋磁矩与外磁场相互作用分裂为能量不同的核磁能级，通过核磁能级之间的跃迁吸收或发射射频区的电磁波，可进行有机化合物结构鉴定，分析分子动态效应、氢键形成、异构反应等。

（三）散射光谱

散射光谱中最为常见的是拉曼散射光谱：频率为 γ_0 的单色光照射到透明物质上，物质分子会发生散射现象，如果这种散射是光子与物质分子发生能量交换的，即不仅光子的运动方向发生变化，它的能量也发生变化，则称为拉曼散射。这种散射光的频率（γ_m）与入射光频率（γ_0）不同，称为拉曼位移。拉曼位移的大小与分子的振动和转动的能级有关，利用拉曼位移研究物质结构的方法称为拉曼光谱法。

三、光谱分析法基本原理

（一）朗伯–比尔定律

朗伯–比尔（Lambert-Beer）定律是光吸收的基本定律，适用于所有的电磁辐射和所有的吸光物质，当一束单色光照射在吸收介质时，介质吸收了一部分光，光的强度就会减弱，其吸光度 A 与吸光物质的浓度 c 及吸收层厚度 b 成正比，而与透光度 T 成反相关，见式（9-1）。

$$A = \lg\ (1/T)\ = Kbc \qquad\qquad (9\text{-}1)$$

式中　A——吸光度

T——透光度

c——吸光物质的浓度

b——吸收层厚度

K——摩尔吸光系数，与吸收物质的性质及入射光的波长 λ 有关另外，吸收也具有加和性，对于多重的吸收介质，其吸光度为各吸收介质的吸光度之和。

（二）光谱分析法的定性分析和定量分析

光谱分析法的定性分析和定量分析，是利用光谱分析方法结合化学分析方法来确定被测物质成分、结构、含量和浓度等。

光谱定性分析基于各种元素的原子结构不同，在光源的激发作用下，可以产生各自的特征谱线，其波长是由每种元素的原子性质决定的，具有特征性和唯一性，一般多采用摄谱法。光谱定量分析依据的是光谱中出现的分析元素的谱线强度，为控制试样的蒸发与激发条件、组成与形态等干扰因素对谱线强度的影响，改善分析的准确度，一般采用内标法进行光谱的定量分析。两者的区别见表9-3。

表 9-3   光谱定性分析和定量分析

项目	光谱定性分析	光谱定量分析
原理依据	被测物质与光的相互作用	光谱的强度与待测物质含量之间的关系
光谱特征	不同物质的微观原子结构展现出其独一无二的光谱响应特征	建立特定的光谱强度与待测物质浓度的线性关系
参考方法	把物质对应的光谱曲线和已知元素的标识谱线进行比较	一般是根据朗伯-比尔定律来定量分析
示例	分子连续光谱（定性）：根据光谱曲线的形状、某些特征峰、波谷来进行定性分析	
	原子光谱（定性）：通常依据物质特征谱线来定性分析，判断是否为某元素	
	吸收光谱（定量）：由发射光谱被减弱的程度来求得待测物质的含量	
	发射光谱（定量）：通常被分析的元素在样品中的浓度越大，辐射谱线的强度越大	

第二节　光谱的数据解析

光谱数据反映了官能团原子间振动的信息，通过对特征谱线的解析，可以知道研究对象含有的官能团及对应的分子或物质信息，通过朗伯-比尔定律研究物质浓度与对单色光吸光度的线性关系，可以定量分析研究对象的浓度。而实际应用中，由于物质成分复杂，光谱与浓度之间的关系更为复杂，通常需要采用化学计量学方法建立的判别或回归模型对光谱数据进行定性和定量分析。

化学计量学（Chemometrics）的历史最早可追溯到 1908 年，是运用数学、统计学、计算机科学以及其他相关学科的理论和方法，以化学量测的基础理论与方法学为研究对象，研究化学数据解析的新理论和方法及其在各个化学分支学科的新应用。严格地说，光谱分析结合化学计量学方法是一种间接的方法，需要利用已知样本建立校正模型去预测未知样本。一般而言，为了建立稳健、精确、可靠性高、具代表性的校正模型或模式识别模型，对光谱仪的性能要求较高，所选择的样本必须具有足够代表性，同时需要考虑样本光谱采集条件的影响；化学计量学方法的选择也至关重要，包括选择合适的光谱范围、光谱预处理方法、异常样本剔除方法、多元校正及模式识别方法、特征波长选择方法、光谱数据压缩方法等。

一、光谱预处理方法

获取光谱数据时，由于环境、仪器、人为操作及样本自身等影响，易造成光谱曲线中包含大量的噪声和干扰信息，尽管光谱仪在采集光谱信息时一般都提供多次采集的平均光谱作为样本的光谱数据，以提高光谱数据的信噪比，但光谱噪声仍不可避免，而噪声将不可避免地对光谱数据定性及定量分析产生影响。

光谱噪声通常可以分为三类：①固定噪声——固定噪声与信号一样，随相加在一起的重复测得光谱的数目线性增强，但信噪比保持不变。固定噪声是大数量重复光谱叠加在一起的主要噪声来源。②无规噪声——无规噪声随相加在一起的重复光谱的数目增加，增强较慢，可通过增加重复光谱次数改善信噪比。③非无规噪声——非无规噪声不是常量不变的，基线漂移是这种噪声的一个例子。另外，与温度循环变化引起的灵敏度的周期性变化有关的噪声，也属于此类。

这些干扰性噪声影响光谱质量，进而影响分析结果的准确性及稳定性，因此，为将光谱噪声尽可能地从光谱曲线中剔除，最大限度突出光谱的有用信息，诸多光谱数据预处理方法被提出来并得到了广泛的应用。预处理对光谱数据的影响较大，不同的预处理方法得到的结果往往不同，最终模型的效果也不同。但没有理论基础表明某一种预处理方法一定会好于其他预处理方法，在实际应用中，不同的预处理方法需要进行比较以选择最优方法。可以同时使用两种或两种以上预处理方法，但目前极少有超过 3 种以上预处理方法同时使用的。

（一）平滑

平滑（Smoothing）算法是消除数据噪声最常用的方法之一，主要用来去除多种原因引起的随机噪声，特别是高噪声，表现为光谱上的毛刺信号。根据光谱的具体情况，对光谱可进行一阶、二阶或更高阶的微分处理，以消除背景噪声等造成的基线漂移。

（1）窗口移动平均法（Moving window average method）　该法是最简单的平滑去噪方法，选择一个宽度为（$2n+1$）的平滑窗口，计算窗口内中心波长点 a 及 a 点前后各 n 个波长点的光谱平均值 $\bar{x}_a$，用 $\bar{x}_a$ 来替代波长点 a 处的测量值。依次改变 a 的值来移动窗口，直到完成对所有波长点的平滑。这种算法在一定程度上能够提高光谱的信噪比，其平滑效果取决于平滑窗口的宽度，目前关于窗口大小的选择没有理论基础，基本上都需要进行多次尝试确定，并且它会对光谱的基本形状进行改变，尤其对尖锐的物质特征峰，信号峰将会变低，峰宽变宽。

（2）窗口移动多项式最小二乘拟合法（Moving window poly-nominal least squares）　针对移动平均法的缺点，窗口移动多项式最小二乘拟合法被引入平滑去噪。它由 Savitzky 与 Golay 共同提出，也称为 Savitzky-Golay（S-G）平滑法。S-G 平滑法能有效去除高频噪声，在光谱分析领域被广泛应用。它把光谱区间的（$2m+1$）个连续点作为一个窗口，在窗口内以多项式进行拟合，用最小二乘法计算出相应的多项式系数，然后计算出该窗口中心点及其各阶导数值和平滑数据值，最后使窗口在全光谱范围内移动，计算整条光谱的 S-G 平滑光谱，波长点 a 经过平滑处理后的值见式（9-2）。

$$\bar{x}_a = \frac{1}{H} \sum_{i=-m}^{+m} x_{a+i}\, h_i \qquad (9-2)$$

式中　H——归一化因子

　　　h_i——平滑系数，在窗口宽度（$2m+1$）确定后由最小二乘法拟合得到

　　　x_{a+i}——波长点 $a+i$ 处的原始光谱值

在 S-G 算法中，多项式次数和平滑点数对最终的平滑效果具有决定性影响，Savitzky 与 Golay 计算出了一系列不同平滑系数与归一化常数，使用者可直接使用它们进行平滑计算，以进行不断尝试选择最优结果。

（二）标准正态变量变换

标准正态变量变换（Standard normal variate，SNV）的主要思想是在每条光谱中各波长点的强度值满足一定的分布（如正态分布）的假设基础上，对每条光谱进行基于光谱矩阵行的标准化处理，即原始光谱减去该条光谱的平均值后再除以标准偏差，标准正态变量变换处理的计算见式（9-3）。

$$x = \frac{(x_i - \bar{x})}{\sqrt{\frac{1}{n-1} \sum_{j=1}^{n} (x_{ij} - \bar{x})^2}} \tag{9-3}$$

式中　x_i ——原始光谱数据

　　　$\bar{x}$ ——全波长光谱强度的平均值

　　　n ——波长点数，$j=1$，2，……，n

　　　x_{ij} ——j 波长下的光谱数据

经标准化处理的光谱数据均值为 0，标准差为 1。该方法一般用于消除固体颗粒大小、表面散射及光程变化所带来的光谱误差。

（三）多元散射校正

多元散射校正（Multiplicative scatter correction，MSC）的目的与 SNV 基本类似，用于消除因颗粒分布不均、颗粒尺寸大小和湿度不一致等引起的基线平移和偏移现象。与标准正态变量变换（SNV）针对单条光谱曲线进行预处理不同，多元散射校正对一组样本的光谱曲线进行预处理：首先计算所有样品光谱的平均光谱，将其作为标准光谱，然后对每个样品光谱与标准光谱进行一元线性回归运算，求得各光谱相对于标准光谱的线性平移量和倾斜偏移量，最后将每个样品的原始光谱减去线性平移量同时除以回归系数修正光谱的基线相对倾斜。这样每个光谱的基线平移和偏移都在标准光谱的参考下予以修正，而与样品成分含量所对应的光谱吸收信息在数据处理的全过程中没有任何影响，所以提高了光谱的信噪比。MSC 的具体计算方法如下：校正集样品的平均光谱为 $\bar{X}$，某样本光谱为 x，将 x 与 $\bar{X}$ 进行线性回归得到方程 $x = \alpha \bar{X} + \beta$，求得 α 和 β 后得到 MSC 预处理光谱为：$x_{MSC} = \dfrac{x - \beta}{\alpha}$。

MSC 校正假定散射与波长及样品的浓度变化无关，通过调整 α 和 β 的大小，可以在减少光谱差异性的同时，尽可能地保留原光谱中与化学成分有关的信息。

（四）傅立叶变换

傅立叶变换（Fourier transform，FT）对光谱化学来说是一种强有力的计算手段，可对原始光谱数据进行平滑、插值、滤波、拟合、导数、卷积及提高分辨率等运算。19世纪初，J. B. J. Fourier 证明热传导过程可以用正弦与余弦组成的级数表达，即傅立叶级数：$x(t) = a_0 + \sum_{n=1}^{\infty} a_n \cos(n\omega_0 t) + b_n \sin(n\omega_0 t)$，其中 $\omega_0 = 2\pi f_0$，$f_0 = 1/t$，$a_0 = \dfrac{1}{T}\int_0^T x(t)\,\mathrm{d}t$，$a_n = \dfrac{2}{T}\int_0^T x(t)\cos(n\omega_0 t)\,\mathrm{d}t$，$b_n = \dfrac{2}{T}\int_0^T x(t)\sin(n\omega_0 t)\,\mathrm{d}t$。

傅立叶变换把信号的时域特征和频域特征联系起来，即可以把时域信号变换为频域信号，也可以把频域信号反变换为时域信号。例如对于 FT 分解的不同频率的光谱信号，其高频部分可认为包含光谱信号的噪声，对这些高频信号进行适当处理，如通过直接去掉特定频率或设置阈值等方式达到消除光谱噪声的目的，而对处理后的不同频率信号，通过 FT 反变换则可以实现光谱重构，重构之后的光谱曲线去除了部分噪声，更平滑。

（五）小波变换

小波变换（Wavelet transform，WT）是在傅立叶变换基础上发展起来的一种时频变化分析方法，已广泛应用于各类信号的分析与处理中。在光谱分析中，主要用于数据压缩、平滑和滤噪、基线扣除、重叠信号解析等。小波变换可以理解为信号 $f(t)$ 在小波函数上的投影，ψ 为小波母函数，当伸缩因子 a 较大时，基函数变成展开的小波，相当于一个低频窗口，当 a 减小后，基函数变成收缩的小波，相当于一个高频窗口。因此小波变换能实现对信号与图像的多尺度的细化分析，具有多分辨特征：$\mathrm{WT}_f(a, b) = < f(t)$，$\psi(a, b) > = \dfrac{1}{\sqrt{a}} \int_{-\infty}^{+\infty} f(t)\,\psi^*\left(\dfrac{t-b}{a}\right)\mathrm{d}t$。

WT 应用于平滑去噪的具体思路是：首先对原始光谱进行 WT 计算，得到原始光谱高频小波系数（一般代表噪声信息）和低频小波系数（代表光谱特征信息），通过阈值法对高频系数进行计算，去除被认为是噪声的部分，然后基于处理的高频系数和未被处理的低频系数进行重构，即可得到去噪后的光谱信号。

二、模式识别

通过化学计量学对光谱特征分析，可以获得有关物质结构与组成的信息。目前，绝大多数光谱定性分类方法是针对纯化合物进行的，主要依靠原始光谱来确定样品的特性和归属，但是由于光谱的复杂性与多变性，如同人的指纹，很难直接进行区分。在光谱分析中多依靠模式识别技术进行光谱的比较和识别，利用算法来分离提取光谱信息。

光谱信息的提取包括特征提取及特征波长选择两部分：特征提取最终使得同类样本在特征空间中距离较近，异类样本则距离较远；特征波长指类别相关的波长，选择的特征波长一般使识别模型具有较好效果，或使不同类别样本光谱值差异最大；此外，模式识别算法的选择将直接影响后面的预测、分类和识别效果。

依据计算机学习过程，模式识别算法又可分为有监督模式识别和无监督模式识别。

（一）无监督模式识别

当人们事先缺乏足够的经验知识，缺少类别信息或人工类别标注的成本太高的情况下，需要用到无监督的模式识别方法。典型的无监督模式识别方法是聚类分析，聚类的目的在于把相似的东西聚在一起，定义样本间的相似程度通常有两种，即相似系数和距离。因此，聚类分析的重要组件是样品间的距离、类间的距离、并类的方式和聚类数目。常见的无监督模式识别方法包括：系统聚类分析、K 均值聚类分析、自组织神经网络等。

（1）系统聚类分析（Hierarchical cluster analysis） 采用非迭代分级聚类策略，首先根据数据特性找出度量数据相似程度的统计量，并以此作为划分类型的依据，把相似程度大的变量（或样品）首先聚合为一类，而把另一些相似程度较小的变量（或样品）聚合为另一类，直到所有的变量（或样品）都聚合完毕，最后根据各类之间的亲疏关系，逐步画成一张完整的分类系统图。

（2）K 均值聚类分析（K-means clustering algorithm） 采用迭代求解的一种动态聚类策略，由于简洁和高效率使其成为所有聚类算法中最为广泛使用的算法。K 均值聚类方法的计算步骤如下：①随机选择 k 个初始聚类中心，并设定迭代终止条件。②计算样本到聚类中心的距离，按照最小距离准则确定样本归属的类。③更新聚类中心，以每一类样本平均值为新的聚类中心。

④根据新的聚类中心，重新划分类别。⑤重复步骤②~步骤④，直到聚类中心不再变化或误差平方和局部最小。

（3）自组织神经网络（Self-organizing neural network）　这种无监督的学习神经网络，通过自动寻找样本中的内在规律和本质属性，自组织、自适应地改变网络参数与结构。典型的自组织神经网络是 Kohone 基于生理学和脑科学研究成果提出的自组织特征映射神经网络（Self-organizing feature map, SOM），也称 Kohonen 网络。SOM 结构是一个简单的双层网络，其自组织功能通过竞争学习实现，输入层神经元数为 m，竞争层由 q^2 个神经元组成，且构成一个二维平面阵列，该二维阵列竞争层即输出层。竞争层节点与输入层节点之间实行全互连接，通过某种规则，不断地调整连接强度，使得在稳定时，每一邻域的所有节点对某种输入具有类似的输出。

（二）有监督模式识别

用一组事先已知类别的样本作为训练集，让计算机基于这些已知样本建立数学模型求取分类器，再用已建立的模型对未知样本进行判别，这种模式识别方法称为有监督的学习。这类方法一般可以分为参数法和非参数法，其中参数法判别效果的好坏依赖于样本是否符合设计的统计分布，而非参数判别分析方法对样本分布没有特殊要求，多由实验科学家或计算机模式识别专家提出。常见的经典参数方法包括：距离判别分析法、Fisher 判别分析法、Bayes 判别分析法等，常见的非参数方法有 K 邻近判别法、线性学习机等。

1. 经典参数方法

距离判别分析法：通过计算训练集样本得出每一个分类的中心坐标，然后计算新的样本与各个类别中心的距离，根据距离值的大小进行分类，距离判别分析适用于对自变量均为连续变量的情况分类，它对变量的分布类型无严格要求。常见的距离计算以欧氏（Euclidean）距离和马氏（Mahalanobis）距离来表示。欧式距离从数学角度定义为 n 维空间中两个点之间的真实距离；马氏距离考虑了同一类中相同特征变量的变化（方差），以及不同特征变量间的变化（协方差），由于马氏距离考虑了样本的分布，在识别模型界外样品等方面发挥着重要的作用。设总体 G 正态分布，均值为 μ，协方差阵为 V，则任意样本 x 到总体 G 的马氏距离为：$d(x, G_1) = (x - \mu)^\mathrm{T} V^{-1}(x - \mu)$。

Fisher 判别分析法：基本思路是设法找出一最佳投影方向，将高维空间的点投影到低维空间，然后在低维空间中再分类，使得不同类别的样本之间的距离尽可能远，同一类的样本尽可能分布集中。Fisher 的线性判别式既适用于确定性模式分类器的训练，也适用于随机模式的训练。

Bayes 判别分析法：建立在条件概率和统计判决理论的 Bayes 定理之上，其思想是首先假定在抽样前对研究对象总体已有一定的认识，常用先验分布来表述这种认识，然后对抽取样本的先验认识进行修正，得到后验分布，而各种统计推断均基于所得到的后验分布进行。

2. 非参数方法

（1）K 邻近判别法（K-nearest neighbor，KNN）　KNN 的思路是将训练集全体样本数据储存在计算机内，对待判别的未知样本，逐一计算该样本与训练集样本之间的距离。为了克服最邻近法错判率较高的缺陷，不是只选取一个最邻近样本进行分类，而是取 k 个邻近样本，然后根据它们的类别归入比重最大的那一类。其最大优点是它不需要训练集的几类样本是线性可分的，也不要求单独的训练过程，新的已知类别的样本可以非常容易地加入训练集中，而且能够处理多类问题，因此应用较为方便。该方法的关键是对 k 值的选取，但 k 值的选取尚无规律可循，只能根据具体情况或由经验来确定，通常不宜选取较小的 k 值。

（2）支持向量机（Support vector machine，SVM）　SVM 基于统计学习 VC 维理论和结构风险最小原理，对数据进行二元分类的广义线性分类学习机，该方法对有限的样本信息在模型的复杂性和学习能力之间寻求最佳的平衡，适用于解决小样本、非线性及高维模式识别的问题。SVM 是在线性可分情况下通过最优分类面提出的，最优分类面要求既能准确无误地将两类分开，又要使两类的分类间隔最大。前者保证经验风险最小，而分类间隔最大实际上是使推广性的界中的置信范围最小，从而使真实风险最小。SVM 的关键在于选择合适的核函数，以得到高维空间的分类函数。支持向量机中使用的核函数主要有 4 类：线性核函数、多项式核函数、阻 F 核函数及 Sigmoid 函数，核函数的选取取决于对实际数据处理的需求。当选定具体的核函数之后，考虑到已知数据存在一定的误差及推广性问题，实际中常引入松弛系数及惩罚系数两个参变量来加以修正。

（3）基于主成分分析（Principal component analysis，PCA）的投影判别法　PCA 是一降维方法，基本思路是：对样品测量矩阵直接进行分解，取其主成分分析所得的主成分轴，这些主成分轴互相正交且是该数据矩阵的最大方差方向，这样就可以保证在从高维向低维空间投影时尽量多地保留有用信息。对样品测量矩阵的分解在化学计量学中一般采用非线性迭代偏最小二乘法（NIPALS）。另一种方法是线性代数中常用的奇异值分解法（SVD）。PCA投影判别法可以很容易地从投影图形中看出样本与样本的关系来，因此既可用于判别分析又可用于聚类，应用非常广泛。

（4）簇类独立软模式法（Soft independent modeling of class analogy，SIMCA）　SIMCA又称为相似分析法，其本质是一种循环使用主成分分析光谱残差的有监督的模式识别方法。基本思路是先利用主成分分析的显示结果得到一个样本分类基本印象，然后分别对各类样本建立相应的类模型，继而对未知样本进行判别分析以确定未知样本的所属类别，整个计算过程可以在投影图上直接进行。

三、回归分析

模式识别是光谱定性分析的重要手段，回归分析则主要通过研究变量之间的函数关系，建立回归模型，成为光谱定量分析的重要内容之一。回归分析可基于全部光谱数据，也可基于所提取的特征变量或是选择的特征波长等，回归分析分为线性回归分析和非线性回归分析。

（一）线性回归分析法

线性回归是利用线性回归方程的最小平方函数对若干自变量和因变量之间关系进行建模的一种回归分析。

（1）多元线性回归分析（Multiple linear regression，MLR）　探究多个自变量与因变量之间的线性关系所进行的回归分析是多元线性回归分析。其表达式为：$y = \beta_0 + \beta_1 x_1 + \beta_2 x_2 + \cdots\cdots + \beta_k x_k + \varepsilon$，式中$x$为自变量，$y$为因变量，$\beta_0$为常数，$\beta_1 \cdots\cdots \beta_k$为回归系数，$\varepsilon$为测量误差。多元线性回归适用于变量数少于样本数的情况，当变量数多于样本数时，MLR模型就无法运行，因此该方法一般基于提取的特征信息及特征波长建模。

（2）偏最小二乘法（Partial least squares，PLS）　PLS是光谱数据分析中常用的一种多元统计数据分析方法，建模时PLS通过线性变换，同时考虑光谱信息（X，$n \times m$）和对应的理化性质值信息（Y，$n \times 1$），将原始数据进行矩阵分解，线性转换为相互正交、互不相关的新变量，新变量是原始数据的线性组合，称为隐含变量，也可以称为主因子或主成分。在PLS模型中，主因子数对模型效果具有非常明显的影响，因此需要选择合适的主因子个数使模型效果最优。主因子数的选取有多种方法，在光谱分析中，普遍采用交互验证法来选取，最常用的判据是预测残差平方和（Prediction residual error sum of square，PRESS）：$PRESS = \sum_{i=1}^{n} (y_i - \hat{y}_i)^2$。

（3）岭回归分析（Ridge regression）　岭回归分析是一种有效的分析共线性数据的有偏估计回归方法，是针对不适定问题最经常使用的一种正则化方法。本质上岭回归分析是一种改良的最小二乘法，通过放弃最小二乘法的无偏性，以损失部分信息、降低精度为代价获得更为符合实际、更可靠的回归系数，通常岭回归分析得出的相关系数 R 平方值会稍低于其他回归分析，而其回归系数的显著性往往高于其他回归分析。当数据存在共线性和病态问题时，岭回归分析对病态数据的耐受性远远强于最小二乘法。

（4）Logistic 回归　Logistic 是一种广义线性回归分析模型（Generalized linear model，GLM），与多元线性回归分析有很多相似之处，其模型形式基本相同，区别JP2在于因变量不同。Logistics 回归要求因变量 $logit$（p）与自变量符合线性关系，其中 $logit$（p）$= \ln p/(1-p)$。常见的回归分析因变量一般是连续变量，而 Logistic 回归则是分类变量，可以是二分类的，也可以是多分类的，但二分类 Logistic 回归更为常用，多分类可以使用 Softmax 方法进行处理，该方法可以计算某事件发生特定情况的概率，常用于数据挖掘、疾病自动诊断、经济预测等领域，其回归结果也大多符合实际。

（二）非线性回归分析法

所谓回归分析法，是在掌握大量观察数据的基础上，利用数理统计方法建立因变量与自变量之间的回归关系函数表达式。如果回归模型的因变量是自变量的一次以上函数形式，回归规律在图形上表现为形态各异的各种曲线，称为非线性回归，这类模型称为非线性回归模型。在许多实际问题中，回归函数往往是较复杂的非线性函数。非线性函数的求解有多种处理方法。

（1）人工神经网络（Artificial neural network，ANN）　ANN 通过人工学习模仿动物神经网络的结构和功能，实现对信息的快速准确处理的算法。人工神经网络是一种良好的非线性的数据建模方法，自组织、自适应与自学习能力强。常见的人工神经网络主要由三部分组成：输入层、隐含层及输出层

（图9-2），一般隐含层可以含有单个隐含层，也可以含有多个隐含层。人工神经网络模型的种类较多，其中反向传播神经网络（Back propagation neural network，BPNN）是目前较为常见的神经网络模型之一，主要是采用误差反向传播算法，通过误差反向传播不断修正网络连接权值，使实际输出值与预测输出值之间的误差最小。

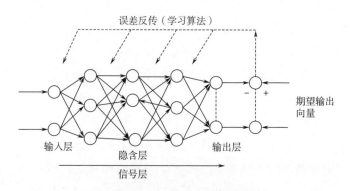

图9-2 BP神经网络拓扑结构图

（2）极限学习机（Extreme learning machine，ELM） ELM是一种新的单隐含层前馈神经网络，不同于传统的前馈神经网络算法（如BP等）在运行过程中需要设定大量的参数，不断反向去调整权值和阈值，运行速度慢，ELM输入层和隐含层的连接权值、隐含层的阈值可以随机设定，且设定完后不用再调整，大幅减少运算量；此外ELM隐含层和输出层之间的连接权值不需要迭代调整，而是通过解方程组方式一次性确定，该规则使模型的泛化性能良好，提高运算速度。极限学习机具有学习速度快、泛化能力强且产生唯一最优解的特点，在多数情况下具有很强的泛化能力，并且学习速度比传统的前馈神经网络快数千倍。

（3）随机森林（Random forest，RF） RF是一个包含多个决策树的分类器，其输出的类别是由个别树输出类别的众数而定。该方法结合Bagging（Bootstrap aggregating）算法与Randomization算法构造决策器组合，对线性和非线性数据都有较好的效果，广泛应用于分类与回归分析中。随机森林计算变量重要性，有助于提取特征变量，并可以作为光谱分析中特征波长选择的方法。随机森林计算样本变量的重要性的步骤为：①对随机森林中的决策树，采用未被抽取到的样本，即袋外数据（Out-of-bag，OOB），作为预测集样本估计模型的性能，计算其预测效果。②随机改变 OOB 中的某个变量的值（人为添加噪声），然后利用人为添加噪声的 OOB 计算随机森林的预测效果。③将原始数据得到的预测效果与噪声数据得到的预测效果的差异作为相应变量在决策树上重要性的衡量，计算变量的重要性并排序。此外，随机森林有多种优点：对于不平衡的分类资料集来说，它可以平衡误差；计算各例中的亲近度，对于数据挖掘、侦测离群点和将资料视觉化非常有用；可以处理大量的输入变量，可以估计遗失的资料并维持准确度。

（4）高斯过程回归（Gaussian process regression，GPR） GPR 是使用高斯过程先验对数据进行回归分析的非参数模型，在处理非线性、高维、小样本等问题上具有良好的适用性。高斯过程是基于贝叶斯理论的概率模型，其模型假设包括噪声（回归残差）和高斯过程先验两部分，其估计结果与核函数有密切联系，其求解是按贝叶斯方法通过学习样本确定核函数中超参数的过程。GPR 中核函数的实际意义为描述学习样本间相关性的协方差函数，是模型假设的一部分。若 GPR 的先验为平移不变的平稳高斯过程，可用的核函数包括径向基函数核、马顿核、指数函数核、二次有理函数核等；若 GPR 的先验为非平稳高斯过程，此时常见的核函数选择为周期核与多项式函数核，二者分别赋予高斯过程周期性和旋转不变性。此外，GPR 可提供预测结果的后验，且在似然为正态分布时，该后验具有解析形式。因此，GPR 是一个具有泛用性和可解析性的概率模型，其在时间序列分析、图像处理和自动控制等领域的问题中得到应用。GPR 是计算开销较大的算法，通常被用于低维和小样本的回归问题，但也有适用于大样本和高维情形的扩展算法。

四、模型评价

无论是通过回归分析还是判别分析建立的模式识别模型，对模型效果分析，如建模效果、验证效果与预测效果，都需要采用合适的评价参数来评价模型的好坏及稳健性。评价参数分别基于判别分析模型和回归分析模型，下面分别进行介绍。

（一）判别模型评价

当得到一个新的样品数据，要确定该样品属于已知类型中哪一类，这类问题属于判别分析问题。判别分析通常都要设法建立一个判别函数，然后利用此模型来进行评判。对于判别分析，用户往往很关心建立的判别函数用于判别分析时的准确度如何，因此判别正确率和误判率是最直观也是最简单的评价参数。此外，在实际应用中也会用到假正率、假负率、真正率、真负率等指标作为二分类的评价标准。

设当真样本被判别为真时，被记为真正类（True positive，TP），若被判别为伪样本，则被记为假负类（False negative，FN）；若伪样本被判别为伪，则被记为真负类（True negative，TN），若被判别为真样本，则被记为假正类（False positive，FP）（表9-4）。

表9-4 二分类问题判别模型评价混淆矩阵

样本类别	真样本	伪样本
判别为真	TP	FP
判别为伪	FN	TN

1. 常见二分类问题评价指标（表9-5）

表9-5 常见二分类问题评价指标

评价指标	含义	计算公式	备注
真正率（TPR）	真样本被判别为真的概率	$\dfrac{TP}{TP+FN}$	也称为敏感度（Sensitivity）、查全率、召回率（Recall）
真负率（TNR）	伪样本被判别为伪的概率	$\dfrac{TN}{TN+FP}$	也称为特异度（Specificity），与假正率之和为1
判别准确率（Accuracy）	判别正确的个数与样本总数的比值	$\dfrac{TP+TN}{TP+TN+FP+FN}$	也称正确率，与误判率之和为1
误判率（Error rate）	判别错误的个数与样本总数的比值	$\dfrac{FP+FN}{TP+TN+FP+FN}$	也称误分类率
命中率（Precision）	判别模型只将真样本判别为真的能力	$\dfrac{TP}{TP+FP}$	也称为查准率

2. 其他判别模型评价指标

（1）F_1分数（F_1 score）　F_1分数是统计学中用来衡量二分类模型精确度的一种指标。它同时兼顾了分类模型的查准率和召回率，可以看作是模型精确率和召回率的一种调和平均，它的最大值是1，最小值是0。

当查准率和召回率两个指标发生冲突时，我们很难在模型之间进行比较。

因此除了 F_1 分数之外，F_2 分数和 $F_{0.5}$ 分数在统计学中也得到大量的应用，其中 F_1 分数认为召回率和查准率同等重要，F_2 分数认为召回率的重要程度是查准率的 2 倍，而 $F_{0.5}$ 分数认为召回率的重要程度是查准率的一半，F_β 认为的计算公式为 $F_\beta = (1 + \beta^2) \times \dfrac{\text{查准率} \cdot \text{召回率}}{\beta^2 \cdot \text{查准率} + \text{召回率}}$，$\beta = 2$ 或 0.5。

（2）ROC（Receiver operating characteristic）曲线　受试者工作特征曲线又称感受性曲线（Sensitivity curve）。该曲线最早应用于雷达信号检测领域，用于区分信号与噪声，后来人们将其用于评价模型的预测能力。ROC 曲线中横坐标为假正率（FPR），纵坐标为真正率（TPR），遍历所有阈值使预测的正样本和负样本不断变化，以绘制整条曲线（图9-3）。当 ROC 曲线越陡峭时，说明 TPR 越高的同时 FPR 越低，那么模型的性能就越好。

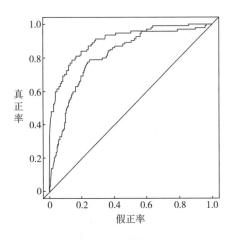

图9-3　ROC 曲线示意图

在进行学习器的比较时，若一个学习器的 ROC 曲线被另一个学习器的 ROC 曲线完全"包住"，则可断言后者的性能优于前者；若两个学习器的 ROC 曲线发生交叉，则难以一般性地断言两者孰优孰劣。此时如果一定要进行比较，则比较合理的判断依据是比较 ROC 曲线下的面积，即 AUC 值。

（3）AUC 值（Area under curve）　AUC 值定义为 ROC 曲线下与坐标轴围成的面积，是衡量学习器优劣的一种性能指标。连接对角线得到一条直线 $y = x$，其实际表达了随机效果，即随机判断响应与不响应，正负样本覆盖率应该都是 50%。一般 ROC 曲线都处于对角线的上方，所以 AUC 的取值范围在 0.5~1，AUC 越接近 1.0，则检测方法真实性越高。从 AUC 判断分类器（预测模型）优劣的标准：①AUC = 1，是完美分类器。②AUC =（0.85，0.95]，效果很好。③AUC =（0.7，0.85]，效果一般。④AUC =（0.5，0.7]，效果较低，但用于预测股票已经很不错了。⑤AUC = 0.5，跟随机猜测一样（例如丢铜板），模型没有预测价值。⑥AUC < 0.5，比随机猜测还差，但只要总是反预测而行，就优于随机猜测。

（二）回归模型评价

1. 决定系数（Coefficient of determination，R^2）

决定系数 R^2 是用来反映回归模型因变量变化可靠程度的一个统计指标，可定义为已被模式中全部自变量说明的自变量变差对自变量总变差的比值，见式（9-4）。在多元回归分析中，决定系数是相关系数（Correlation coefficient，r）的平方。R^2 越大，表示相关性越高。

$$R^2 = \frac{\sum_{i=1}^{N}(\hat{y}_i - \bar{y})}{\sqrt{\sum_{i=1}^{N}(y_i - \bar{y})^2}} = 1 - \frac{\sum_{i=1}^{N}(y_i - \hat{y}_i)^2}{\sqrt{\sum_{i=1}^{N}(y_i - \bar{y})^2}} \tag{9-4}$$

式中　R^2——决定系数

　　　N——样本数

　　　y_i——第 i 个样本的实际值

　　　$\hat{y}_i$——第 i 个样本的预测值

　　　$\bar{y}$——所有样本实际值的平均值

2. 均方根误差（Root mean squared error，RMSE）

RMSE 是预测值与真实值偏差的平方与观测次数 n 比值的平方根，也称为剩余标准差，见式（9-5）。其与标准差计算过程类似，但它们的研究对象和研究目的不同，标准差是用来衡量一组数自身的离散程度，而均方根误差是用来衡量观测值同真值之间的偏差。均方根误差里包括校正集均方根误差 RMSEC、预测集均方根误差 RMSEP、交互验证均方根误差 RMSECV。一个模型的 RMSEP 越小，说明模型预测效果越好。

$$\text{RMSE} = \sqrt{\frac{1}{N}\sum_{i=1}^{N}(y_i - \hat{y}_i)^2} \tag{9-5}$$

式中　N——样本数

　　　y_i——第 i 个样本的实际值

$\hat{y}_i$——第 i 个样本的预测值

3. 剩余预测残差（Residual predictive deviation，RPD）

RPD 是用来判断模型预测效果的一个非常直观、有效的指标，是标准偏差与预测集或验证集均方根误差的比值：$RPD = \dfrac{SD}{RMSEP}$，RMSEP 也可以是 RMSECV。根据具体研究对象的不同，表示模型具有较好的 RPD 值的标准不同，以下是几种较为常见的 RPD 模型评价。

（1）Yang 和 Mouazen 的研究显示 RPD<1.5，模型较差；RPD =［1.5，2），模型能分辨出值的高低；RPD =［2，2.5），表明模型可能具有良好的预测效果；RPD =［2.5，3），表明模型具有较好的预测效果；RPD≥3，表明模型具有非常好的效果。

（2）Gaston 等的研究显示 RPD<1，模型较差，无法应用；RPD =［1，1.4），模型效果较差，仅能辨别出理化性质值的高低；RPD =［1.4，1.8），模型效果一般，可能被用于分析与估计；RPD =［1.8，2.0），模型效果较好，可能用于定量分析；RPD =［2.0，2.5），模型效果很好，可用于定量分析；RPD≥2.5，则模型效果非常好。

第三节　红外光谱分析技术

红外光谱（Infrared spectrometry，IR）是一种分子吸收光谱，当样品受到频率连续变化的红外光照射时，分子选择性吸收了某些频率的辐射，并由其振动或转动运动引起偶极距的净变化，产生分子振动和转动能级从基态到激发态的跃迁，使相对应于这些吸收区域的透射光强度减弱，检测红外线被吸收的情况可得到物质的红外吸收光谱。红外吸收光谱法是定性鉴定化合物及其结构的重要方法之一，在生物学、化学和环境科学等研究领域发挥着重要作用。无论样品是固体、液体和气体，纯物质还是混合物，有机物还是无机物，除了单原子分子和同核分子，如 Ne、He、O_2 和 H_2 等之外，几乎所有的有机化合物在红外光区均有吸收，都可以进行红外分析。

红外光谱分析具有用量少、分析速度快、不破坏试样等特点，广泛应用于高分子材料、矿物、烟草、食品、环境、纤维、染料、黏合剂、油漆、毒物、药物等诸多方面，在未知化合物剖析方面具有独到之处，但对于复杂化合物的结构测定，还需配合紫外光谱、质谱和核磁共振等其他方法，才能得到满意的结果。

一、红外光谱理论基础

（一）产生红外吸收的条件

红外吸收光谱是由分子不停地做振动和转动运动而产生的，分子吸收红外辐射产生能级跃迁应满足两个条件。

（1）分子发生振动跃迁所需的跃迁能量与辐射光子具有的能量相等　在常温下绝大多数分子处于基态，由基态跃迁到第一振动激发态所产生的吸收谱带称为基频谱带，此时吸收光子的能量 $h\nu_a$ 恰等于能级间能量差 $\Delta E = \Delta vh\nu$，式中 ν 为分子振动频率，h 为普朗克常数，v 为振动量子数。当 $\Delta v = 1$ 时产生的吸收峰称为基频峰，此基频谱带的频率 ν_a 与分子或基团的振动频率 ν 相等，且基频峰由于强度大，是红外的主要吸收峰；当 $\Delta v = 2, 3, \cdots\cdots$ 时产生的吸收峰称为倍频峰，除倍频峰外，还有合频峰（$\nu_1+\nu_2$，$2\nu_1+\nu_2$，$\cdots\cdots$）及差频峰（$\nu_1-\nu_2$，$2\nu_1-\nu_2$，$\cdots\cdots$）。倍频峰、合频峰和差频峰统称泛频谱带。泛频谱带一般较弱，且多数出现在近红外区，但它们的存在增加了红外光谱鉴别分子结构的特征性。

（2）能使偶极矩发生变化的振动形式才能吸收红外辐射　由于构成分子的各原子的电负性的不同，分子也显示出不同的极性，称为偶极子，通常用分子的偶极矩（μ）来描述分子极性的大小。当偶极子处在电磁辐射的电场中时，该电场做周期性反转，偶极子将经受交替的作用力而使偶极矩增加或减少。由于偶极子具有一定的原有振动频率，当辐射频率与偶极子频率相匹配时，分子与辐射相互作用（振动耦合）而增加它的振动能，使振幅增大，即分子由原来的基态振动跃迁到较高的振动能级。因此，并非所有的振动都会产生红外吸收，只有发生偶极距变化（$\Delta\mu \neq 0$）的振动才能引起可观测的红外吸收光谱，可称该分子具有红外活性。$\Delta\mu = 0$ 的分子振动不能产生红外振动吸收，是非红外活性的，如 N_2、O_2、Cl_2 等对称分子。

由此可知，当一定频率的红外光照射分子时，如果分子中某个基团的振动频率和它一致，两者就会产生共振，此时光的能量通过分子偶极矩的变化传递给分子，这个基团就吸收一定频率的红外光，产生振动跃迁；如果红外光的振动频率和分子中各基团的振动频率不匹配，该部分的红外光就不会被吸收。如果用连续改变频率的红外光照射某试样，由于试样对不同频率的红外光吸收的程度不同，使通过试样的红外光在一些波数范围减弱了，在另一些波数范围内则仍较强。

（二）红外光谱图的表示方法

红外吸收光谱一般用 T-λ 曲线或 T-σ 曲线来表示，即纵坐标为透射率 T（%），横坐标为波长 λ 或波数 σ，一般用波数描述吸收谱带（图9-4），便于与拉曼光谱进行比较。在红外谱图中吸收峰向下，向上则为谷，近年来的红外光谱均采用波数等间隔分度，称为线性波数表示法。红外谱图可用峰位、峰数、峰强来描述，可以以此鉴定未知物的分子结构组成或确定其化学基团，也可以进行定量分析和纯度鉴定。

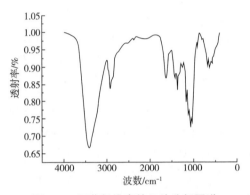

图9-4　细菌纤维素的红外分析图谱

（1）峰位　峰位由振动频率决定，化学键的力常数 K 越大，原子折合质量 m 越小，键的振动频率越大，吸收峰将出现在高波数区（短波长区）；反之，出现在低波数区（高波长区）。

（2）峰数　分子的基本振动理论峰数，可由振动自由度来计算，绝大多数化合物红外吸收峰数远小于理论计算振动自由度，其原因有：无偶极矩变化的振动不产生红外吸收；发生吸收简并，即振动频率相同的峰发生重叠；吸收落在仪器检测范围以外；仪器分辨率低导致谱峰重叠等。

（3）峰强　峰强与跃迁概率的大小和振动偶极矩变化的大小有关，键两端原子电负性相差越大、振动偶极矩越大，则吸收强度越大；振动的对称性越高，振动中分子偶极矩变化越小，谱带强度也就越弱。

（三）基团频率与影响因素

1. 基团频率

各类型化学键振动的特征，决定了其红外光谱具有特征吸收频率。在研究了大量化合物的红外光谱后发现，不同分子中同一类型基团的振动频率非常相近，都在一较窄的频率区间出现吸收谱带，这种吸收谱带的频率称为基团频率（Group frequency）。

2. 基团频率的分区

中红外光谱一般可分为基频区与指纹区。

基频区通常在 $4000 \sim 1250 cm^{-1}$。这一区域内吸收峰通常由含氢原子的单键、双键、三键的伸缩振动基频峰构成，部分由内弯曲振动基频峰构成。其强度大，比较稀疏，易于辨认，常用于鉴定官能团，因此也常被称为官能团区、特征区。基频区又可以分为三个区：$1900 \sim 1250 cm^{-1}$ 为双键伸缩振动区；$2500 \sim 1900 cm^{-1}$ 为三键和累积双键区；$4000 \sim 2500 cm^{-1}$ 为 X—H 伸缩振动区。特别的，O—H 的伸缩振动出现在 $3650 \sim 3200 cm^{-1}$，它可以作为判断有无醇类、酚类和有机酸类的重要依据。

指纹区通常在 $1250 \sim 200 cm^{-1}$。这一区域内吸收峰通常由各种单键的伸缩振动和多数基团的弯曲振动构成，这些振动与整个分子的结构有关。当分子结构稍有不同时，该区的吸收峰就有细微的差异，并显示出分子的特征，就像不同的指纹一样。指纹区吸收峰密集、难以辨认，但对于指认结构类似的化合物很有帮助，而且可以作为化合物存在某种基团的旁证。

3. 影响基团频率位移的因素

基团频率主要是由基团中原子的质量及原子间的化学键力常数决定。然而分子中各基团的振动并不是孤立的，要受到分子中其他部分，特别是邻近基团的影响，因而基团频率可能会有一个较大的范围。影响基团频率位移的因素大致可分为内部因素和外部因素。

（1）内部因素

①诱导效应：由于取代基具有不同的电负性，通过静电诱导作用，引起分子中电子分布的变化，从而改变了键力常数，使其电子基团吸收峰向高频方向移动（蓝移）。

②共轭效应：共轭效应使共轭体系中的电子云密度平均化（即电子云密度降低），结果使原来的双键略有伸长、键力常数减小，使其吸收频率向低波数方向移动）（红移）。

③中介效应：当含有孤对电子的原子（O、N、S 等）与具有多重键的原子相连时，也可起类似的共轭作用，称为中介效应。对同一基团来说，若诱

导效应和中介效应同时存在，则振动频率最后位移的方向和程度，取决于这两种效应的净结果。当诱导效应大于中介效应时，振动频率向高波数移动；反之，振动频率向低波数移动。

④振动耦合：当两个振动频率相同或相近的基团相邻并且具有一公共原子时，由于其中一个键的振动经由公共原子使另一个键的长度发生改变，产生"微扰"，从而形成了强烈的振动相互作用。其结果是使振动频率发生变化，一个向高频移动，另一个向低频移动，谱带分裂。

⑤费米共振：当一振动的倍频与另一振动的基频接近时，由于发生相互作用而产生很强的吸收峰或发生裂分。

⑥空间效应：包括场效应、空间位阻、环张力等，可以通过影响共面性削弱共轭效应来起作用，也可以通过改变键长、键角产生某种"张力"来起作用。

（2）外部因素

①氢键作用：氢键的形成使电子云密度平均化，对峰位、峰强产生极明显影响，使伸缩振动频率降低，峰位向低波数方向移动。分子内氢键不受浓度影响，分子间氢键受浓度影响较大。

②实验条件：红外光谱对某些实验条件还是相当敏感的，如测定时所用溶剂的极性和浓度、测定的温度、试样的状态和制样方法等。一般在气态下测得的谱带波数最高，并能观察到伴随振动光谱的转动精细结构；在液态或固态下测定的谱带波数相对较低。通常在极性溶剂中，溶质分子极性基团的伸缩振动频率随溶剂极性的增加而向低波数方向移动，并且强度增大。因此在红外光谱测定中，应尽量采用非极性溶剂。

二、红外光谱分析技术分类

红外光区在可见光区和微波光区之间，其波长范围为 $0.75 \sim 1000.00 \mu m$，通常划分成近红外区、中红外区和远红外区（表9-6）。由于绝大多数有机物和无机物的基频吸收带都出现在中红外区，因此中近红外光谱仪红外区是研究和应用最多的区域，积累资料丰富，仪器技术最为成熟。

表9-6　　　　　　　　　　　　　　红外光谱的分区

区域	波长 $\lambda/\mu m$	波数 σ/cm^{-1}	能级跃迁类型
近红外（泛频区）	$0.75 \sim 2.5$	$13158 \sim 4000$	分子的倍频、合频吸收
中红外（振动区）	$2.5 \sim 25$	$4000 \sim 400$	分子基频振动，伴随转动

续表

区域	波长 $\lambda/\mu m$	波数 σ/cm^{-1}	能级跃迁类型
远红外（转动区）	25~1000	400~10	分子转动，部分基团的振动

（一）远红外光谱分析技术（FIRS）

远红外光谱（Far-infrared spectroscopy）区内的吸收谱带主要是气体分子中的纯转动跃迁、振动-转动跃迁和液体与固体中重原子的伸缩振动、某些变角振动、骨架振动，以及晶体中的晶格振动所引起的。由于低频骨架振动能灵敏地反映物质结构的变化，所以对异构体研究特别方便。

早期远红外光谱研究因为仪器测量上的困难，成果甚少，自从傅立叶红外光谱仪的问世和高灵敏性的检测器的使用，人们发现远红外光谱在许多研究领域中能给出独特的结构信息。比如基于远红外光谱分析对重原子成键的振动基频的考察，可以直接用于无机化合物和金属有机化合物的研究，对有机硫化物、有机磷化物等研究也非常有用。此外，远红外光谱技术还普遍应用于研究生物大分子、络合物和一些超分子化合物中的电荷转移、氢键等非共价键的弱相互作用。在氢键等非共价键的弱相互作用中，与中红外光谱相比，远红外光谱结果更加直接明确。与此类似，对于晶体晶格的红外光谱，在中红外区所观察到的大部分都不是真正的"晶带"，而在远红外区出现的晶带往往只与规整排列分子链间的相互作用有关，可直接反映晶体的结构。值得注意的是，远红外光谱研究均用傅立叶红外光谱仪进行，其样品池的结构与中红外区的相同，只是光程更长、窗片材料不同，在选用溶剂和窗片材料时，除注意透明情况外，还应考虑材料与样品长时间接触是否稳定，故远红外光谱常用高密度聚乙烯作为窗片材料，长波段测量则通常采用聚丙烯（150~50cm^{-1}）或石英材料（200~300cm^{-1}）。

远红外光谱具有以下特征：①辐射能力很强，可对目标直接加热而不使空间的气体或其他物体升温。②能被与其波长范围相一致的各种物体所吸收，产生共振效应与温热效应。③能渗透到人体皮下，然后通过介质传导和血液循环热量深入细胞组织深处。远红外光谱技术根据其特殊的优势，主要应用于制衣纺织业、食品农产品和渔产品加工业、医疗保健系统、纸张印刷、制热电器等方面。在环境分析测试中，远红外光谱区光源能量弱，除非其他波段没有合适的谱带，一般不在此区内做定量分析。

（二）中红外光谱分析技术（MIRS）

中红外光谱（Mid-infrared spectroscopy）属于分子的基频振动光谱，绝大多数有机物和无机物的基频吸收带都出现在中红外区。中红外光谱波段中的低频区域为指纹区，它包含了大部分基团的弯曲振动，能级差小，谱带密集，并且谱带的性质与化合物及其聚合态存在一一对应的关系，可以通过该波段的光谱精确辨认物质所含化合物成分及其官能团。另外，指纹区以外的中红外光谱区域为特征吸收带，只有折合质量和键力常数大的基团的吸收峰才会出现在这个波段，吸收峰较少，容易辨认。中红外区的测定仪器有红外分光光度计、非分散红外光度计和傅立叶变换红外光谱仪等。利用红外光谱对被测物分析时，主要的步骤包括：①选取有代表性的样品，用标准方法测定其基础数据（如含量、组分等）并借助光谱仪获取光谱信息。②根据图谱信息与组分及其含量的相关性，并利用化学计量学方法建立校正模型（多元线性回归、偏最小二乘法、主成分分析、主成分回归等）。③用已知基础数据的验证集样品对校正模型进行验证，通过评价标准评估模型的性能，当其在误差范围内，便可用于对未知同类样品进行分析测定。

中红外区最适宜进行红外光谱的定性和定量分析，也是研究和应用最多、积累的资料最多、仪器技术最为成熟的区域，因此通常所说的红外吸收光谱，就是指的中红外光谱。该方法具有无需预处理、省时、省力、成本低、对样品微损伤或不损伤、不污染环境等优点。近些年，该技术已经成功广泛应用于农业、食品业等生产检测中，它已成为现代结构化学、分析化学最常用和最不可缺少的工具之一。

（三）近红外光谱分析技术（NIRS）

近红外光谱（Near-infrared spectroscopy）分为短波（0.75~1.1μm）和长波（1.1~2.5μm）两个区域。近红外区的光谱吸收带是有机物质中能量较高的化学键（主要是 C—H、O—H、N—H）在中红外光谱区基频吸收的倍频、合频和差频吸收带叠加而成的。另外，在不同物理化学环境中，同一基团和不同的基团对近红外光的吸收波段都有明显差别，且吸收系数小，发热量也少，因此近红外光谱被认为是获取信息的一种有效的载体。近红外光谱的信息特征与中红外和远红外光谱的不同，谱带的归属很困难，原因不仅在于谱带强度很低，多重谱带重叠严重，而且样品的浓度、温度、湿度、氢键形成、样品状态以及仪器环境干扰等诸多因素的变化，对谱带都有显著的影响，导致物质近红外光谱中的与成分含量相关的信息很难直接提取出来并给予合理的光谱解析，所以近红外谱区在很长一段时间内是被人忽视和遗忘的谱区。

20 世纪 80 年代以来，近红外光谱解析中两大关键技术：光谱数据处理技术和数据关联技术，随着计算机技术的普及得到发展。光谱数据处理主要是为了消除仪器因素（如光源、光谱仪、测量方式等）、环境因素（如温度、光强等）和被测物态（如颜色、形态、状态等）等对光谱信息获取过程的影响，常用的方法有平滑、标准正态变量变换、多元散射校正和小波变换等（详见本章第二节）。数据关联技术主要是用化学计量学方法来分析和挖掘获取的光谱数据的有用信息，将样品光谱及其质量参数进行关联，建立光谱与组成和性质间关系的"校正模型"，进而对未知样品的组成和性质进行定量和定性分析。用这种方法进行的定性分析与用中红外光谱所作的结构鉴定的含义不同，近红外光谱的定性分析，目的是判别所分析的样品是否适合所建立的校正模型，是一种归类判断。

近红外光谱技术分析样品具有方便、快速、高效、准确和成本较低、不破坏样品、不消耗化学试剂、不污染环境等优点。经过近半个世纪的发展历程，现已经成为新世纪里最有应用前途的分析技术之一，在工农业生产上发挥日益重要的作用。除传统的对烟草等农副产品、食品的水分、蛋白质、纤维、糖分和脂肪的组分、品质和污染情况做精确分析外，对织物、药物、高分子材料和化工产品、石油化工等都有应用，并逐渐建立起近红外分析的质量标准。欧洲的许多发达国家已经在多个领域内将该技术作为行业产品质量评定的标准技术，几乎完全替代了先前广泛使用的化学分析方法，在生产效率和产品质量方面得到了很好的效果。

三、红外样品的常用制备方法

（一）制样方法的选择依据

要获得一张满意的红外光谱图，除仪器性能的因素外，试样的处理和制备也十分重要。根据测试目的和要求选择合适的制样方法，才能得到准确可靠的测试数据。选择制样方法，通常可以从以下两个方面考虑。

1. 被测样品实际情况

液体试样可根据沸点、黏度、透明度、吸湿性、挥发性以及溶解性等诸因素选择制样方法。如沸点较低、挥发性大的液体只能用密封吸收池制样；透明性好又不吸湿、黏度适中的液体试样，可选毛细层液膜法制样；能溶于红外常用溶剂的液体样品可用溶液吸收池法制样；黏稠的液体可加热后在两块晶片中压制成薄膜，也可配成溶液，涂在晶面上，挥发成膜后再进行测试；固体试样常采用的制样方法是压片法和糊状法，低熔点的固体样品可采用在两块晶片中热熔成膜的方法；气体样品在通常情况下用常规的气体制样法。

2. 实验目的

当希望获得碳氢红外光谱信息时，不能选用石蜡油糊状法；若样品中存在羟基（有水峰），不应采用压片法；若要求观察互变异构现象，或研究分子间及分子内氢键的成键程度，一般需要采用溶液法制样。某些易吸潮的固体样品可采用糊状法，并在干燥条件下制样，用石蜡油包裹样品微粒以隔离水分，达到防止吸潮的目的。

（二）制样方法

（1）溴化钾压片法　溴化钾压片法是最常用的红外光谱制样方法，操作简单，适用于固体粉末样品。将 $1 \sim 2$ mg 样品加 $100 \sim 200$ mg 溴化钾，在玛瑙研钵中一般研磨 $5 \sim 15$ min 即可压片，油压机压力通常为 $8000 \sim 15000$ kg/cm^2，加压时间至少保持 1min，得到直径 13mm、厚度约为 1mm 的透明锭片。由于溴化钾极易吸潮，故应在红外灯下充分干燥后才能压片，否则会出现水的吸收峰。特别的，如果高分子材料不是粉末不能直接压片，则可通过萃取提出增塑剂，使其失去弹性而变硬，或采用低温研磨，预先制备粉末样品。鉴定微量样品无法压片时，可用硬纸片剪成试样环大小，中央剪一小洞，将研好的拌有样品的溴化钾粉末放入小洞内压片。还有一些乳液样品，破乳后将其涂在载玻片上，吹干后用刮刀刮下研磨即可。

（2）卤化物晶体涂片法　将液体试样在卤化物晶片上涂上一层薄薄的液膜，就可直接在红外光谱仪上进行测定。最常用的卤化物晶片是氯化钠晶片，应用范围为 $700 \sim 5000$ cm^{-1}，有的样品需要观察 $350 \sim 700$ cm^{-1} 的吸收峰，可采用溴化钾晶片法。有些固体聚合物，经熔融涂膜、热压成膜、溶液铸膜等方法，也可得到适用于分析的薄膜。如果液体试样黏度很小，或溶剂挥发性不大，都可夹在两片卤化物晶片之间测定，挥发性液体可用定量池。

（3）裂解法　高分子材料中有一大类是热固树脂，如橡胶、聚氨酯等，其不溶于一般溶剂，通常采用小试管裂解的方法，温度在 $500 \sim 800$℃。具体操作方法是，用小锉或剪刀将样品制成小块或粉末，放入一定弯度的干净试管内，加热试管底部，裂解气冷凝在管壁上成液体状，用小铲刮出，涂在氯化钠晶片上进行扫描。有时裂解液较少不易刮下，此时可将丙酮溶液涂在氯化钠晶片上，吹干丙酮后进行扫描。

（4）溴化钾三角富集法 当用硅胶为载体提纯微量样品时，由于硅胶醚键吸收系数较大，会对样品峰造成干扰。解决的方法有两种：一是将样品与硅胶分离；二是使用溴化钾三角富集法。具体操作步骤如下：将溴化钾粉末在研钵中研成直径为 $1~2\mu m$ 的细粉，在压片机上制成高 25mm、宽 8mm、厚 2mm 的等腰三角形，作为过滤及富集样品的支撑体。把薄层色谱分离制好的样品放入小瓶内，并加入少量溶剂，而后将压制好的溴化钾三角块固定在瓶的底部，瓶口用不锈钢帽盖住，在帽的中心留一小孔，直径约 3mm，使三角的顶点对准小孔。由于毛细管作用，溶质随溶剂逐步向上移动和浓缩，溴化钾可以滤去薄层板带入的细颗粒硅胶等无机杂质。为了尽量富集完全，可重复加溶剂 2~3 次，就能够使溶质完全浓缩到三角的顶端。最后只需取顶点部分的溴化钾压片，即可得到一张较为理想的红外谱图。

（5）反射法 有些样品涂层很薄，不宜使用上述方法。此时最好的方法就是用衰减全反射法。该法应用较广泛，使用时不需要进行复杂的分离，不破坏样品，可直接进行红外光谱分析。如胶带、某些表面平滑的纺织品、金属上的油漆及片状橡胶等，都可用衰减全反射法。主要使用的晶片有 KRS-5、ZnSe 等，KRS-5 是铊的化合物，用时要注意安全。粉末样品可用胶带粘在晶片表面上进行测试。另外粉末样品也可加入液体石蜡后研磨。

（6）热压法 在用红外光谱法研究某些聚合物结晶度的变化时，经常使用热压成膜法。熔融热压成膜时，使用两块具有平滑表面的不锈钢模具，用云母片或铝箔片作为控制膜厚度的支持物，操作时，先把具有要求厚度的云母片或铝箔片放在模具压模面的周围，中间放样品，一起放在电炉上加热至软化或熔融，再把模具的另一半压在样品上，用坩埚钳小心地夹到油压机上加压，冷却后取下薄膜即可直接测试。

四、红外光谱仪

（一）近红外光谱仪

近红外光谱仪一般提供的检测区域为 $12500 ~ 4000cm^{-1}$（波长 0.8~2.5μm），这一波段相比中红外波段较短，能量更高，具有更强的光穿透能力和散射能力。市场上有部分仪器为了扩大使用功能，会包括可见波段，称为可见近红外光谱仪。近红外光谱仪器从分光系统可分为固定波长滤光片、光

栅色散、快速傅立叶变换、声光可调滤光器和阵列检测五种类型（表9-7）。

表 9-7 近红外光谱仪按分光系统分类

类型	特 点
固定波长滤光片	采用干涉滤光片分光，采样速度快、体积小、成本低、适于推广，但波长稳定性、重现性差，是第一代分光技术
光栅色散	采用光栅作为分光元件，全谱扫描、结构简单、容易制造，但光栅或反光镜的机械轴长时间连续使用容易磨损，影响波长的精度和重现性，被称为第二代分光技术
快速傅立叶变换	扫描速度快、易实现小型化，但对仪器使用和放置环境（室温、湿度、杂散光、震动）有严格要求，被称为第三代分光技术
阵列检测	应用二极管阵列技术，常用于便携仪器，性价比高。但采用固定光栅扫描方式，仪器的波长范围和分辨率有限，被称为第四代分光技术
声光可调滤光器	通过超声射频的变化实现光谱扫描，扫描速度快、光学系统无移动性部件，波长切换快、重现性好，易实现小型化

从环境条件及仪器精度来分，近红外光谱仪大致可以分为实验室光谱仪、便携式光谱仪和在线光谱仪等（图9-5）。实验室光谱仪安装在室内，室内应具备一定的环境条件，如温度、湿度、电源等。在线近红外光谱系统有3种测量方式：侧线在线（On-line）、线内/原位在线（In-line）和非侵入式在线（Non-invasive-line），在线近红外光谱系统需要根据实际工作要求配备辅助设备和数据通讯模块。便携式光谱仪由于具有集成度高、体积小、结构坚固、适用范围较广等特点，已经被广泛应用于农业、烟草制造、制药、高分子等行业分散的分析现场。

（1）便携式光谱仪 （2）实验室光谱仪 （3）在线式光谱仪

图 9-5 各类型近红外光谱仪

（二）中红外光谱仪

中红外光谱仪一般提供的检测区域为 $4000 \sim 400 \text{cm}^{-1}$（波长 $2.5 \sim 25 \mu\text{m}$），

这一波段中红外吸收光谱具有高度的特征性，每种有机化合物均有特征性的红外吸收光谱，因此适合鉴定有机物、高聚物及其他复杂结构的化合物。

根据分光原理的不同，红外光谱仪主要分为色散型和干涉型两大类。目前，广泛使用的是傅立叶型红外光谱仪（Fourier transform infrared spectrometer，FTIR），随着技术革新，其测定光区范围进一步拓宽，现有 FTIR 可以将光谱范围覆盖到远红外区域 $400 \sim 10 \mathrm{cm}^{-1}$（波长 $25 \sim 1000 \mu \mathrm{m}$）。

傅立叶变换红外光谱仪的主要特点如下。

（1）多路优点　夹缝的废除大大提高了光能利用率，样品置于全部辐射波长下，因此全波长范围下的吸收必然改进信噪比，使测量灵敏度和准确度大大提高。

（2）分辨率提高　决定于动镜的线性移动距离，距离增加，分辨率提高，一般可达 $0.5 \mathrm{cm}^{-1}$，甚至 $10^{-2} \mathrm{cm}^{-1}$。

（3）波数准确度高　由于引入激光参比干涉仪，用激光干涉条纹准确测定光程差，从而使波数更为准确。

（4）测定的光谱范围宽　光谱范围可达 $10 \sim 10^{4} \mathrm{cm}^{-1}$。

（5）扫描速度极快　在不到 1s 时间里可获得图谱，比色散型仪器高几百倍。

此外，漫反射傅立叶变换红外光谱技术（DRIFTS）和衰减全反射傅立叶变换红外光谱技术（ATR-FTIR）的发展解决了普通的透射红外光谱在应用中的不足，扩大了红外光谱技术的应用范围，使许多采用透射红外光谱技术无法制样，或者样品制作过程十分复杂、难度大、效果又不理想的实验成为可能。这两项技术的发展和应用，使得样品不需要被破坏，不需要像透射红外光谱那样将样品进行分离和制样、不会污染样品，不会对样品的外观及性能造成任何损坏，不要求样品有足够的透明度或表面光洁度，可直接将样品放在样品支架上进行测定，可以同时测定多种组分，适合对样品的无损检测。

五、红外光谱技术在农药残留分析中的应用研究

红外光谱技术是一种具有无损、快速、低成本等诸多特点的新型分析检测技术，可以方便地实现对农产品，尤其是水果、蔬菜中农药残留的定性和定量监控，使其在农产品安全领域有着广阔的应用前景。

利用近红外光谱对农药定性鉴别的研究中，Ventura-Gayete 等采用多通道切换近红外光谱分析了农药制剂中的噻螨酮，每小时可检测 52 个样本，是液相色谱分析法的 7 倍，实现了样品的快速检测分析。Moros 等建立了农药中敌草隆的近红外光谱快速检测方法，相对标准偏差为 0.03%，检测限可达 0.013 mg/g。Salguero-Chaparro 等采用近红外光谱法直接测定橄榄表面除草剂敌草隆的残留，阳性样本的筛选灵敏性达到 85.9%，实现了对完整橄榄表面敌草隆残留含量的监测。陈蕊等利用可见-近红外反射光谱技术，对氯氰菊酯、辛硫磷乳油、乐果乳油和敌敌畏这 4 种常见的高残留农药在蔬菜上的无损检测分析方法进行研究，可有效甄别农药残留和种类。Li 等使用傅立叶变换衰减全反射红外光谱，结合间隔组合优化算法检测啶虫脒农药中的禁用添加物氟虫腈，是农药品质现场控制的一种极具开发潜力的方法。

利用近红外光谱对农药进行定量检测的研究中，沈飞等采用近红外光谱分析法用于定量检测样品表面农药残留，利用偏最小二乘法（PLS）建立数据模型，对于样品农药浓度为 0.5mg/L 的预测模型相关系数为 0.958，校正均方根误差为 0.194；对于样品浓度为 0.25mg/L 的预测模型相关系数为 0.924，校正均方根误差为 0.192。可以看出随着浓度的降低，模型的预测能力和相关系数都相应降低。蒋霞等结合偏最小二乘法（PLS）和连续投影算法（SPA）建立鲜冬枣表面不同浓度毒死蜱农药残留的近红外模型。Gonzalezmartin 等基于近红外光谱技术，利用改进的偏最小二乘回归法建立数学模型检测蜂胶中三唑酮的残留量，得到预测模型相关系数为 0.81，均方根误差为 0.36。

由于近红外光谱区的光谱信噪比较低，光谱信号之间常发生重叠，加之农药的残留量较低，试样本身通常有基质效应，增大了近红外光谱的图谱解析及定量分析的难度，限制了近红外光谱技术在农药残留检测中的应用。近年来，研究者们为了减少数学预处理方法的复杂性和计算量，先使用预浓缩技术等手段对样品进行处理后再扫描光谱和处理数据，可极大地消除杂质干扰，提高近红外光谱的检测灵敏度，也成为近红外检测技术的研究热点之一。Hao 等开发了一种定量测定低浓度成分的漫反射近红外光谱分析方法，采用氧化铝作为预处理吸附剂将待测成分从溶液中吸附，消除背景干扰，提高检测方法的灵敏度。Zhang 等采用 HZ818 大孔吸附树脂作为吸附剂进行预浓缩，建立了水中西维因残留的漫反射近红外光谱检测法。除吸附剂预浓缩技术外，Saranwong 使用近红外光谱检测番茄表面杀菌剂时引入红外干燥提取（DESIR）技术。严寒等利用 NIRS 结合膜富集技术建立了大米中微量毒死蜱残留测定，此类富集技术的开发在农药残留等低含量样品的红外光谱检测中有实际应用价值。

第四节 拉曼光谱分析技术

一、拉曼光谱的基本原理

拉曼光谱是一种散射光谱。拉曼光谱分析法是基于印度科学家 Raman 所发现的拉曼散射效应，对与入射光频率不同的散射光谱进行分析以得到分子振动、转动方面的信息，并应用于分子结构研究的一种分析方法。

（一）拉曼散射

1. 弹性散射与非弹性散射

光照射到物质上会发生弹性散射和非弹性散射。弹性散射的散射光频率与入射光相同，其特点是不进行能量交换，只改变传播方向，典型的弹性散射有瑞利散射和米氏散射。当粒子尺度远小于入射光波长时，发生瑞利散射（Rayleigh scattering），其强度与入射光频率的四次方成正比；当粒子尺度与入射光波长相当时，发生米氏散射（Mie scattering），散射强度与入射光频率的二次方成正比，并且散射在光线向前方向比向后方向更强，方向性比较明显。

拉曼散射是光照射到物质上发生的非弹性散射所产生的（图9-6）。非弹性散射的散射光频率会发生变化，有的比激发光波长长，有的比激发光波长短。从微观方面讲，单色光束的入射光光子与分子发生非弹性碰撞过程中，光子与分子之间发生能量交换，且光子的运动方向发生改变，同时光子的部分能量也发生了变化（一些能量转移给分子，或者分子的振动和转动能量传递给光子），从而改变了光子的频率，这种散射过程称为拉曼散射。

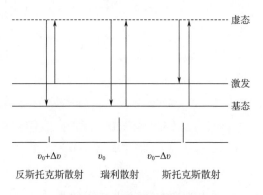

图9-6 拉曼散射机理示意图

2. 拉曼位移

拉曼散射中，在光子能量交换过程中，处于振动基态的样品分子跃迁到振动激发态，导致散射光频率小于入射光频率，这种散射称为斯托克斯（Stokes）散射；然而当处于振动激发态的样品分子将部分能量传递给入射光，回到振动基态时，导致散射光频率大于入射光频率，这种散射称为反斯托克斯散射。故而，斯托克斯线是基态受激发跃迁到虚态后到激发态的辐射，反斯托克斯线是激发态受激发跃迁到虚态后到基态的辐射。据玻尔兹曼统计，室温处于振动激发态的概率不足1%，因此斯托克斯线的强度大于反斯托克斯线，故通常拉曼检测到的是斯托克斯散射。

拉曼位移是指拉曼散射光与瑞利散射光的频率之差，即斯托克斯线或反斯托克斯线的频率与入射光频率之差，对应的斯托克斯线与反斯托克斯线的拉曼位移相等。拉曼位移频率与分子结构有关，通常等于分子官能团的振动频率，因此同一种物质分子，随着入射光频率的改变，拉曼线的频率也改变，但拉曼位移始终保持不变，拉曼谱线位移值的大小、数目、谱带的强度等都与物质分子振动和转动能级有很密切的关系。

（二）拉曼活性与红外活性的比较

红外光谱的形成是由于极性基团和非对称分子在振动过程中吸收红外辐射，发生偶极矩的变化；拉曼光谱则产生于分子诱导偶极矩的变化，其相应的简正振动过程中极化率变化的大小决定了拉曼光谱的谱线强度。拉曼光谱与红外光谱都是研究分子的振动，虽然拉曼光谱的机制和原理都与红外光谱不同，但两种光谱提供的结构信息类似，都是关于分子内部各种简正振动频率及有关振动能级的情况，从而可以用来鉴定分子中存在的官能团。

大多数有机化合物具有不完全的对称性，因此它的振动方式对于红外光谱和拉曼光谱都是活性的，并在拉曼光谱中所观察到的拉曼位移与红外光谱中所看到的吸收峰的频率也大致相同。但强极性键在红外光谱中有强烈的吸收带，在拉曼光谱中却没有反映；而对于非极性但易于极化的键在红外光谱中根本不能反映，在拉曼光谱中则有明显的反映；同时拉曼光谱对饱和、不饱和烃的有限键和环的骨架振动则特征性更强。可见，在分子结构分析中，拉曼光谱与红外光谱是相互补充的。1,3,5-三甲苯的红外光谱和拉曼光谱见图9-7。

一般可以用如下规则来判别分子的拉曼活性或红外活性：①凡具有对称

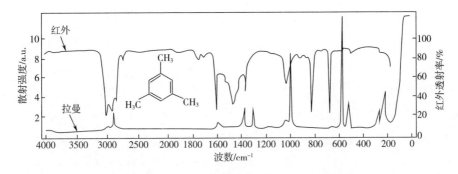

图 9-7 1,3,5-三甲苯的红外光谱和拉曼光谱图

中心的分子，如 CS_2 等线性分子，红外和拉曼活性是互相排斥的，若红外吸收是活性的，则拉曼散射是非活性的，反之亦然。②不具有对称中心的分子，如 H_2O、SO_2 等，其红外和拉曼活性是并存的。③少数分子，其红外和拉曼都是非活性的，例如平面对称乙烯分子的扭曲振动，既没有偶极距变化，也不产生极化率的改变。

二、拉曼光谱分析技术及分类

拉曼光谱分析技术是一种无损伤的定性定量分析技术，它无需样品准备，样品可直接通过光纤探头或者通过玻璃、石英和光纤测量。对于纯定性分析、高度定量分析、测定分子结构等方面都有很大价值，在物理学、化学、医学、生物学等各个领域有广泛的应用。其优越性主要有以下几点。

（1）由于水的拉曼散射很微弱，拉曼光谱是研究水溶液中的生物样品和化学化合物的理想工具。

（2）拉曼光谱仪一次可以同时覆盖的区间为 $50 \sim 4000 cm^{-1}$，可对有机物及无机物进行分析。而若想让红外光谱覆盖相同的区间，则必须改变光栅、光束分离器、滤波器和检测器。

（3）拉曼光谱谱峰清晰尖锐，更适合定量研究、数据库搜索，以及运用差异分析进行定性研究。在化学结构分析中，独立的拉曼区间的强度和功能基团的数量相关。

（4）因为激光束的直径在它的聚焦部位通常只有 $0.2 \sim 2.0 mm$，常规拉曼光谱只需要少量的样品就可以得到。这是拉曼光谱相对常规红外光谱一个很大的优势。而且，拉曼显微镜物镜可将激光束进一步聚焦至 $20 \mu m$ 甚至更小，可分析更小面积的样品。

（5）共振拉曼效应可以用来有选择性地增强大生物分子各个发色基团的振动，这些发色基团的拉曼光强能被选择性地增强 1000~10000 倍。

拉曼散射由于样本降解和荧光问题的存在，其应用范围不及红外吸收光谱广泛。然而，近年来，随着拉曼光谱仪、激光技术等发展，拉曼光谱技术已扩展出多种不同的分析技术，如傅立叶拉曼光谱（FT-Raman）、表面增强拉曼光谱（Surface-enhanced Raman spectroscopy，SERS）、激光共振拉曼光谱（Resonant Raman spectroscopy，RRS）、共焦显微拉曼光谱（Confocal Raman micro-spectroscopy，CRS）、固体光声拉曼光谱（Photoacoustic Raman spectroscopy，PRS）、高温拉曼光谱（High temperature Raman spectroscopy，HTRS）等。各类拉曼光谱技术的优缺点及应用领域见表 9-8。

表 9-8   各类拉曼光谱技术的优缺点及应用领域

类型	优点	缺点	应用领域
傅立叶拉曼光谱	消除荧光，精度高	温度漂移，试样移动对光谱影响大	样品的结构分析，如蛋白质二级结构分析，染色纤维检验
表面增强拉曼光谱	灵敏度高，所需样品浓度低	基衬重线性和稳定性难以控制	分子的理化研究，病理分析，药物分析
激光共振拉曼光谱	灵敏度高，所需样品浓度低	荧光干扰，热效应，要求光源可调	低浓度和微量样品检测，药物、生物大分子检测，如色素蛋白质的研究
共焦显微拉曼光谱	灵敏度高，所需样品浓度低，信息量大	荧光干扰	电化学研究，宝石中细小包裹体的测量
高温拉曼光谱	空间分辨率高，消除杂散光，样品可程序控温	热辐射	晶体生长、冶金熔渣、地质岩浆等物质的高温结构研究
固体光声拉曼光谱	灵敏度高，分辨率高，避免了非共振拉曼散射的影响	要求激光具有高的亮度	气体、液体、固体介质的特性分析

此外，更加前沿的拉曼光谱技术研究还有针尖增强拉曼光谱以及等离激元增强拉曼光谱。

针尖增强拉曼光谱（Tip-enhanced Raman spectroscopy，TERS）是在无孔径近场区域光学显微镜的思想基础上，将扫描探针显微镜技术与拉曼光谱结合在一起。扫描探针显微技术以扫描隧道显微镜和原子力显微镜技术为代表，当 SPM 探针接近样品表面且尖端金属被激光激发而产生局域表面等离子共振效应时，样品的拉曼信号将被大幅增强，使 TERS 在单分子水平原位、无损、实时获取物质的化学结构信息成为可能。TERS 技术因其良好的空间分辨率和较高的拉曼光谱增强因子已成功应用于生物质、有机分子、纳米材料、半导体材料、碳管等类型物质的研究。TERS 技术也面临着一些技术困难，如可重复的针尖制备技术、针尖的接触或半接触工作模式无法满足研究需求等。

等离激元增强拉曼光谱技术（Plasom enhanced Raman spectroscopy, PERS）是将等离激元与拉曼光谱联用，以获得超高的检测灵敏度。表面等离激元是指电子在金属与介质界面的集体振荡行为形成的一种元激发，其本质上与高频电磁场的激发和传播有关，其传播特性则与近场光学相似。该技术以厦门大学田中群研究组和美国佐治亚理工学院王中林研究组合作提出的壳层隔绝纳米粒子增强拉曼光谱（Shell-isolated nanoparticle enhanced Raman spectroscopy, SHINERS）最为著名。该技术的原理以装配一个球体平面裂膜系统为基础，球体是单层二氧化硅或氧化铝涂层包裹的纳米金颗粒，二氧化硅涂层具有超薄、无孔、有化学惰性等特点。该纳米颗粒在表面可以扩散形成单层薄膜用于探测样品。这种纳米金颗粒是典型的核壳结构，它外壳作用是阻止纳米颗粒聚集，保证它们与需要探测的物质直接接触，使得纳米颗粒能够与不同形状的底物之间相适应；避免与金属表面蛋白质的直接接触，以很好地克服蛋白质变性的问题。SHINERS 产生的拉曼信号在大量纳米金颗粒的存在下能够被充分地增强，并可以确保拉曼信号仅仅来自待测样品（基底），因此，该技术能够很好地应用在各种材料和环境下，特别是在溶液中。在 SHINERS 技术中，表面的每一个微球都可以相当于 TERS 中的一个针尖，且这些微球都有一层化学以及电学惰性的外壳，既能很好地应用于电化学环境中，又能在一定程度上提高拉曼信号的总体强度，很好地弥补了 TERS 技术的不足。

另外，拉曼光谱技术可与其他多种微区分析测试仪器和技术联用，如拉曼与扫描电子显微镜联用（Raman-SEM）、拉曼与原子力显微镜/近场光学显微镜联用（Raman-AFM/NSOM）、拉曼与傅立叶变换红外光谱联用（Raman-FTIR）、拉曼与激光扫描共聚焦显微镜联用（Raman-CLSM）等。

三、拉曼光谱仪

一般通用型拉曼光谱仪主要由激光器（光源）、集光系统、单色仪、检测器、放大器等部分组成。

（一）激发光源

拉曼光谱仪的激发光源使用激光器，传统色散型激光拉曼光谱仪通常使用的激光器有 Kr$^+$激光器、Ar$^+$激光器、Ar$^+$/Kr$^+$激光器、He-Ne 激光器和红宝石脉冲激光器等。Ar$^+$激光器最常用的波长是 514.5nm（绿色）和 488.0nm（蓝紫色），Kr$^+$激光器最常用的波长是 568.2nm 和 647.1nm。

目前傅立叶拉曼光谱仪大都采用 Nd：YAG 钇铝石榴石激光器、红宝石激光器、掺钕的玻璃激光器等，这些均属固体激光器。它们的工作方式可以是连续的，也可以是脉冲的，这类激光器的特点是输出的激光功率高，可以做得很小、很坚固，其缺点是输出激光的单色性和频率的稳定性都不如气体激光器。Nd：YAG 激光器的发光粒子是钕离子（Nd^{3+}），其激光波长为1.06μm，该激光器的突出优点是效率高、阈值低，很适合于用作连续工作的器件，其输出功率可达几千瓦。在光谱范围的另一端，特别是对共振拉曼的研究来说需要使用紫外激光系统。共振拉曼光谱技术和非线性拉曼光谱技术要求激发光源频率可调。

（二）单色器与瑞利散射光学过滤器

色散型激光拉曼光谱仪中要求单色器的杂散光最小和色散性好。为降低瑞利散射及杂散光，通常使用双光栅或三光栅组合的单色器；使用多光栅必然要降低光通量，目前大都使用平面全息光栅；若使用凹面全息光栅，可减少反射镜，提高光的反射效率。

在傅立叶拉曼光谱仪中，在散射光到达检测器之前，必须用光学过滤器将其中的瑞利散射滤去，至少降低 3~7 个数量级，否则拉曼散射光将"淹没"在瑞利散射中。光学过滤器的性能是决定傅立叶拉曼光谱仪检测波数范围（特别是低波数区）和信噪比高低的一个关键因素。常见的光学过滤器有Chevron 过滤器和介电过滤器，它们的波数范围在 3600~100cm^{-1}；Notch 过滤器的斯托克斯线范围在 3600~50cm^{-1}；反斯托克斯线范围在 100~2000cm^{-1}。傅立叶拉曼光谱仪的光路图见图 9-8。

（三）检测和记录系统

对于落在可见区的拉曼散射光，可用光电倍增管作检测器，对其要求是：量子效率高（量子效率是指光阴极每秒出现的信号脉冲与每秒到达光阴极的光子数之比值），热离子暗电流小（热离子暗电流是在光束断绝后阴极产生的

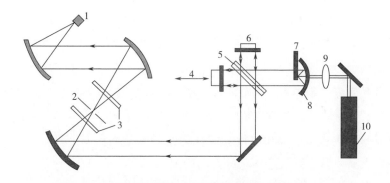

图 9-8　傅立叶拉曼光谱仪的光路图

1—液氮冷却检测器　2—空间性滤光片　3—介电体光片　4—移动镜　5—分束器

6—固定镜　7—样品室　8—抛物面聚光镜　9—200mm 透镜　10—Nd：YAG 激光器

一些热激发电子)。光电倍增管的输出脉冲数一般有四种方法检出：直流放大、同步检出、噪声电压测定和脉冲计数法，脉冲计数法是最常用的一种。

在傅立叶拉曼光谱仪中，常用的检测器为 Ge 检测器或 InGaAs 检测器。Ge 检测器在液氮温度下，其检测范围在高波数区可达 $3400cm^{-1}$ 拉曼位移；InGaAs 检测器在室温下高波数区可达 $3600cm^{-1}$，用液氮冷却可降低噪声，但高波数区只能到 $3000cm^{-1}$ 拉曼位移；Si 检测器低温下检测范围较窄，但在反斯托克斯区的响应良好。为保持检测器良好的信噪比和稳定性，检测器需要用液氮预冷 1h 左右后再用。

傅立叶拉曼光谱仪的数据系统由于采用了傅立叶变换技术，对计算机的内存和计算速度有更高的要求，它的光谱数据处理功能既具有色散型拉曼光谱仪所具有的基线校正、平滑、多次扫描平均及拉曼位移转换等功能，还具有光谱减法、光谱检索、导数光谱、退卷积分、曲线拟合和因子分析等数据处理功能。

四、拉曼光谱技术在农药残留分析中的应用研究

拉曼光谱技术与常规化学分析技术相比，具有无损、快速、环保、无需制备试样、无需消耗化学试剂、所需样品量少等特点，并且激光光源的出现使得拉曼光谱已广泛应用于石油化工、生物医学、地质考古、刑事司法、宝石鉴定等领域。近年来，拉曼光谱技术检测粮食、蔬菜、水果中普遍使用的杀虫剂和杀菌剂，取得一定进展。

在相对早期的研究中，Skoulika 等利用傅立叶拉曼光谱定量检测了杀虫剂二嗪农，选取 554，604，631，1562，2971cm^{-1}建立校正模型，R 达到 0.99 以上。Sato-Berrú 等选取甲基对硫磷的特征波段 1345~1110cm^{-1}建立线性和非线性数学模型，线性模型 R^2 达到 0.996，优于非线性模型。周小芳等应用不同波长的激光光源采集了水果表面农药残留的拉曼光谱，激发波长为 1064nm 时可以减弱荧光背景。肖怡琳等用显微拉曼光谱仪测试了几种用于果蔬表面农药（如杀蝉、灭多威、扑海因等）的拉曼光谱和荧光光谱，可以实时快速地区别各种农药及其在果蔬表面上的农药残留。

在近期研究中，使用表面增强拉曼光谱（SERS）技术检测农药残留涌现出了丰富的研究成果。Liu 等建立了苹果和番茄表面西维因、亚胺硫磷、谷硫磷残留的 SERS 检测方法，采用偏最小二乘法和主成分分析法建立了 3 种农药的定性和定量模型，回收率为 78%~124%。Müller 等采用便携式迷你拉曼光谱仪应用 SERS 技术建立了快速、低成本、灵敏度高的噻苯咪唑检测方法。李晓舟等采用 SERS 技术对苹果表面残留的甲拌磷和倍硫磷农药残留进行检测，甲拌磷在 728cm^{-1}处和倍硫磷在 1512 cm^{-1}处的光谱信号作为定量分析目标峰，采用内标法建立甲拌磷、倍硫磷的线性回归模型。Wijaya 等对未经处理的苹果表皮和苹果汁中啶虫脒残留进行了 SERS 检测，检出量分别为 2.5μg/L 和 3μg/L。

表面增强拉曼光谱技术中，制备性能优异的 SERS 基底是研究的热点。除了改变传统的金属纳米材料（贵金属和过渡金属）的物理形态制备单一 SERS 活性基底外，利用非金属纳米材料（半导体、石墨烯和量子点等）合成复合 SERS 活性基底方面研究成果众多。Bian 和 Lu 等分别借助电沉积法和液相还原法合成了含有凹面花瓣和普通的花状银纳米粒子，验证了不同粒径形貌的纳米基底对 SERS 增强效应有较大影响的结论。除了传统贵金属的 SERS 增强效果显著外，半导体材料在 SERS 活性增强方面也有巨大潜力，Wang 等合成了非晶态和晶态的 ZnO 纳米笼，非晶态 ZnO 纳米笼的 SERS 增强活性强于晶态 ZnO 纳米笼，前者的增强因子高达 $6.62×10^5$。Dong 等以醋酸锌和六次甲基四胺为原料通过水热法在氧化铟锡（ITO）玻璃上制备出顶端多孔 ZnO 纳米棒，其孔隙可以与其他 SERS 增强材料结合以开发出新型基底。

目前，SERS 技术仍存在诸多不足，如活性基底真正的增强原理无定论、样品处理方法存在或大或小的瑕疵，推广该技术需要建立大量的标准模型，定性定量分析都需要操作人员处理大量数据等。因此在今后研究中，对该技术的进一步完善可以从以下几方面考虑：深入探索基底增强机理；研究绿色、低成本和高效应的增强基底；继续改进和研究简化样品处理的检测方法；完善农药拉曼谱图库，统一标准模型；对拉曼仪器和计算机进行智能化升级，实现光谱采集和分析的自动化等。

第五节　核磁共振分析技术

核磁共振分析技术（Nuclear magnetic resonance，NMR）是材料表征中最有用的一种仪器测试方法，它与紫外吸收光谱、红外吸收光谱、质谱一起被人们称为"四谱"，广泛应用于物理学、化学、生物、药学、医学、农业、环境、矿业、材料学等学科，是对各种有机物和无机物的成分、结构进行定性分析的最强有力的工具之一，亦可进行定量分析。核磁共振波谱法具有精密、准确、深入物质内部而不破坏被测样品的特点。此外，核磁共振分析技术是目前唯一能够确定生物分子溶液三维结构的实验手段。

一、核磁共振理论基础

核磁共振波谱与紫外、红外吸收光谱相似，都是微观粒子吸收电磁波后在不同能级上的跃迁。在静磁场中，如果以适当的电磁波照射外加磁场中的自旋核，处于低能态的自旋核就会吸收电磁波的能量，从低能态跃迁到高能态，这种现象称为核磁共振，此时核产生一种共振信号，从而给出核磁共振谱，即 NMR 谱。

核磁共振谱图右边是高磁场、低频率，左边是低磁场、高频率（图9-9）。从谱图中峰的数目、强度、化学位移、耦合常数等能获得化合物的结构信息，化学位移和耦合常数是结构测定的重要参数；而共振峰强度是定量分析的依据。如氢谱中，峰的数目标志着分子中磁不等性质子的种类；峰强度代表了每类质子的相对数目多少；峰的位移与质子所处的化学环境相关，代表了在化合物中的位置；峰的裂分数预示着相邻碳原子上的质子数；耦合常数则可确定化合物的构型。

（一）化学位移

1. 化学位移的产生

化学位移（δ）起源于原子核周围的电子运动造成对磁场感应的屏蔽效应，屏蔽效应使核磁共振信号偏离标准的共振频率，不同官能团的原子核即

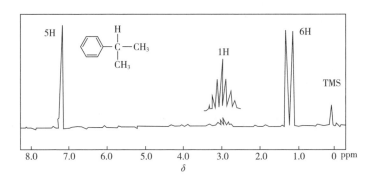

图9-9 丙基苯核磁共振图谱

会因屏蔽效应不同而出现不同的化学位移值。原子核外围的电子不停地转动而产生一种环形电流，并产生一个与外加磁场方向相反的次级磁场，这种外加磁场的作用称为电子屏蔽效应。屏蔽作用的大小与核外电子云密切相关：电子云密度越大，共振时所需加的外磁场强度越强。而电子云密度与核所处化学环境（如相邻基团的电负性等）有关，在恒定外磁场存在时，由于化学环境的作用，不同氢核吸收频率不同。由于频率差异的范围相差不大，为避免漂移等因素对绝对测量的影响，通常采用引入一个相对标准的方法测定样品吸收频率（ν_x）与标准物质的吸收频率（ν_s）的差，化学位移就是两者之差的相对值 $\delta\left(\delta = \dfrac{\nu_x - \nu_s}{\nu_s} \times 10^6\right)$。

吸收频率一定时，可利用发生共振时的磁场强度进行计算。化学位移是由于核外电子云密度不同造成的，反映了原子核所处的特定化学环境，成为不同化学基团的"指纹"，可提供分子结构信息，对确定化合物的结构起了很大的作用，是进行结构测定与形态分析的主要依据。

2. 化学位移的影响因素

许多影响核外电子云密度分布的内外部因素都会影响化学位移，如典型的内部因素有诱导效应、共轭效应、磁各向异性效应等，外部因素有溶剂效应、氢键的形成等。

（1）诱导效应　由于电负性基团，如卤素、硝基、氰基等的存在，使与之相接的核外电子云密度下降，从而产生去屏蔽作用，使共振信号向低场移动。在没有其他因素影响的情况下，屏蔽作用将随可以导致氢核外电子云密度下降的元素的电负性大小及个数而相应发生一种不具有严格加和性的变化。

（2）共轭效应　与诱导效应一样，共轭效应亦可使电子云密度发生变化，从而使化学位移向高场或低场变化。

（3）磁各向异性效应　在外磁场的作用下，一个基团中的电子环流取决于它相对于磁场的取向，则该基因具有磁各向异性效应。而电子环流将会产生一个次级磁场，这个附加磁场与外加磁场共同作用，使相应质子的化学位移发生变化。对于具有 π 电子云的苯分子、乙炔分子、乙烯分子、醛基分子都会产生电子环流而导致次级磁场产生，分别产生屏蔽作用和去屏蔽作用（图9-10）。这一现象在对溶剂的选择上十分重要，不同的溶剂可能具有不同的磁各向异性，可能以不同方式与分子相互作用而使化学位移发生变化。因此，通常选择溶剂时要考虑到以下几点：溶液一般应很稀，从而有效避免溶质间相互作用；溶剂与溶质不发生强相互作用。

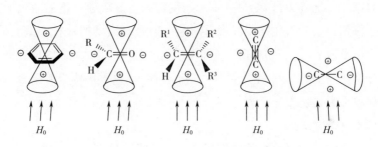

图9-10　芳环、羰基、双键、炔键和单键的磁各向异性效应

（4）氢键　当分子形成氢键时，质子周围的电子云密度降低，使得氢键中质子的信号明显地移向低磁场，化学位移 δ 变大。对于分子间形成的氢键，化学位移的改变与溶剂的性质及浓度有关。如在惰性溶剂的稀溶液中，可以不考虑氢键的影响；但随着浓度增加，羟基的化学位移值从 $\delta=1$ 增加到 $\delta=5$。而分子内氢键，其化学位移的变化与浓度无关，只与其自身结构有关。

3. 其他核磁共振谱上的化学位移

化学位移 δ 是无量纲的，对于给定的峰，采用40、60、100、300 MHz 的仪器时 δ 都是相同的。大多数质子峰的 δ 在 $1\sim12$。

碳谱的化学位移对原子核所处的化学环境更加敏感，其范围比氢谱宽得多，一般在 $0\sim250$。对于相对分子质量在 $300\sim500$ 的化合物，碳谱几乎可以分辨每一个不同化学环境的碳原子，而氢谱有时候却严重重叠。碳谱中一般杂质峰均为较弱的峰，当杂质峰较强而难以确定时，可用反转门控去耦的方法测定定量碳谱，在定量碳谱中各峰面积和峰强度与分子结构中各碳原子数成正比，明显不符合比例关系的峰一般为杂质峰。

磷谱、氟谱和碳谱的解析相似，但对于大多数含磷、含氟的农药来说，一般含有一个磷原子或氟原子，每个化学位移处代表一个化合物。不少科研人员在利用 NMR 测定含磷、含氟农药残留的研究中已有很大进展。

（二）耦合常数

1. 自旋耦合与耦合分裂

化学位移仅考虑了原子核所处的电子环境，但是忽略了同一分子中原子核之间的相互作用，即自旋-自旋耦合作用。从微观上看，自旋量子数不为零的核在外磁场中处在不同自旋状态，会分别产生小磁场，某种核周边核产生的小磁场将与外磁场产生叠加效应，使共振信号发生分裂。这种核的自旋之间产生的相互干扰称为自旋-自旋耦合，简称为自旋耦合。虽然这种原子核之间的相互作用很小，对化学位移没有影响，但是对谱峰的形状有重要的影响：对于自旋量子数 $I=1/2$ 的原子核，如 ^1H、^{13}C、^{19}F、^{31}P 等，自旋-自旋耦合产生的谱线分裂数为 $2nI+1=n+1$，称为"$n+1$ 规律"，这种因为自旋耦合引起的谱线增多现象称为自旋裂分。

2. 耦合常数的表示

耦合作用的强弱可以自旋分裂所产生的裂距来反应，称为耦合常数 J，单位为 Hz。与化学位移一样，也是一个位移值，能判断化合物的精确结构。耦合常数的大小和原子核在分子中相隔化学键的数目密切相关。对氢核来说，可根据相互耦合的核之间相隔的键数分为同碳耦合、邻碳耦合及远程碳耦合 3 类，分别以 ^2J，^3J，……，^nJ 表示。同碳耦合常数变化范围非常大，其值与其结构密切相关，如甲醛中 ^2J 高达 42Hz；邻碳耦合是相邻位碳上的氢产生的耦合，在饱和体系中耦合可通过 3 个单键进行，^3J 为 0~16Hz，邻碳耦合是 NMR 结构分析和立体化学研究最有效的信息之一；远程耦合是相隔 4 个或 4 个以上键之间的相互耦合，远程耦合常数一般较小。

3. 核的等价性

核的等价性可以分为化学等价和磁等价两方面。

化学等价又称化学位移等价，如果分子中有两个相同的原子或基团处于相同的化学环境时，称它们是化学等价的。化学等价性可以通过对称性操作判断：如果两个原子或基团可通过二重旋转轴互换，则它们在任何溶剂中都是化学等价的；如果它们仅能通过对称面互换，则它们在非手性溶剂中化学等价，而在手性溶剂中非化学等价。

磁等价核是指分子中某组核化学环境相同，对组外任一核只表现出一种耦合常数的核。磁全同的核指既化学等价又磁等价。化学等价的核并不一定是磁等价的，如在二氟乙烯中两个 H 是化学等价的，但不是磁等价的。磁等价的原子核在 NMR 谱图中只出现一个单峰，即一组化学等价的磁性核，内部的耦合不会在 NMR 图谱中表现出来。

二、核磁共振图谱分类

NMR 波谱按照测定对象分类可分为：^{1}H−NMR 谱（测定对象为氢原子核）、^{13}C−NMR 谱及氟谱、磷谱、氮谱等。有机化合物、高分子材料都主要由碳氢组成，所以在材料结构与性能研究中，以^{1}H 谱和^{13}C 谱应用最为广泛。

^{1}H−NMR 谱按照耦合体系的强弱，当化学位移之差大于耦合常数 10 倍时（$\Delta\nu/J>10$），为弱耦合体系，所得图谱为一级图谱（初级图谱）；当 $\Delta\nu/J<10$ 时为强耦合体系，所得图谱为二级图谱（高级图谱）。

对于一级图谱，图谱的解析十分简单方便：①磁等价核不能相互作用而产生多重吸收峰。②耦合常数 J 随官能团间距增加而减小，因此，在大于 3 个键长时很少观察到耦合作用。③吸收带的多重性可由相邻原子的磁等价核数目 n 来确认，并以（$2nI+1$）来表示，I 为自旋量子数。④多重峰一般都对称于吸收带的中点，近似相对面积之比为$(a+b)^n$展开式中各项系数之比。

对于较为复杂的二级图谱，通常采取措施对图谱进行简化：①增加磁场以提高 $\Delta\nu/J$，由于耦合常数不受磁场增加的影响而化学位移却会因此增加，从而把高级图谱转化为一级图谱。②使用氘取代分子中部分质子，减小耦合作用并去掉部分波谱，达到简化谱图的目的。③通过双照射技术进行自旋去耦，使耦合核在两个自旋态之间的跃迁大大加快，此时待测核只能感受到耦合核的平均自旋态，能级不发生分裂，从而大大简化图谱。

三、核磁共振仪

（一）核磁共振仪的发展历程

核磁共振及其谱仪大致经历 4 个阶段：1945—1951 年是发明 NMR 法和奠定理论和实验基础的时期；1951—1960 年是连续波核磁共振（CW−NMR）大发展的时期，由于发现了化学位移和自旋耦合现象，NMR 的巨大作用已开始为化学家和生物学家所公认，他们用^{1}H、^{19}F、^{31}P-NMR解决了许多重要的科学难题；20世纪60年代，脉冲傅立叶变换NMR技术（FT-NMR）的兴起，从根本上提高了NMR的灵敏度，而且实现了常规测定天然丰度较低的^{13}C核；此外，磁场实现了超导化使核磁波谱仪的结构有了很大的变化；20世纪70年代后，由于计算机和NMR技术的不断发展并日趋成熟，NMR的灵敏度和分辨率得到很大发展，仪器也向更高端发展，出现了二维和三维核磁共振谱、多量子跃迁NMR测定技术、CP-MAS等固体高分辨NMR技术和LC-NMR联用技术，同时也出现了"核磁共振成像技术"等新的分支学科，可以把人体放入仪器中进行观察，成为今天医学诊断中重要的工具。

（二）核磁共振仪的分类

NMR波谱仪按照磁体分类，可分为：永久磁体、电磁体和超导磁体。按照射频源分类，又可分为：连续波核磁共振谱仪和傅立叶变换波谱仪。

1. 连续波核磁共振谱仪

连续波核磁共振谱仪（CW-NMR）是利用在稳定的外磁场中（共振频率不变的情况下）通过扫描频率（磁场）测量共振信号（图9-11）。该类型仪器价格较低、稳定、易操作，但由于灵敏度较低，所需样品量较大，扫描时间长，只能测定天然丰度高的核，对于丰度低的核如^{13}C则无法测定。连续波核磁共振谱仪由磁体、探头、射频振荡器、磁场扫描单元、射频检测单元、数据处理仪器控制六个部分组成。

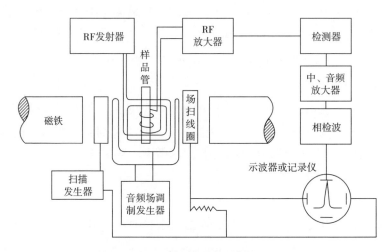

图9-11 连续波核磁共振谱仪原理图

2. 脉冲傅立叶变换核磁共振波谱仪

还有一种常见核磁共振波谱仪工作方式是在稳定的外磁场中，在整个频率范围内施加具有一定能量的脉冲，使处于低能态的核自旋取向发生改变并跃迁至高能态，而高能态的核通过不同弛豫过程回到低能态过程中将会产生射频辐射，通过对这种辐射的测量也可以获得共振信息。该方式最具代表性的仪器是傅立叶变换 NMR 谱仪，亦称脉冲傅立叶变换核磁共振波谱仪（Pulsed Fourier transform NMR，PFT-NMR），由于其快速、灵敏、需要样品量少等优点，成为当代主要核磁共振谱仪。

PFT-NMR 谱仪是在 CW-NMR 谱仪上增添两个附加单元构成，即脉冲程序器和数据采集及处理系统。其工作时，以适当宽度的强射频脉冲在很短的时间内照射样品，得到时间域函数 $f(t)$ 的自由感应衰减信号，计算机将该信号经模/数转换后变为分立的点，再进行傅立叶变换为频率 ν 的函数 $f(\nu)$，然后经数/模转换得到通常的核磁共振谱。这一过程通常可在数秒内完成，与连续波相比大大提高了分析速度，由于其分析速度快，可以用于核的动态过程、瞬时过程、反应动力学等方面的研究。在连续波 NMR 一次扫描的时间内，PFT-NMR 可以进行约 100 次扫描，大大提高 NMR 的灵敏度，同时，通过对 FID 信号的处理和计算转化为频域谱时，既能增加灵敏度，又能增加分辨率。

四、核磁共振技术在农药残留分析中的应用研究

1963 年，核磁共振作为一个分析工具首次被报道，随后的研究中，NMR 技术在以下领域都有不同程度的重要应用：在化学上应用于分子结构测定、有机化合物结构解析、化学位移各向异性的研究、动力学核磁研究、有机化合物中异构体的区分和确定等；在生物上应用于蛋白质等代谢组学分析，生物膜和脂质的多形性研究、脂质双分子层的脂质分子动态结构研究等；在药物上应用于天然产物、新合成的化合物和其他未知物质的结构鉴定等方面。

对于有机磷农药、有机氟农药的残留分析，^{31}P-NMR、^{19}F-NMR 有其独特的优势：①化学位移可达到 400~1000，比氢谱信号显示的范围较宽，谱峰重叠的概率降低。②大大减少基质干扰效应。20 世纪 80 年代就已经有报道采用 NMR 技术检测农药残留物，如用 ^{31}P-NMR 测定谷物制品、面粉等食品以及蔬菜中含磷农药的残留物，用 ^{19}F-PFT-NMR 测定鱼肉中含氟农药残留物等。

定量核磁共振（QNMR），是一种不依赖于待检测物的分子结构的定量技术，不需要引进任何校正因子或绘制工作曲线，可以用于多组分混合物分析、

元素的分析、有机物中活泼氢及重氢试剂的分析等。研究表明，利用 QNMR 技术测定食品中的农药残留，其回收率、准确率均已达到了农药残留分析的标准，检出限和定量限可以达到 mmol 水平。严伟开发了用 ^{19}F 和 ^{31}P-NMR 分别定量检测水果蔬菜中的多种含氟农药和有机磷类农药的方法，可以在 25min 内同时对三种有机氟（氟酰胺、高效氯氟氰菊酯、氟硅唑）或者有机磷（乙酰甲胺磷、二嗪磷、丙溴磷）农药进行定量分析，有机氟农药检出限为 0.42~1.82mg/kg，定量限为 1.40~6.07mg/kg，有机磷农药检出限为 13.19~33.04mg/kg，定量限为 42.75~110.13mg/kg。此外，NMR 在农药纯度及杂质残留毒性研究中也有应用。李锡东等以氘代丙酮为溶剂，建立了定量核磁共振法测定 6 种有机氯农药（α-六六六、β-六六六、δ-六六六、p, p'-DDT、p, p'-DDE、p, p'-DDD）纯度的定值方法。

利用 NMR 可以得到其降解物的动态变化模式，通过所得到的各种谱图确定其反应历程。因此，利用 NMR 可以在不做任何物理分离和化合物定性分析的条件下，在一定温度范围内和缓冲范围内进行实验，从而得到丰富的降解产物的信息，减去了大量的分析处理工作。Hall 等使用核磁共振成像共振弛豫方法对多种食品的内部结构及其被病原菌感染后的变化方式进行了总结。Duarte 等采用高分辨 NMR 技术对腐败的和被青霉菌污染的天然杧果汁成分变化监测，提取了自然腐败和青霉菌污染的早期指示。

核磁共振技术在农药残留检测领域中，对农药种类有较大限制，但其在食品质量与安全领域潜力巨大，例如探索 NMR 弛豫参数在食品生长、保藏、运输及处理过程中的变化规律，从而监控并指导食品从产地到餐桌的过程中各个环节的质量保证；获取部分外源添加物的信息、分析食品的天然纯正性或添加物质的安全性，进而探究食品生产过程中的安全问题等。

第六节　太赫兹分析技术

太赫兹技术是一个新兴的交叉前沿领域，对现代科学技术发展、国民经济和国防建设具有重要意义，给技术创新、国民经济发展和国家安全提供了一个非常诱人的机遇。一方面物质的太赫兹光谱（包括透射谱和反射谱）包含着非常丰富的物理和化学信息，研究物质在该波段的光谱对于物质结构的探索具有重要意义；另一方面是因为太赫兹脉冲光源与传统光源相比具有诸如瞬态性、宽带性、相干性、低能性等独特的性质，利用太赫兹脉冲可以分析材料的性质。因此，太赫兹技术引起了人们广泛的关注，给技术创新、国民经济发展和国家安全提供了一个非常广阔的应用前景，如对爆炸物和生化试剂的安全检测、有机材料等物质的检测和药品的检测等。

一、太赫兹理论基础

（一）太赫兹波

太赫兹（Terahertz）波是指频率在 $0.1 \sim 10$ THz（1 THz $= 10^{12}$ Hz），波长范围在 $0.03 \sim 3.00$mm 的电磁波，其波段位于红外和微波之间，属于远红外波段，是宏观经典理论向微观量子理论的过渡区，也是电子学向光子学的过渡区（图 9-12）。由于缺乏有效产生和探测太赫兹波的源和探测器，在 20 世纪 90 年代以前，太赫兹波这一波段一直被称作电磁波谱的"太赫兹空隙"，没有得到广泛的应用。

太赫兹波的频率范围处于电子学和光子学的交叉区域，其性质表现出一系列不同于其他电磁辐射的特殊性，能够覆盖半导体、等离子体、有机体和生物大分子等物质的特征谱，从而使太赫兹波成像和光谱技术在安全检查、工业无损检测、空间物理和天文学、环境检测、化学分析、军事和通讯、网络通讯等领域获得了广泛的应用。2004 年，美国和日本政府将太赫兹科技分别列为"改变未来世界的十大技术"和"国家支柱十大重点战略目标"。

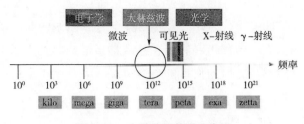

图 9-12　太赫兹波频谱分布图

（二）太赫兹波的特性

电介质、半导体材料、超导材料、薄膜材料等不同物质的声子响应，气体分子的振动和转动光谱，特别是许多生物大分子的振动能级均落在太赫兹波段范围，利用不同物质对太赫兹频带的吸收谱线可以分析物质成分、进行定性鉴别的工作或者进行产品质量控制。与传统光源相比，太赫兹波有许多独特的性质。

（1）太赫兹脉冲源具有宽带性　太赫兹脉冲通常只包含若干个周期的电磁振荡，单个脉冲的频带可以覆盖从吉赫兹（GHz）到几十太赫兹（THz）的范围，便于在大的范围里分析物质的光谱性质。利用太赫兹辐射不但可以进行超宽带时域光谱测量，研究各种材料在这一波段的介电性质，如折射率、吸收系数和复电导率等信息，而且可以进行飞秒时间分辨的激光泵浦——太赫兹脉冲探测，直接观察和研究受激半导体或有机材料的非平衡过程。

（2）太赫兹脉冲具有很高的时间和空间相干性　太赫兹辐射是由相干电流驱动的偶极子振荡产生，或是由激光脉冲通过非线性光学差频产生的，具有很高的时间和空间相干性。太赫兹脉冲的相干测量技术能够直接测量太赫兹电场的振幅和相位，可以方便地提取样品的折射率、吸收系数，与利用Kramers-Kronig关系的方法相比，大大降低了计算量和不确定性。

（3）太赫兹脉冲具有瞬态性　太赫兹脉冲的典型脉宽在皮秒量级，不但可以方便地对各种材料（包括液体、半导体、超导体、生物样品等）进行时间分辨的研究，而且通过取样测量技术，能够有效地抑制背景辐射噪声的干扰，其辐射强度信噪比远远高于傅立叶变换红外光谱技术，而且其稳定性更好。

（4）太赫兹脉冲穿透力强但同时具有低能性　对于很多非极性物质，如电介质材料及塑料、纸箱、布料等包装材料，并且可以方便地测量它透过物体后的相位变化信息，而其能量只有毫电子伏特，与X射线相比，不会因为电离而破坏被检测的物质。因此，太赫兹波作为X射线的非电离和相干的互补辐射源，可以探查隐蔽的走私物品包括武器、爆炸物和毒品，封装器件内部的集成电路，检测包扎后的伤口的愈合情况，以及用于牙齿的检测和胸腔肿瘤的检查等。

（三）太赫兹波的产生

太赫兹波由太赫兹辐射源产生，大功率、高效率、低造价、便携的太赫兹辐射源是现实太赫兹技术广泛应用的关键因素。就目前已经发展的太赫兹辐射源来说，可以被粗略地分为：宽带太赫兹辐射源、连续窄带太赫兹辐射源、高能量窄带太赫兹辐射源。

1. 宽带太赫兹辐射源

（1）光电导天线太赫兹源　光电导天线（光导开关）是一种产生脉冲宽

谱太赫兹源的最常用技术手段。它采用光纤飞秒激光器作为泵浦源,电极给半导体材料施加一个偏置电场,当一束超短激光聚焦到电极之间的半导体材料上,若激光光子能量大于半导体衬底材料的能隙宽度,则电子被激发到导带上形成电子空穴对,即光生自由载流子。这些光生载流子会在偏置电场的作用下运动,在激光穿透深度范围内形成瞬时变化的电流,随之引起电磁场辐射。当超短激光的脉宽在亚皮秒量级或以下,并且半导体材料的载流子寿命足够短时,此电磁辐射就位于太赫兹波段。本身体积小,易于集成,能够做成全光纤系统,目前商用的太赫兹时域光谱系统通常都采用光电导天线作为太赫兹源,并且已被广泛应用于太赫兹光谱和成像研究。

(2)光整流太赫兹源 光整流效应是目前产生最强单脉冲能量太赫兹辐射的一种重要方式,其产生的太赫兹波的光谱宽度比光导天线宽得多,可以达到 0.1~100.0THz,能够覆盖整个太赫兹波带。当高能量的飞秒激光照射在电光晶体上时,由于二阶非线性效应,在晶体中会产生瞬间变化的极化电场,由此产生太赫兹波,太赫兹波的电场强度正比于极化率时间的二阶导数。常用于产生太赫兹辐射的电光晶体主要有碲化锌(ZnTe)、磷化镓(GaP)、硒化镓(GaSe)、铌酸锂(LiNbO$_3$)、DAST[4-(4 二甲基氨基苯乙烯基)甲基吡啶对甲基苯磺酸盐]等。其中 ZnTe 晶体由于具有良好的相位匹配和化学稳定性,是目前最为广泛使用的太赫兹脉冲产生晶体,此外 GaP 和 GaSe 晶体由于具有非常宽的相位匹配,可以产生谱宽超过 10THz 的太赫兹脉冲辐射。相对于光电导天线而言,光整流方式一般都需要采用单脉冲能量较强的飞秒激光作为泵浦光源往往较为昂贵且体积庞大,因此只在实验室中进行研究。

(3)气体等离子体太赫兹源 当一束强飞秒激光用透镜聚焦后,在焦点处电离气体,利用偏硼酸钡(BBO)晶体对泵浦光进行倍频,倍频光与原始基频光在等离子体中发生四波混频效应,从而辐射出太赫兹波。相对光电导和光整流产生太赫兹波的方法,气体等离子太赫兹源能够获得光谱范围超过 0.1~30.0THz 的超宽带太赫兹辐射,并且由于采用气体作为工作介质,理论上不存在激光损伤的问题。但由于需要采用 BBO 晶体进行倍频,所采用的泵浦激光能量仍然受到 BBO 晶体损伤阈值的限制;另外,由于产生太赫兹辐射的介质是不稳定的气体等离子体,因此产生的太赫兹波强度等也存在一定的不稳定性。

2. 连续窄带太赫兹辐射源

（1）自由电子激光太赫兹源　将粒子加速器与激光技术相结合，在自由电子激光中，一束自由电子在真空中被加速到接近光速，并通过空间变化的强磁场发生振荡发射出光子，辐射光的波长可以通过改变磁场强度或者电子束能量获得太赫兹波段的辐射。该太赫兹源能够产生目前最高平均功率（超过数百瓦）、宽光谱范围内连续可调谐、光束质量好的相干太赫兹源，其辐射功率比通常使用的光电导天线高出六个数量级以上；主要缺点在于整体体积庞大，造价昂贵。

（2）量子级联激光器　量子级联激光器被认为是半导体固态太赫兹辐射源发展的一个里程碑，以异质结构半导体（GaAs/AlGaAs）导带中次能级间跃迁为基础，利用纵向光学声子谐振效应产生粒子数反转，从而获得太赫兹波段的辐射。最低输出频率可达 1.19THz，并可在高于液氮温度的工作环境下输出连续和脉冲的太赫兹辐射。其优点是体积小、便于集成，缺点是无法室温工作，且工作频率较高。

（3）参量振荡腔内差频太赫兹源　两种频率的泵浦光在非线性晶体内相互作用，其频率之差产生即为参量光的频率，如果一束泵浦光的频率固定，另一束光频率可调谐，就可以产生可调谐的太赫兹辐射。其优点在于小型化、全波段连续可调谐、室温运转、输出窄线宽的太赫兹波，但其缺点在于转换效率较低，平均功率在毫瓦量级。

二、太赫兹时域光谱技术

太赫兹时域光谱（THz-TDS）技术是太赫兹光谱技术的典型代表，是一种新兴的、非常有效的相干探测技术，具有大带宽、高信噪比、可在室温下工作等优点。该技术是利用太赫兹脉冲透射样品或者在样品上发生反射，测量由此产生的太赫兹电场随时间的变化，利用傅立叶变换获得频域上幅度和相位的变化量，进而得到样品的信息。目前 THz-TDS 技术主要用于研究材料在太赫兹波段的性质和物理现象，同时也是太赫兹成像的实验技术、数据处理基础。太赫兹时域光谱技术有如下一些特性。

（1）太赫兹时域光谱系统对黑体辐射不敏感，在小于 3 个太赫兹时信噪比高达 10^4：1，远远高于傅立叶变换红外光谱技术，而且其稳定性也比较好。

（2）THz-TDS 技术利用取样的方法，可直接记录太赫兹脉冲的波形。

通过快速傅立叶变换即可以得到太赫兹电场振幅和相位信息，进而可以知道材料在太赫兹波段的色散及吸收等信息。它与利用 Kramers-Kronig 关系来提取材料光学常数的方法相比，大大简化了运算过程，提高了可靠性和精度。

（3）THz-TDS 技术以及太赫兹辐射本身的独特性质决定了它在光谱技术方面可以成为红外光谱技术、拉曼光谱技术的互补技术，在成像方面可以成为 X 射线成像技术的互补技术，从而成为本世纪科学研究的热点。

THz-TDS 技术可以用来研究平衡系统和非平衡系统。对于平衡系统，主要是获取材料样品在太赫兹波段的复折射率；而对于非平衡系统，主要是通过研究太赫兹脉冲的波形获取材料样品中的电流强度或极化强度的瞬态变化。根据不同的样品、不同的测试要求可以采用不同的探测装置。另外，利用 THz-TDS 技术还可以研究半导体电性的非接触特性、铁电晶体和光子晶体的介电特性、生物分子中小分子之间的分子间相互作用以及生物大分子的低频特性等。而基于 THz-TDS 技术的太赫兹时域光谱成像技术更有其广袤的应用领域和美好的应用前景。

三、太赫兹时域光谱仪

几乎所有的太赫兹时域光谱实验系统都是由超快脉冲激光器、太赫兹发射元件、太赫兹探测元件和时间延迟控制系统组成。根据探测方式的不同，太赫兹时域光谱系统可分为透射式、反射式、差分式、光泵浦等，对于不同的样品、不同的测试要求可以采用不同的探测方式，其中最常见的为透射式和反射式。

（一）透射式太赫兹时域光谱仪

典型的透射式 THz-TDS 系统如图 9-13 所示，飞秒激光器产生的激光脉冲经过分光镜后被分为两束。一束为产生光，激发太赫兹发射器产生太赫兹电磁波，太赫兹发射元件可以是利用光整流效应产生太赫兹辐射的非线性光学晶体，也可以是利用光电导机制发射太赫兹辐射的偶极天线。另一束作为探测光与太赫兹脉冲汇合后共线地通过太赫兹探测元件。由于太赫兹波的周期通常远大于探测光的脉宽，因此探测光脉冲通过的是一个被太赫兹电场调制的接收元件。太赫兹脉冲时域波形通过改变探测器与源之间的时间差采集。为了避免空气中水蒸气对太赫兹波的吸收，通常将太赫兹光路（图中虚线部分）用干燥气体或氦气密封罩起来。考虑到太赫兹波波长较长，在传播时衍射效应较大，一般采用抛物面反射镜或透镜实现对太赫兹波的收集、准直与再聚焦。由于太赫兹光谱通过快速傅立叶变换计算得到，因此其光谱分辨率由时间扫描范围的倒数决定。

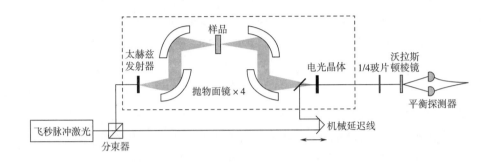

图 9-13　透射型太赫兹时域光谱系统

（二）反射式太赫兹时域光谱仪

如果被测样品是较厚介质或样品吸收特别强（如重掺杂载流子的半导体），那么则需要使用反射式太赫兹时域光谱系统。反射式 THz-TDS 系统原理与透射式类似，只是结构上有所不同，典型的反射式 THz-TDS 系统如图 9-14 所示。飞秒激光器产生的激光脉冲经过分光镜后被分为两束。一束为产生光，激发太赫兹发射元件产生太赫兹电磁波，样品放在第二个离轴抛物面镜的焦点处，由样品表面反射回来的太赫兹波又经过两个离轴抛物面镜的收集打在探测器件上。另一束作为探测光与太赫兹脉冲汇合后共线通过太赫兹探测元件。同样，由于太赫兹波的周期通常远大于探测光的脉宽，因此探测光脉冲通过的是一个被太赫兹电场调制的接收元件。延迟装置改变探测光与产生光间的光程差，使探测光在不同的时刻对太赫兹脉冲的电场强度进行取样测量，最后获得太赫兹脉冲电场强度的时间波形。对太赫兹时间波形进行傅立叶变换，就可以得到在吉赫兹（GHz）~太赫兹（THz）频段的振幅谱和相位谱。

对于分层样品，反射式 THz-TDS 系统还可实现飞行时间信号的测量。除了样品表面反射的太赫兹信号以外，太赫兹波还会进入样品内部，并在分层处发生反射。若各层样品的折射率已知，则可以根据太赫兹脉冲之间的时间差计算出各层的实际厚度，从而实现表层一定厚度范围内的内部结构成像。

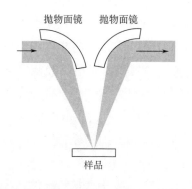 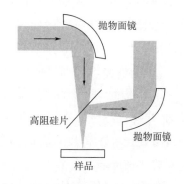

(1)以一定入射角入射到样品,并从另一方向反射　　　　(2)垂直入射到样品表面,并垂直反射

图 9-14　反射型太赫兹时域光谱系统局部光路

四、太赫兹技术在农药残留分析中的应用

太赫兹光谱技术以其检测耗时短、对样品无损、检测对象广泛、辐射源稳定性高、数据处理与提取方便等优点,在农药检测领域具有广泛的应用前景。

初期,太赫兹技术对农药的检测研究方向主要集中在吸收谱或折射谱的特征吸收峰识别上。颜志刚在室温氮气条件下获得了 3 种有机磷杀虫剂、2 种除草剂、2 种杀菌剂在太赫兹波段的特征吸收峰。曹丙花利用 THz-TDS 技术获得了乐果、灭多威、吡虫啉等 7 种常见农药吸收光谱和折射率谱。Suzuki 利用太赫兹光谱技术对六种农药和食品进行检测,可依据各自的吸收谱进行鉴别。马吉祥利用 THz-TDS 系统对三氯杀螨砜、敌百虫、亚胺硫磷及六氯苯四种农药和菠菜、西蓝花、胡萝卜三种蔬菜进行了太赫兹光谱测试,通过观察时域谱、频域谱以及吸收谱图,可以有效鉴别安全蔬菜及含农药蔬菜。Maria Massaouti 等对蝇毒磷和双甲脒在太赫兹波段的吸收谱进行检测。Inhee Maeng 等将 7 种农药分别与小麦粉混合,并用太赫兹时域技术进行检测。张园园等研究了 10 种植物生长调节剂的太赫兹光谱特性,实验结果表明随着农药含量的增加,吸收系数和折射率都呈现上升趋势。

对混合物中农药的定性区分方面研究发现,采用主成分分析、支持向量机、聚类分析等化学计量学方法,可以准确地将农产品中的农药种类进行划分。Qin B. 等使用 THz-TDS 技术对多菌灵与番茄粉的混合物进行检测,同时采用主成分分析结合密度峰值聚类方法（PCA-CFSFDP）和 K-

Means 聚类算法，结果显示模型均有较好的定性区分效果，可将不同含量农药残留的番茄粉样品进行准确分类。覃斌毅等检测了 4 种农药与 3 种农产品，在 0.4~1.4THz 的频段内支持向量机可以将 4 类含农药样品与纯农作物样品 100% 区分。然而目前模型的变量选取主要是样品光谱的吸收系数，存在一定局限性，无法准确地将混合物中样品进行区分，甚至对于某类同分异构体或同位素样品，仅选取吸收谱很难准确进行定性区分；同时，其他光谱参数若可以高效地表征样本，如折射率谱、时域谱等，也可作为定性研究的变量选取。

在农药的定量研究方面，闫战科研究了拟除虫菊酯、有机氯农药、有机磷农药液体样本在太赫兹波段光谱特征和检测方法并建立了这三类农药定量模型。王孝伟利用太赫兹光谱技术对 8 种纯农药粉进行定性和定量分析研究。马冶浩利用偏最小二乘法对橙子和氨基磺酸铵的混合物做了定量分析，引入区间偏最小二乘、反向区间偏最小二乘和移动窗口偏最小二乘对两组农药混合物（噻菌灵和除草醚）的太赫兹光谱进行建模定量分析，最低检测限为 1.11%（质量分数）。Zewei Chen 等对吡虫啉和大米粉的混合物进行定量分析，最低检测限为 0.99%（质量分数）。焦丽娟利用太赫兹技术对氟氯氰菊酯进行检测，然后采用了传统的光谱方法和化学计量学方法建立了光谱的定量分析模型，总结了各模型的特点。Wendao Xu 等将太赫兹与超导材料结合，对甲基毒死蜱定量分析，检测限达 0.204mg/L。

太赫兹光谱技术结合量子力学与化学计量学方法用于农药研究的时间尚短，对农药残留检测的研究还处于实验室阶段，实验和理论方面仍存在以下问题。

（1）对农药太赫兹光谱的理论解析不够　前期的解析工作大多是采用单分子结构作为研究对象，忽略了分子间作用力的影响，使得仿真计算结果难以与实验结果对应。

（2）使用太赫兹光谱对农药检测的灵敏度不高　需要进一步提升灵敏度以匹配实际使用要求。

（3）对混合物光谱中分离出纯组分光谱的研究较少　有必要尝试新模型、新算法，进一步实现对农产品中多种农药残留精准的定量分析，而非单一农药定量检测。

第七节　光谱成像技术

光谱成像技术是将成像技术和光谱测量技术结合在一起，具有"图谱合一"的特性。它获取的信息不仅包括二维空间信息，还包含随波长分布的光谱辐射信息，相比传统的单一波段光电探测技术，它能够提供更加丰富的目标场景信息。在 20 世纪 70 年代以前，它们还是相对独立的领域，但随着遥感的出现，光谱技术与成像技术的融合即光谱成像技术迅速崛起。光谱成像技术概念的形成是在 20 世纪 80 年代初，科学家在研究地表物质光谱特征的基础上，进一步实现了连续的窄波段成像，由此诞生了将光谱和图像融合的光谱成像技术，并于 1983 年第一次绘制出了高光谱分辨率图像。光谱成像技术可以解释为利用多个光谱通道捕获、处理、显示和理解或解释图像的技术，是集成像与光谱探测为一体的光学遥感技术。将光谱领域和成像领域相结合的意义是非常重大的，成像部分可以获取样本的图像信息，以高空间分辨率采集其空间特性；而光谱部分则把样本的辐射分离成不同波长的谱辐射，追求高光谱分辨率，尽力达到图谱合一，从而实现对样本进行更加深入的分析。光谱成像技术的出现是成像技术和光谱技术不断发展的必然结果，也是为了追求更好的检测结果的新手段。

光谱成像技术虽然是一门相对较新的技术，但是前人已经积累了扎实的光谱和成像方面的知识，因此使得光谱成像技术在近几年取得了快速的发展，已经应用于化学、物理学、生物学、农业、医学、军事等多个领域，具体包括城市规划、污染监测、土壤信息检测、农作物信息检测、癌细胞识别及军事侦察等。

一、光谱成像理论基础

（一）物质的光谱特性

成像光谱探测技术，类似于测谱学，接收的是经过与物质发生相互作用后的各个不同波段的电磁波。任何物体在热力学温度 0K 以上时，都会向外发射电磁辐射，同时也会吸收、反射外界射入的电磁辐射。自然界中多种多样的物质都是由大量各种不同种类的原子和不同结构的分子组合在一起的，根据物质的电磁波理论，原子、分子的振动会导致不同能级间电子的跃迁，从而辐射出特有波长的电磁波。理论计算显示，分子振动能量级差较小，相应的光谱出现于近中红外区；而原子振动能级间差距一般较大，产生的光谱位于近红外、可见光范围。基于这种原因，不同的物质产生的电磁波谱具有特定的反射率和发射率光谱特征，这就是物质的光谱"指纹效应"。一般来说，光谱成像技术所探测的电磁波谱主要是紫外线、可见光到红外线部分。

（二）大气效应对光谱探测的影响

虽然不同的物质有特定的反射率和发射率光谱特征曲线，但是实际由成像光谱仪器得到的光谱辐射曲线会随着外界光源、自身温度、大气环境，乃至采用传感器的不同，导致最终采集的数据发生变化。大气效应，如散射、吸收和反射，对遥感光电探测就有显著影响：散射使得大气自身具有亮度，地物表面获得了额外的光照，同时，部分大气散射光可以直接进入传感器，形成了背景照度；大气分子吸收和反射电磁辐射造成能量的衰减，在紫外、近红外、中波红外、长波红外等区域有宽窄不一的吸收带，对电磁辐射的传输造成限制。

因此，地面遥感所能够使用的电磁波范围是有限的。有些波段的透过率很小，甚至完全无法透过，这称为"大气屏障"；反之，有些波段的电磁辐射通过大气后衰减很小，透过率很高，通常称为"大气窗口"。目前，遥感常用的大气窗口主要有三个：可见光/近红外窗口（波长 0.45~2.50 μm）、中波红外窗口（波长 3~5 μm）、长波红外窗口（波长 8~14 μm）。

（三）光谱成像探测模型

探测模型是定量研究传感器接收光谱信号的重要工具，电磁辐射从辐射源到探测器之间的传输过程中，要经历吸收、辐射、反射、散射等一系列过程，在不同的波段，探测模型需要考虑的因素有所不同。

1. 可见光/近红外波段的探测模型

在这一波段，太阳是遥感的主要光源，大部分能量集中于近紫外-中波红外（0.31~5.60μm）范围内，其中可见光占 43.5%，近红外占 36.8%。由于大气层的反射、吸收和散射，只有约 31% 的太阳辐射作为直射太阳辐射到达地球表面。传感器所能接收的光能有三个来源：地表反射的太阳光、地表反射的大气散射太阳光、大气散射的太阳光。传感器接收的光辐射能量是以上三项之和。

（1）太阳光经过地表反射后到达传感器，在这个过程中会受到大气分子和气溶胶的散射作用而衰减，地物表面一般被看作漫反射的朗伯体表面，这样此部分到达传感器的辐射光亮度可以表示为式（9-6）。

$$L_s(\lambda) = \rho(\lambda) \cdot E_s(\lambda) \cdot \tau_u(\lambda)/\pi \qquad (9-6)$$

式中 $L_s(\lambda)$——到达传感器的光谱辐射亮度

$\rho(\lambda)$——地物表面的漫反射率

$E_s(\lambda)$——到达地表的太阳光谱辐射照度

$\tau_u(\lambda)$——地表到传感器之间的大气光谱透过率

（2）大气散射光经地面反射后到达传感器的光辐射源，由于地表面元所处的地形、环境不同，其所能接收的大气散射光范围有限，这部分辐射可以表达为式（9-7）。

$$L_{at}(\lambda) = P \cdot \rho(\lambda) \cdot \tau_u(\lambda) \cdot E_{at}(\lambda)/\pi \qquad (9-7)$$

式中 $L_{at}(\lambda)$——地面反射散射光的光谱辐射亮度

P——地表面元能够接收的大气散射光占总量的比例

$\rho(\lambda)$——地物表面的漫反射率

$\tau_u(\lambda)$——大气光谱透过率

$E_{at}(\lambda)$——地表面元在无遮挡、无倾斜时大气层对其产生的总的散射光谱辐照度

（3）地表面元与传感器之间的大气后向散射光，在传感器像面上形成杂散背景，由于不同位置的大气条件差异，像面上不同位置获得的背景照度有所不同，但对于平稳的大气环境、较小的视场情况，这种差异并不明显。

2. 红外波段的探测模型

从中波红外到长波红外区域，由太阳辐射引起的反射能量越来越小，而地球和大气的自发辐射逐渐增强，大约波长在 4.5μm 处，两个辐射源的能量达到平衡。热红外波段（波长 8~14 μm）太阳的辐射很小，可以忽略不计，入射到传感器的热辐射能量主要包括两个部分：地表的热发射辐射部分、大气下行热发射辐射被地表反射的部分。

（1）地表的热发射辐射，可以按照黑体辐射定律中普朗克公式，根据地物表面的温度和辐射波长，计算出其表面光谱辐射出射度或光谱辐射亮度。由于自然界中的绝大多数物质都不是黑体，而是选择性吸收体，因此必须要乘以光谱发射率，考虑到大气对辐射的衰减，这一部分可以用式（9-8）表达。

$$L_{sur}(\lambda) = \varepsilon(\lambda) \cdot \tau(\lambda) \cdot L_b(\lambda, T) \qquad (9-8)$$

式中　$L_{sur}(\lambda)$——地表辐射经过大气传输到达传感器的光谱辐射亮度

　　　$\varepsilon(\lambda)$——地物特有的光谱发射率

　　　$\tau(\lambda)$——地表与传感器之间的大气传输透过率

$L_b(\lambda, T)$——温度 T，波长 λ 处的黑体辐射光谱亮度为 $L_b(\lambda, T) =$

$$2h c^2/\left[\lambda^5\left(e^{\frac{hc}{\lambda KT}} - 1\right)\right]$$

（2）大气下行热辐射被地表反射部分的辐射能量，计算与可见光/近红外波段的探测模型中第一部分类似。

（四）光谱成像扫描过程

探测器在光学焦面的垂直方向上做横向排列完成横向扫描（X 方向），横向排列的平行光垂直入射到透射光栅上时，形成光栅光谱。这是一列像元经过高光谱成像仪在探测器上得到的数据。它的横向是 X 方向上的像素点，即扫描的一列像元；它的纵向是各像元所对应的光谱信息。同时，在检测系统输送带前进的过程中，排列的探测器扫出一条带状轨迹从而完成纵向扫描（Y 方向）。综合横纵扫描信息最终得到样品的三维高光谱图像数据。

二、光谱成像技术分类

按照光谱波段的数量和光谱分辨率，光谱成像技术大致可以分为 3 类：多光谱成像、高光谱成像和超光谱成像。

（一）多光谱成像

多光谱成像（Multi-spectral imaging, MSI）获取的图像数据只有几个或几十个谱段，光谱分辨率一般为 100nm 左右，多光谱成像仪通常称为多光谱相机。多光谱成像技术是将辐射的电磁波分割成若干个较窄的光谱段，然后以扫描的方式，在同一时间获得同一目标不同波段信息的光谱成像技术。由于不同的物质有其不同的光谱特性，同一物质在不同波段的辐射能量有差别，因此取得的不同波段图像也会有差别。它将摄入光源经过过滤，同时采集不同光谱波段下的数字图像，并进行分析处理，结合了光谱分析技术（特征敏感波段提取）和计算机图像处理技术的长处，同时可以弥补光谱仪抗干扰能力较弱和 RGB 图像波段感受范围窄的缺点。多光谱成像技术也有其局限性，主要是其获取的数据中图像波段太少、光谱的分辨率较低、波段宽一般大于 100nm、波段在光谱上不连续等。

针对错综复杂的外部环境和形状各异的植物品种，利用多光谱成像技术，可以同时处理可见光谱和红外光谱图像中植物的颜色信息、形状信息及特征信息，对植物生长状况进行检测和诊断研究，是植物生理学、生物学、生物数学、遥感技术、计算机图像处理技术等多学科交叉而形成的新研究领域。

（二）高光谱成像

高光谱成像（Hyper-spectra imaging，HSI）技术是在电磁波谱的可见光、近红外、中红外和热红外波段范围内，利用成像光谱仪获取许多非常窄的光谱连续的影像数据的技术，具有 100 至几百个谱段，光谱分辨率一般为 10nm 左右。高光谱成像技术是利用成像光谱仪对感兴趣的物体较窄的（通常波段宽度小于 10nm）完整而连续的数据进行采集，而得到物体的光谱图像数据。该技术是将成像技术和光谱技术集合在一起，利用成像技术可以获得目标的影像信息，利用光谱技术可以获得目标的光谱信息，从而得出目标的物质结构及化学组成，为分析判断目标的属性提供依据。高光谱分辨率具有巨大优势，在空间对地观测的同时可以获取经色散形成几十个乃至几百个窄波段的空间像元，进行连续的光谱覆盖，形成"图像立方体"来描述获取的数据（图 9-15），达到从空间直接识别地球表面物体的目的。与传统的技术相比，高光谱数据包含了丰富的空间、图像和光谱三重信息，故高光谱成像技术及高光谱遥感具有光谱分辨率较高、波段多、光谱范围窄、波段连续、信息量丰富的优点。

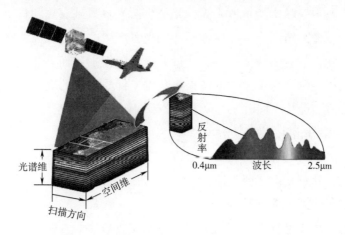

图 9-15 高光谱成像的"数据立方"示意图

（三）超光谱成像

超光谱成像（Ultra-spectral imaging，USI）技术，获取的图像数据通常超过 1000 个谱段，光谱分辨率一般在 1nm 以下，是 20 世纪 80 年代初发展起来的一种新型遥感技术，其通常用于大气探测等精细光谱探测方面。以波长为横轴，灰度值为纵轴，超光谱图像上每个像元点在各通道的灰度值都可以形成一条精细的光谱，由此构成独特的超多维光谱空间。其所形成的成像光谱图像可以被看成是成像光谱仪在四个层次（空间、辐射能量、时间和光谱）上进行采样所得到的数据。在传感器瞬时视场角不变的条件下，空间采样间隔的大小与飞行高度有关；辐射能量的采样大小决定传感器在不同波段内用多少字节来进行量化（即图像的灰度等级）；时间采样大小则是由飞行器连续飞过同一地点的时间间隔确定；光谱采样由传感器的光谱分辨率确定，使得通过检测细微光谱特征（例如窄带光谱吸收特征）鉴别物质类型的遥感探测技术成为可能。超光谱成像的特点是光谱分辨率高，波段连续性强，能获得多光谱传感器无法获得的精细光谱信息。

三、光谱成像仪

（一）基本构造

不同成像光谱仪在成像方式上有所不同，所用器件也不完全相同，但主要都由面阵相机、分光设备、光源、传输机构及计算机软硬件五部分构成。光源是高光谱成像系统的一个重要部分，它为整个成像系统提供照明；分光设备是高光谱成像系统的核心元件之一，分光设备通过光学元件把宽波长的混合光分散为不同频率的单波长光，并把分散光投射到面阵相机上；面阵相机是高光谱成像系统的另一个核心元件，光源产生的光与被检测对象作用后成为物理或化学信息的载体，然后通过分光元件投射到面阵相机；计算机软件和硬件用来控制高光谱成像系统采集数据，针对特定的应用进行图像和光谱数据的处理与分析，同时还可以为高光谱图像提供存储空间。

（二）成像光谱技术的分光方式

根据分光的原理不同，可以将成像光谱技术分为：棱镜、光栅色散型，干涉型，滤光片型，调谐型，计算层析型，二元光学元件型，三维成像型。

1. 棱镜、光栅色散型成像

色散型成像光谱技术出现比较早，技术比较成熟。入射狭缝位于准直系统前焦面，入射辐射经准直光学系统准直后，经棱镜和光栅狭缝色散，由成像系统将光能按波长顺序成像在探测器的不同位置上。色散型成像光谱仪按探测器构造，可分为线列与面阵两大类，它们分别称之为摆扫型（Whiskbroom）和推扫型（Pushbroom）成像光谱仪。

在摆扫型成像光谱仪中，线列探测器用于探测某一瞬时视场（即目标区所对应的某一空间像元）内目标点的光谱分布。此种成像光谱仪的代表有 AVIRIS 和 MODIS。在推扫型成像光谱仪中，面阵探测器用于同时记录目标上排成一行的多个相邻像元的光谱，面阵探测器的一个方向用于记录目标的空间信息，另一个方向用于记录目标光谱信息。此种成像光谱仪的代表有 AIS、HRIS、HIS、MODIS-T 等。

2. 干涉型成像

干涉型成像光谱技术在获取目标的空间二维信息方面与色散型技术类似，通过摆扫或推扫对目标成像，但每个像元对应的光谱分布不是由色散元件形成，而是利用像元辐射的干涉图与其光谱图之间的傅立叶变换关系，通过探测像元辐射的干涉图和利用计算机技术对干涉图进行傅立叶变换，获得每个像元的光谱图。

目前，遥感用干涉成像光谱技术中，获取像元辐射干涉图的方法主要有三种：迈克尔逊干涉法、双折射干涉法和三角共路干涉法。基于这三种干涉方法，形成了三种典型的干涉成像光谱仪。

（1）迈克尔逊型干涉成像光谱仪（时间调制型）　迈克尔逊型干涉成像光谱仪使用迈克尔逊干涉方法，通过动镜机械扫描，产生物面像元辐射的时间序列干涉图，再对干涉图进行傅立叶变换，便得到相应物面像元辐射的光谱图。它由前置光学系统、狭缝、准直镜、分束器、动镜、静镜、成像镜和探测器等部分组成［图 9-16（1）］。

（2）三角共路型干涉成像光谱仪（空间调制型）　三角共路（Sagnac）型干涉成像光谱仪是用三角共路干涉方法，通过空间调制，产生物面的像和像元辐射的干涉图。它由前置光学系统、狭缝、分束器、反射镜、傅立叶透镜、柱面镜和探测器构成［图 9-16（2）］。

（3）双折射型干涉成像光谱仪（空间调制型）　双折射型干涉成像光谱仪利用双折射偏振干涉方法，在垂直于狭缝方向同时产生物面像元辐射的整个干涉图。它由前置光学系统、狭缝、准直镜、起偏器、Wollaston 棱镜、检偏器和探测器等构成［图 9-16（3）］。

上述三种类型的干涉成像光谱仪结构不同，性能各有所长。但归根结底，都是对两束光的光程差进行时间或空间调制，在探测器处得到光谱信息。

3. 滤光片型成像光谱仪

滤光片型成像光谱仪采用相机加滤光片的方案，原理简单，种类繁多，

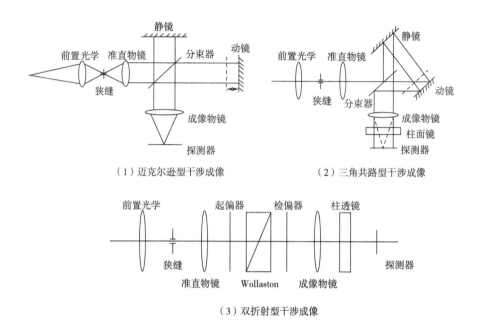

（1）迈克尔逊型干涉成像   （2）三角共路型干涉成像

（3）双折射型干涉成像

图 9-16   三种干涉型成像光谱仪原理框图

如可调谐滤光片型、光楔滤光片型等。可调谐滤光片的种类较多，包括声光可调谐滤光片、电光可调谐滤光片、双折射可调谐滤光片、液晶可调谐滤光片、法布里-珀罗可调谐滤光片等，应用在成像光谱仪上的主要有声光和液晶可调谐滤光片。声光可调谐滤光片（AOTF）利用声光衍射原理，它的电子驱动频率与衍射波长之间具有一定关系，称为调谐关系，通过电子调节声波的频率就可以完成一定光谱范围内的光谱扫描。除了以上几种主要的成像光谱技术之外，其他原理不同的技术也在不断发展，典型的包括：计算机层析成像光谱技术、二元光学成像光谱技术和三维成像光谱技术，这些技术有的已逐渐开始走向实际应用，有的还在研究阶段。

（三）光谱成像仪主要性能指标

用来评价光谱成像仪的性能指标主要包含以下内容。

（1）成像光谱分辨率   成像光谱分辨率指遥感器各波段光谱带宽，表示传感器对地物光谱的探测能力，包括遥感器总的探测波谱的宽度、波段数、各波段的波长范围和间隔。若遥感器所探测的波段越多，每个波段的波长范围越小，波段间隔越小，则光谱分辨率越高。

（2）空间分辨率   空间分辨率指遥感图像像元所对应的探测地面单元大

小，即成像光谱仪的一个瞬间视场（IFOV），是用来表征影像分辩地面目标细节能力的指标。

（3）辐射分辨率 辐射分辨率指传感器接受波谱信号时能分辨的最小辐射度差。

（4）时间分辨率 时间分辨率指对同一地点进行遥感采样的时间间隔，即采样时间的频率。

（5）信噪比（SNR） 信噪比即信号和噪声之比，信噪比的高低直接影响了图像分类和图像识别等处理效果。

在实际应用中，空间分辨率和光谱分辨率与信噪比是互相制约的，两种分辨率的提高都会降低信噪比，需要综合考虑这三个方面指标进行取舍。

（四）典型光谱成像仪

一般而言，用于飞机或无人机等飞行器上搭载的称为机载成像光谱仪，随着航天技术的发展，也出现了在卫星搭载的星载航天成像光谱仪。自20世纪80年代起，欧美发达国家先后投入了大量的人力物力进行高分辨率成像光谱仪的研制，其中大部分用于航天领域，而国内的高光谱成像仪起步较晚。国内外的超光谱成像仪目前主流的技术指标为工作谱段覆盖可见光至短波红外谱段，光谱分辨率一般可达到10nm，空间分辨率为30m、幅宽为30km，分光方式有色散分光和干涉分光两种。国外代表性星载光谱成像仪型号主要有：MODIS、HIS、HRIS、MERIS、MODIS、PRISM、VIMS。我国从90年代开始跟踪国外的航天超光谱成像新技术理论，目前已经掌握了光栅对光谱精细分光的技术，研制出了原理样机，在分光设计、焦面驱动、信号处理、定标、数据编码等技术上都取得了突破性进展。机载光谱成像仪的比较与代表型号见表9-9。

表9-9　　　　　　　　机载光谱成像仪的比较与代表型号

分类	分辨率	通道数	典型仪器
多光谱（Multi-spectral）	$10^{-1}\lambda$ 量级	5~30	ETM+、ASTER
高光谱（Hyper-spectral）	$10^{-2}\lambda$ 量级	100~200	AVIRIS
超光谱（Ultra-spectral）	$10^{-3}\lambda$ 量级	1000~10000	GIFTS

四、光谱成像技术在农药残留分析中的应用研究

光谱成像技术是由光谱技术和成像技术两门学科组成，在军用和民用领域都有广泛的应用价值。在农作物方面，基于光谱成像技术开发的快速检测与农作物信息分析是精细农业的关键核心技术。高光谱成像技术能检测包括内在品质、外在品质和食用安全性等农产品综合品质，通过结合机器视觉、核磁共振、生物传感器和电子鼻等新技术，提取农产品的高光谱图像中各检测项目所对应的特征波长，可以建立农产品无损检测监控体系。

薛龙等与李增芳基于高光谱图像技术研究脐橙表面农药残留，能明显观测到较高稀释浓度的表面农药残留。索少增等基于高光谱成像技术无损定量检测梨表面毒死蜱和炔螨特农药残留，建立的人工神经网络模型相关系数达到 0.95 以上。孙俊等基于高光谱图像技术研究鉴别喷洒有敌敌畏、毒死蜱、乙酰甲胺磷、乐果和辛硫磷的桑叶，采用连续投影算法（SPA）优选出 10 个特征波长，利用基径向核支持向量机（RBF-SVM）和自适应支持向量机（Ada-SVM）建模，预测准确率分别为 78.33% 和 97.78%。刘民法等基于高光谱成像技术无损检测红枣表面农药残留，运用 PLS 回归系数选取特征波长，比较了全波段与特征波长建立的预测模型相关系数分别为 0.85 和 0.86。U. Siripatrawa 等利用高光谱图像技术，建立偏最小二乘法数学模型检测糙米表面真菌含量，模型的相关系数为 0.97，预测均方根误差为 0.39。桂江生等基于高光谱图像技术分类检测表面喷洒有清水和吡虫啉、阿维菌素、丙森锌三种农药的西蓝花，建立人工神经网络、支持向量机、马氏距离以及极限学习法四种分类模型，结果表明基于连续投影法特征波长建立的极限学习法数学模型分类效果最优，训练集和测试集的正确率分别为 98.33% 和 96.67%，说明高光谱图像技术可以用来鉴别西兰花表面的农药残留种类。徐洁等基于高光谱技术在不同光源下判别哈密瓜表面农药种类，分别建立马氏距离和贝叶斯两种分类模型，结果表明在卤素灯光源条件下采用贝叶斯判别法效果最好，准确率为 100%，在紫外灯光源条件下采用马氏距离判别法效果最好，准确率为 94.67%。吉海彦等研究了高光谱成像技术无损鉴别菠菜叶片农药残留种类，利用主成分分析在可视化层面对不同种类的农药残留菠菜样品进行有效判别，同时将卡方检验特征选择算法分别与支持向量机、朴素贝叶斯、决策树和线性判别分析算法结合，筛选出 8 个最佳特征波长，最优判别模型的预测准确率为 0.993，交叉验证的标准差为 0.009。

　　未来光谱成像技术将在应用需求的牵引下继续向前，为分析领域提供更加丰富有力的手段，其进一步发展应考虑下面几个方向。

　　（1）提高空间分辨率和光谱分辨率　研发新型传感器获得更加精准化的遥感数据，进一步提升分辨率以满足应用需求。

　　（2）增大光谱覆盖范围　考虑到热红外超光谱成像仪具有极强的观测能力，紫外超光谱成像仪也具有特殊用途，未来全波段的超光谱成像仪是光谱成像技术的发展趋势之一。

　　（3）建立光谱信息的自动化处理及图像融合系统　通过开发数据实时分析系统、针对性的专题信息智能化软件、兼有数据处理和图像分析功能的集成化软件等，快速满足各种实际应用需求。

　　（4）拓展光谱成像技术和其他学科的交叉，如光谱成像技术与模式识别的综合应用，可将高质量的光谱图像数据定量化，又如与高分辨全色相机与多光谱成像仪等相结合，可以更好地发挥光谱成像仪的优势。

参考文献

[1] 曹丙花.基于太赫兹时域光谱的检测技术研究［D］.杭州：浙江大学，2009.

[2] 陈蕊，张骏，李晓龙.蔬菜表面农药残留可见-近红外光谱探测与分类识别研究［J］.光谱学与光谱分析，2012：80-83.

[3] 陈晟，罗佳瑶，蒋立文，等.食品农药残留检测中的化学计量学研究进展［J］.食品研究与开发，2018，39：206-211.

[4] 戴莹，冯晓元，韩平，等.近红外光谱技术在果蔬农药残留检测中的应用研究进展［J］.食品安全质量检测学报，2014，5：658-664.

[5] 柱江生，顾敏，吴子娴，等.基丁高光谱图像的西兰花表面多种农药残留检测［J］.浙江大学学报（农业与生命科学版），2018，44：643-648.

[6] 吉海彦，任占奇，饶震红.高光谱成像技术鉴别菠菜叶片农药残留种类［J］.发光学报，2018，39：1778-1784.

[7] 蒋霞，张晓，白铁成，等.近红外光谱技术结合PLS和SPA检测鲜冬枣表面农药残留量的方法［J］.江苏农业科学，2018，46：146-149.

[8] 焦丽娟.太赫兹时域光谱技术在农药残留检测方面的应用研究［D］.天津：天津大学，2017.

[9] 李克安.分析化学教程［M］.北京：北京大学出版社，2006.

[10] 李锡东，张伟，王卫华，等.定量核磁共振法测定6种有机氯农药的纯度［J］.分

析试验室，2016，35：240-243.

[11] 李晓舟，于壮，杨天月，等.SERS 技术用于苹果表面有机磷农药残留的检测 [J].
     光谱学与光谱分析，2013：121-124.

[12] 李增芳，楚秉泉，章海亮，等.高光谱成像技术无损检测赣南脐橙表面农药残留研
     究 [J].光谱学与光谱分析，2016，36：4034-4038.

[13] 刘民法，张令标，何建国，等.基于高光谱成像技术的长枣表面农药残留无损检测
     [J].食品与机械，2014，30：87-92.

[14] 马吉祥.农药的 THz 检测研究 [D].青岛：青岛科技大学，2014.

[15] 齐凤海.红外光谱分析样品制备方法 [J].分析仪器，2009：83-86.

[16] 孙俊，张梅霞，毛罕平，等.基于高光谱图像的桑叶农药残留种类鉴别研究 [J].
     农业机械学报，2015，46：251-256.

[17] 索少增，刘翠玲，吴静珠，等.高光谱图像技术检测梨表面农药残留试验研究
     [J].北京工商大学学报：自然科学版，2011，29：73-77.

[18] 覃斌毅.太赫兹光谱结合化学计量在农作物农药残留快速检测中的应用研究 [D].
     西安：西安电子科技大学，2018.

[19] 王孝伟.农产品杀菌剂类农药检测的太赫兹光谱技术研究 [D].杭州：中国计量大
     学，2012.

[20] 肖怡琳，张鹏翔，钱晓凡.几种农药的显微拉曼光谱和荧光光谱 [J].光谱学与光
     谱分析，2004，24：579-581.

[21] 徐洁，杨杰，孙静涛，等.基于高光谱技术的哈密瓜表面农药残留判别分析 [J].
     江苏农业科学，2016，44：338-340.

[22] 薛龙，黎静，刘木华.基于高光谱图像技术的水果表面农药残留检测试验研究
     [J].光学学报，2008，28：2277-2280.

[23] 闫战科.基于 THz 波谱分析技术的农药检测机理和方法研究 [D].杭州：浙江大
     学，2009.

[24] 严寒，郭平，骆鹏杰，等.近红外光谱结合膜富集技术测定大米中毒死蜱农药残留
     [J].现代食品科技，2017，33：289-294.

[25] 严伟.果蔬中多农残 19F 和 31P NMR 定量检测方法的研究 [D].北京：北京化工
     大学，2013.

[26] 颜志刚.基于太赫兹时域光谱技术的生物分子和农药分子的检测技术研究 [D].杭
     州：浙江大学，2008.

[27] 张园园，金亮，王果，等.植物生长调节剂的太赫兹光谱检测与分析 [J].首都师
     范大学学报（自然科学版），2014，35：23-27.

[28] Acharya U. K.，Subedi P. P.，Walsh K. B..Evaluation of a Dry Extract System Involving

NIR Spectroscopy（DESIR）for Rapid Assessment of Pesticide Contamination of Fruit Surfaces. American Journal of Analytical Chemistry, 2012, 3（3）: 524-533.

［29］ Bian J. , Shu S. , Li J. , et al. Reproducible and recyclable SERS substrates: Flower-like Ag structures with concave surfaces formed by electrodeposition. Applied Surface Science ［J］, 2015, 333: 126-133.

［30］ Dong X. X. , Liu Y. X. , Sun Y. M. , et al. In situ growth of microporous ZnO nanorods on ITO for dopamine oxidization ［J］. Materials Letters, 2016, 162: 246-249.

［31］ Duarte I. F. , Delgadillo I. , Gil A. M. . Study of natural mango juice spoilage and microbial contamination with Penicillium expansum by high resolution 'H NMR spectroscopy ［J］. Food Chemistry, 2006, 96: 313-324.

［32］ Gaston E. , Frías J. M. , Cullen P. J. , et al. Prediction of Polyphenol Oxidase Activity Using Visible Near-Infrared Hyperspectral Imaging on Mushroom（Agaricus bisporus）Caps ［J］. J Agric Food Chem, 2010, 58: 6226-6233.

［33］ Hao Y. , Cai W. , Shao X. . A strategy for enhancing the quantitative determination ability of the diffuse reflectance near-infrared spectroscopy ［J］. Spectrochimica Acta Part A Molecular & Biomolecular Spectroscopy, 2009, 72: 115-119.

［34］ Holzgrabe U. . Quantitative NMR spectroscopy in pharmaceutical applications ［J］. Progress in Nuclear Magnetic Resonance Spectroscopy, 2010, 57: 229-240.

［35］ Li Q. , Huang Y. , Song X. , et al. Spectral interval optimization on rapid determination of prohibited addition in pesticide by ATR-FTIR ［J］. Pest Management Science, 2019, 75: 1743-1749.

［36］ Liu B. , Zhou P. , Liu X. , et al. Detection of Pesticides in Fruits by Surface-Enhanced Raman Spectroscopy Coupled with Gold Nanostructures ［J］. Food & Bioprocess Technology, 2013, 6: 710-718.

［37］ Lu Y. , Zhang C. Y. , Zhang D. J. , et al. Fabrication of flower-like silver nanoparticles for surface-enhanced Raman scattering ［J］. Chinese Chemical Letters, 2016, 27: 689-692.

［38］ Maeng I. , Baek S. H. , Kim H. Y. , et al. Feasibility of Using Terahertz Spectroscopy To Detect Seven Different Pesticides in Wheat Flour ［J］. J Food Prot, 2014, 77: 2081-2087.

［39］ Massaouti M. , Daskalaki C. , Gorodetsky A. , et al. Detection of Harmful Residues in Honey Using Terahertz Time-Domain Spectroscopy ［J］. Applied Spectroscopy, 2013, 67: 1264-1269.

［40］ Moros J. , Armenta S. , Garrigues S. , et al. Near infrared determination of Diuron in pesticide formulations ［J］. Analytica Chimica Acta, 2005, 543: 124−129.

［41］ Müller C., David L., Chiş V., et al. Detection of thiabendazole applied on citrus fruits and bananas using surface enhanced Raman scattering ［J］. Food Chemistry, 2014, 145: 814−820.

［42］ Qin B., Li Z., Luo Z., et al. Terahertz time−domain spectroscopy combined with PCA− CFSFDP applied for pesticide detection ［J］. Optical and Quantum Electronics, 2017, 49: 244.

［43］ Salguero−Chaparro L., Gaitán−Jurado A. J., Ortiz−Somovilla V., et al. Feasibility of using NIR spectroscopy to detect herbicide residues in intact olives ［J］. Food Control, 2013, 30: 504−509.

［44］ Saranwong S., Kawano S.. The reliability of pesticide determinations using near infrared spectroscopy and the dry−extract system for infrared (DESIR) technique ［J］. Journal of Near Infrared Spectroscopy, 2007, 15: 227.

［45］ Siripatrawan U., Makino Y.. Monitoring fungal growth on brown rice grains using rapid and non−destructive hyperspectral imaging ［J］. International Journal of Food Microbiology, 2015, 199: 93−100.

［46］ Skoulika S. G., Georgiou C. A., Polissiou M. G.. FT−Raman spectroscopy−Analytical tool for routine analysis of diazinon pesticide formulations ［J］. Talanta, 2000, 51: 599−604.

［47］ Suzuki T., Yasui T.. Reduced low−frequency noise Schottky barrier diodes for terahertz applications ［J］. IEEE Transactions on Microwave Theory & Techniques, 1999, 47: 1649−1655.

［48］ Ventura−Gayete J. F., Armenta S., Garrigues S., et al. Multicommutation−NIR determination of Hexythiazox in pesticide formulations ［J］. Talanta, 2006, 68: 1706.

［49］ Wijaya W., Pang S., Labuza T. P., et al. Rapid Detection of Acetamiprid in Foods using Surface−Enhanced Raman Spectroscopy (SERS) ［J］. Journal of Food Science, 2014, 79: T743−T747.

［50］ Xu W., Xie L., Zhu J., et al. Terahertz sensing of chlorpyrifos − methyl using metamaterials ［J］. Food Chemistry, 2017, 218: 330−334.

［51］ Zhang X., Ren Y., Du Y., et al. Assessment of ability to detect low concentration analyte with near−infrared spectroscopy based on pre−concentration technique ［J］. Chemometrics & Intelligent Laboratory Systems, 2013, 124: 1−8.

第十章
生物传感器及其他快速检测技术

第一节 生物传感器

生物传感器（Biosensor）是由固定化的生物敏感材料作识别元件（包括酶、抗体抗原、微生物、细胞、组织、核酸等生物活性物质），与适当的理化换能结构器（如氧电极、光敏管、场效应管、压电晶体等）及信号放大装置构成的分析工具或系统，是具有接受器与转能器功能的对生物物质敏感并将其浓度转换为电信号进行检测的仪器。

一、生物传感器的结构、原理及分类

生物传感器由分子识别部分（敏感元件）和转换部分（换能器）构成，以分子识别部分去识别被测目标，是可以引起某种物理变化或化学变化的主要功能元件。分子识别部分是生物传感器选择性测定的基础。生物体中能够有选择性地分辨目标的物质有酶、抗体、组织、细胞等。这些分子识别功能物质通过识别过程可与被测目标结合成复合物，如抗体和抗原的结合、酶与基质的结合。在设计生物传感器时，选择适合于测定对象的识别功能物质是极为重要的前提，要考虑到所产生的复合物的特性。根据分子识别功能物质制备的敏感元件所引起的化学变化或物理变化，去选择换能器，是研制高质量生物传感器的另一重要环节。敏感元件中光、热、化学物质的生成或消耗等会产生相应的变化量。根据这些变化量，可以选择适当的换能器，换能器通常有电化学电极、半导体、光电转换器、热敏电阻、压电晶体等。

生物传感器的分类方式较多：①按所用分子识别元件的不同，可分为酶传感器、免疫传感器、微生物传感器、细胞传感器和组织传感器等，其中较为普及的是酶传感器和免疫传感器。②按信号转换元件的不同，可分为生物电极传感器、电化学生物传感器、半导体生物传感器、测热型生物传感器、测光型生物传感器、测声型生物传感器等。③按对输出电信号的不同测量方

式，又可分为电位型生物传感器、电流型生物传感器和伏安型生物传感器等。

生物传感器的性能受固定生物分子及其载体和固定方法的影响较大，新型纳米材料的引入提高了酶生物传感器的检测性能，是今后农药残留快速检测技术的研究发展方向。

二、生物传感器的功能材料及元件

（一）识别元件

生物传感器的识别元件通常选择具有生物敏感性的材料，如酶、抗体、微生物和细胞、组织等，其中最具代表性的有胆碱酯酶和抗体。胆碱酯酶（Cholinesterase，ChE）是动物的主要神经递质乙酰胆碱的主要代谢酶，也是许多有机磷杀虫剂的作用靶点。从生物组织和器官中分离纯化所得的乙酰胆碱酯酶（Acetylcholin esterase，AChE）有 6 种不同的分子形式：3 种为球形，包括催化亚基单体（G1）、二聚体（G2）、四聚体（G4），3 种胶原尾样亚基连接形成的不对称形式，包括四聚体（A4）、八聚体（A8）、十二聚体（A12）。抗体是有免疫活性的免疫球蛋白（Ig），由于免疫反应的差异及二硫键的位置、数量和复聚度的不同，Ig 又分为 IgG、IgE、IgD、IgM、IgA 等类别。其中以血清中数量最多的 IgG 为主，是生物传感器应用中最主要的 Ig。

（二）电极

电极是电位分析法测量装置的核心部件，是生物传感器中一种重要的换能器，有重要的实用意义。任何金属与电解液接触都会产生电势（位），这是电极的最主要的特征性质。如果电极界面上存在着单独一种氧化还原对的快速电子交换，即存在着交换电流很大的（即迁越超电势）单一电极反应，这种电极能很快建立电化学平衡，称为可逆电极。可逆电极的电势能较长时期维持稳定，抗干扰能力较大，并能精确测量。常见的电极有以下几种。

（1）氧化还原电极　氧化还原对不能迁越电极相界面，电极的铂只表示电极金属是惰性的，只是提供电子交换的场所，实际应用时可采用任何惰性金属。溶解氧电极采用极谱式电极，阳电极为 Ag/AgCl、阴电极为铂金组成。

（2）难溶盐电极　氧化还原对的一个组分是难溶盐或其他固相。包含三个物相和两个界面，在每一相界面上存在着单一的快速迁越过程，如甘汞电极、氧化汞电极。在甘汞电极中，甘汞与电解液的溶解平衡完全受电液中浓度较高的 Cl 所控制，Cl 在 Hg_2Cl_2 电液界面上的交换速率很快，故电极电势非常稳定。

（3）膜电极　利用隔膜对于单种离子的透过性或膜表面与电解液的离子交换平衡所建立的电势来测量电解液中特定离子活度的装置，如玻璃电极、离子选择性电极等。其中玻碳电极是将聚丙烯腈树脂或酚醛树脂等在惰性气氛中缓慢加热至高温（达 1800℃），处理成外形似玻璃状的非晶形碳，导电性好，硬度高，光洁度高，氢过电位高，极化范围宽，化学性稳定。

（4）化学修饰电极　利用吸附、涂敷、聚合、化学反应等方法把活性基团、催化物质等附着在电极表面（包括金属、石墨、半导体）使之具有较强的特征功能。

（三）纳米材料

广义的纳米材料是指微观结构至少在一维方向上受纳米尺度调制的各种固体超细材料，包括零维的原子团簇和纳米微粒。目前国际上将处于 1～100nm 的超微颗粒及其致密的聚集体，以及由纳米微晶所构成的材料统称为纳米材料。其中纳米金、纳米碳材料、纳米氧化物、量子点、纳米光纤等在生物传感器中的应用尤其受到关注。

1. 纳米金

金属纳米材料具有良好的电子传递性能，是电化学生物传感器中最为常用的纳米材料之一。具有高电子密度、介电特性和催化作用，能与多种生物大分子结合，且不影响其生物活性。由氯金酸通过还原法可以制备各种不同粒径的纳米金，其颜色依直径大小而呈红色至紫色。纳米金制备简单、性状稳定、生物相容性良好，而且易于进行表面化学修饰，因此，利用纳米金与生物分子进行组装并介导电子传递，是构建电化学生物传感器的良好方案。纳米金在生物传感器中的主要作用如下。

（1）作为探针载体　纳米金能迅速、稳定地吸附核酸、蛋白质等生物分子，而这些生物分子的生物活性几乎不会发生改变，所以纳米金具有优良的生物相容性，可以作为生物分子的载体。

（2）作为信号分子　纳米金能广泛地应用于 DNA、抗体和抗原等生物物质的标记，使纳米金与生物活性分子结合后形成探针用于生物体系的检测中，用纳米金作为信号分子能显著提高电化学传感器的检测灵敏度，且方法简单、无污染、检测稳定可靠、灵敏度高。纳米金在可见区有特征等离子体共振吸收，其吸收峰的等离子共振常随着尺寸的变化而发生频移，其溶液的颜色从橘红色到紫红色发生相应变化，有利于肉眼观察。

2. 纳米碳材料

纳米碳材料是指分散相尺度至少有一维小于 100nm 的碳材料。分散相既可以由碳原子组成，也可以由异种原子（非碳原子）组成，甚至可以是纳米孔。纳米碳材料主要包括三种类型：碳纳米管、碳纳米纤维、纳米碳球。碳纳米管（CNTs）是由碳原子形成的石墨烯片层卷成的无缝、中空的管体，一般可分为单壁碳纳米管、多壁碳纳米管和双壁碳纳米管。碳纳米管有着优异的表面化学性能和良好的电学性能，是制作生物传感器的理想材料。如利用碳纳米管固定化酶等，实现与酶、抗原抗体和 DNA 等分子的结合，制备出各种生物传感器。

3. 纳米氧化物

纳米氧化物依材料的不同具备一些特殊的效应，比如纳米 Fe_3O_4 的磁效应和纳米 TiO_2 的光电效应等。磁性纳米颗粒是近年来发展起来的一种新型材料，能显著提高生物传感器检测的灵敏度，实现生物分子的分离，提高检测通量，在生物传感器中的应用主要体现在以下三个方面。

（1）生物活性物质的固定　其表面容易包埋生物高分子，可用于酶、抗体、寡核苷酸和其他生物活性物质的固定。

（2）生物物质的分离　在磁性分离中，可根据所分离的生物物质的特征，在纳米粒子表面修饰上各种氨基、羟基等功能基团，经修饰后的磁性纳米粒子能快速将靶向目标物结合到磁性颗粒表面，在外加磁场作用下，能被磁场吸引，与其他的物质分离。

（3）生物活性物质的检测。

4. 量子点

量子点是一种重要的低维半导体材料，其三个维度上的尺寸都不大于其对应的半导体材料的激子玻尔半径的两倍。通过对这种纳米半导体材料施加一定的电场或光压，它们便会发出特定频率的光，而发出的光的频率会随着这种半导体的尺寸的改变而变化，因而通过调节这种纳米半导体的尺寸可以控制其发出的光的颜色，由于这种纳米半导体拥有限制电子和电子空穴的特性，因而被称为量子点。

量子点作为荧光标记物，已经被广泛用于荧光示踪，相比于传统的荧光分子，量子点有以下三个主要的优点。

（1）量子点的发光波长可以简单地通过调节其直径大小而改变。

（2）量子点的发光波长比较窄，效率较高。

（3）量子点没有光漂白效应。荧光寿命长，在大多数自发荧光已经衰变的情况下，测量量子点荧光即可得到无背景干扰的荧光信号。

5. 纳米光纤

光纤纳米生物传感器主要有光纤纳米荧光生物传感器、光纤纳米免疫传感器等，具有体积微小、灵敏度高、不受电磁场干扰、不需要参比器件等优点。

（1）光纤纳米荧光生物传感器 一些蛋白质类生物物质自身能发荧光，另一些本身不能发荧光的生物物质可以经标记或修饰使其发荧光，可构成将感受的生物物质的量转换成输出信号的荧光生物传感器。荧光生物传感器测量的荧光信号可以使荧光猝灭，也可以使荧光增强，可测量荧光寿命，也可测量荧光能量转移。具有荧光分析特异性强、敏感度高、无需用参比电极、使用简便、体积微小等诸多优点。

（2）光纤纳米免疫传感器 此处指用于检测抗原抗体反应的传感器，根据标记与否，可分为直接免疫传感器和间接免疫传感器，根据换能器种类的不同，又可分为电化学免疫传感器、光学免疫传感器、质量测量式免疫传感器、热量测量式免疫传感器等。光学免疫传感器是将光学与光子学技术应用于免疫法，利用抗原抗体特异性结合的性质，将感受到的抗原量或抗体量转换成可用光学输出信号的一类传感器，具有很高的特异性、敏感性和稳定性。

三、生物传感器在农药残留分析中的应用

生物传感器法作为一种新的农药残留分析技术，具有简单快速、灵敏、低成本等优点，尤其是以胆碱脂酶催化活性为基础的抑制型酶电极和以有机磷水解酶（OPH）为基础的直接测定型酶电极已大量用于有机磷的检测。

（一）酶生物传感器的应用

酶生物传感器是将固定化酶作为敏感元件，通过各种信号转换器捕捉目标物与敏感元件之间的反应所产生的与目标物浓度成比例关系的可测信号，实现对目标物定量测定。其中电流型乙酰胆碱脂酶电极操作简单，快速灵敏，一般是通过共价键或静电吸附的方式将乙酰胆碱脂酶固定在电极表面，以硫代乙酰胆碱作底物，水解底物硫基胆碱在电极表面氧化产生电流，从而实现对目标物的检测。随着科学技术的进步，用于检测农药残留的其他种类的酶传感器也逐渐被开发，例如漆酶、有机磷水解酶、辣根过氧化酶等。

（1）石墨烯-纳米金修饰酶电极 Liu 等利用 3-羟基苯硼酸基团与糖基之

间的亲和作用对 AChE 进行固定，以氯化乙酰硫代胆碱为底物，可对毒死蜱、呋喃丹、马拉硫磷和叶蝉散等有机磷和氨基甲酸酯类农药进行高灵敏检测。

（2）基于多壁碳纳米管和普鲁士蓝膜、石墨烯的漆酶电化学传感器　由 Oliveira 等制备，通过全因子实验设计和响应面法对溶液 pH、漆酶浓度和孵育时间进行优化确定了最佳条件，并结合 QuEChERS 预处理方法，建立了氨基甲酸酯类农药检测的方法，对抗蚜威、福美锌和呋喃丹的检出限分别为 1.8×10^{-7}、5.2×10^{-9}、1.0×10^{-7} mol/L。

（3）电流型双酶电化学传感器　该方法联合有机磷水解酶、辣根过氧化酶，以有机磷水解产物 2,4-二氯苯酚为电子媒介体，制备成微流体装置并与电化学分析仪相连接，从而实现除线磷农药检测。Sahin 等研究发现，最佳实验条件下，检出限达到 2.4×10^{-6} mol/L，敏感性为 95 nA/mmol±24nA/mmol，$K_m=0.11$ mM±0.02mM，kcat=0.046/s±0.003/s。

（4）基于纳米金粒子和比例荧光量子点内滤镜效应的生物传感器　比例荧光量子点通过将两种不同颜色的 CdTe 量子点进行杂合设计，其中二氧化硅球体捕获的红色发射量子点作为参考信号，而共价结合在二氧化硅表面上的绿色发光量子点作为响应信号。比例荧光量子点的荧光可被基于内滤效应的纳米金淬灭。由于蛋白胺与纳米金之间的静电吸引，蛋白胺能有效地打开荧光。胰蛋白酶可以很容易地水解蛋白胺，导致荧光的淬火。然后，通过添加可抑制胰蛋白酶活性的甲基对硫磷，可以再次恢复荧光。Yan 等基于此方法测定了甲基对硫磷，检测限值为 0.018ng/mL。

此外，乙酰胆碱酯酶生物传感器还可组装于不同高分子材料上形成新型传感器，如 Yan 等组装于脂质体和多层膜上用于敌敌畏的检测；Du 等组装于多壁碳纳米管掺杂的聚苯丙烯和聚苯乙烯共聚物上用于检测马拉硫磷；刘淑娟等组装于金电极二氧化锆纳米材料上用于检测有机磷农药；郑莹莹组装于离子液体功能化石墨烯上用于检测西维因、久效磷、甲拌磷和甲胺磷；梁东军等组装于壳聚糖/碳纳米管上用于检测氨基甲酸酯农药残留；陈文飞等组装于聚硫堇电极表面用于检测辛硫磷；Chen 等组装于 ZnO 压电声波谐振敏感涂层表面用于检测毒死蜱。

（二）免疫生物传感器的应用

免疫分析技术具有速度快、灵敏度高、特异性强、检测成本低以及便于现场检测等优势，近年来在农药残留检测中得到了越来越广泛的应用。AOAC

将免疫分析与气相色谱、液相色谱同时列为农药残留的三大支柱技术。免疫传感器是基于抗原抗体特异性识别功能而研制成的一类生物传感器。电化学免疫传感器是免疫传感器中研究最早，种类最多，也较为成熟的一个分枝，较其他的传感器有更高的专一性和选择性。基于单克隆抗体建立的免疫传感器可准确定性和定量检测单一种类的农药或某种固定种类的农药。

（1）基于芳香重氮盐单分子层和单壁碳纳米管修饰的对氧磷电化学免疫传感器 重氮盐分子与碳纳米管表面可以形成比金-硫键更加稳定的 C—C 共价键，使对氧磷单克隆抗体修饰涂层稳定于电极上。Liu 等利用该传感器对氧磷进行检测，检测范围为 $2\times10^{-6}\sim2.5\times10^{-3}$g/L，具有较强的特异性和很高的灵敏度。

（2）基于新型多功能导电聚合物的电化学莠去津单抗传感器 将新型多功能导电聚合物（JUG-HATZ）作为功能单体，该功能单体包含了用于电聚合的羟基、作为换能器的酰基和生物识别元件羟基莠去津。Tran 等通过电化学方法将 JUG-HATZ 与莠去津单克隆抗体修饰到电极表面，构成免标记的电化学免疫传感器，莠去津检出限为 2.0×10^{-10}g/L。

（3）基于电沉积纳米金呋喃丹单抗传感器 该免疫传感器是基于电沉积纳米金（DpAu）与 4,4'-二巯基对苯硫（DMDPSE）交替层自组装，形成多层膜，最后将电极浸入呋喃丹单克隆抗体溶液中进行孵育组装。Sun 等制作的交替多层膜可以提供大量羧基去连接牛血清清蛋白，进而定向固定大量的抗体，尽可能大地保持了抗体的生物活性，提高了传感器的灵敏度。该方法对呋喃丹的检测范围为 $1.0\times10^{-7}\sim1.0\times10^{2}$g/L，检测限为 6.0×10^{-8}g/L，回收率为 82%～109.2%。

（4）基于激光烧蚀金电极表面电沉积法普鲁士蓝金纳米敌草隆抗体电化学传感器 Sharma 等在激光烧蚀的金电极表面采用电沉积法形成普鲁士蓝金纳米薄膜，然后涂覆敌草隆抗体形成电化学传感器并对敌草隆进行电化学检测。检出范围 $1.0\times10^{-9}\sim1.0\times10^{-8}$g/L。普鲁士蓝金纳米薄膜显著提高了电子传递效率，提升了传感器灵敏度。

（三）其他

许多农药或其衍生物含有硝基、苯环以及卤素等具有电化学活性的基团，它们在电极表面具有很好的氧化还原性，非常适合于电化学检测。与传统检测方法相比，电化学检测方法可直接得到电信号，具有设计简单、成本低、易于微型化和多元化、并有多种电化学研究方法可供选择等优点，适合于自动控制和在线灵敏、快速分析。

（1）基于生物电电池的生物传感器 Apostolou 等利用一种电压门钠通道阻滞剂监测烟草样品中拟除虫菊农药氯氰菊酯。以神经母细胞作为生物识别元件，研究了烟草主要生物碱尼古丁对环苯甲酰林检测的潜在干扰。荧光显微镜显示神经母细胞钙流在尼古丁或氯氰菊酯作用时有特定模式。该生物传感器可以检测浓度高达 $1.5\mu g/mL$ 的氯氰菊酯，而不受尼古丁和其他烟草生物碱的存在的影响。

（2）基于纳米粒子吸附的电化学生物传感器 刘淑娟等利用 ZrO_2 纳米粒子与有机磷的强吸附作用，制成 ZrO_2/Au 有机磷传感器，在 $10\sim550ng/mL$ 浓度范围对目标分析物对硫磷有线性响应，检出限为 $2.0ng/mL$。

（3）量热式农药残留生物传感器 Nguyen V. 等利用量热式农药残留生物传感器对甲胺磷进行检测，线性范围为 $0\sim0.004$ mg/kg、检测限为 0.0011 mg/kg，每次测定时间为 20 min，但设备昂贵，不适于现场快速检验。

（四）存在的问题及展望

目前，生物传感器的广泛应用仍面临着一些困难，生物传感器的研究工作仍主要围绕选择活性强、选择性高的生物传感元件；提高信号检测器的使用寿命；提高信号转换器的使用寿命；生物响应的稳定性和生物传感器的微型化、便携式等问题。一些生物传感器如酶传感器存在选择性有限、固定化生物材料易失活且成本高、稳定性及重现性差等问题，实际应用范围较窄。其发展方向是将相关生物传感器集成为生物芯片。

第二节　生物芯片

生物芯片（Biochip）的概念源自计算机芯片，狭义的生物芯片即微阵列芯片（Microarray chip），主要是蛋白微阵列和小分子化合物微阵列等。分析基本单元是在一定尺寸的基片（如硅片、玻璃、塑料等）表面以点阵方式固定一系列可寻址的识别分子，点阵中每个点都可以视为一个传感器的探头。芯片表面固定的分子在一定条件下与被检测物进行反应，其结果利用化学荧光法、酶标法、同位素法或电化学法显示，再用扫描仪等仪器记录，最后通过专门的计算机软件进行分析。由于常用玻片/硅片作为固相支持物，且在制备过程模拟计算机芯片的制备技术，所以称之为生物芯片技术。广义的生物芯片是指能够并行处理生物样品中多个信息的微处理单元的集合体。

一、生物芯片的制造

（一）点样法芯片

点样法是将预先通过液相化学合成好的探针经纯化、定量分析后，由阵列复制器或阵列点样机及电脑控制的机器人，准确、快速地将不同探针样品定量点样于带正电荷的尼龙膜或硅片等相应位置上，再由紫外线交联固定后即得到微阵列或芯片。点样的方式分为接触式打印法和非接触式喷印法。打印法的优点是探针密度高，通常 $1cm^2$ 可打印 2500 个探针；缺点是定量准确性及重现性不好，打印针易堵塞且使用寿命有限。喷印法的优点是定量准确，重现性好，使用寿命长；缺点是喷印的斑点大，因此探针密度低，通常 $1cm^2$ 只有 400 点。GB/T 34324—2017 基本要求为样品分发环境湿度在 30%~90% 可调，点间距相对偏差 ≤10%，点径 CV≤10%，漏点率≤0.01%。

（二）电子芯片

这种芯片为带有阳电荷的硅芯片，经热氧化制成 1mm×1mm 的阵列、每个阵列含多个微电极，在每个电极上通过氧化硅沉积和蚀刻制备出样品池。将连接链亲和素的琼脂糖覆盖在电极上，在电场作用下生物素标记的探针即可结合在特定电极上。电子芯片最大特点是反应及检测速度快，可大大缩短分析时间。缺点是制备复杂、成本较高。

（三）三维芯片

三维生物芯片实质上是一块显微镜载玻片上有 10000 个微小聚乙烯酰胺凝胶条，每个凝胶条可用于目标物的分析。先把已知化合物加在凝胶条上，再用 3cm 长的微型玻璃毛细管将待测样品加到凝胶条上。每个毛细管能把小到 0.2nL 的体积打到凝胶上。其优点一是凝胶的三维化能加进更多的已知物质，增加敏感性；二是可以在芯片上同时进行反应与检测；三是以三维构象形式存在的生物分子可依其天然状态在凝胶条上发挥更加充分的作用。

（四）流过式芯片或微流控芯片

流过式芯片借用半导体工业中所用的光刻技术将内径在 10~100μm 的微通道加工在玻璃或硅片中，利用电动泵和流体的压力来控制皮升、纳升级液体的流动。该技术可减少几个数量级的试剂消耗量，并能提高数据质量。设计特定探针结合于微通道内芯片的特定区域。待测样品流过芯片时，固定的特定探针捕获与之相应的待测物。一般以硅为模板，采用模压和毛细管成形技术在聚酯和多聚硅氧烷二甲酯中加工微流体网络。一种方法是在微通道中夹着一块聚偏二氟乙烯膜可用来结合、浓缩目标化合物，然后直接通过质谱方法鉴定目标化合物。另一种方法则用超滤分离膜，整个过程包括上样、清洗和解离都是连续进行的。

微流控芯片将从微孔板中取样与随后进行的酶抑制剂筛选结合在一起。测试的化合物通过与芯片相连的硅毛细管注射入芯片中，与酶及荧光酶底物混合以使它们在主反应通道内发生相互作用。酶与荧光底物反应产生基线荧光信号。如果测试化合物抑制酶的活性，信号将会暂时性地降低，通过检测荧光信号的强度就可以测定化合物抑制酶的活性。

二、芯片的使用

（一）待检测样品制备

生物样品往往是非常复杂的生物分子混合体，除少数特殊样品外，一般不能直接与芯片反应，必须将样品进行预处理，但有的生物芯片本身集成有预处理分离单元，可直接上样。

（二）图象的采集和分析

生物芯片通常是对生物成分或生物分子进行快速并行处理和分析，通常需要光谱或光电、电化学、图像等的采集和分析。扫描仪优越性能表现在操作简单、体积小、数值孔径高、扫描速度快、灵敏度和分辨率高。传统有磷光成像系统、荧光芯片扫描仪等，如下两种更先进的扫描仪能获得更高质量的图像信号。

（1）激光共聚焦芯片扫描仪　基于激光共聚焦显微镜扫描原理，通过光学系统把激发光汇聚在芯片上，通过光学元件对芯片的高速扫描获取荧光数据的仪器。其探测器灵敏度高，可探测到一个光子的存在，光电倍增管内的功率放大器可将光信号转化为电信号并放大百万倍，通过调整电压输出可改变光电倍增管的灵敏度范围。第一代激光共焦微阵列扫描仪通常是两个或四个荧光波段及两个激光光源，而第二代则含三个或四个激光光源并可选择 10 种以上荧光波段。另外，分辨率、灵敏度、扫描速度、扫描视野、扫描图像定位的准确程度等指标也是激光共焦芯片扫描仪全面考虑的技术指标。GB/T 33805—2017 最低要求：分辨率≤20μm；最低响应值≤1 fluors/μm^2；线性范围≥3 个数量级且线性 r^2≥0.99；一致性：相对极差≤10%；重复性 CV≤10%；稳定性：预热后 4 小时内的相对极差≤20%。

（2）面阵荧光成像微阵列芯片扫描仪　通过光学系统把激发光汇聚在微阵列芯片表面上一定的区域内，同时通过光学元件将对应区域内待测物体被激发光激发产生的发射光接收，成像在 CCD、CMOS 和其他阵列探测器上进行光电转换，生成模拟图像或数字图像及数据文件。GB/T 33752—2017 的基本要求是探测器单元数≥100，4 小时以上多次重复目标信号的 CV≤1%，检出限≤10 fluors/μm^2，分辨率为 200～50000nm。

（3）便携荧光检测仪　基于高灵敏度便携荧光检测仪对荧光、磷光、化学和生物发光测量都可轻松实现，无需更改任何硬件组件。具有高信噪比、高采样速度、高分辨率、高波长精度、丰富的测试附件等特点。可做干、湿及微流体扫描，内置锂电池可便于户外检测样品。扫描仪使用者无需精通扫描仪的光学和电子学部分，已商品化的扫描仪已经经过大量的测试和信息反馈并不断地改进，使其用户界面越来越友好，图形化的操作界面使得初学者只需接受简单的训练或阅读操作手册就能够使用仪器。

三、生物芯片在农药残留分析中的应用

生物芯片技术是融微电子学、生物学、物理学、化学、计算机科学为一体的高度交叉的新技术，是农药残留检测高通量化、快速便捷化的必由之路，其中发表文献主题以微流控最多，文献类别以英文文献和专利文献最多，文献量以最近 3 年最多。

（一）微流控芯片的应用

微流控芯片技术具有将化学和生物实验室的基本功能微缩到一个几平方厘米大小的芯片上的能力，可以实现从样品处理到检测的微型化、自动化、集成化及便携化。目前微流控芯片主要用于有机磷类、氨基甲酸酯类、有机氯类、除草剂类等农药残留的检测。

（1）有机磷类农药残留检测　Lee 等在聚二甲基硅氧烷微流控通道上使用共焦增强拉曼光谱对甲基对硫磷进行检测，检出限为 0.1mg/L。郭红斌利用反应产物对光的吸收原理制作出一种用于检测有机磷农药的聚二甲基硅氧烷微流控传感器，该传感器集成了光纤和用于固定有机磷水解酶的 SU-8 圆柱，对不同浓度的有机磷农药均具有良好响应。

（2）氨基甲酸酯类农药残留的检测　Smirnova 等将西维因、克百威、残杀威、恶虫威 4 种氨基甲酸酯类杀虫剂水解成相应的萘酚后，加入对硝基苯、氟硼酸盐试剂，再萃取到 1-丁醇中作为有色偶氮衍生物，用热透镜显微镜检

测该微流控芯片，检出限可达 ng 级水平。该团队还研发了一种集水解、偶氮衍生、液液萃取、胶束电色谱分离、热透镜检测于一体的集成硅芯片用于这 4 种氨基甲酸酯类农药的分离检测。

（3）除草剂类农药残留的检测　Lefvre 等以聚二甲基硅氧烷（PDMS）为基底和莱茵衣藻为指示对象，集成了有机二极管（OLED）和有机光电探测器（OPD）的微流控芯片，用于敌草隆的检测，检测限达 11 pmol/mL。Wei 等将激光诱导荧光检测器与微流控芯片电泳结合，采用一次性环烯烃共聚物微芯片和低成本的光诱导荧光检测器建立了一种快速和抗干扰的草甘膦和草铵膦检测方法，检测限为 0.34 ng/mL 和 0.18 ng/mL，回收率为 84.0%~101.0% 和 90.0%~103.0%。Silva 等利用聚酯碳粉微流控芯片，结合电容耦合非接触电导检测和电泳分离分析了草甘膦及其主要代谢产物氨甲基膦酸（AMPA），在无任何预富集的条件下，对草甘膦和氨甲基膦酸的检出限分别达 45.1 nmol/mL 和 70.5 nmol/mL。

（二）毛细管电泳芯片的应用

（1）与厚膜测量电流传感器耦合的有机磷农药残留检测芯片　Wang 等将毛细管电泳芯片与厚膜测量电流传感器耦合的有机磷农药残留微流控芯片，其对杀螟松、对氧磷和甲基对硫磷的检出限分别达到 1.06、0.21、0.4 mg/L，检测时间均小于 140 s。随后，其团队通过前置柱与有机磷水解酶反应，得到的磷酸产物通过电泳分离，并用非接触电导检测。相比于以有机磷水解酶为基础的生物传感器，这种新型生物芯片可以方便地区别单独的有机磷复合物，实现了非接触电导检测仪检测酶产生的产物。

（2）毛细管电泳与内通道脉冲安培检测联用的除草剂检测微流控芯片　Islam 等用标准光刻法制备了该芯片，用于 3 种常见的三嗪类除草剂西玛津、莠去津、莠灭净的分离和检测，出峰时间分别为 58，66，74s。

（3）三电极体系毛细管电泳敌百虫检测芯片　耿彬彬等采用三电极体系的芯片毛细管电泳安培柱端检测器检测具有还原性的联苯胺。由于敌百虫能够催化过硼酸钠氧化联苯胺的反应，且反应后联苯胺浓度的减少量与敌百虫的加入浓度有线性关系，据此建立了间接检测敌百虫的芯片毛细管电泳法。在优化实验条件下，敌百虫的线性范围有敌百虫检测的报道，其线性范围为 20~400μg/L，相关系数为 0.9913，检出限为 10μg/L。

（三）纸质微流控芯片的应用

（1）集成酶电极纸质农药检测微流控芯片　毛罕平等采用石墨碳、Ag/

AgCl 材料以及结合化学交联法制备的环状结构丝网印刷酶电极，构建的基于酶抑制法的有自动进样、混合反应、电化学检测等功能的集成酶电极纸质农药检测微流控芯片，利用循环伏安法进行电化学表征，结果表明，抑制率与对硫磷浓度的负对数在 $1.0 \times 10^{-10} \sim 1.0 \times 10^{-8} g/L$ 范围呈良好的线性关系，检出限为 $3.3 \times 10^{-11} g/L$。回收率为 $95.8\% \sim 115.0\%$。

（2）基于纸基的农药残留光电检测微流控芯片　杨宁等构造桥式复合结构提升微流控酶抑制显色反应的均匀度，设计集化学反应、光吸收反射效应及环境参数控制于一体的便携化农药检测系统，检测分辨率达 0.002 mg/L，与便携式农药检测仪检出限相当，但试剂消耗价格降低 94.79%，检测时间缩短 23%。

（3）基于浓差电池原理的电化学检测纸质芯片　杨文韬等用色谱纸喷蜡打印制作检测芯片，加入样品于芯片上，预加试剂反应 5 min，然后将丝网印刷的电极层置于芯片上，利用模具的重力作用使电极层与纸芯片的两极紧密接触，再通过智能手机 USB 读取装置获取芯片的电位得到检测结果，该方法对敌百虫的检出限为 $8.9 \times 10^{-7} mol/L$。

（四）量子点/酶生物检测芯片的应用

利用具有独特光学性质及半导体性质纳米材料量子点与高灵敏度乙酰胆碱酯酶共同构建在纳米薄膜中，进而构建两种不同检测原理的纳米生物芯片。

（1）PDDA/CdTeQDs/AChE 纳米阵列　栾恩骁利用 BioDotAD1510 生物芯片点样仪在疏水基底表面构建了该纳米阵列，对有机磷农药检测范围为 $10 \sim 100 \mu g/L$。并且该纳米生物检测芯片已用于对氧磷、对硫磷农药残留量的检测，回收率维持在 $92\% \sim 117\%$。该纳米芯片在实际样品分析过程中不需要烦琐的样品萃取过程，仅需用 PBS 超声提取即可。与常规方法 LC-MS-MS 相比，具有快速检测、实时检测、无需对样品进行繁杂预处理等诸多优点。

（2）AChE-CdTe 量子芯片　栾恩骁利用介电泳原理将半导体材料 CdTe QDs 沉积在金电极两端，将两个金电极相互连通，然后通过共价交联原理将 AChE 酶蛋白大分子固定在修饰的 CdTe-QDs 上，完成对金电极检测芯片的构建。实现对有机磷农药残留的定量检测，对氧磷、对硫磷具有近似的检测曲线和相近的检测下限，检测范围为 $1 \sim 30 \mu g/L$，并且其检测下限达 $1 \mu g/L$，远远低于第一种检测芯片。

（3）基于 CdTe-ZnCdSe 双量子点有机磷农药检测纸芯片　付海燕等发明了基于 CdTe-ZnCdSe 双量子点纸芯片基底检测有机磷农药的方法，与单量子相比，双量子点溶液混合后的荧光颜色受到猝灭剂影响后更容易在纸芯片上产生颜色区分，提高检测的灵敏度，具有制备简单、可快速现场检测、成本低、响应速度快的特点。

（4）基于 CdTe 量子点基底的氨基甲酸酯类农药检测纸芯片　付海燕等发明了基于 CdTe 量子点纸芯片基底检测氨基甲酸酯类农药的方法，可用于复杂基质水样品中氨基甲酸酯类农药的检测。与现有氨基甲酸酯类农药检测方法相比，具有制备简单、可快速现场检测、成本低、响应速度快、灵敏度和选择性高的特点。

（五）免疫芯片的应用

（1）聚二甲基硅氧烷软刻蚀微流控快速免疫检测芯片　采用的微流控芯片为聚二甲基硅氧烷（PDMS）利用软刻蚀方法制成，草甘膦检测范围为 $0.075 \sim 4.000 \mu g/L$，在一张芯片上可以同时进行 4 组免疫反应，所需时间不超过 40min，试剂消耗量不超过 $10 \mu L$。

（2）含有 10 对包被抗原与农药抗体组合的免疫芯片　赵颖等以醛基修饰的载玻片为固相载体，农药竞争抗原为包被抗原，胶体金为标记材料，抗农药单克隆抗体为识别元件，银增强试剂用于放大信号，建立了一种含有 10 对包被抗原与农药抗体组合的免疫芯片，可同时检测农产品中毒死蜱、三唑磷、克百威、噻虫啉、吡虫啉、多菌灵、异菌脲、涕灭威、甲氰菊酯和百菌清共 10 种农药，检出限达到 $1.49 \times 10^{-6} \sim 1.572 \times 10^{-7} g/L$，检测仅需 1.5 h。回收率为 $82.1\% \sim 120.8\%$，批内相对标准偏差 $RSD \leqslant 10.4\%$，批间 $RSD \leqslant 12.1\%$，与质谱仪检测结果的相关系数>0.95。

（六）其他

（1）手持丝网印刷电极（SPE）芯片　王继楠等利用三电极传感芯片与乙酰胆碱酯酶的抑制反应，实现对敌百虫农药的检出限为 1ng/mL，检测时间 <5 min，单次检测成本低于 1 元。手持设备与智能手机通过蓝牙进行数据传输，该平台也可以用于床边检测（POCT）以及其他目标的快速检测。

（2）基于卟啉可视化阵列的农药残留检测芯片　张宿义用光敏纳米卟啉与极性指示剂等组合针对毒死蜱、三唑酮和林丹、多菌灵和溴氰菊酯五种典型农药为检测对象，筛选出了具有敏感响应性的卟啉材料 ZnTPP、CoTPP 和 MnTPPCl，制备成 6×6 点阵的可视化阵列传感芯片，检测结果表明传感阵列对五种待测农药有显著的识别和检测能力，稳定性和重现性良好，荧光强度的变化值与农药浓度均呈现良好的线性关系，检出限为 0.05mg/L。

（3）基于表面等离子体共振的生物芯片 表面等离子体共振检测技术（SPR）是一种基于金属膜的光学耦合而产生的物理光学现象，无需对样品进行分离纯化和标记就能够在线实时监测分子间的相互作用。张肖会通过分子自组装技术对 FT-SPR 芯片进行修饰，以 3-巯基丙酸（MPA）为基底膜，将 AChE 固定在芯片表面，实现了对敌敌畏的检测，线性范围为 5~100mg/L。

（4）检测有机氯农药的 Y_2O_3：Tb^{3+}@SiO_2NH_2 荧光传感器阵列 周扬群等研究制备了 Y_2O_3：Tb^{3+} 荧光粉，并合成具有识别印记目标分子能力的荧光探针，最后通过微加工技术和等离子蚀刻的方法，将硅片微洞里填满荧光探针材料，得到对目标分子高选择性识别和高敏感信号检测的荧光传感器阵列。该荧光传感器阵列内部的印记识别位点可与有机氯农药分子相互作用，与识别位点上的 Tb^{3+} 配位形成有机配体，利用 Tb^{3+} 荧光强度的改变实现对目标分子的检测，对氯氰菊酯、毒死蜱、马拉硫磷的检出限达 $1×10^{-9}$mol/L。

第三节 分子印迹技术

分子印迹技术（MIT）也叫分子模板技术，属于超分子化学研究范畴，是指以某一特定的目标分子（模板分子、印迹分子或烙印分子）为模板，制备对该分子具有特异选择性聚合物的过程，通常被描述为制备与识别"分子钥匙"的人工"锁"技术。

目前，全世界至少有包括瑞典、日本、德国、美国、中国、澳大利亚在内的几十个国家、上百个学术机构和企事业团体在从事分子印迹聚合物（MIPs）的研究和开发。分子印迹技术发展如此迅速，主要因为它有三大特点：构效预定性、特异识别性和广泛适用性。基于该技术制备的分子印迹聚合物具有亲和性和选择性高、抗恶劣环境能力强、稳定性好、使用寿命长、应用范围广等特点，分子印迹技术在诸多领域得到日益广泛的研究和开发。

一、分子印迹技术原理及分类

（一）分子印迹技术原理

如图 10-1 所示，在合适的分散介质（致孔溶剂）中，功能单体与模板分子依靠可逆共价键、非共价（如氢键、静电作用、范德华力、疏水效应、π-π 作用和电荷转移等）或金属离子配位等相互作用自组装，预聚合形成模板-

功能单体复合体；再通过交联聚合或缩聚反应等方式聚合成具有一定刚性的功能高分子材料（模板聚合物母体）；然后用特定的物理（如强极性溶剂提取）或化学（如水解）方法来破坏功能单体和模板分子之间的作用力，以除去聚合物中的印迹分子，从而获得与模板分子在空间结构上互补匹配、并含特异性结合功能的立体孔穴。由于这种印迹孔穴含有"记忆功能"，可重新结合模板及其结构类似物。显然，用不同的模板制备的 MIPs 具有不同的结构和性质，因而一种 MIPs 只能优先与其印迹分子特异性结合，正如"锁与钥匙"的关系。MIPs 依靠空间构型效应和键合功能基的分布对模板分子进行识别，也类似于生物体系中酶对底物、抗体与抗原的专一性结合作用。因此 MIPs 对印迹分子有"记忆"功能，对其具有高度的选择性。

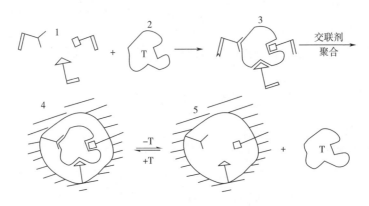

图 10-1　分子印迹技术原理

1—功能单体　2—模板分子　3—模板/功能单体复合体　4—模板聚合物母体　5—分子印迹聚合物

（二）分子印迹技术的分类

根据印迹分子和功能单体之间作用的不同，可将制备 MIT 分为以下四种。

1. 预组装法-共价键作用

共价键法是由 Wulff 等人创立发展起来的。该方法中印迹分子（目标分子）和功能单体以共价键的形式结合生成印迹分子的衍生物，该聚合物进一步在化学条件下打开共价键使印迹分子脱离。共价键法主要应用于制备各种具有特异识别功能的聚合物。

2. 自组装法-非共价键作用

非共价键法是由 Mosbach 等人发展起来的，即把适当比例的印迹分子与功能单体和交联剂混合，通过非共价键结合在一起生成非共价键印迹分子聚合物。这些非共价键包括氢键、静电引力、金属螯合作用、电荷转移作用、疏水作用以及范德华力等。最常用到的是氢键，但是如果在印迹和后续的分离过程中只有氢键作用，则拆分外消旋体的效果不佳；如果在印迹过程中既有氢键，又有其他的非共价键作用，其拆分外消旋体的分离系数很高。共价键法和非共价键法的主要区别在于单体与模板分子的结合机理不同：非共价键法中通过弱的相互作用力在溶液中自发地形成单体模板分子复合物；而共价键法是通过单体和模板分子之间的可逆性共价键合成单体模板分子复合物的。

3. 共价作用与非共价作用杂化

近来 Vulfson 等人又发展了一种称之为"牺牲空间法"的分子印迹技术。该法实际上是把分子自组装和分子预组装两种方法结合起来形成的。首先，模板分子与功能单体以共价键的形式形成模板分子的衍生物（单体–模板分子复合物），这一步相当于分子预组装过程，然后交联聚合，使功能基固定在聚合物链上，除去模板分子后，功能基留在空穴中。当模板分子重新进入空穴中时，模板分子与功能单体上的功能基不是以共价键结合，而是以非共价键结合，如同分子自组装。

4. 金属螯合作用

金属离子与生物或药物分子的螯合作用具有高度立体选择性、结合和断裂均比较温和的特点，故有望应用于分子印迹中。Y. Fujii 等研究了 Co^{2+} 的配合物对于 N-苄基-D,L-缬氨酸的光学拆分，结果表明：分离因子很高，可以实现较好的拆分。但进一步研究发现该 MIPs 应用于色谱分离时传质非常慢，难以实际应用。此外，利用金属螯合作用还可以实现对金属离子的高选择性吸附，已用于印迹的金属离子主要有 Zn^{2+}、Cu^{2+}、Ni^{2+}。

二、分子印迹介质的制备及印迹体系

（一）分子印迹介质的制备

分子印迹介质的制备通常包括 4 个步骤。

1. 功能单体的选择

单体的选择主要由印迹分子决定，它首先必须能与印迹分子成键，且在反应中它与交联剂分子处于合适的位置才能使印迹分子恰好镶嵌于其中。常根据单体与印迹分子作用力的大小预测，合理地设计、合成带有能与印迹分子发生作用的功能基的单体。

2. 聚合反应

在印迹分子和交联剂存在的条件下，对单体进行聚合。首先，在一定溶剂（也称致孔剂）中，模板分子（即印迹分子）与功能单体依靠官能团之间的共价或非共价作用形成主客体配合物；其次，加入交联剂，通过引发剂引发进行光或热聚合，使主客体配合物与交联剂通过自由基共聚合在模板分子周围形成高度交联的刚性聚合物。聚合方式有本体聚合、分散聚合、沉淀聚合、原位聚合、悬浮聚合、表面印迹以及抗原印迹等。为维持良好的特定空间构型，一般需要控制较高的交联度（通常高达 80%）。

3. 印迹分子的去除

采用温和的物理手段或化学手法，如酶解方法，将占据在识别位点上的绝大部分印迹分子洗脱或降解下来。

4. 后处理

在适宜的操作条件下对印迹分子聚合物进行成型加工和真空干燥等后处理。所制备的分子印迹聚合物应具备良好的物理化学和生物稳定性、高吸附容量和使用寿命、特定的形状尺寸，以获得较高的应用效率。

这样在聚合物中便留下了与模板分子大小和形状相匹配的立体孔穴，同时孔穴中包含了精确排列的与模板分子官能团互补的由功能单体提供的功能基团，如果构建合适，这种分子印迹聚合物就像锁一样对此钥匙具有选择性。这便赋予该聚合物特异的"记忆"功能，即类似生物自然的识别系统，这样的空穴将对模板分子及其类似物具有选择识别特性。

（二）印迹体系的选择

分子印迹实验中所需的化学品包括：能与模板相互作用（共价或非共价）的功能单体；交联剂；聚合用的溶剂；断"键"用的溶剂（用于从聚合物中除去模板分子）。

1. 功能单体

各种不同的聚合反应都可用于分子印迹法中，唯一的条件是：要求在聚合时能够保证体系中所有组分包括模板、交联剂、单体和模板等所形成的非共价印迹保持完好不变。在这些不同的聚合方法中，以自由基聚合反应操作最为方便、应用最为广泛。在共价连接的印迹法中，模板和烯类单体间通过共价键连接在一起。常用的功能单体有丙烯酸、甲基丙烯酸酯、甲基丙烯酸甲酯、亚甲基丁二酸、丙烯酰胺和 4-乙烯基吡啶等。

2. 交联剂

为了获得较高专一性，在制备分子印迹聚合物时需要较高的交联度（一般为70%~90%）。由于要兼顾交联剂和功能单体在溶液中的溶解性，只有几种交联剂获得广泛应用。常用的交联剂有二乙烯基苯、乙二醇二甲基丙烯酸酯、季戊四醇三丙烯酸酯和三甲氧基丙烷三甲基丙烯酸酯等。其基本作用是为了固定客体的键合点，使之牢固地处于希望的结构之中。它们可使带有印迹的高聚物在溶剂中不能溶解，而有利于其实际应用。此外，应用不同种类的交联剂，还可使我们很好地控制客体键合点的结构以及围绕它们的化学环境。

3. 溶剂

溶剂首先应能溶解聚合反应中所需的各种试剂，另外溶剂应为印迹高聚物提供多孔结构，进而促进客体分子的键合程度。多孔结构的形成对于被键合客体的释出也是重要的。在聚合反应中溶剂分子可进入高聚物内部，而在后处理时除去，在这些过程中，溶剂分子所占的原始空间就成为小孔而残留在高聚物内。在无溶剂的条件下进行高分子聚合，产物将是十分坚硬而密实的，因此就难于键合和释出客体分子。溶剂的另一作用是能分散在聚合反应中所释放的热量，否则反应的局部温度将会很高，而导致某些不希望的副反应得以发生。溶剂的选择依赖于印迹的种类。在非共价印迹中，许多溶剂都可以应用，只要它们能溶解体系中的所有组分。而在非共价印迹法中，为促进功能单体和模板间的非共价加成物生成以及增强印迹的效率，溶剂的选择十分严格。氯仿是一种应用较为广泛的溶剂，因为它既能溶解多数单体和模板，也不会压制氢键的生成。但商品氯仿通常用乙醇加以稳定，而乙醇对许多分子印迹是不利的，因为它会阻止单体与模板间形成氢键，故商品氯仿在使用前必须重新蒸馏以除去乙醇。四氯化碳不适于分子印迹技术，因为在自由基聚合中，它是一种链转移剂，会导致聚合物的相对分子质量降低。

三、分子印迹传感器

将MIPs制成膜或是可填柱的多孔珠作为传感器的识别元件，固定在传感器与待测物的界面。当MIPs与模板分子结合时，产生一个物理或化学信号，转换器将此信号转换成一个可定量的输出信号，通过监测输出信号实现对待测分子的实时测定，称为分子印迹传感器。此传感器结合了分子印迹技术，克服了传统生物传感器感应物质的不稳定性（如温度、化学试剂的影响）以及在某些条件下缺乏适当的感应物质等缺点，具有巨大的发展潜力。

（一）分子印迹传感器的制备方法

分子印迹传感器制备方法不同，得到的 MIPs 敏感层的厚度不同，直接影响 MIPs 传感器的响应速度。根据分子印迹聚合物敏感膜与换能器整合方式的不同，可以通过直接法和间接法两种方法制备分子印迹传感器。

1. 直接法

直接在换能器表面合成 MIPs 膜。响应时间较短（<30 min）的 MIPs 传感器常采用直接法来制备。目前常用的方法是原位引发聚合法，将含有单体、模板分子、引发剂的混合溶液涂覆到传导装置的表面，然后在光或热的作用下引发聚合，在传导装置表面形成分子印迹膜。也有采用电聚合法来制备分子印迹传感器敏感膜。电聚合法制备分子印迹传感器具有以下一些优越性：①制备简单，在功能单体和模板分子的溶液中进行循环伏安扫描就能实现；②能够在任何导电基质上获得重现性优良的超薄膜。但由于该法对模板分子的特异性吸附基于分子尺寸和电荷排斥效应，因此具有选择性不高的弱点。

2. 间接法

先制备 MIPs 膜或颗粒，再将制备的膜或颗粒连接到转换器上。将预制备的分子印迹聚合物颗粒用低沸点溶剂分散，然后把混合溶液修饰（蘸涂、滴涂或旋涂）到电极表面，通过溶剂挥发在电极表面形成分子印迹聚合物敏感膜。也可将分子印迹聚合物和石墨粉分散到溶化的正二十烷中，并装填到聚氯乙烯管中，冷却后形成分子印迹碳糊电极。这种方法制备的传感器具有制备简单、易于更新、重现性好、选择性好等优点。间接法制作的 MIPs 传感器中作为识别层的 MIPs 膜一般较厚，容易形成扩散壁垒，导致传质受阻，响应时间延长。

（二）分子印迹传感器的分类

目前研究的分子印迹传感器根据转换器的测量原理不同分为三种：电化学式、光学式和质量式。

1. 电化学传感器

（1）电容传感器　电容传感器由一个场效应电容器组成，其内装有印迹聚合物薄膜，当结合上分析物时该装置的电容发生改变，且变化的大小与结合分析物的量存在定量关系，因此根据电容的改变可实现对分析物的定量检测。

（2）电导传感器　电导传感器是基于电导转换原理设计的，两电极中间用一层分子印迹的聚合物膜隔开，聚合物结合底物之后就会导致电导率的变化，这一变化被转换为电信号输出，从而检测被分析物的含量。

（3）电流传感器　电流传感器通过测量敏感膜或涂布有 MIP 的修饰电极在结合被检物质前后电流的变化进行检测。

（4）电位传感器　电位传感器通过测量敏感膜或 HPLC 色谱柱上结合被检物后膜或柱电位的变化进行检测。其优点是可避免将模板分子从膜相中除去，以及目标分子不需要扩散进入膜相，因此模板分子的大小不受限制。在实际应用中超薄膜的制备、自组装单层的构造及其绝缘性能是制造这种电容型传感器的关键。

2. 光学传感器

（1）荧光传感器　这种类型的分子印迹聚合物传感器的检测，一般是由两种方法实现的：①分析物本身具有荧光性或通过荧光衍生令其具有荧光性，利用光纤维和荧光光谱可以检测光信号，从而对分析物进行定量分析。②以荧光物质作为功能单体，或设计合成发光性功能单体，使之同时具有目标分子结合部位、荧光基团和可以聚合的双键，通过测定其结合底物前后荧光信号的改变实现对分析物的检测。用分子印迹技术来制备荧光传感器是一种很有发展前景的方法，然而，荧光标记物的选择是制约这种传感器发展的关键一环。

（2）冷光型传感器　镧系离子与适当的配体形成配合物时能显示出极长的发光时间和极强的发光强度，可利用镧系的 Eu^{3+} 做光纤的探针。镧系光谱窄的激发和发射峰能提供极好的灵敏性和选择性，具有很强的抗干扰能力。

3. 质量敏感传感器

压电效应是指物质受机械压力后产生带电的现象。许多晶体都具有压电现象，当晶体处于机械受压的状态下会产生电信号，反之，将电信号施加于晶体，晶体会机械变形。每一种晶体都具有自身自然振荡的共振频率，当晶体表面吸附分析物而引起质量变化时，这种共振频率也会改变，通过检测共振频率的变化可以实现对分析物的高灵敏的检测。

四、分子印迹传感器在农药残留分析中的应用研究

由于分子印迹聚合物具有制备简单、价格低廉、适应环境能力强、使用范围广等特点，分子印迹传感器用于农药残留检测成为目前分析化学的研究热点之一。

在国外，Thayyath 等基于表面改性多壁碳纳米管，制备了分子印迹电位传感器，用于检测有机氯农药林丹，检出限为 1.0×10^{-10} mol/L。Shrivastav 等通过改变传感器表面非传导的属性，研究了丙溴磷光纤传感器，该方法线性范围为 $10^{-4} \sim 10^{-1}$ μg/L，检出限为 2.5×10^{-6} μg/L。Kong 等采用电聚合法制备吡虫啉分子印迹传感器，线性范围 $0.75 \sim 70.00$ μmol/L，检出限为 0.40 μmol/L；又以聚乙烯吡咯烷酮为功能单体，制备传感器用于苹果中吡虫啉的测定，结果表明：聚乙烯吡咯烷酮作为功能单体制得的传感器线性范围宽，检出限更低。

Zhao 等构建了亲水性表面印迹电化学传感器，该传感器线性范围宽，检出限低，将其用于白菜和苹果中吡虫啉含量测定，加标回收率在 $94\% \sim 107\%$。Wang 等制备了一种分子印迹光子晶体凝胶传感器，将其用于检测甘蓝、黄瓜和苹果中吡虫啉含量，与 LC-MS/MS 结果无显著差异。

在国内，石小雪基于 $AgBiS_2/Bi_2S_3$ 制备了残杀威分子印迹光化学传感器，线性范围为 $1.0 \times 10^{-12} \sim 5.0 \times 10^{-10}$ mol/L，检出限为 2.3×10^{-13} mol/L，加标回收率为 $101.0\% \sim 103.1\%$。李景利用电化学原位聚合制备了噻苯咪唑分子印迹电化学传感器，检测线性范围为 $5.0 \times 10^{-7} \sim 1.0 \times 10^{-5}$ mol/L 和 $1.0 \times 10^{-5} \sim 1.2 \times 10^{-4}$ mol/L，检出限为 1.25×10^{-7} mol/L。

王嫦嫦构建了两种用于溴氰菊酯快速、高灵敏和高特异性测定的传感检测方法。结果显示：在基于掺杂法的 $UCNP-Fe_3O_4-MIP$ 传感体系中，可检测溴氰菊酯的线性范围为 $0.001 \sim 0.800$ mg/L，检出限为 6.28×10^{-4} mg/L，在核壳型的 $UCNP@Fe_3O_4@MIP$ 传感体系中，可检测溴氰菊酯的线性范围为 $0.001 \sim 1.000$ mg/L，检出限为 7.49×10^{-4} mg/L。

此外利用石墨烯的信号放大作用，王春琼等以丙烯酰胺为功能单体，在石墨烯修饰的丝网印刷电极表面，成功构建了苯霜灵分子印迹膜，检测范围为 $7.0 \times 10^{-9} \sim 6.8 \times 10^{-4}$ mol/L，检出限为 2.1×10^{-9} mol/L，将其用于烟草样品中苯霜灵的测定，结果满意；又采用电聚合法成功构建了甲霜灵分子印迹电化学传感器，将其用于烟草中甲霜灵的测定，检出限为 0.003 mg/kg，加标回收率为 $98.5\% \sim 113.7\%$。谢天娇制备了对噻虫嗪具有特异性识别能力的石墨烯基分子印迹电化学传感器，可检测噻虫嗪的线性范围为 $0.5 \sim 20.0$ μmol/L，检出限为 0.1 μmol/L。

参考文献

[1] 陈朝银，赵声兰．生物检测技术［M］．北京：科学出版社，2013．

[2] 陈文飞，丁建英，黄虹程，等．聚硫堇修饰的一次性酶传感器检测辛硫磷农药残留［J］．食品安全质量检测学报，2015，6（02）：653-658．

[3] 付海燕，胡鸥，佘远斌．基于CdTe量子点纸芯片基底检测氨基甲酸酯类农药的方法［P］．2020-04-03．

[4] 耿彬彬，赵道远，杨明敏．玻璃毛细管电泳芯片安培法对敌百虫的检测［J］．分析测试学报，2010，29（1）：12-16．

[5] 郭红斌．用于有机磷农药检测的微流控芯片［D］．上海：复旦大学，2011．

[6] 孔磊．分子印迹电聚合膜的研究及其在烟碱类农药特异性检测中的应用［D］，上海：华东师范大学，2014．

[7] 李景．基于电化学还原氧化石墨烯的分子印迹传感器用于噻苯咪唑的选择性检测［D］．广州：广东工业大学，2019．

[8] 梁东军，郭明，胡润淮，等．新型氨基甲酸酯农残生物传感器制备及检测性能分析［J］．分析试验室，2014，33（1）：87-91．

[9] 刘淑娟，谭正初，钟兴刚，等．基于纳米粒子吸附的电化学生物传感器快速检测茶汤中的有机磷［J］．食品科技，2012，37（01）：283-287．

[10] 刘淑娟，钟兴刚，李彦．基于酶抑制的电化学生物传感器快速检测茶叶中的对氧磷［J］．茶叶科学技术，2013，（2）：5-8．

[11] 栾恩晓．基于量子点/酶有机磷农药生物芯片构筑及传感性能探究［D］．哈尔滨：哈尔滨工业大学，2015．

[12] 毛罕平，左志强，施杰，等．基于纸质微流控芯片的农药检测系统［J］．农业机械学报，2017，48（05）：94-100．

[13] 石小雪，李秀琪，魏小平，等．$AgBiS_2/Bi_2S_3$分子印迹光电化学传感器用于测定残杀威［J］．分析化学研究报告，2020，3（48）：396-404．

[14] 王嫦嫦．磁性上转换溴氰菊酯分子印迹传感材料制备及传感体系研究［D］．重庆：西南大学，2019．

[15] 王春琼，李籽萱，李苓，等．基于石墨烯修饰的分子印迹膜丝网印刷电极快速测定烟草中苯霜灵农药残留［J］．化学分析计量，2019，28（1）：42-46．

[16] 王春琼，彭丽娟，李籽萱，等．基于聚邻苯三酚修饰的甲霜灵分子印迹传感器制备与应用［J］．烟草科技，2019，52（8）：37-43．

[17] 王继楠，夏中良，苏岩，等．智能手机联用的有机磷农残速测设备及芯片［J］．国外电子测量技术，2017，36（09）：131-134．

[18] 谢天娇．噻虫嗪石墨烯基分子印迹电化学传感器的制备及应用［D］．哈尔滨：哈尔

滨工业大学，2017.

[19] 杨宁，李振，毛罕平，等．基于纸基微流控芯片的农药残留光电检测方法 [J]．农业工程学报，2017，33（03）：294-299.

[20] 杨文韬，张琳，刘宏，等．基于智能手机的纸微流控电化学农药检测芯片的研究 [J]．分析化学，2016，44（04）：586-590.

[21] 张肖会．SPR 传感器的构建及对敌敌畏和莠去津的快速检测 [D]．泰安：山东农业大学，2013.

[22] 张宿义．基于卟啉及其阵列对农药残留传感检测的新方法及作用机制研究 [D]．重庆：重庆大学，2012.

[23] 赵颖，王双节，柳颖，等．毒死蜱等10种农药多残留快速检测芯片研究 [J]．分析化学，2019，47（11）：1759-1767.

[24] 郑莹莹．基于离子液体功能化石墨烯的 AChE 生物传感器检测有机磷 [D]．郑州：河南工业大学，2015.

[25] 周扬群，高大明，漆天瑶，等．一种检测有机氯农药的 Y_2O_3：Tb_3+@ SiO_2-NH_2 荧光传感器阵列制备方法 [P]．2016-11-09.

[26] Apostolou, Mavrikou, Denaxa, et al. Assessment of Cypermethrin Residues in Tobacco by a Bioelectric Recognition Assay（BERA）Neuroblastoma Cell-Based Biosensor [J]．Chemosensors, 2019, 7 (4)：58.

[27] Chen D., Wang J., Xu Y., et al. A pure shear mode ZnO film resonator for the detection of organophosphorous pesticides [J]．Sensors & Actuators：B. Chemical, 2012a, 171－172：1081-1086.

[28] Chen D., Wang J., Xu Y., et al. A thin film electro-acoustic enzyme biosensor allowing the detection of trace organophosphorus pesticides [J]．Anal Biochem, 2012b, 429 (1)：42-44.

[29] Du D., Ye X., Cai J., et al. Acetylcholinesterase biosensor design based on carbon nanotube-encapsulated polypyrrole and polyaniline copolymer for amperometric detection of organophosphates [J]．Biosensors and Bioelectronics, 2010, 25 (11)：2503-2508.

[30] Islam K., Jha S. K., Chand R., et al. Fast detection of triazine herbicides on a microfluidic chip using capillary electrophoresis pulse amperometric detection [J]．Microelectronic Engineering, 2012, 97：391-395.

[31] Kong L., Jiang X., Zeng Y., et al. Molecularly imprinted sensor based on electropolmerized poly（o-phenylenediamine）membranes at reduced graphene oxide modified electrode for imidacloprid determination [J]．Sensors and Actuators B；Chemical, 2013, 185：424-431.

[32] Lee D., Lee S., Seong G. H., et al. Quantitative Analysis of Methyl Parathion Pesticides in a Polydimethylsiloxane Microfluidic Channel Using Confocal Surface － Enhanced Raman

Spectroscopy [J] . Applied Spectroscopy, 2006, 60 (4): 373-377.

［33］Lefvre F., Chalifour A., Yu L., et al. Algal fluorescence sensor integrated into a microfluidic chip for water pollutant detection [J] . England, 2012: 12, 787-793.

［34］Liu G., Song D., Chen F.. Towards the fabrication of a label-free amperometric immunosensor using SWNTs for direct detection of paraoxon [J] . Talanta, 2013, 104: 103-108.

［35］Liu T., Su H., Qu X., et al. Acetylcholinesterase biosensor based on 3-carboxyphenylboronic acid/reduced graphene oxide-gold nanocomposites modified electrode for amperometric detection of organophosphorus and carbamate pesticides [J] . Sensors & Actuators: B. Chemical, 2011, 160 (1): 1255-1261.

［36］Nguyen Van-Luc, 于劲松, 徐斐, 等. 竞争性抑制酶联反应在量热式农残生物传感器中的试验研究 [J] . 东北农业大学学报, 2012, 43 (08): 25-29.

［37］Oliveira T. M. B. F., Fátima Barroso M., Morais S., et al. Biosensor based on multi-walled carbon nanotubes paste electrode modified with laccase for pirimicarb pesticide quantification [J] . Talanta, 2013, 106: 137-143.

［38］Sahin A., Dooley K., Cropek D. M., et al. A dual enzyme electrochemical assay for the detection of organophosphorus compounds using organophosphorus hydrolase and horseradish peroxidase [J] . Sensors & Actuators: B. Chemical, 2011, 158 (1): 353-360.

［39］Sharma P., Sablok K., Bhalla V., et al. A novel disposable electrochemical immunosensor for phenyl urea herbicide diuron [J] . England: Elsevier B. V, 2011: 26, 4209-4212.

［40］Shrivastav A. M., Usha S. P., Gupta B. D.. Fiber optic profenofos sensor based on surface plasmon resonance technique and molecular imprinting [J] . Biosensors Bioelectr, 2016: 150-157.

［41］Silva E. R., Segato T. P., Coltro W. K. T., et al. Determination of glyphosate and AMPA on polyester-toner electrophoresis microchip with contactless conductivity detection [Z] . Germany: Wiley Subscription Services, Inc, 2013: 34, 2107-2111.

［42］Smirnova A., Shimura K., Hibara A., et al. Application of a Micro Multiphase Laminar Flow on a Microchip for Extraction and Determination of Derivatized Carbamate Pesticides [J] . Analytical Sciences, 2007, 23 (1): 103-107.

［43］Smirnova A., Shimura K., Hibara A., et al. Pesticide analysis by MEKC on a microchip with hydrodynamic injection from organic extract [J] . Journal of Separation Science, 2008, 31 (5): 904-908.

［44］Sun X., Zhu Y., Wang X.. Amperometric immunosensor based on deposited gold nanocrystals/4,4'-thiobisbenzenethiol for determination of carbofuran [J] . Food Control, 2012, 28 (1): 184-191.

［45］Thayyath S., Anirudhan, Alexander S.. Design and fabrication of molecularly imprinted polymer−based potentiometric sensor from the surface modified multiwalled carbon nanotube for the determination of lindane (γ−hexachlorocyclohexane), an organochlorine pesticide [J]. Biosensors Bioelectr, 2015: 586−593.

[46] Tran H. V., Yougnia R., Reisberg S., et al. A label−free electrochemical immunosensor for direct, signal−on and sensitive pesticide detection [J]. Biosensors and Bioelectronics, 2012, 31 (1):62−68.

[47] Wang J., Chatrathi M. P., Mulchandani A., et al. Capillary electrophoresis microchips for separation and detection of organophosphate nerve agents [J]. Anal Chem, 2001, 73 (8): 1804−1808.

[48] Wang J., Chen G., Muck A., et al. Microchip enzymatic assay of organophosphate nerve agents [J]. Analytica Chimica Acta, 2004, 505 (2): 183−187.

[49] Wang X., Mu Z., Liu R., et al. Molecular imprinted photonic crystal hydrogels for the rapid and label−free detection of imidacloprid. Food Chemistry, 2013, 141 (4): 3947−3953.

[50] Wei X., Gao X., Zhao L., et al. Fast and interference−free determination of glyphosate and glufosinate residues through electrophoresis in disposable microfluidic chips [J]. Journal of Chromatography A, 2013, 1281: 148−154.

[51] Yan J., Guan H., Yu J., et al. Acetylcholinesterase biosensor based on assembly of multiwall carbon nanotubes onto liposome bioreactors for detection of organophosphates pesticides [J]. Pesticide Biochemistry and Physiology, 2013, 105 (3): 197−202.

[52] Yan X., Li H., Han X., et al. A ratiometric fluorescent quantum dots based biosensor for organophosphorus pesticides detection by inner−filter effect [J]. Biosens Bioelectron, 2015, 74: 277−283.